공간정보융합 기능사 필기

시대에듀

2025 시대에듀 공간정보융합기능사 필기 공부 끝

Always **with you**

사람의 인연은 길에서 우연하게 만나거나 함께 살아가는 것만을 의미하지는 않습니다.
책을 펴내는 출판사와 그 책을 읽는 독자의 만남도 소중한 인연입니다.
시대에듀는 항상 독자의 마음을 헤아리기 위해 노력하고 있습니다. 늘 독자와 함께하겠습니다.

저자 **서동조**

- 서울대학교 환경대학원, 공학박사
- 한국과학기술연구원 시스템공학연구소, 연구원
- 서울디지털대학교 컴퓨터공학과, 부교수
- 대한공간정보학회, 교육부 회장
- 서울시 도시공간정보포럼, 운영위원장(2022~2023)
- NCS 공간정보융합서비스 학습모듈, 저자

서울대학교 환경대학원에서 박사학위를 취득하였으며, 2001년부터 서울디지털대학교 컴퓨터공학과에서 프로그래밍과 공간정보 관련 강의를 담당하고 있다. 공간정보융합서비스 NCS 학습모듈 저자로 참여하였으며, 대한공간정보학회 상임이사 및 서울시 도시공간정보포럼 운영위원장을 맡았다. 지은 책으로는 『도시정보와 GIS』(1999), 『도시의 계획과 관리를 위한 공간정보활용 GIS』(2010), 『경영 빅데이터 분석』(2014), 『고등학교 위성영상처리』(2015), 『공간정보학』(2016), 『공간정보학 실습』(2016), 『알기 쉬운 공간정보 용어해설집』(2016), 『공간정보 용어사전』(2016) 등이 있다.

저자 **주용진**

- 인하대학교 지리정보공학 전공, 공학박사
- 인하공업전문대학 공간정보빅데이터과, 교수
- California State University, Fresno, 교환교수
- 대한공간정보학회, 상임이사
- 국토교통부 국가공간정보위원회, 전문위원
- 한국표준협회 자율주행차 표준화 분과위원
- NCS 공간정보융합서비스 학습모듈, 대표저자

인하대학교 지리정보공학과에서 박사학위를 취득하였으며, 2012년부터 인하공업전문대학 공간정보빅데이터과에서 빅데이터와 소프트웨어 개발 분야 강의를 담당하고 있다. 공간정보융합서비스 NCS 개발과 학습모듈 대표저자로 집필에 참여하였으며, 대한공간정보학회 편집위원과 상임이사를 역임하고 있다. 지은 책으로는 『공간정보 웹 프로그래밍』(2016), 『공간정보 자바프로그래밍』(2015), 『공간정보학』(2016), 『공간정보학 실습』(2016) 등이 있다.

* K-MOOC 공간정보융합기능사 필기 강의에 사용된 도서입니다.

머리말 PREFACE

이 책은 공간정보융합기능사 시험을 준비하는 초심자를 위해 집필하였습니다. 기존의 데이터 관측에 초점을 맞춘 측량, 지도제작, 항공사진, 도화와 달리 의사결정과 콘텐츠 융합에 필요한 공간정보 서비스를 제공하기 위한 공간정보융합서비스 NCS 기반 이론과 문제를 담고 있습니다.

공간정보융합기능사 시험은 공간정보를 수집 · 편집 · 처리 · 가공 · 분석하고, 이를 활용하여 융합 콘텐츠 및 서비스를 개발 · 구현하기 위한 공간정보분석, 공간정보서비스 프로그래밍, 공간정보 융합 콘텐츠 개발 과목으로 구성되어 있습니다. 하지만, 현재로서는 시험이 1회만 출제된 상황이라 자격시험을 준비하는 수험생들에게 혼란스러운 상황입니다. 특히, 공간정보와 프로그래밍 문제들이 혼재되어 출제되므로 학습 방향 결정과 이의 대비에 어려움이 클 수밖에 없습니다.

다년간 공간정보 관련 과목을 강의한 경험을 토대로, 수험생들에게 꼭 필요한 핵심 이론과 문제를 정리하였습니다. NCS의 공간정보융합서비스 분야에 해당하는 관련 기출문제를 반영하여 기출유형문제로 선정하였으며, 출제된 기출문제를 최대한 반영하고자 하였습니다. 또한 필수 이론을 이해하기 쉽게 정리하여 수험생 입장에서 짧은 시간 동안 자격증 준비가 가능하도록 구성하였습니다. 따라서 공간정보융합서비스 분야의 이론과 내용에 익숙하지 않은 수험생들도 쉽게 학습할 수 있을 것으로 생각됩니다.

이 책은 현재 K-MOOC 강의 교재로 활용되고 있으며, 추후 공간정보 교육 포털을 통해 온라인 강의를 준비하여 스스로 학습이 가능하도록 지원할 계획을 가지고 있습니다. 자격증 시험에 합격하기 위해서는 많은 문제풀이 경험이 중요합니다. 이 책에서 배운 내용을 응용하여 기출문제들을 많이 풀어보고 좋은 성과가 있기를 기원합니다.

저자 **서동조, 주용진**

이 책의 구성과 특징

기출유형 06 ▶ 투영좌표계

투영좌표계에 대한 설명으로

① 투영법을 사용한 지도는 투

② 지도가 갖추어야 할 지도학

명으로 옳지 않은 것은?

는 투영면의 종류에 따라 원통, 원추, 평면도법 등으로 구분한다.

지도학적 성질에 따라 특정 방향으로 거리가 정확한 정거투영법, 면적이 정확한 정적투영법,

영법 등으로 구분하기도 한다.

더라도 지구본과 투영법에 따라 지도의 모습이 다르므로, 한 점의 경위도에 해당하는 투영

다 같다.

④ 투영법에 의해 지구상의 한 점이 지도에 표현될 때 가상의 원점을 기준으로 해당 지점까지의 동서 방향과 남북 방향으로의 거리를 좌표로 표현할 수 있는데, 이를 투영좌표체계라 한다.

해설

어떤 투영법을 사용하더라도 지구본과 투영법에 따라 지도의 모습이 다르므로, 한 점의 경위도에 해당하는 투영좌표체계는 투영법마다 다르다.

|정답| ③

족집게 과외

❶ 투영좌표계 개요

㉠ 지도는 3차원

존재하는 대상물을 2차원적 지도를 제작하기 위해서는

점이 2차원 평면상인 지도에 접할 수는 없으므로, 투영법을 사용한 지도는 투영면의 종류에 따라 원통, 원추, 평면도법 등으로 구분

㉢ 지도가 갖추어야 할 지도학적 성질에 따라 특정 방향으로 거리가 정확한 정거투영법, 면적이 정확한 정적투영법, 형태가 정확한 정형투영법 등으로 구분

㉣ 어떤 투영법을 사용하더라도 지구본과 투영법에 따라 지도의 모습이 다르므로, 한 점의 경위도에 해당하는 투영좌표체계는 투영법마다 다름

㉤ 영법에 의해 지구상의 한 점이 지도에 표현될 때 가상의 원점을 기준으로 해당 지점까지의 동서 방향과 남북 방향으로의 거리를 좌표로 표현할 수 있는데, 이를 투영좌표체계라 함

❷ 지도 투영법

㉠ 지리좌표체계

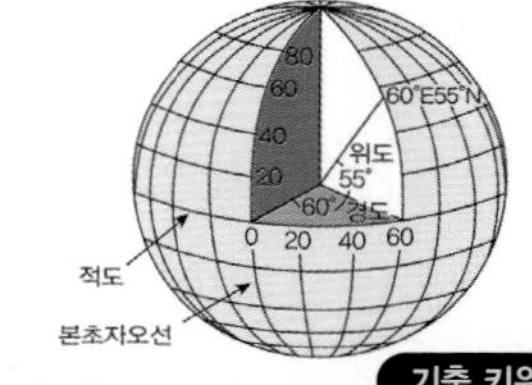

㉡ 투영면에 따른 투영법 구분★

기출 키워드를 확인하세요!

㉡ 투영면에 따른 투영법 구분★

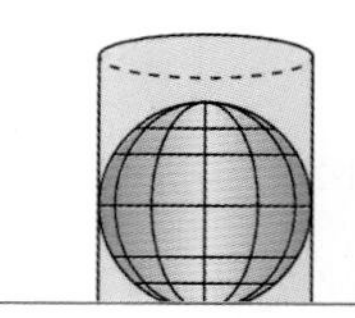

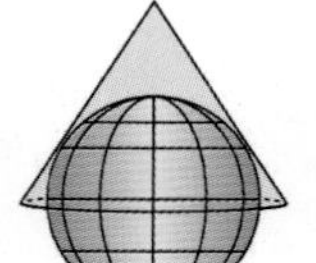

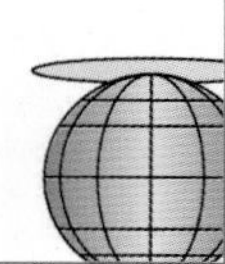

CHAPTER 02 • 좌표계 설정 79

대표 기출유형과 족집게 과외

방대하게만 느껴지는 이론! 어떻게 출제되는지 재빠른 확인이 가능하도록 출제기준안에 따른 대표 기출유형을 뽑아 수록했습니다. 족집게 과외의 그림과 표를 통해 쉽게 이해하고, 유사한 유형의 기출문제도 모두 내 것으로 만들 수 있습니다.

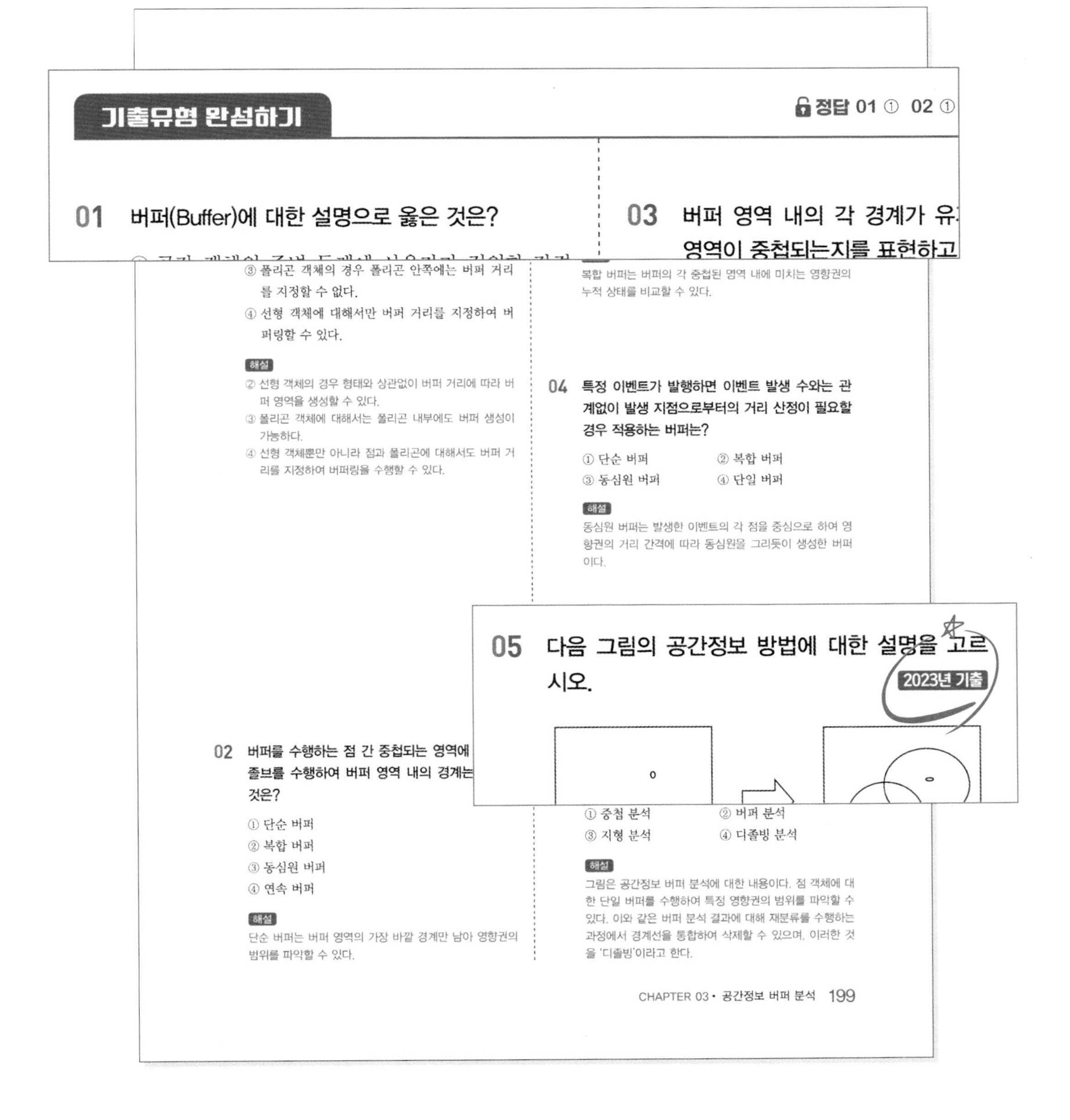

기출유형 완성하기

정답 01 ① 02 ①

01 버퍼(Buffer)에 대한 설명으로 옳은 것은?

③ 폴리곤 객체의 경우 폴리곤 안쪽에는 버퍼 거리를 지정할 수 없다.
④ 선형 객체에 대해서만 버퍼 거리를 지정하여 버퍼링할 수 있다.

해설
② 선형 객체의 경우 형태와 상관없이 버퍼 거리에 따라 버퍼 영역을 생성할 수 있다.
③ 폴리곤 객체에 대해서는 폴리곤 내부에도 버퍼 생성이 가능하다.
④ 선형 객체뿐만 아니라 점과 폴리곤에 대해서도 버퍼 거리를 지정하여 버퍼링을 수행할 수 있다.

02 버퍼를 수행하는 점 간 중첩되는 영역에 졸브를 수행하여 버퍼 영역 내의 경계는 것은?

① 단순 버퍼
② 복합 버퍼
③ 동심원 버퍼
④ 연속 버퍼

해설
단순 버퍼는 버퍼 영역의 가장 바깥 경계만 남아 영향권의 범위를 파악할 수 있다.

03 버퍼 영역 내의 각 경계가 유 영역이 중첩되는지를 표현하고

복합 버퍼는 버퍼의 각 중첩된 영역 내에 미치는 영향권의 누적 상태를 비교할 수 있다.

04 특정 이벤트가 발행하면 이벤트 발생 수와는 관계없이 발생 지점으로부터의 거리 산정이 필요할 경우 적용하는 버퍼는?

① 단순 버퍼 ② 복합 버퍼
③ 동심원 버퍼 ④ 단일 버퍼

해설
동심원 버퍼는 발생한 이벤트의 각 점을 중심으로 하여 영향권의 거리 간격에 따라 동심원을 그리듯이 생성한 버퍼이다.

05 다음 그림의 공간정보 방법에 대한 설명을 고르시오. 2023년 기출

① 중첩 분석 ② 버퍼 분석
③ 지형 분석 ④ 디졸빙 분석

해설
그림은 공간정보 버퍼 분석에 대한 내용이다. 점 객체에 대한 단일 버퍼를 수행하여 특정 영향권의 범위를 파악할 수 있다. 이와 같은 버퍼 분석 결과에 대해 재분류를 수행하는 과정에서 경계선을 통합하여 삭제할 수 있으며, 이러한 것을 '디졸빙'이라고 한다.

CHAPTER 03 • 공간정보 버퍼 분석 199

같은 유형의 문제를 모아 기출유형 완성하기

많은 문제를 푸는 것보다 중요한 것은 한 문제를 정확히 파악하고 이해하는 것입니다. 빈틈없는 학습이 가능하도록 같은 유형의 기출유형문제를 모아 수록했습니다. 한 문제, 한 문제마다 자세하고 꼼꼼한 해설을 수록했으므로 모르는 문제도 충분히 해결할 수 있습니다. 또한 기출복원 문제를 유형별로 수록했으므로 문제를 풀고 해설을 통해 한 번 더 복습해 보세요.

INFORMATION

시험안내

◇ 공간정보융합기능사란

4차산업혁명에 따라 정보의 중요성이 증가하고 있으며, 대부분의 정보가 '위치정보'를 포함한다는 점에서 '공간정보'가 다양한 정보를 연결하는 사이버 인프라 역할을 하고 있다. 이에 다양한 공간정보를 취득 · 관리 · 활용하고, 부가가치를 창출할 수 있는 공간정보융합전문가 확보의 중요성이 증가함에 따라 해당 분야 전문 인력 양성을 위해 자격이 제정되었다.

◇ 수행직무

공간정보 기반의 의사결정과 콘텐츠 융합에 필요한 정보 서비스를 제공하기 위해 공간정보 데이터를 수집 · 가공 · 분석한다.

◇ 검정방법

구분	문항 및 시험방법	시험 시간	합격 기준
필기	공간정보 자료수집 및 가공, 분석 (객관식 4지 택일형 60문항)	1시간	100점 만점 60점 이상
실기	공간정보융합 실무 (필답형)	2시간	

◇ 기본 정보

구분	내용
응시자격	제한 없음
응시료	필기 14,500원 / 실기 17,200원

◇ 시험 일정(2024년 기준)

구분	원서접수	시험시행	합격자 발표
제4회 필기	08.20～08.23	09.08～09.12	09.25
제4회 실기	09.30～10.04	11.09～11.26	12.11

◇ 자격 취득 절차

❖ 정확한 시험 일정 및 세부사항에 대해서는 시행처에서 반드시 확인하시기 바랍니다.

CONTENTS

이 책의 차례

PART 01
공간정보 기초

CHAPTER 01 공간정보의 개념

기출유형 01 ▶ 공간정보의 정의/특징

공간정보의 특징이 아닌 것은?

① 도형자료와 속성자료를 연결하여 처리하는 정보시스템이다.
② 공간객체 간에 존재하는 위치의 상호 관계를 갖는다.
③ 한번 수집된 공간정보는 갱신될 필요 없는 영속성을 갖는다.
④ 자료의 합성 및 중첩에 의한 다양한 공간분석이 용이하다.

해설
공간정보는 공간객체의 시간에 따른 변화를 담고, 이를 관리할 수 있어야 한다. 따라서 공간객체의 변화에 대한 지속적인 수집과 관리가 필요하다.

| 정답 | ③

족집게 과외

❶ 공간정보

㉠ 정의

지상 · 지하 · 수상 · 수중 등 공간상에 존재하는 자연 또는 인공적인 객체에 대한 위치정보 및 이와 관련된 공간적 인지와 의사결정에 필요한 정보(공간정보산업진흥법 제2조)

㉡ 역할

- 다양한 문제를 해결하기 위해 의사결정의 기초가 될 각종 정보를 구축하여 제공
- 필요한 공간정보의 기반을 정비하는 역할 수행
- 컴퓨터 그래픽, 영상출력, 멀티미디어 등의 기법을 사용하여 이용자에게 시각적으로 알기 쉬운 형태로 정보를 표시하고 제공
- 공간정보와 정보 수집에 필요한 기술을 제공

㉢ 특징

- 지도, 문헌, 인터넷, 현지조사, 측량, 원격탐사 등의 방법으로 자료의 수집이 가능하며, 이러한 자료들을 바탕으로 공간에 있는 모든 것을 공간상의 좌표를 기준으로 표현
- 공간정보는 도형자료(위치자료)와 속성자료를 연결하여 처리하는 정보시스템을 구성함
- 공간객체 간에 존재하는 위치의 상호 관계가 필요함. 즉, 공간분석을 위해서는 위치의 상관관계를 나타내는 위상(토폴로지, Topology)이 필요함
- 공간정보는 시간에 따른 공간객체의 변화를 기록하고 추적할 수 있는 특징을 지님. 이에 따라 공간객체의 시점에 대한 다양한 변화를 담을 수 있도록 갱신 · 관리되어야 함
- 자료의 합성 및 중첩에 의한 공간분석의 수행이 용이함
- 사용자의 활용목적에 부합하는 주제도 제작이 용이함
- 다양한 공간정보의 속성을 효과적으로 표현하기 위해 지도축척의 변경이 용이함

㉣ 다른 정보와의 차이점
- 공간적 위치의 상관관계 정보를 중점적으로 다룸
- 공간정보는 일반적인 통계자료와도 용이하게 결합될 수 있으며, 기존의 통계자료를 분석에 직접 사용할 수 있음

Tip
- 위치정보: 공간상의 절대적 · 상대적 위치
- 도형정보: 점 · 선 · 면 중심의 벡터, 격자 중심의 래스터, 불규칙 삼각망(TIN) 등으로 구분
- 속성정보: 문자, 숫자 등으로 표현

㉤ 공간정보의 구성요소
- 기술(컴퓨터의 하드웨어, 소프트웨어, 네트워크 · 통신 등)
- 자료/데이터
- 인력
- 조직 및 제도

❷ 공간정보 산업

공간정보를 생산 · 관리 · 가공 · 유통하거나 다른 산업과 융 · 복합하여 시스템을 구축하거나 서비스 등을 제공하는 산업

❸ 공간정보 서비스

㉠ 공간정보의 구축, 응용 시스템 개발, 관련 소프트웨어 · 하드웨어 개발 및 판매, 컨설팅, 교육, 기타 부문 등으로 구분

㉡ 좌표를 가지고 있는 정보를 이용하여 공공 또는 민간의 권익과 이익을 위해 제공되는 산업

❹ 국가공간정보정책 기본계획

㉠ 1~6차 기본계획 추진 현황
- (추진경과) '94, '95년 가스 폭발사고를 계기로 GIS 기반 국토 관리의 필요성이 제기되어 국가 차원의 공간정보정책 본격 추진
  - (1차) 기반조성 → (2차) 기반확대 → (3차) 활용확산 → (4차) 연계 · 통합 → (5차) 융합 · 활용 → (6차) 가치창출에 중점을 두고 국가정책 추진
  - 1차('95~'00), 2차('01~'05), 3차('05~'10), 4차('10~'12), 5차('13~'17), 6차('18~'22)
- (성과) 국가기본도, 주제도, 지하시설물 정보, 3차원 공간정보 등 다양한 공간정보를 구축하고, 법제도 및 산업 기반 마련
  - 종이지도에서 2D/3D 디지털 공간정보 생산체계로 진화
  - 국가공간정보 기본법, 공간정보 관리법, 공간정보산업 진흥법 등 법적 기틀을 확립하고, 2013년 이후 연평균 약 7.8% 산업 성장

㉡ 7차 기본계획 추진 현황('23~'27)
- (생산) 인공위성, 드론, MMS, IoT, SNS 등 현실 세계의 형태와 속성 정보 및 실시간 센싱데이터를 융복합하는 NDT 구축
  → 현실 세계와 가상 세계(디지털트윈)가 서로 영향을 주고 받으면서 발전해 나가는 형태로 구축
- (유통) 국가가 생산하는 데이터뿐만 아니라 다양한 활동에서 생산되는 민간의 데이터를 발굴하여 융합하는 유통 생태계 조성
- (활용) 데이터를 기반으로 국토를 모니터링하며, 어디에 어떤 문제가 있는지를 진단 · 처방할 수 있는 활용체계 구축 및 활용 활성화
  → 과거의 공간자료/통계자료가 아닌 현재 국토에서 벌어지고 있는 상황을 (준)실시간으로 수집 · 분석 · 대응할 수 있는 체계로 전환
- (산업) 측량 중심의 산업에서 스마트 건설, 자율주행, AR/VR 게임, 메타버스 등 다양한 산업과 융복합하여 발전할 수 있도록 지원

정답 01 ② 02 ③ 03 ④ 04 ③ 05 ③

01 공간정보의 생애주기단계를 수집 및 저장, 편집 및 변환, 관리, 분석 및 시각화, 의사결정 등으로 구분할 경우, 분석 및 시각화에 해당하는 것은?

① 기존 지도와 현지조사자료, 인공위성 등을 통해 수집된 자료를 디지털 자료로 저장한다.
② 필요한 요구에 따라 자료를 처리하고, 그 결과를 출력하며 사용자에게 설명한다.
③ 지형 및 지물과 관련된 사항을 현장에서 직접 조사한다.
④ 대상물의 위치와 지리적 속성, 그리고 위치적 상관성에 대한 정보를 입력한다.

해설
자료를 처리하고, 그 결과를 시각화하는 것은 분석 및 시각화의 기능이다.

02 공간정보의 역할에 대한 설명으로 가장 거리가 먼 것은?

① 관심 지역에 대한 다양한 주제도를 제작하여 그 지역의 특성을 파악한다.
② 서로 다른 공간분석 모델을 적용하여 분석 결과를 비교한다.
③ 업무수행을 효과적으로 수행할 수 있도록 조직을 체계적으로 운영한다.
④ 입지 및 교통, 가시권, 주위 환경관리 등을 위한 분석모델을 개발한다.

해설
업무수행을 효과적으로 수행할 수 있도록 조직을 체계적으로 운영하는 것은 경영관리에 해당한다.

03 공간정보에 대한 설명으로 틀린 것은?

① 컴퓨터 하드웨어, 소프트웨어 및 네트워크 등을 사용한다.
② 벡터, 래스터, 불규칙 삼각망(TIN) 등의 구조를 지닌 도형정보를 분석에 사용한다.
③ 위치정보를 가진 도형정보와 문자나 숫자로 된 속성정보를 갖는다.
④ 공간정보는 CAD 등에 비해 자료구조와 형식이 단순하고 간단하다.

해설
공간정보는 CAD와 달리 위상관계를 정의하고 있기 때문에 자료구조가 복잡하고 다양하다.

04 공간정보의 특징에 대한 설명으로 틀린 것은?

① 다양한 공간정보의 속성을 효과적으로 표현하기 위해 지도축척의 변경이 용이하다.
② 위치자료와 속성자료는 서로 연관성을 가지고 있어야 한다.
③ 일반적인 통계자료는 공간정보와 결합하여 사용하기 어렵기 때문에 공간분석을 위한 전용의 통계자료를 수집해야 한다.
④ 사용자의 활용목적에 부합하는 주제도 제작이 용이하다.

해설
공간정보는 일반적인 통계자료와도 용이하게 결합될 수 있으며, 기존의 통계자료를 분석에 직접 사용할 수 있다.

05 우리나라 국가공간정보정책 기본계획 가운데 1차 국가공간정보정책 기본계획은 언제 시작되었는가?

2023년 기출

① 2005 ② 1985
③ 1995 ④ 1975

해설
국가공간정보정책 기본계획은 1차('95~'00), 2차('01~'05), 3차('05~'10), 4차('10~'12), 5차('13~'17), 6차('18~'22)로 시행되었으며, 현재 7차 기본계획('23~'27)이 추진되고 있다.

기출유형 02 ▶ 공간정보의 종류와 형태

'공간정보'에서 '정보'와 '자료'에 대한 설명으로 옳은 것은?

① 정보는 있는 그대로의 현상 또는 그것을 숫자로 표현해 놓은 것이다.
② 정보와 자료는 동일한 의미로 사용되고 있으므로 구분할 필요가 없다.
③ 자료를 처리하여 의미 있는 가치가 부여되는 정보를 얻는다.
④ 자료는 주어진 목적에 맞게 체계적으로 정리된 것이다.

해설

- 자료: 있는 그대로의 현상 또는 그것을 숫자로 표현해 놓은 것
- 정보: 주어진 목적에 맞게 체계적으로 정리된 것

| 정답 | ③

족집게 과외

❶ 자료와 정보의 피라미드

자료 · 데이터 (Data)	가공하기 전 관찰 수집한 객관적 사실 그 자체
정보 (Information)	• 정제되거나 가공된 데이터 • 주어진 목적에 맞게 체계적으로 정리된 것
지식 (Knowledge)	서로 연결된 정보의 패턴을 바탕으로, 정보를 일반화하고 체계화하여 바로 적용하고 활용할 수 있도록 만든 것
지혜 (Wisdom)	• 주어진 상황에 맞도록 지식을 유연하게 적용하는 것 • 근본적인 원리에 대한 이해를 바탕으로 지식과 아이디어가 결합한 것

❷ 계량화에 따른 자료의 종류

정성적 자료	측정하여 계량화할 수 없는 것들로, 사물과 현상의 성질을 범주형 값으로 표현 예 명목척도(Nominal Scale), 서열척도(Ordinal Scale, 순위척도) 등
정량적 자료	측정하여 계량화할 수 있는 것 예 등간척도(Interval Scale), 비율척도(Ratio Scale) 등

Tip

- 명목척도: 이름에 따라 구분되는 것. 숫자로 표현할 수 있으나 숫자는 분류기능만 있을 뿐 서로 비교할 수는 없는 것
  예 도시(1: 서울, 2: 부산 …), 취미(1: 독서, 2: 영화 감상 …)
- 서열척도: 서열, 즉 순위로 표현할 수 있지만 크기에 대한 상대적인 비교는 할 수 없는 것
  예 만족도(1: 불만족, 2: 보통, 3: 만족), 달리기 순위(1등, 2등, 3등)
- 등간척도: 연속적인 수로 계량화할 수 있으며, 절대적인 원점이 존재하지 않음. '0'이라는 값은 값이 있는 것. 각 숫자 간의 간격이 동일한 것. 상대적인 크기 비교 가능
  예 온도
- 비율척도: 연속적인 수로 계량화할 수 있으며, 절대적인 원점이 존재함. '0'이라는 값은 실제로 값이 없는 것
  예 길이, 몸무게, 인구수, 소득 등

❸ 구성에 따른 공간정보의 유형 분류

위치정보	지물 및 대상물의 위치에 대한 정보로서 위치는 절대위치와 상대위치로 구분
도형정보	지형 · 지물 또는 대상물의 위치와 형상에 대한 자료로서 지도 또는 그림으로 표현
속성정보	대상물의 자연, 인문, 사회, 행정, 경제, 환경적 특성을 문자나 숫자 등으로 나타내는 정보
영상정보	항공사진, 위성영상, 비디오 및 각종 영상의 처리에 의해 취득된 정보

❹ 수집 기술에 따른 공간정보의 유형 분류

측량 및 위치 결정 정보	범지구 측위위성(GNSS, Global Navigation Satellite System)으로부터 수집된 위치 정보와 지상, 지표, 지하, 연안, 수중 등 측량을 통해 수집된 정보
지적 정보	한 국가의 토지제도를 유지하고 보호하는 도구로서, 토지현황을 행정자료로 제공하는 토지관리정보
지구관측 정보	인공위성(광학, SAR, 비디오), 항공기, 비행선, 드론(무인기), 휴대용 라이다 등의 관측기기(Sensor)를 사용하여 여러 가지 파장에서 반사 또는 복사되는 전자기파 에너지 등으로 대상물을 관측한 정보
3D 스캐닝 정보	지상라이다, 항공라이다, 지중탐사레이더 등을 이용한 점군(포인트 클라우드), 영상 등의 자료로서 2차원 또는 3차원 정보를 포함

Tip

우리나라 인공위성영상: 국토지리정보원 국토위성센터의 국토위성1호 영상

- 공간해상도 흑백 0.5m급, 컬러 2.0m급의 고해상도 영상
- 가시광선 및 근적외선 영역에 대한 자료를 수집
- 영상의 관측 폭은 12km 이상
- 광학카메라를 사용하므로, 구름, 안개 등의 기상 조건의 고려 필요

❺ 위치에 따른 공간정보의 유형 분류

실외공간 정보	위성, 항공기, 휴대용 센서 등을 사용한 공간정보
실내공간 정보	지자기, RFID, 블루투스 비콘, WiFi, 카메라 및 라이다 스캔 자료 등의 공간정보

❻ 지역조사 관점에서의 공간정보 수집

㉠ 지역조사 정의

지역의 특성을 파악하기 위하여 지형, 토양, 식생, 토지이용 및 토지피복, 도시구조, 기후, 인구, 산업, 교통 등 다양한 공간정보 수집하고 분석하는 과정

㉡ 지역조사 과정

- 조사 주제와 지역 선정 단계
- 공간정보 수집 단계★

실내조사	• 인터넷, 문헌자료, 지도, 통계자료 등을 활용하여 공간정보를 수집하는 과정 • 야외 조사를 위한 준비 과정
야외조사	• 대상 지역을 방문하여 진행되는 자료 수집 과정 • 현지측량, 촬영에 의한 영상정보 수집, 관찰, 면담, 설문 조사 등을 통한 지역 정보의 수집

- 공간정보 처리, 가공 및 저장 단계
- 공간정보의 분석, 정리 단계
- 조사 결과 보고서 작성 단계

❼ 직접 및 간접조사에 따른 공간정보 수집*

㉠ 정의 및 특징

직접조사	• 직접 정보를 구해서 얻는 방식 • 가공되지 않은 1차 자료 또는 원 자료 • 비용, 시간 및 노력이 필요 • 현지측량, 촬영에 의한 영상정보 수집, 관찰, 면담, 설문 조사 등 대부분의 야외 조사 방식
간접조사	• 미리 수집된 자료를 가공 또는 변환하여 얻는 방식 • 누락되거나 왜곡되지 않도록 자료의 정확성 유지 필요 • 기존의 지도 및 영상으로부터의 정보 추출 및 변환, 인터넷 및 문헌으로부터의 정보처리

㉡ 조사방법에 따른 공간정보의 유형 분류

• 직접조사(1차 자료 수집)

래스터 자료	벡터 자료
위성영상	현지측량 자료
항공사진	GNSS 위치 측정 자료
모바일 매핑 시스템(Mobile Mapping System; MMS)에서 수집된 영상	라이다 수집 자료

• 간접조사(2차 자료 수집)

래스터 자료	벡터 자료
스캐닝된 지도 또는 도면	디지타이징된 지도 또는 도면
지형도로부터 추출된 수치표고모형(DEM)	지형도나 DEM으로부터 추출되거나 변환된 지형 자료 또는 불규칙 삼각망(TIN) 자료

정답 01 ② 02 ④ 03 ② 04 ③

01 공간정보의 자료 가운데 인구밀도가 '저밀도', '중밀도', '고밀도' 등으로 표현되어 있어 상대적인 비교는 가능하지만 정량적인 분석이 불가능한 척도는?

① 명목척도
② 서열척도
③ 등간척도
④ 비율척도

해설
계량화에 따른 자료의 종류를 정성적 · 정량적 자료로 구분하며, 측정하여 계량화할 수 없는 것들로는 명목척도(Nominal Scale)와 서열척도(Ordinal Scale, 순위척도)가 있다. 서열척도는 상대적 우열의 비교가 가능한 변수를 측정할 때 이용되며, 명목척도는 상대적인 비교가 무의미하다.

02 공간정보와 관련된 용어의 설명으로 틀린 것은?

① 도형정보는 지형 · 지물 또는 대상물의 위치와 형상에 대한 자료로서, 지도 또는 그림으로 표현된다.
② 영상정보는 항공사진, 위성영상, 비디오 및 각종 영상의 처리에 의해 취득된 정보이다.
③ 위치정보는 지물 및 대상물의 위치에 대한 정보로서 위치는 절대위치와 상대위치로 구분된다.
④ 속성정보는 대상물의 자연, 인문, 사회, 행정, 경제, 환경적 특성을 도형으로 나타내는 지도정보이다.

해설
속성정보는 문자나 숫자 등으로 나타내는 정보이다.

03 한 국가의 토지제도를 유지하고 보호하는 도구로서, 토지현황을 행정자료로 제공하는 토지관리정보는?

① 지구관측 정보
② 지적 정보
③ 실내공간정보
④ 지자기 정보

해설
한 국가의 토지제도를 유지하고 보호하는 도구로서, 토지현황을 행정자료로 제공하는 토지관리정보는 지적 정보이다.

04 국토지리정보원 국토위성센터에서 생산하는 국토위성1호 영상의 설명으로 틀린 것은?

① 공간해상도 흑백 0.5m급, 컬러 2.0m급의 고해상도 영상이다.
② 가시광선 및 근적외선 영역에 대한 자료를 수집한다.
③ 기상조건과 관계없이 영상을 수집할 수 있다.
④ 영상의 관측 폭은 12km 이상이다.

해설
국토위성1호에 탑재된 것은 광학카메라이므로 구름, 안개 등의 기상조건에 영향을 받는다.

05 다음 중 야외조사에 해당하는 것은? 2023년 기출

① 인터넷, 문헌자료, 지도, 통계자료 등을 활용한 공간정보의 수집
② 현지인 인터뷰를 통한 지역 정보의 수집
③ 조사 결과 보고서 작성
④ 조사 주제와 지역의 선정

해설
야외조사는 대상 지역을 방문하여 진행되는 자료 수집 과정으로, 현지측량, 촬영을 통한 영상정보 수집, 관찰, 면담, 설문 조사 등을 통한 지역 정보의 수집을 포함한다.

06 다음 중 간접조사에 해당하지 않는 것은? 2023년 기출

① 스캐닝된 지도 또는 도면
② 지형도로부터 추출된 수치표고모형(DEM)
③ 디지타이징된 지도 또는 도면
④ 인공위성 영상

해설
인공위성 영상의 수집 방법은 직접조사에 해당한다.

기출유형 03 ▶ 공간정보시스템

공간정보시스템의 기능으로 가장 거리가 먼 것은?

① 공간분석
② 의사결정을 위한 시각화
③ CAD 및 그래픽 전용 관리
④ 데이터베이스 구축

해설
공간정보시스템의 주요 기능은 자료 수집 및 가공, 관리, 분석, 분석 결과의 시각화 등이다. CAD는 건축설계 분야에서 주로 사용된다.

| 정답 | ③

족집게 과외

❶ 시스템

㉠ 여러 구성요소로 구성되고, 각 구성요소들이 유기적으로 상호작용하며, 특정한 기능을 완수하도록 결합된 하나의 집합체
㉡ 컴퓨터의 입출력 장치, 중앙 처리 장치, 기억 장치, 저장 장치, 통신 장치 등의 유기적 결합

❷ 시스템으로서의 공간정보

㉠ 공간정보를 효과적으로 수집 · 저장 · 가공 · 분석 · 표현할 수 있도록 유기적으로 연계된 컴퓨터 하드웨어, 소프트웨어, 데이터베이스 및 인적자원의 결합체
㉡ 공간과 관련된 정보를 생산, 관리, 유통하거나 다른 산업과 융 · 복합하는 서비스로서의 시스템으로 전환되고 있음

❸ 공간정보시스템의 기능

자료 수집 및 가공	• 다양한 도형 자료와 속성 자료의 입력 · 편집 · 저장 기능 • 벡터 자료와 래스터 자료의 변환 및 통합 기능
자료 관리	• 데이터베이스 관리 시스템(DBMS)을 통하여 저장된 자료를 관리하고 유지하는 기능 • 기준 좌푯값으로의 변환과 다양한 자료들의 통합 관리
자료 분석 및 모델링	• 공간 검색, 단순 질의 및 복합 질의, 통계적 자료 분석 등의 기능 • 패턴분석, 변화감지, 예측 등의 모델링 기능
분석 결과의 시각화	가공 처리된 분석 자료를 다양한 형태로 변환하여 표현

❹ 공간정보시스템

공공부문	• 국가단위의 국토공간정보시스템 • 지자체 단위의 도시공간정보시스템, 공공시설물관리시스템 등
산업부문	• 부동산 관리 및 서비스 시스템 • 상권분석시스템

❺ 공간정보시스템과 CAD와의 비교

공통점	• 사용자 요구에 따른 축척으로 자료 변환 • 대용량의 지도(도면) 정보 처리 • 사용자 요구에 따른 지도(도면) 정보의 선택과 추출
차이점	위상관계를 바탕으로 공간분석의 수행

기출유형 완성하기

정답 01 ③ 02 ② 03 ④ 04 ③

01 공간정보시스템의 기능으로 거리가 먼 것은?

① 자료 수집
② 자료 검색
③ 자료 판매
④ 자료 분석

해설
공간정보시스템의 기능은 자료의 수집 및 가공, 관리, 분석 및 모델링, 분석 결과의 시각화 등이다.

02 공간정보시스템을 구성하는 소프트웨어의 기능으로 거리가 먼 것은?

① 벡터 자료와 래스터 자료의 통합 기능
② 동영상 및 음성 등 멀티미디어 자료의 편집 기능
③ 도형자료와 속성자료를 사용한 모델링 기능
④ 데이터베이스 관리 시스템(DBMS)을 기반으로 한 자료 관리 기능

해설
동영상 및 음성 등 멀티미디어 자료의 편집은 그래픽 처리 도구의 기능이다.

03 공간정보시스템과 CAD 시스템과의 차이점은?

① 사용자 요구에 따른 축척으로 자료를 변환할 수 있다.
② 대용량의 도면 정보를 다룬다.
③ 사용자 요구에 따른 정보를 선택하여 추출할 수 있다.
④ 위상관계를 바탕으로 공간분석을 수행한다.

해설
공간정보시스템의 특징은 위상관계를 기반으로 공간분석을 수행하는 것이다.

04 공간정보시스템의 구성요소로 거리가 먼 것은?

① 컴퓨터 하드웨어 및 소프트웨어
② 데이터베이스
③ 공공 데이터 개방정책
④ 인적자원

해설
공간정보시스템은 공간정보를 효과적으로 수집 · 저장 · 가공 · 분석 · 표현할 수 있도록 유기적으로 연계된 컴퓨터 하드웨어, 소프트웨어, 데이터베이스 및 인적자원의 결합체이다.

기출유형 04 ▶ 공간정보융합기술

정부기관 및 지방자치단체의 공간정보 플랫폼 구축에 대한 기술 부담을 경감하고, 공간 데이터 및 활용 도구를 가상머신으로 제공함으로써 다양한 응용을 기대할 수 있도록 해주는 것은?

① 매시업 서비스
② 오픈소스 소프트웨어
③ 클라우드 서비스
④ 증강현실

해설
정부기관 및 지방자치단체는 클라우드 서비스를 통해서 자원과 기술에 대한 부담을 줄일 수 있으며, 공공 데이터의 개방과 공유를 효율적으로 진행할 수 있다. 사용자 입장에서는 개방된 공간정보를 하드웨어나 소프트웨어 없이도 클라우드 서비스를 통해 활용할 수 있는 장점이 있다.

| 정답 | ③

족집게 과외

❶ 공간정보 융 · 복합화의 전개

㉠ 인터넷 및 정보기술의 발달: 공간정보의 구축 및 관리
㉡ 구글 어스(Earth)의 등장: 3차원 공간정보 확산
㉢ 정부 3.0 정책: 공공 데이터의 개방과 공유
㉣ 공공 데이터의 개방과 공유: 오픈소스 소프트웨어 사용자 커뮤니티의 확대
㉤ 웹 기술의 발달: 매시업(Mashup) 서비스의 등장
㉥ 클라우드에 의한 병렬 분산 처리의 확산: 다양한 센서로부터의 공간정보 수집
㉦ 빅데이터 기술: 데이터 간 상호 관계 파악으로 다양한 비즈니스 모델 출현
㉧ 인공지능: 다양한 공간 데이터로부터 자동화 · 지능화된 정보 추출 및 의사결정
㉨ 디지털 트윈: 현실 세계에 대한 다양한 실행 프로젝트의 적용

❷ 공간정보 융 · 복합을 위한 기술

증강현실 (AR: Augmented Reality)	객체와 배경, 환경 등 가상공간에서 가상의 이미지를 사용하는 가상현실(VR: Virtual Reality)로부터 실제 공간에 3차원 가상 이미지를 중첩하여 하나의 영상으로 보여주는 기술
클라우드 (Cloud)	인터넷상의 서버에 프로그램을 두고 필요할 때마다 컴퓨터나 휴대폰 등으로 데이터를 불러와서 사용하는 웹 기반 서비스
사물인터넷 (IoT: Internet of Things)	인터넷을 기반으로 모든 사물을 연결하여 사람과 사물, 사물과 사물 간의 정보를 상호 소통하는 지능형 기술 및 서비스
빅데이터 (Big Data)	기존 데이터베이스 관리시스템을 넘어서는 대량의 정형 또는 비정형 데이터의 집합과 이러한 데이터로부터 가치를 추출하고 결과를 분석하는 기술
인공지능 (Artificial Intelligence)	인간의 학습능력, 추론능력, 지각능력이 필요한 작업을 수행할 수 있도록 하는 컴퓨터 시스템으로 복잡한 정보와 대량의 자료를 토대로 새로운 정보를 창출

Tip

클라우드 서비스의 유형

IaaS	• 서비스형 인프라(Infrastructure as a Service) • 네트워크, 서버, 운영 체제 및 스토리지 등 물리적 자원이 제공됨 • 가장 낮은 단계의 클라우드 서비스 모델
PaaS	• 서비스형 플랫폼(Platform as a Service) • 소프트웨어 작성을 위한 플랫폼이 가상화되어 제공됨 • 데이터와 애플리케이션은 공공기관 또는 지방자치단체에서 스스로 구축해야 함
SaaS	• 서비스형 소프트웨어(Software as a Service) • 소프트웨어와 데이터가 제공되고 관리됨 • 모든 서비스가 클라우드에서 이루어지고, 웹에서 소프트웨어를 빌려 쓸 수 있음 • 요금이 가장 비싸지만, 관리와 운용 편의성이 높음
XaaS	• 서비스형 만물(Anything as a Service) • 클라우드 서비스에 AI와 블록체인 등 다양한 서비스가 결합하여 제공됨 • 비용을 절감하고 IT 자원을 단순화할 수 있지만 너무 많은 고객이 동일한 리소스를 공유할 때 발생하는 인터넷 안정성, 사업이나 서비스의 중단 등 다양한 위험을 고려해야 함

정답 01 ② 02 ③ 03 ④ 04 ③

01 도로 노면 위의 지하공간 시설물에 3차원 가상 이미지를 중첩하여 하나의 영상으로 볼 수 있도록 해주는 기술은?

① 가상현실
② 증강현실
③ 클라우드
④ 메타버스

해설
가상현실은 가상공간에서 가상의 이미지를 사용하는 반면, 증강현실은 실제 공간에 3차원 가상 이미지를 중첩하여 하나의 영상으로 보여준다.

02 특정 지역에서 질병의 분포 및 패턴을 분석하여 질병의 예방 및 관리를 수행하는 공간정보서비스를 진행한다고 할 때 융·복합되기에 가장 적합한 기술은?

① 증강현실
② 위성영상처리
③ 빅데이터
④ 클라우드

해설
공간정보에 빅데이터 기술을 융·복합하고 이를 분석함으로써 질병관리를 위한 효과적인 의사결정을 할 수 있다.

03 클라우드 서비스 유형에 대한 설명으로 틀린 것은?

① SaaS(서비스형 소프트웨어)는 소프트웨어와 데이터를 제공하고 관리해준다.
② PaaS(서비스형 플랫폼)는 소프트웨어 작성을 위한 플랫폼을 가상화하여 제공한다.
③ IaaS(서비스형 인프라)는 네트워크, 서버, 운영체제 및 스토리지 등 물리적 자원을 제공한다.
④ XaaS(Anything as a Service, 서비스형 만물)는 클라우드 서비스에 AI와 블록체인 등 다양한 서비스를 결합하여 제공하는 것으로, 가장 안정적인 클라우드 서비스 모델이다.

해설
XaaS는 비용을 절감하고 IT 자원을 단순화할 수 있지만 인터넷 안정성, 사업이나 서비스의 중단 등의 위험이 내재되어 있으므로 다양한 상황을 고려해서 진행해야 한다.

04 현실 세계에 존재하는 사물, 시스템, 환경 등을 가상공간에 동일하게 모사하고 시뮬레이션함으로써 그 결과에 따른 최적의 상태를 현실의 실물 시스템에 전달하여 적용하는 기술은?

① 사물인터넷
② 증강현실
③ 디지털 트윈
④ 빅데이터

해설
디지털 트윈 기술은 현실과 가상 시스템 간의 끊임없는 순환을 통하여 최적화된 대안을 찾을 수 있도록 해준다.

02 공간 데이터

기출유형 05 ▶ 공간 데이터의 종류와 형태

공간 데이터를 설명하는 기능을 가지며, 데이터의 연혁, 품질 및 공간 참조 등 데이터의 세부적인 정보를 담고 있는 것은?

① 메타 데이터(Metadata)
② 위상 데이터(Topology Data)
③ 데이터 사전(Data Dictionary)
④ 커버리지(Coverage)

해설

① 데이터를 설명해주는 데이터를 의미하며, 데이터에 관한 세부적인 정보를 담고 있다.
② 공간데이터의 위치적인 상관관계를 담고 있는 것으로, 인접성, 연결성, 포함성 등에 관한 것이다.
③ 주로 데이터베이스에서 사용되는 용어로, 데이터베이스의 구조, 사용자 권한, 데이터의 변경 사항 등 데이터베이스 전반에 대한 정보를 담고 있다.
④ 벡터 자료 저장의 기본 단위를 이루는 수치지도이다. 즉, 커버리지는 도형 자료(점 · 선 · 면)인 3개의 기본 형식으로 지도 자료를 저장한다. 일반적으로 '레이어(Layer)'와 혼용되고 있다.

| 정답 | ①

족집게 과외

❶ 공간 데이터의 정의

㉠ 점 · 선 · 면(폴리곤) 등의 다차원 데이터들이 특정 좌표 시스템에 의해 숫자의 나열로 표현된 것
㉡ 실세계의 형상을 좌표계로 표시한 수치지도(Digital Map)의 데이터
㉢ 공간 데이터의 특성을 설명해주는 메타데이터로 구성

Tip

폴리곤(Polygon)

- 여러 개의 선분으로 구성되며, 선분의 형태와 속성이 반드시 동일해야 하는 것은 아님
- 복합 폴리곤의 경우, 폴리곤을 형성하는 선분이 직선과 원호로 구성되는 등 서로 다른 형태와 속성을 가질 수 있음
- 유한개의 선분들이 차례로 이어져 경로를 형성하며, 이에 따라 형태를 구성함
- 한 평면상에서 면적을 가짐
- 점 · 선 · 면의 데이터 중 가장 복잡한 형태와 구조를 가짐

메타데이터(Metadata)

- 일반적으로 데이터를 위한 데이터로 정의함
- 즉, 데이터를 설명하는 데이터로 데이터의 연혁, 적용된 투영법, 품질 및 공간 참조 등 데이터의 세부적인 정보를 담고 있음

❷ 규모에 따른 공간 데이터의 구분

전 세계 규모	지구 공간 데이터 예 지구형상, 지구환경, 세계통계자료 등
국가 단위	국토 공간 데이터 예 지형, 지질, 토지이용, 자연환경, 통계자료 등
도시 규모	도시 공간 데이터 예 도로, 토지, 가옥, 상하수도, 가스, 전기공급 시설 등

❸ 자료 형태에 따른 공간 데이터의 구분

㉠ 도형 자료와 속성 자료

도형 자료	• 지표 · 지하 · 지상의 토지 및 구조물의 위치 · 높이 · 형상 등에 대한 정보 • 자료 특성에 따라 분석, 처리 과정, 결과가 상이 예 지형, 영상, 도로, 건물, 지적, 행정경계 등
속성 자료	• 자연 · 사회 · 경제적 특성과 같은 공간정보와 연계하여 제공할 수 있는 정보 • 기존에 많이 구축되어 있으며, 구축 방식이 상대적으로 용이 예 공시지가, 토지대장, 인구수 등

㉡ 속성 자료의 특성 및 관리

- 공공데이터포털 등을 통하여 CSV(Comma Separated Value) 형식으로 수집할 수 있으며, 파일시스템으로 쉽게 관리할 수 있음
- 비교적 간단한 문자와 숫자로 구성된 속성 자료에 대해서는 데이터베이스 관리시스템 없이도 속성 자료의 관리를 할 수 있음
- 속성 각 항목의 값이 허용되는 범위 내에 존재하는지를 검증하는 과정이 필요하며, 이는 입력단계에서부터 자동화하여 진행하는 것이 필요함
- 최근 공간정보시스템은 공간 빅데이터 분석 플랫폼, 게임엔진 등과의 결합을 통하여 자료 관리와 분석 성능이 높아지고 있어, SNS나 사진, 동영상 등 용량이 크고 자료구조가 복잡한 멀티미디어 자료도 충분히 다룰 수 있게 됨

㉢ 도형 자료와 속성 자료의 통합관리와 이에 따른 장점

- 자료가 서로 연계되어 있어 도형 자료를 선택하면 속성까지 쉽게 조회할 수 있음
- 도형 자료와 속성 자료를 통합한 자료 분석, 가공, 자료갱신이 용이하게 이루어짐
- 공간적 상관관계가 있는 도형 자료의 속성을 쉽게 파악할 수 있음

❹ 자료구조에 따른 공간 데이터의 구분

벡터 (Vector)	현실 세계에서 불규칙하게 분포하는 대상을 점, 선, 다각형 등으로 표현 예 CAD(Computer Aided Design) 파일(.dwg, .dxf, .dgn 등), Shapefile 파일(.shp, .shx, .dbf, .prj 등), 포인트 클라우드(Point Cloud) 파일(.e57, .las, .laz, .ply 등)
래스터 (Raster)	• 현실 세계를 그리드(Grid), 픽셀(Pixel) 또는 셀(Cell)로 균등하게 분할하여 처리[(최소 지도화 단위(Minimum Mapping Unit)] • 셀 사이즈에 따라 해상도가 달라지며, 셀 속성은 동일 셀 안의 모든 위치에 동일한 값으로 적용 • 도면자료를 스캐닝하거나 항공사진, 인공위성을 통해 수신하여 얻은 영상자료 예 GeoTIFF, BMP, SID, JPEG 등

❺ 공간 데이터의 특징

비정형	• 각 공간객체의 내용 및 구조가 객체 타입에 따라 다르게 표현 • 동일한 타입 간에도 점의 개수 및 서브 객체의 개수 등에 의해 다른 형태와 길이로 표현
대용량	공간 데이터는 대용량이므로, 이를 효율적으로 저장 · 처리 · 변환 · 분석하기 위한 별도의 처리기법 필요

정답 01 ④ 02 ① 03 ④ 04 ②

01 공간정보시스템에서 속성자료의 관리에 대한 설명으로 옳지 않은 것은?

① 속성자료는 공공 데이터 포털 등을 통하여 CSV (Comma Separated Value) 형식으로 수집할 수 있으며, 파일시스템으로 쉽게 관리할 수 있다.
② 비교적 간단한 문자와 숫자로 구성된 속성자료에 대해서는 데이터베이스 관리시스템 없이도 속성자료의 관리가 가능하다.
③ 속성 각 항목의 값이 허용되는 범위 내에 존재하는지를 검증하는 과정이 필요하며, 이는 입력단계에서부터 자동화하여 진행하는 것이 필요하다.
④ 공간정보시스템에서는 SNS나 사진, 동영상 등의 멀티미디어 자료는 용량이 크고 자료구조가 복잡해서 다루기 곤란하다.

해설

최근 공간정보시스템은 공간 빅데이터 분석 플랫폼, 게임엔진 등과의 결합을 통하여 자료 관리와 분석 성능이 높아지고 있다.

02 공간 데이터의 표현 형태 중 폴리곤에 대한 설명으로 옳지 않은 것은?

① 폴리곤은 여러 개의 선분으로 구성되며, 이때 선분의 속성은 모두 동일해야 한다.
② 유한개의 선분들이 차례로 이어져 경로를 형성하며, 이에 따라 형태를 구성한다.
③ 한 평면상에서 면적을 갖는다.
④ 점, 선, 면의 데이터 중 가장 복잡한 형태와 구조를 갖는다.

해설

복합폴리곤의 경우, 폴리곤을 형성하는 선분이 서로 다른 선분 속성을 가질 수 있다.

03 속성자료와 도형자료를 통합 관리하는 장점이 아닌 것은?

① 자료가 서로 연계되어 있어 도형자료를 선택하면 속성까지 쉽게 조회할 수 있다.
② 도형자료와 속성자료를 통합한 자료 분석, 가공, 자료갱신이 용이하게 이루어진다.
③ 공간적 상관관계가 있는 도형자료의 속성을 쉽게 파악할 수 있다.
④ 데이터 오류가 자동으로 수정된다.

해설

속성자료와 도형자료가 연계되어 통합 관리되는 것만으로 오류가 수정되지는 않는다.

04 메타 데이터 항목이 아닌 것은?

① 적용된 투영법
② 식생의 NDVI 값
③ 공간 데이터의 수집일
④ 자료의 품질정보

해설

식생의 NDVI 값은 메타 데이터 항목이 아니라, 메타 데이터가 설명하는 실제 자료가 된다.

기출유형 06 ▶ 공간 데이터 구축

공간 데이터 구축을 위한 수치지도 제작 방법이 아닌 것은?

① 인공위성 영상을 수집한다.
② 항공사진 필름을 고감도 복사기로 인쇄한다.
③ 종이지도를 디지타이징 한다.
④ 디지털 항공사진을 촬영한다.

해설
①·④ 인공위성 영상과 디지털 항공사진은 수집 단계에서 디지털 형식으로 제작된다.
③ 디지타이징(Digitizing)은 디지타이저(Digitizer)를 사용하여 종이지도와 같은 아날로그 방식의 자료를 컴퓨터에서 사용할 수 있도록 수치지도, 즉 디지털 자료로 입력하는 것이다.

| 정답 | ②

족집게 과외

❶ 공간 데이터 관련 기본 법령 – 공간정보의 구축 및 관리 등에 관한 법률(공간정보관리법)

㉠ 목적
측량의 기준 및 절차와 지적공부(地籍公簿)·부동산종합공부(不動産綜合公簿)의 작성 및 관리 등에 관한 사항을 규정함으로써 국토의 효율적 관리 및 국민의 소유권 보호에 기여함

㉡ 주요 내용
- 측량: 기본측량, 공공측량 및 일반측량, 지적측량 등
- 지적: 토지의 조사 및 등록, 지적공부, 토지의 이동 신청 및 지적정리 등

❷ 지도제작

㉠ 1 : 1,000 대축척 수치지형도 제작
도시 지역에 대해 지자체와 매칭펀드로 제작

㉡ 1 : 5,000 국가기본도 제작
- 국가기본도: 전국을 대상으로 1:5000 이상의 축척으로 제작되며, 규격이 일정하고 정확도가 통일된 것
- 전국을 대상으로 모든 정보를 수정하고 대형 건물, 도로 등의 중요 정보는 수시로 수정
- 표현정보: 교통·건물·지형·수계·식생·경계 등 8종의 지형지물로 분류

❸ 항공사진 촬영

㉠ 전국을 촬영하여 국토 변화상황을 모니터링하고 정사영상 제작 및 국가기본도 수정 등에 활용
㉡ 전국을 도시지역(해상도 12cm) 및 비도시지역(해상도 25cm)으로 구분

❹ 위성영상 촬영

국토지리정보원은 국토관측위성에 탑재된 광학카메라를 이용하여 흑백 0.5m, 컬러 2m급의 고해상도 위성영상을 취득하고 있음

❺ 정사영상 제작

㉠ 항공사진을 활용하여 정사처리, 색상보정 후 전국에 대한 사용자별(민간용·군사용) 정사영상 제작
㉡ 도시지역은 해상도 12cm, 일반지역은 해상도 25cm 항공사진을 활용하여 정사영상 제작

❻ 수치표고모형(DEM) 구축

공간정보(지도 및 항공사진, 위성영상 등)를 입체화하여 행정·환경·농산림·국방·방재 등 다양한 분야와 융·복합할 수 있는 자료

Tip

수치표고모형(DEM)으로부터 얻을 수 있는 자료

- 경사도
- 경사방향(Aspect)
- 등고선
- 지형단면
- 3차원의 데이터를 통한 기초 통계량

❼ 3차원 공간정보 구축

㉠ 개요

- 2차원 공간정보를 입체화하여 스마트시티, 디지털 트윈, VR · AR 등 다양한 분야와 융 · 복합할 수 있는 공간정보 기본 데이터
- 고정밀 2차원 영상지도(실감정사영상)에 지형정보(수치표고모형)와 가시화 모델(건물 모델링) 포함

㉡ 구축방법 및 순서

1. 항공사진 촬영	실감정사영상 제작 및 3차원 가시화 모델을 제작하기 위해 일정한 중복도로 동서남북을 교차해 촬영
2. 항공레이저 측량	• 지표면의 높이 값을 정밀 추출하기 위해 항공기에 라이다를 부착하여 지형을 스캔함으로써 3차원 지형 데이터(수치표고모형) 취득 • 항공레이저측량이란 항공레이저측량 시스템을 항공기에 탑재하여 레이저를 주사하고 그 지점에 대한 3차원 위치좌표를 취득하는 측량방법 • 항공레이저측량시스템이란 레이저 거리측정기, GNSS 안테나와 수신기, INS(관성항법장치, Inertial Navigation System) 등으로 구성된 시스템
3. 3차원 가시화 모델 제작	항공사진 및 수치표고모형 성과에서 건물 등의 구조물에 대해 실제 형상과 같은 3차원 가시화 모델을 제작
4. 실감정사 영상 제작	수치표고모형과 3차원 가시화 모델을 이용하여 지형 및 건물 구조물의 오류를 모두 제거한 고정밀 영상지도 제작
5. 3차원 공간정보 구축	자동영상매칭 S/W를 활용하여 자동으로 실감정사영상, 수치표고모형 및 3차원 가시화 모델 제작

㉢ 수치지도 축척에 따른 수치표고모형의 격자간격['3차원 국토 공간정보 구축 작업 규정'의 '제18조(3차원 지형 데이터 편집 방법)', '수치표고모형의 구축 및 관리 등에 관한 규정'의 제7조(데이터품질)]

수치지도 축척	1:1,000	1:5,000
수치표고모형 격자간격	1m×1m	5m×5m
RMSE	0.5m 이내	1.0m 이내
최대오차	0.75m 이내	2.0m 이내

❽ 실내공간정보

㉠ 정의

'국가공간정보 기본법 시행령' 제15조에 따라 지상 또는 지하에 존재하는 건물 등 인공구조물의 내부에 관한 공간정보

㉡ 특징

철도 · 공항 등 유동인구가 많은 공공 · 다중이용 시설을 대상으로 길 안내, 시설물관리, 안전 및 소방 등에 활용되고 있으며, AR, VR, 메타버스 등 신산업에서도 활용 가능한 3차원 공간정보

❾ 무인항공기 활용

현재 국토지리정보원에서는 다양한 분야에서 활용성이 급증하는 무인항공기(UAV)를 영상 및 지도제작 등 공간정보 구축 분야에 도입하기 위한 제도 및 기반 마련 중

❿ 위치 기준

㉠ 대한민국 측량의 기준

- 대한민국 경위도 원점(수평위치 기준점)
  - 세계측지계를 기반으로 경위도원점을 설정하여 우주측지기준점, 위성기준점, 통합기준점, 삼각점을 설치
  - 소재지: 경기도 수원시 영통구 월드컵로 92, 국토지리정보원 구내

- 대한민국 수준원점(수직위치 기준점)
  - 인천 앞바다의 평균해수면을 기준(0.0m)으로 하여 국토의 높이를 결정하는 기준점
  - 인하공업전문대학(인천광역시 남구 인하로 100) 구내의 원점까지 정밀수준측량을 실시하여 대한민국수준원점을 설치
  - 원점값: 26.6871m

㉡ 측량 기준점

- 통합기준점
  - 개별적(삼각점, 수준점, 중력점 등)으로 설치·관리되어 온 국가기준점 기능을 통합하여 편의성 등 측량능률을 극대화하기 위해 구축한 기준점
  - 같은 위치에서 GNSS측량(평면), 직접수준측량(수직), 상대중력측량(중력) 성과를 제공하기 위해 2007년 시범사업을 통해 통합기준점 설치를 시작하였음
- 삼각점
  - 삼각측량은 지구상의 수평위치(좌표)를 결정하는 측량
  - 남한지역에 16,000여 점의 1~4등 삼각점을 광파측정기를 이용한 삼변측량방식의 정밀측지망을 1975년부터 시작하였고, 이후 측위 시스템인 GPS의 등장으로 1997년부터 GPS측량기를 사용하여 전체 삼각점을 재정비한 후 전국 망조정하여 성과고시·관리
- 수준점
  - 수준측량은 높이의 정보를 구하는 측량
  - 우리의 일상생활에 필요한 상·하수도를 비롯하여 물의 관리와 지구온난화에 따른 해면의 상승으로 인한 해안 도시의 수해 흔적 조사와 각종 건설 재난 방재 공사의 핵심 기초 자료 등 국토 높이를 결정하는 필수 측량을 위한 기준점
- 중력점
  - 중력측량은 중력값의 분포나 시간에 따른 변화를 정밀하게 구하기 위해 실시하는 것으로, 중력가속도의 크기를 측정
  - 중력은 지구상의 위치나 높이에 따라 값이 다를 뿐만 아니라 지하의 광물이나 단층 등 지구 내부 구조의 차이에 의해 값이 다르며, 지진이나 화산활동에 의해 시간에 따라 변화
  - 관측된 성과는 중력도 작성에 이용되는 것과 동시에 지구의 형상(지오이드)에 관한 연구나, 지진예지, 화산분화 예지 등의 지각 활동에 관한 연구에 필요한 기초 자료가 됨
- 지자기점
  - 지자기측량은 지자기점이나 특정 지점에서 지자기 3요소(편각, 복각, 전자력)를 측정하여 측정지역에 대한 지자기의 지리적분포와 그 경년변화를 조사·분석하는 측량이고 국가기본도의 자침편차 자료와 지하자원 탐사, 지각 내부 구조연구 및 지구물리학의 기초자료를 제공

(a) 통합기준점

(b) 삼각점 (c) 수준점

(d) 중력점 (e) 지자기점

정답 01 ① 02 ② 03 ④ 04 ② 05 ④

01 공간 데이터 구축을 위해 가장 기본이 되는 법령은?

① 공간정보의 구축 및 관리 등에 관한 법률
② 항공사진측량 작업 및 성과에 관한 규정
③ 수치지도 작성 작업규칙
④ 3차원 국토공간정보구축 사업 관리지침

해설
공간 데이터 구축 시 가장 기본이 되는 법령은 '공간정보의 구축 및 관리 등에 관한 법률'이다.

02 3차원 공간정보 구축 시 지표면의 높이 값을 정밀 추출하기 위해 항공기에 라이다를 부착하여 지형을 스캔하고 3차원 지형 데이터 정보를 취득하는 과정은?

① 항공사진 촬영
② 항공레이저 측량
③ 3차원 가시화 모델 제작
④ 실감정사영상 제작

해설
지표면의 높이 값을 정밀 추출하기 위해 항공기에 라이다를 부착하여 지형을 스캔하고 3차원 지형 데이터 정보(수치표고모형)을 취득하는 것은 항공레이저 측량이다.

03 항공레이저측량시스템의 구성 요소가 아닌 것은?

① 레이저 거리측정기
② GNSS 안테나와 수신기
③ INS(관성항법장치, Inertial Navigation System)
④ 위성 영상

해설
항공레이저측량시스템이란 레이저 거리측정기, GNSS 안테나와 수신기, INS(관성항법장치, Inertial Navigation System) 등으로 구성된 시스템이다.

04 수치표고모형(DEM)으로부터 얻을 수 있는 자료로 거리가 먼 것은?

① 경사도
② 교통량 분포
③ 경사방향(Aspect)
④ 등고선

해설
지형 분석은 3차원의 데이터를 통한 기초 통계량, 경사도, 등고선 및 지형 단면, 경사방향 등이 있다.

05 '3차원 국토 공간정보 구축 작업 규정'에서 정의하고 있는 축척 1:5,000의 수치표고모형 격자간격은?

① 1m×1m
② 2.5m×2.5m
③ 3m×3m
④ 5m×5m

해설
수치지도 축척에 따른 수치표고모형의 격자간격['3차원 국토 공간정보 구축 작업 규정'의 '제18조(3차원 지형데이터 편집방법)', '수치표고모형의 구축 및 관리 등에 관한 규정'의 제7조(데이터품질)]은 5m×5m이다.

06 다음의 그림 중 통합적으로 사용되고 있는 기준점은? `2023년 기출`

①
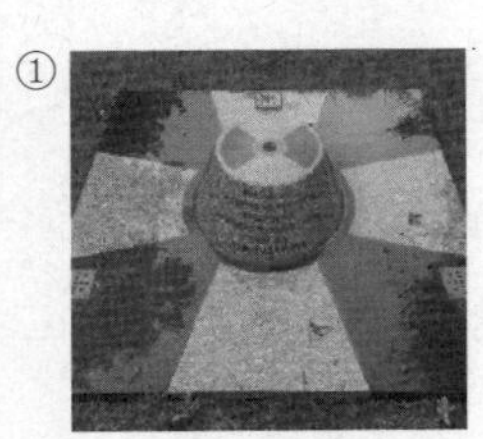

②

③

④

해설

통합기준점은 개별적(삼각점, 수준점, 중력점 등)으로 설치 · 관리되어 온 국가기준점 기능을 통합하여 편의성 등 측량능률을 극대화하기 위해 구축한 기준점이다.

① 통합기준점, ② 삼각점, ③ 수준점, ④ 지자기점

기출유형 07 ▸ 공간 데이터 분석기법

간선도로변으로부터의 접근성을 분석하기 위해 1km 간격으로 등급을 설정하여 비교하려고 한다. 이에 적합한 분석기법은?

① 필터링(Filtering)
② 버퍼링(Buffering)
③ 마스킹(Masking)
④ 크리깅(Kriging)

해설

② 주어진 지점, 구간, 또는 구역으로부터 일정한 간격으로 거리를 부여하고, 이에 대한 영향권을 분석하는 것이다.
① 래스터 자료의 처리에서 특정한 값을 통과시키거나, 이동창(Moving Window)을 사용하여 주변 화소와의 관계를 분석하는 데 적용된다.
③ 특정 영역을 제거하는 데 사용된다.
④ 측정되지 않은 지점의 값을 추정하는 데 사용되는 기법이다.

| 정답 | ②

족집게 과외

❶ 기본적인 공간분석

㉠ 측정: 위치, 길이, 면적 등
㉡ 질의: 공간질의(Spatial Query) 또는 속성질의(Attribute Query)
㉢ 분류: 분석 목적과 자료의 성격에 따라 재분류

재부호화 (Recode)	새로운 범주의 값으로 재설정
재분류 (Reclassification)	병합(Merge), 디졸브(Dissolve)

❷ 벡터 기반의 공간분석

점 분포 패턴 분석	밀도기반 분석, 거리기반 분석
중첩	• 동일한 영역 전체 또는 일부 사이의 관계를 이용한 분석 및 처리 • 교차(Intersect), 통합(Union), 자르기(Clip), 가리기(Mask)
근린분석	• 근접분석(Proximity Analysis)이라고도 함 • 탐색, 버퍼링(Buffering), 보간(Interpolation)
지형분석	• 수치표고모형을 이용한 지형의 변화 분석 • 표고, 경사도, 사면방향, 음영기복(Shaded Relief) • 가시권 분석 • 수계망 및 유역분석
네트워크 분석	• 노드(Node)와 연결(Edge, Link)의 관계 분석 • 경로탐색(최소비용, 최단거리) • 서비스 권역 분석 • 자원의 입지배분(Location–allocation)

Tip

2개의 공간객체 간의 상관관계에 관련된 연산자

- intersects: 2개의 공간객체가 교차하는지 검사
- disjoint: 2개의 공간객체에 공통 요소가 없는지 검사
- contains: 공간객체가 다른 객체를 포함하는지 검사
- within: 공간객체가 다른 객체 내부에 있는지 검사
- touches: 2개의 공간객체가 맞닿아 있는지 검사
- crosses: 2개의 공간객체가 서로 횡단하는지 검사
- overlaps: 2개의 공간객체가 서로 겹치는지 검사
- equals: 2개의 공간객체가 위상적으로 동일한지 검사

❸ 래스터 기반 공간분석

자료의 시각화	도수분포도(Histogram), 산점도(Scattergram)
대비강조 (Contrast Enhancement)	평활화(Equalization), 가우스분포(Gaussian Distribution), 조각마다 선형함수(Piecewise Linear Function)
밴드 비율 (Band Ratio)	주성분분석(PCA), 정규식생지수(NDVI), Tasseled Cap(Kauth–Thomas) 변환
중첩	• 레이어별 픽셀 간의 연산 • 사칙연산, 논리연산(Logical Operation, Boolean Operation) • 필터링(Filtering), 저역통과필터(Low Pass Filter), 고역통과필터(High Pass Filter) • 콘볼루션(Convolution), 커널(Kernel), 이동창(Moving Window)
보간법	최근린 내삽법, 역거리 가중치법(IDW, Inverse Distance Weight), 크리깅(Kriging)
영상분류	무감독분류, 감독분류

Tip

보간법

알고 있는 데이터 값들을 이용하여 모르는 값을 추정하는 방법

정답 01 ① 02 ① 03 ③ 04 ③

01 공간 데이터 분석기법 중 네트워크 분석에 해당하지 않는 것은?

① 근린분석
② 최소비용 경로탐색
③ 서비스 권역 분석
④ 자원의 입지배분

해설
근린분석은 탐색, 버퍼(Buffer), 보간(Interpolation) 등의 기법을 사용하여 주변 객체들과의 상관성을 분석한다.

02 한강이 지나가는 서울시의 동 찾기와 같은 공간객체 간의 관계 분석에 적합한 연산자는?

① Intersects
② Disjoint
③ Within
④ Equals

해설
2개의 공간객체가 교차하는지 검사하는 연산자는 'Intersects'이다.

03 공업지역이 지정된 서울시의 구 찾기와 같은 공간객체 간의 관계 분석에 적합한 연산자는?

① Intersects
② Disjoint
③ Contains
④ Equals

해설
하나의 공간객체가 다른 객체를 포함하는지를 검사하는 연산자는 'Contains'이다.

04 미세먼지 농도의 관측값으로부터 주변의 관측되지 않은 값들을 추정하려고 할 때, 이에 적합한 분석기법은?

① 디졸브(Dissolve)
② 정규식생지수(NDVI)
③ 역거리 가중치법(IDW)
④ 음영기복(Shaded Relief)

해설
관측을 통해 알고 있는 값으로부터 주변의 알고 싶은 지점의 값을 추정하기 위해 보간법을 적용한다. 보간법으로는 최근린 내삽법, 역거리 가중치법(IDW), 크리깅(Kriging) 등이 있다.

CHAPTER PART 1 공간정보 기초

03 공간정보 활용

기출유형 08 ▶ 공간정보 활용을 위한 주요 기능

공간정보 분야에서는 사물인터넷(IoT) 기술의 발전에 따라 실시간으로 발생하는 센서 자료의 수집 및 표출, 자료 분석, 예측 분석 기능 등을 활용할 수 있게 되었다. 이에 따라 대두된 기술은?

① 클라이언트-서버 모델
② 위상관계
③ 공간 빅데이터
④ 메타 데이터

해설
③ 공간정보가 포함된 빅데이터라고 할 수 있으며, 사물인터넷(IoT) 환경에서 다양한 서비스를 제공할 수 있게 되었다.
① 분산 네트워크 환경에서 서비스 요청과 서비스 제공간의 작업을 구조화한 것이다.
② 공간객체 간의 위치적인 상관관계를 표현한 것이다.
④ 데이터의 특성을 설명해주는 데이터이다.

| 정답 | ③

족집게 과외

❶ 공간정보의 활용에 대한 주요 변화 추세

㉠ 오픈소스 및 컴퓨팅 기술의 활용이 증가되면서 데이터 처리 및 분석 또한 진전됨
㉡ 다양한 정보와의 결합으로 지도 이용뿐만 아니라 DB와의 인터페이스 안정성과 편의성이 증대
㉢ 사물인터넷(IoT) 기술의 발전에 따라 실시간으로 발생하는 센서 자료의 수집 및 표출, 자료 분석 및 예측 등이 가능한 공간 빅데이터 기술이 대두됨

❷ 공간 데이터의 형태에 따른 활용 구분

래스터 형태의 공간 데이터	보안용 카메라 영상, 항공촬영 영상, 고해상도 위성영상, 라이다(Lidar), 센서 네트워크 등으로부터 수집된 공간 데이터의 활용 예 토지이용/토지피복 등의 변화 탐지, 지형 변화 및 지표면 정보구축 등
벡터 형태의 공간 데이터	SNS 위치 서비스, 오픈스트리트맵(Open Street Map) 등의 지도서비스 등 벡터 형태의 공간 데이터 활용 예 질병, 재난, 재해, 범죄 등의 발생 분포, 핫스팟(Hot Spot) 탐지, 공간 상관관계 분석 등
그래프 형태의 공간 데이터	도로망, 전력망, 공급망 등과 같은 그래프 형태의 네트워크 데이터 예 시간에 따른 접근성 분석, 최적시간 산정, 시간대 변화에 따른 경로 분석 등

❸ 공간정보의 활용에 대한 주요 변화 추세

㉠ 오픈소스 및 컴퓨팅 기술의 활용이 증가되면서 데이터 처리 및 분석 또한 진전되고 있음

㉡ 다양한 정보와의 결합으로 DB와의 인터페이스의 안정성과 편의성이 증대되고 있음

㉢ 사물인터넷(IoT) 기술의 발전에 따라 공간 빅데이터 기술이 대두되었음

㉣ 공간정보 관련 분야의 기술이 발달하고 융·복합되고 있어 새로운 활용 분야가 지속적으로 제시되고 있음

Tip

- 국토관측위성: 일정규모 이상의 지역을 주기적으로 관측
- 라이다 영상: 3차원 정보를 수집하는 데 적합
- 핫스팟 분석: 공간적 패턴을 판별하고, 특정 이벤트의 발생이 주변 지역에 대해 통계적으로 높은 지역을 찾는 데 적용
- 근접 분석: 근린 분석이라고도 하며, 공간상의 객체가 얼마나 가까이, 어떠한 상태로 존재하는지를 파악하는 것
- 네트워크 분석: 도로망 등과 같이 선형 객체의 연결에 대한 분석

정답 01 ③ 02 ② 03 ③ 04 ④

01 한라산 국립공원의 토지이용 및 토지피복 변화상황을 주기적으로 관측하려고 할 때 가장 적합한 공간 데이터는?

① 보안용 카메라 영상
② 라이다 영상
③ 국토위성 영상
④ 등산로 CCTV 영상

해설
한라산 국립공원과 같이 일정규모 이상의 지역을 주기적으로 관측하는 것에는 국토관측위성이 효율적이다. 라이다 영상은 토지이용이나 토지피복의 상황보다는 3차원 정보를 수집하는 데 적합하다.

02 특정 도로망 구간에서 충돌사고 동향 및 충돌패턴을 분석하고, 사고 발생 빈도를 시각화하려고 할 때 가장 적합한 분석 방법은?

① 근접 분석
② 핫스팟 분석
③ 근린 분석
④ 네트워크 분석

해설
② 핫스팟(Hot-spot) 분석은 공간적 패턴을 판별하고, 특정 이벤트의 발생이 주변 지역에 대해 통계적으로 높은 지역을 찾는 데 적용된다. 핫스팟과는 별도로 주변 지역에 비해 발생 빈도가 낮은 지역은 콜드스팟(Cold-spot)이라고 한다.
①·③ 근접 분석은 근린 분석이라고도 하며, 공간상의 객체가 얼마나 가까이, 또한 어떠한 상태로 존재하는지를 파악하는 것이다.
④ 네트워크 분석은 도로망, 관망, 전력망, 수계망, 공급망 등과 같이 선형 객체의 연결에 대한 분석이라고 할 수 있다.

03 도로망, 전력망, 공급망 등과 같은 그래프 형태의 데이터를 분석하는 데 가장 적합한 방법은?

① 공간내삽
② 로지스틱 회귀 분석
③ 네트워크 분석
④ 근접 분석

해설
① 관측을 통해 수집된 지점의 값으로부터 특정한 지점의 값을 추정하는 데 적용되는 분석기법이다.
② 데이터가 어떤 범주에 속할 확률을 0에서 1 사이의 값으로 예측하고, 그 확률에 따라 가능성이 더 높은 범주에 속하는 것으로 분류해주는 기법이다.
④ 근접 분석은 근린 분석이라고도 하며, 공간상의 객체가 얼마나 가까이, 또한 어떠한 상태로 존재하는지를 파악하는 것이다.

04 공간정보의 활용에 대한 주요 변화 추세를 설명한 것으로 틀린 것은?

① 오픈소스 및 컴퓨팅 기술의 활용이 증가되면서 데이터 처리 및 분석 또한 진전되고 있다.
② 다양한 정보와의 결합으로 DB와 인터페이스의 안정성과 편의성이 증대되고 있다.
③ 사물인터넷(IoT) 기술의 발전에 따라 공간 빅데이터 기술이 대두되었다.
④ 공간정보 관련 분야의 기술이 발달해도 융·복합되는 접점을 찾기 어려워지고 있다.

해설
공간정보 관련 분야의 기술이 발달하고 융·복합되고 있어 새로운 활용 분야가 지속적으로 제시되고 있다.

기출유형 09 ▸ 공간정보기반 분석 유형/기법

공간정보산업의 변화와 성장에 대한 설명으로 거리가 먼 것은?

① 공간 데이터 분석 유형 및 기법의 다양화
② 공간 데이터 시각화 기술 및 도구의 발달
③ 오픈소스 소프트웨어 기반 공간 데이터 처리 도구의 발달
④ 기관별 공간 데이터의 독점 활용

해설
공공 데이터의 개방과 공유 및 유통체계의 확장이 공간정보산업의 성장에 많은 영향을 주었다. 이는 또한 오픈소스 소프트웨어의 발전과 확산에도 활발한 촉진제가 되었다.

| 정답 | ④

족집게 과외

❶ 공간 데이터 분석 유형 및 기법

텍스트 분석	키워드 분석(Keyword Analysis), 연관 분석(Association Analysis, Association Rule Mining), 선호도 분석(Preference Analysis) 등
통계 분석	• 시계열 분석(Time Series Analysis), 빈도 분석(Frequency Analysis), 교차 분석(크로스탭 분석, Cross-tab Analysis), 패턴 분석(Pattern Analysis) • 지리 가중 회귀 분석(Geographically Weighted Regression), 로지스틱 회귀 분석(Logistic Regression) 등
공간 분석	군집 분석(Cluster Analysis), 핫스팟 분석(Hot Spot Analysis), 입지 적합성 분석(Location-Suitability Analysis) 등
네트워크 분석	근접 분석(Proximity Analysis), 연결성 분석(Connectivity Analysis) 등
인공지능 기법	기계학습(Machine Learning), 딥러닝(Deep Learning) 등

❷ 공간 데이터의 활용과 의사결정을 위한 시각화

㉠ 데이터 시각화를 통해 빠르고 효과적인 의사결정 지원
㉡ 데이터 시각화 도구에 필요한 공통적인 기능
- 사용의 편의성
- 대용량 데이터 및 여러 유형의 데이터 처리
- 다양한 차트, 그래프, 표, 지도 등을 출력

㉢ 대표적인 오픈소스 기반의 시각화 도구
- SW: FineReport, Looker Studio, OpenHeatMap, Tableau
- 자바스크립트 라이브러리: Leaflet, D3.js

정답 01 ④ 02 ② 03 ④

01 과거에서 현재까지 시간의 흐름에 따라 기록된 데이터를 통해 토지이용의 변화상황을 파악하려고 할 때 적합한 분석기법은?

① 군집 분석
② 네트워크 분석
③ 입지 적합성 분석
④ 시계열 분석

해설
시계열 분석은 어떤 현상에 대하여 과거에서부터 현재까지의 시간에 흐름에 따라 기록된 데이터를 바탕으로 미래의 변화에 대한 추세를 분석하는 기법이다.

02 특정 사건의 밀도가 가장 높은 곳은 어디인지, 발생한 사건의 밀집 정도는 어느 정도인지, 발생한 사건에 특정한 규칙이 있는지 등을 분석하기 위한 공간분석기능은?

① 키워드 분석
② 패턴 분석
③ 근접 분석
④ 연결성 분석

해설
패턴 분석을 통해 발생한 현상의 특성을 파악할 수 있도록 해준다.

03 공간 데이터의 시각화 도구에 필요한 공통적인 기능이 아닌 것은?

① 사용의 편의성
② 대용량 데이터의 처리
③ 다양한 유형의 데이터 처리
④ 출력 결과물 선택의 획일성

해설
시각화 도구는 분석 결과를 다양한 차트, 그래프, 표, 지도 등으로 출력할 수 있어야 한다.

기출유형 10 ▸ 공간정보 활용 분야

공간정보의 활용 분야와 거리가 가장 먼 것은?

① 환경정보시스템(EIS, Environment Information System)
② 도시정보시스템(UIS, Urban Information System)
③ 토지정보시스템(LIS, Land Information System)
④ 경영정보시스템(Management Information System)

해설

경영정보시스템은 기업 활동에 수반되는 업무, 경영, 전략적 의사결정을 체계적으로 통합하기 위해 정보를 효과적으로 제공하는 정보시스템이다. 환경, 도시, 토지 등의 정보시스템은 공간정보와 밀접한 관계를 갖고 있지만, 경영정보시스템은 상대적으로 공간정보와의 관계가 미약하다.

| 정답 | ④

족집게 과외

❶ 디지털 지도제작

㉠ 개요
- 항공사진 · 위성사진 등을 이용하여 디지털 지도(벡터 및 래스터 형태)를 제공
- 다양한 유형의 주제도를 제작하여 서비스

㉡ 활용 분야
- 측량: 디지털 지도제작을 위한 출발점
- 3차원 지도서비스: 실내 및 지하의 공간정보 표현에 유용, 다양한 표준화 진행 중
- 특수 지역이나 주제의 디지털 지도제작: 드론(Drone), UAV(Unmanned Aerial Vehicle) 등을 활용한 공간정보 활용

㉢ 활용 방향성
- 디지털 지도제작 기술의 발전: 항공사진 · 위성영상을 통하여 빠르고 정확한 디지털 지도제작
- 주기적인 디지털 지도의 갱신 및 보완

❷ 디지털 지도를 활용한 정보시스템의 통합

㉠ 개요
- 사용자 요구사항을 반영하여 디지털 지도 데이터를 활용하며, 공간정보서비스 제공
- 기존 정보시스템의 기능을 보완하거나 통합하여 서비스 제공
- 사용자가 디지털 지도를 활용하여 필요한 공간정보서비스를 개발

㉡ 활용 분야
- 사용자의 요구사항을 반영하여 공간 데이터를 분석 · 조회
- 사용자 요구에 부합하는 다양한 분야의 공공 서비스에 적용

㉢ 활용 방향성
- 클라이언트-서버(Client-Server) 구조로부터 상호작용이 가능한 웹(Web) 환경으로 전환
- 모바일 기기에서 활용 가능한 형태의 서비스로 전환

❸ 공간정보 융합서비스

㉠ 개요

- 사용자 요구에 맞추어 타 분야의 정보기술과 공간정보 기술을 융 · 복합하여 반영
- 공간정보와 정보통신기술이 접목된 형태

㉡ 활용 분야

- 공간정보 기술이 지능형 교통시스템(ITS)과 같은 교통제어시스템에 통신, 교통량예측기술 등의 기술과 융 · 복합
- 공간 빅데이터 분석 및 자료 시각화에 활용

㉢ 활용 방향성

다양한 산업 분야와 융합을 통한 공간정보서비스의 활성화

Tip

브이월드(VWorld)★
국가공간정보활용 · 지원체계로 2D · 3D 공간정보, 오픈API 서비스 등을 제공

도심항공모빌리티(UAM, Urban Air Mobility)
도심 상공을 새로운 교통 통로로 이용할 수 있어, 도심의 이동 효율성을 극대화한 차세대 융 · 복합 솔루션

SLAM(Simultaneous Localization and Mapping)
로봇청소기의 위치추정, 창고에서 선반까지의 이동 경로 선정, 자율주행차량의 주차하기 등의 분야에서 활발하게 활용되고 있으며, 카메라 및 센서 등으로부터의 영상과 신호처리, 자세제어 및 이동, 공간정보를 활용한 위치추정 등 다양한 기술이 융 · 복합된 것

❹ 공간정보의 활용 분야별 정보시스템

㉠ 환경정보시스템(EIS, Environment Information System): 환경정보를 체계적으로 관리하고, 국민과 기업 등의 사용자에게 서비스하기 위한 정보시스템

㉡ 도시정보시스템(UIS, Urban Information System): 도시의 현황 파악 및 도시계획, 도시정비, 도시기반 시설 관리 등을 위하여 인구, 교통, 시설 등의 다양한 정보를 체계화하여 관리하는 정보시스템

㉢ 토지정보시스템(LIS, Land Information System): 토지와 관련된 속성정보 및 공간정보를 체계화하여 통합 · 관리하는 정보시스템

정답 01 ② 02 ④ 03 ② 04 ③

01 도로 및 도로 주변의 3차원 객체를 추출하는 데 가장 적합한 공간 데이터는?

① 기존에 제작된 수치표고모형(DEM)
② MMS(Mobile Mapping System)의 라이다(Lidar) 센서를 이용한 점군 자료
③ GPS 위성으로부터 수신된 위치자료
④ 축척 1/5,000 지형도

해설
MMS Lidar 자료를 이용한 3차원 정밀지도의 구축은 자율주행 자동차 개발에도 필요한 기술이다.

02 모바일 현장 업무지원을 위해 항공영상, 지형도 등의 배경지도와 다양한 수치지도를 활용해서 솔루션을 개발하고자 할 때 다음 중 배경지도로 사용하기에 가장 적합한 것은?

① 축척 1/5,000 수치지형도
② 지적도
③ 임상도
④ 브이월드(VWorld) 서비스

해설
브이월드(VWorld)는 국가공간정보활용 · 지원체계로 2D · 3D 공간정보, 오픈API 서비스 등을 제공하고 있다.

03 공간정보 기술이 융 · 복합될 수 있는 것으로, 항공기를 활용하여 사람과 화물을 운송하는 도시교통체계는?

① MMS(Mobile Mapping System)
② UAM(Urban Air Mobility)
③ UIS(Urban Information System)
④ LIS(Land Information System)

해설
도심항공모빌리티(UAM)는 도심 상공을 새로운 교통 통로로 이용할 수 있어, 도심의 이동 효율성을 극대화한 차세대 융 · 복합 솔루션으로 떠오르고 있다.

04 자율주행차량과 같은 이동체에 적용되어 주변 환경 지도를 작성하는 동시에 이동체의 위치를 작성된 지도 안에서 추정하는 기법은?

① MMS(Mobile Mapping System)
② GNSS(Global Navigation Satellite System)
③ SLAM(Simultaneous Localization And Mapping)
④ IDW(Inverse Distance Weight)

해설
SLAM은 로봇청소기의 위치추정, 창고에서 선반까지의 이동 경로 선정, 자율주행차량의 주차하기 등 활발하게 활용되고 있으며, 카메라 및 센서 등으로부터의 영상과 신호처리, 자세제어 및 이동, 공간정보를 활용한 위치추정 등 다양한 기술이 융 · 복합된 결과이다.

04 지도와 좌표계

기출유형 11 ▸ 지도의 분류

지도를 목적에 따라 분류할 때 성격이 다른 것은?

① 국가기본도 ② 토지이용현황도
③ 지질도 ④ 토양도

해설
국가기본도(지형도)는 전국을 대상으로 하여 제작된 지형도 중 규격이 일정하고 정확도가 통일된 것으로 국가가 제작하는 지도이다. 토지이용현황도, 지질도, 토양도 등은 특정한 주제를 강조하여 표현된 지도로 주제도라고 한다.

| 정답 | ①

족집게 과외

❶ 지도의 개념

㉠ 정의
- 대상이나 현상의 위치, 지형, 지명 등 여러 공간정보를 일정한 축척에 따라 기호나 문자 등으로 표시한 것
- 정보처리시스템을 이용하여 분석, 편집 및 입력·출력할 수 있도록 제작된 수치지형도와 이를 이용하여 특정한 주제에 관하여 제작된 지하시설물도·토지이용현황도 등 대통령령으로 정하는 수치주제도(數値主題圖)를 포함

㉡ 지도제작의 추상화 및 일반화 과정
- 선택(Selection): 표현 대상에 대한 선별 결정
- 분류화(Classification): 동일하거나 유사한 대상을 그룹으로 묶어서 표현
- 단순화(Simplication): 분류화 과정을 거쳐 선정된 대상 중에서 불필요한 부분 제거
- 기호화(Symbolization): 대상을 기호를 사용하여 추상적으로 표현

㉢ 지도와 같은 시각화 콘텐츠 제작의 기본 원칙
단순하고(Simple), 명료하고(Clear), 직관적(Easy to Read)이어야 함

❷ 지도의 분류

목적에 따른 분류	• 일반도(General Map): 국가기본도(지형도), 지세도, 지방도, 대한민국전도 등 • 주제도(Thematic Map): 토지이용현황도, 토지특성도, 지질도, 토양도, 산림도, 관광도, 교통도, 통계도, 도시계획도, 국토개발계획도 등 • 특수도(Specific Map): 항공도, 해도, 천기도, 점자지도, 사진지도, 지형기복도, 지적도 등
축척에 따른 분류	• 대축척지도: 1/10,000 이상의 축척 • 중축척지도: 1/10,000~1/200,000의 축척 • 소축척지도: 1/200,000 이하의 축척
제작 방법에 따른 분류	• 실측도: 지형도, 지적도, 해도 등 • 편집도: 1/50,000 지형도, 1/250,000 지세도, 1/500,000 지방도 등 • 집성도: 항공사진집성도 등
통계 자료 등 주제 표현을 위한 지도의 유형 분류	• 점묘도(Dot Map) • 도형표현도(Proportional Symbol Map) • 등치선도(Isarithmic Map, Contour Map, Isometric Map, Isopleth Map) • 유선도(Flow Line Map) • 단계구분도(Choropleth Map) • 밀도구분도(Dasymetric Map) • 왜상통계지도(Cartogram) • 격자형 통계지도(Mesh Map, Grid Map)

Tip

- 점묘도: 일정 크기를 가진 점의 밀도로, 어떠한 사상의 수치나 양을 나타냄
- 도형표현도: 막대, 원, 사각형 등의 각종 도형을 이용하여 통계값의 크기를 지역별로 표현
- 등치선도: 동일한 값의 지점을 선으로 연결하여 표현
- 유선도: 사람이나 교통 기관 등의 이동경로나 방향, 거리 등을 도표화한 것
- 단계구분도: 등급 값을 몇 단계로 나눈 후 각 단계마다 색이나 농도를 다르게 표현한 것
- 밀도구분도: 통계표면을 지도화할 경우 면적기호를 이용하는 방법
- 왜상통계지도: 통계자료의 내용을 표현하기 위해 실제 땅의 모양과는 다르게 지도를 표현하기도 하는데, 이렇게 땅의 모양을 변형하여 만든 지도를 의미함
- 격자형 통계지도: 특정 지역을 일정한 크기의 정사각형 격자로 나누어 격자 안의 자료를 밀도로 표현한 것

01 지도 축척에 관한 설명으로 틀린 것은?

① 축척 1/50,000 지도를 사용해서 축척 1/25,000 지도의 정확도를 구현할 수 없다.
② 소축척지도를 대축척지도로 일반화할 수 있다.
③ 지도의 축척이 다르면 지도가 표현하는 정보의 수준이 다르다.
④ 지도의 축척이 다르면 지도의 위치정확도도 다르다.

해설
지도의 일반화는 대축척지도에서 소축척지도를 추출해내는 과정을 의미한다.

02 등치선도 형태의 주제도에 가장 적합한 정보는?

① 행정구역
② 임상
③ 토지이용
④ 미세먼지 농도

해설
등치선도는 자료의 크기가 같은 값을 가지는 지점을 일정한 간격의 선으로 연결하여 만든 지도이다. 등고선, 등온선, 강수량 분포도 등이 대표적이다.

03 단위구역이 갖고 있는 속성값을 등급에 따라 분류하고 등급별로 음영이나 색채로 표시하는 표현 방법은?

① 도형표현도
② 음영기복도
③ 등치선도
④ 단계구분도

해설
④ 단계구분도는 등급 값을 몇 단계로 나눈 후 각 단계마다 색이나 농도를 달리하여 표현한다.
① 도형표현도는 막대, 원, 사각형 등의 각종 도형을 이용하여 통계값의 크기를 지역별로 표현한다.
② 음영기복도는 어느 특정한 곳에서 일정한 방향으로 평행 광선을 비칠 때 생기는 그림자를 바로 위에서 본 상태로 지형 등의 기복모양을 표시한다.
③ 등치선도는 동일한 값의 지점을 선으로 연결하여 표현한다.

04 지도제작의 추상화 및 일반화 과정에 대한 설명으로 틀린 것은?

① 선택: 표현 대상에 대한 선별 결정
② 분류화: 동일하거나 유사한 대상을 그룹으로 묶어서 표현
③ 단순화: 선택 과정을 거쳐 선정된 대상에 대해 불필요한 부분을 제거
④ 기호화: 대상을 기호를 사용하여 추상적으로 표현

해설
단순화 과정은 분류화 과정을 거쳐 선정된 대상 중에서 불필요한 부분을 제거한다.

기출유형 12 ▶ 좌표계*의 정의

다음 중 지구좌표계가 아닌 것은?

① 평면 직교 좌표계
② 경위도 좌표계
③ 국제 횡축 메르카토르(UTM) 좌표계
④ 황도 좌표계

해설

④ 황경과 황위로 천체의 위치를 표시하는 좌표계로, 지구 공전궤도면과 천구면이 만나서 만드는 황도를 기준으로 하고 있다.
①·②·③ 지구 지표면상에서 특정 지점의 위치를 나타내기 위한 좌표계이다.

| 정답 | ④

족집게 과외

❶ 지구상에서 위치를 표시하는 방법

지리 좌표계	• 한 지점은 경도(Longitude)와 위도(Latitude)로 표시되며, 이때 단위는 도(Degree) • 3차원의 구면을 이용하는 좌표계
투영 좌표계	• 3차원 지구에서의 경위도 좌표를 특정한 투영법을 사용해 2차원 평면상에서 나타냈을 때의 2차원 평면좌표를 의미 • 투영법에 의해 지구상의 한 점이 지도상에 표현될 때 가상의 원점을 기준으로 해당지점까지의 좌푯값을 표현

❷ 좌표계의 종류

경위도 좌표계	경도는 본초자오선을 기준으로, 위도는 자오선을 따라 적도에서 어느 지점까지의 각거리를 표기
평면직교 좌표계	일반적인 측량 또는 측량지역이 넓지 않은 경우 사용
극좌표계	• 평면 위의 위치를 각도와 거리를 사용하여 나타내는 좌표계 • 극좌표계의 점은 반지름 r과 각 θ로 표현됨. 반지름 r은 극에서의 거리를 의미하고, 각 θ는 0°에서 반시계 방향으로 측정한 각도를 의미함
UTM 좌표계	• Universal Transverse Mercator Coordinate System이라고도 함 • 국제 횡축 메르카토르 도법으로서 지구 전체를 원통으로 감싸는 형태의 좌표계
UPS 좌표계	• Universal Polar Stereographic Coordinate System이라고도 함 • UTM 좌표로 표시하지 못하는 두 개의 극지방을 표시하기 위한 독립된 좌표계
3차원 직교좌표	인공위성이나 관측용 천체를 이용한 측량에서 서로 다른 기준타원체 간의 좌표변환 시 사용

Tip

우리나라 국가기본도에 적용되는 좌표계

평면 직각 좌표계(TM 좌표계: Transverse Mercator): 우리나라의 경우 평면 직각 좌표계인 TM 좌표계를 국가기본도의 기본체계로 하고 있음

WGS84(World Geodetic System 1984)

- 전 세계적으로 측정한 지구의 중력장과 지구 모양을 근거로 1984년에 만들어진 지구 질량중심 좌표계로서, 지구 전체를 대상으로 하는 세계 공통 좌표계
- GPS는 미 국방성이 1984년에 채택한 WGS84 타원체를 기준으로 사용

정답 01 ④ 02 ④ 03 ④ 04 ③

01 우리나라 국가기본도에 적용되는 좌표계는?

① 경위도 좌표계
② 카텍(KATECH) 좌표계
③ UTM(Universal Transverse Mercator) 좌표계
④ 평면직각 좌표계(TM 좌표계: Transverse Mercator)

해설
우리나라의 경우 평면직각 좌표계인 TM(Transverse Meractor) 좌표계를 국가기본도의 기본체계로 하고 있다.

02 GPS에서 기준으로 사용하는 타원체는?

① WGS72
② IUGG74
③ GRS80
④ WGS84

해설
GPS는 미 국방성이 1984년에 채택한 WGS84 타원체를 사용하고 있다.

03 경위도 좌표계에 대한 설명으로 옳지 않은 것은?

① 위도는 한 점에서 기준타원체의 수직선과 적도 평면이 이루는 각으로 정의
② 경도는 적도 평면에 수직인 평면과 본초자오선 면이 이루는 각으로 정의
③ 지구타원체의 회전에 기반을 둔 3차원 구형좌표계
④ 횡축 메르카토르 투영을 이용한 2차원 평면좌표계

해설
2차원 평면좌표계는 투영좌표계에 대한 설명이다.

04 평면 위의 위치를 각도와 거리를 사용하여 나타내는 2차원 좌표계로, 반지름 r과 각 θ로 표현되는 것은?

① 경위도 좌표계
② 평면 직교 좌표계
③ 극좌표계
④ UTM 좌표계

해설
극좌표계에서 반지름 r은 극에서의 거리를 의미하고, 각 θ는 0°로부터의 각의 크기를 의미한다.

기출유형 13 ▶ 좌표계의 변환

좌표계 변환의 설명으로 틀린 것은?

① 경위도 좌표를 투영좌표로 가져가는 경우 3차원에서 2차원으로의 변환이 된다.
② 투영좌표계는 2차원에서 3차원 좌표계로의 변환을 의미한다.
③ 기하학적 왜곡이 내재되어 있는 원격탐사 영상은 좌표계 변환이 필요하다.
④ 좌표계의 변환 시 기준이 되는 좌표계를 미리 결정해야 한다.

해설
투영좌표계는 3차원의 경위도 좌표를 2차원 평면상에서 나타냈을 때의 2차원 평면좌표계를 의미한다. 기하학적 왜곡이 내재되어 있는 위성영상은 기하보정(지리보정, Geometric Correction)을 통하여 기준이 되는 좌표체계로 변환한다.

| 정답 | ②

족집게 과외

❶ 좌표계 변환의 정의

하나의 좌표계에서 다른 좌표계로 변환하는 것

❷ 좌표계 변환의 유형

㉠ 경위도 좌표를 투영좌표로 가져가는 지도투영 변환
㉡ 한 투영좌표계에서 다른 투영좌표계로 투영법을 변경하는 투영좌표계 변환
㉢ 기하학적 왜곡을 가진 사진이나 원격탐사 영상을 기준이 되는 좌표계의 영상으로 변환하는 좌표변환

❸ 좌표계 변환 시 유의사항

㉠ 좌표변환을 통해 기준타원체가 변경될 경우 타원체 간 변환 요소를 고려
- 두 좌표계 사이의 원점이 일치하도록 평행이동할 경우 원점이동량의 3가지 성분($\triangle X$, $\triangle Y$, $\triangle Z$)을 두 좌표계 간 좌표축 방향이 일치하도록 X, Y, Z 축의 순서로 변환
- 회전시킬 경우의 회전량 3성분과 두 좌표계 간의 축척변경 $\triangle S$ 등을 적용
- 3차원의 지리 좌표계를 2차원의 평면 직각 좌표계로 변환하여 사용하는 경우 데이텀(Datum) 외에 투영법 및 기타 매개변수에 대한 정보가 필요

㉡ 변환하려는 좌표계의 명확한 설정 필요

❹ 좌표변환 요령

㉠ 좌표체계를 정의한 파일은 데이터 파일과 동일한 파일에 있을 수도 있고, 별도의 파일에 있을 수 있음. 별도의 파일에 좌표체계 정보가 있는 경우, 데이터 파일과 함께 전송하여야 함
㉡ 동일 기관에서 제작한 공간 데이터라 하더라도 제작 시기에 따라 적용한 좌표체계가 다를 수 있으니 주의해야 함
㉢ 좌표계 설정 및 변환을 위하여 작업 목표에 맞는 좌표체계를 작업 전에 설정해 두어야 함
㉣ 서로 다른 좌표체계의 공간 데이터를 하나의 뷰어에 출력하는 경우, 좌표변환이 자동으로 이루어지지 않을 수 있음. 따라서 별도의 뷰를 열어 확인하고, 좌표체계를 변환한 뒤 필요한 작업을 실행함

❺ 좌표변환 방법의 종류

등각사상 변환 (Conformal Transform)	기하적인 각도를 그대로 유지하면서 좌표를 변환하는 방법으로, 좌표 변환 후에도 도형의 모양이 변하지 않음
부등각사상 변환 (Affine Transform)	선형변환과 이동변환을 동시에 지원하는 변환으로, 변환 후에도 변환 전의 평행성과 비율을 보존
투영변환 (Projection Transformation)	큰 차원 공간의 점들을 작은 차원의 공간으로 매핑하는 변환으로, 3차원 공간을 2차원 평면으로 변환하는 것

❻ 변환 결과의 정확도 평가

검사점의 지도좌표와 실제 측량좌표 사이의 차이로부터 평균제곱근오차(RMSE; Root Mean Square Error)를 구하여 평가

기출유형 완성하기

정답 01 ③ 02 ④ 03 ④ 04 ①

01 좌표체계 변환 시 유의할 점으로 틀린 것은?

① 두 좌표계 사이의 원점이 일치하도록 평행이동시킬 경우 원점이동량의 3가지 성분(△X, △Y, △Z)을 두 좌표계 간의 좌표축 방향이 일치하도록 X, Y, Z축의 순서로 변환한다.
② 회전시킬 경우의 회전량 3성분과 두 좌표계 간의 축척변경 △S 등을 적용한다.
③ 3차원의 지리좌표계를 2차원의 평면직각좌표계로 변환하여 사용하는 경우 데이텀(Datum) 정보만으로 충분하다.
④ 변환 시 기준이 되는 좌표계의 명확한 설정이 필요하다.

해설
3차원의 지리좌표계를 2차원의 평면직각좌표계로 변환하여 사용하는 경우 데이텀(Datum) 외에 투영법 및 기타 매개변수에 대한 정보가 필요하다.

02 좌표변환 결과의 정확도 평가에 사용되는 것으로 적합한 것은?

① 혼동행렬(Confuse Matrix)
② 상관계수(Correllation Coefficient)
③ 판별함수(Discrimination Function)
④ 평균제곱근오차(Root Mean Square Error)

해설
검사점의 지도좌표와 실제 측량좌표 사이의 차이로부터 RMSE를 구하여 평가한다. 혼동행렬(Confuse Matrix)은 분류정확도 평가에 사용된다.

03 좌표변환 시의 요령으로 적합하지 않은 것은?

① 좌표체계를 정의한 파일은 데이터 파일과 동일한 파일에 있을 수도 있고, 별도의 파일에 있을 수 있다. 별도의 파일에 좌표체계 정보가 있는 경우, 데이터 파일과 함께 전송하여야 한다.
② 동일 기관에서 제작한 공간 데이터라 하더라도 제작 시기에 따라 적용한 좌표체계가 다를 수 있으니 주의해야 한다.
③ 좌표계 설정 및 변환을 위하여 작업 목표에 맞는 좌표체계를 작업 전에 설정해 두는 것이 필요하다.
④ 좌표체계가 정의된 공간 데이터 파일 두 개 이상을 하나의 뷰어에 출력하는 경우, 좌표계가 자동으로 변환되므로 하나의 뷰어에 여러 개의 좌표체계 파일이 출력된다 하더라도 특별한 이상은 없다.

해설
서로 다른 좌표체계의 공간 데이터를 하나의 뷰어에 출력하는 경우, 좌표변환이 자동으로 이루어지지 않을 수 있다. 따라서 별도의 뷰를 열어 확인하고, 좌표체계를 변환한 뒤 필요한 작업을 실행한다.

04 기하적인 각도를 그대로 유지하면서 좌표를 변환하는 방법으로, 좌표변환 후에도 도형의 모양이 변하지 않는 것은?

① 등각사상 변환
② 부등각사상 변환
③ 투영 변환
④ 전단(Shear)과 반사(Reflection)

해설
등각사상 변환은 좌표변환 후에도 원래의 도형 모양이 변하지 않으며, 부등각사상 변환은 변환 전의 평행성과 비율을 보존하는 것으로, '전단'과 '반사'가 여기에 속한다.

팀에는 내가 없지만 팀의 승리에는 내가 있다.

(Team이란 단어에는 I 자가 없지만 win이란 단어에는 있다)

There is no “I” in team but there is in win.

마이클 조던

PART 02
공간정보 자료수집

CHAPTER 01 요구 데이터 검토

기출유형 01 ▶ 요구사항

다음의 설명과 가장 부합하는 용어는 무엇인가?

> 검증과 같은 의미로 개발 자원을 요구사항에 할당하기 전 요구사항 명세서가 정확하고 완전하게 작성되었는지를 검토하는 활동

① 요구사항 도출
② 요구사항 확인
③ 요구사항 수집
④ 요구사항 명세

해설
검증과 같은 의미로 개발 자원을 요구사항에 할당하기 전 요구사항 명세서가 정확하고 완전하게 작성되었는지를 검토하는 활동은 요구사항 확인에 해당한다.

| 정답 | ②

족집게 과외

❶ 요구사항의 개념

㉠ 소프트웨어가 어떤 문제를 해결하기 위해 제공하는 서비스에 대한 설명과 정상적으로 운영되는 데 필요한 제약조건 등을 의미
㉡ 소프트웨어 개발이나 유지 보수 과정에서 필요한 기준과 근거 제공

❷ 요구사항의 유형

㉠ 기능 요구사항(Functional Requirements)
- 시스템이 무엇을 하는지, 어떤 기능을 하는지에 대한 사항
- 시스템의 입력이나 출력으로 무엇이 포함되어야 하는지, 시스템이 어떤 데이터를 저장하거나 연산을 수행해야 하는지에 대한 사항
- 시스템이 반드시 수행해야 하는 기능
- 사용자가 시스템을 통해 제공받기를 원하는 기능

㉡ 비기능 요구사항(Non-functional Requirements)
- 시스템 장비 구성 요구사항: 하드웨어, 소프트웨어, 네트워크 등의 시스템 장비 구성에 대한 요구사항
- 성능 요구사항: 처리 속도 및 시간, 처리량, 동적·정적 적용량, 가용성 등 성능에 대한 요구사항
- 인터페이스 요구사항: 시스템 인터페이스와 사용자 인터페이스에 대한 요구사항으로 다른 소프트웨어, 하드웨어 및 통신 인터페이스, 다른 시스템과의 정보 교환에 사용되는 프로토콜과의 연계도 포함하여 기술
- 데이터 요구사항: 초기 자료 구축 및 데이터 변환을 위한 대상, 방법, 보안이 필요한 데이터 등 데이터를 구축하기 위해 필요한 요구사항
- 테스트 요구사항: 도입되는 장비의 성능 테스트(BMT)나 구축된 시스템이 제대로 운영되는지를 테스트하고 점검하기 위한 테스트 요구사항
- 보안 요구사항: 시스템의 데이터 및 기능, 운영 접근을 통제하기 위한 요구사항
- 품질 요구사항: 관리가 필요한 품질 항목, 품질 평가 대상에 대한 요구사항으로 가용성, 정합성, 상호 호환성, 대응성, 신뢰성, 사용성, 유지·관리성, 이식성, 확장성, 보안성 등으로 구분하여 기술

- 제약사항: 시스템 설계, 구축, 운영과 관련하여 사전에 파악된 기술, 표준, 업무, 법·제도 등의 제약조건
- 프로젝트 관리 요구사항: 프로젝트의 원활한 수행을 위한 관리 방법에 대한 요구사항
- 프로젝트 지원 요구사항: 프로젝트의 원활한 수행을 위한 지원 사항이나 방안에 대한 요구사항

❸ 개발 프로세스

개발 대상에 대한 요구사항을 체계적으로 도출하고 이를 분석한 후 분석 결과를 명세서에 정리하고 마지막으로 이를 확인 및 검증하는 일련의 구조화된 활동

도출(Elicitation) → 분석(Analysis) → 명세(Specification) → 확인(Validation)

요구사항 도출	• 시스템, 사용자, 시스템 개발에 관련된 사람들이 서로 의견을 교환하여 요구사항이 어디에 있는지, 어떻게 수집할 것인지를 식별하고 이해하는 과정 • 소프트웨어가 해결해야 할 문제를 이해하는 첫 번째 단계 • 개발자와 고객 사이의 관계 생성 및 이해관계자 식별 • 소프트웨어 개발 생명 주기(SDLC; Software Development Life Cycle) 동안 지속적으로 반복 • 주요 기법: 청취, 인터뷰, 설문, 브레인스토밍, 워크숍, 프로토타이핑, 유스케이스 등
요구사항 분석	• 개발 대상에 대한 사용자의 요구사항 중 명확하지 않거나 모호하여 이해되지 않는 부분을 발견하고 이를 걸러내기 위한 과정 • 사용자 요구사항의 타당성을 조사하고 비용과 일정에 대한 제약을 설정 • 내용이 중복되거나 하나로 통합되어야 하는 등 서로 상충되는 요구사항이 있으면 이를 중재하는 과정 • 도출된 요구사항들을 토대로 소프트웨어의 범위를 파악 • 도출된 요구사항들을 토대로 소프트웨어와 주변 환경이 상호 작용하는 방법을 이해 • 요구사항 분석에는 자료 흐름도(DFD), 자료 사전(DD) 등의 도구 사용
요구사항 명세	• 분석된 요구사항을 바탕으로 모델을 작성하고 문서화하는 것을 의미 • 요구사항을 문서화할 때는 기능 요구사항은 빠짐없이 완전하고 명확하게 기술해야 하며, 비기능 요구사항은 필요한 것만 명확하게 기술 • 사용자가 이해하기 쉬우며, 개발자가 효과적으로 설계할 수 있도록 작성 • 설계 과정에서 잘못된 부분이 확인될 경우 그 내용을 요구사항 정의서에서 추적 • 구체적인 명세를 위해 소단위 명세서(Mini-Spec)를 사용할 수 있음
요구사항 확인/검증	• 개발 자원을 요구사항에 할당하기 전 요구사항 명세서가 정확하고 완전하게 작성되었는지를 검토하는 활동 • 분석가가 요구사항을 정확하게 이해한 후 요구사항 명세서를 작성했는지 확인(Validation) 필요 • 요구사항이 실제 요구를 반영하는지, 서로 상충되는 요구사항은 없는지 등을 점검 • 개발이 완료된 후 문제가 발견되면 재작업 비용이 발생할 수 있으므로 요구사항 검증은 매우 중요 • 요구사항 명세서 내용의 이해도, 일관성, 회사 기준 부합, 누락기능 여부 등을 검증(Verification)하는 것이 중요 • 요구사항 문서는 이해관계자들이 검토 • 요구사항 검증 과정을 통해 모든 문제를 확인하는 것은 불가능 • 일반적으로 요구사항 관리 도구를 이용하여 요구사항 정의 문서들에 대해 형상 관리를 수행

Tip

개발 프로세스 과정 용어
- 요구사항 도출(Requirement Elicitation, 요구사항 수집)
- 요구사항 분석(Requirement Analysis)
- 요구사항 명세(Requirement Specification)
- 요구사항 확인(Requirement Validation, 요구사항 검증)

01 다음에 제시된 요구사항 개발 프로세스 단계를 순서에 맞게 나열한 것을 고르시오.

① 도출 → 분석 → 명세 → 확인
② 도출 → 분석 → 확인 → 명세
③ 명세 → 분석 → 도출 → 확인
④ 명세 → 도출 → 분석 → 확인

해설

요구사항 개발 프로세스
도출 → 분석 → 명세 → 확인

02 요구사항 분석에서 비기능적 요구에 대한 설명으로 옳은 것은?

① 시스템의 처리량, 반응 시간 등의 성능 요구나 품질 요구는 비기능적 요구에 해당하지 않는다.
② 국가공간정보 포털에서 제공하는 모든 화면이 3초 이내에 사용자에게 보여야 한다는 것은 비기능적 요구이다.
③ 시스템 구축과 관련된 안전, 보안에 대한 요구사항들은 비기능적 요구에 해당하지 않는다.
④ 금융 시스템에서 조회, 인출, 입금, 송금의 기능이 있어야 한다는 것은 비기능적 요구이다.

해설

② 모든 화면이 3초 이내에 사용자에게 보여야 한다는 것은 성능과 관련한 내용이므로 비기능적 요구사항에 해당한다.
① 성능 요구나 품질 요구는 비기능적 요구사항에 해당한다.
③ 비기능적 요구사항에 해당한다.
④ 기능적 요구사항에 해당한다.

Tip

- 기능적 요구사항: 시스템이 실제로 어떻게 동작하는지에 관점을 둔 요구사항
- 비기능적 요구사항: 시스템 구축에 대한 성능, 보안, 품질, 안정성 등으로 실제 수행에 보조적인 요구사항

03 요구사항 검증(Requirements Validation)과 관련한 설명으로 틀린 것은?

① 요구사항이 고객이 정말 원하는 시스템을 제대로 정의하고 있는지 점검하는 과정이다.
② 개발 완료 이후에 문제점이 발견될 경우 막대한 재작업 비용이 들 수 있기 때문에 요구사항 검증은 매우 중요하다.
③ 요구사항이 실제 요구를 반영하는지, 문서상의 요구사항은 서로 상충되지 않는지 등을 점검한다.
④ 요구사항 검증 과정을 통해 모든 요구사항 문제를 발견할 수 있다.

해설

요구사항 검증 과정을 통해 모든 문제를 확인하는 것은 불가능하다.

04 요구사항 분석이 어려운 이유가 아닌 것은?

① 개발자와 사용자 간의 지식이나 표현의 차이가 커서 상호 이해가 쉽지 않다.
② 사용자의 요구는 예외가 거의 없어 열거와 구조화가 어렵지 않다.
③ 사용자의 요구사항은 모호하고 불명확하다.
④ 소프트웨어 개발 과정 중 요구사항이 계속 변할 수 있다.

해설

사용자의 요구는 수시로 예외가 발생할 수 있으므로 열거와 구조화가 어렵다.

기출유형 02 ▶ 데이터 확인(검증)

소프트웨어 테스트에서 검증(Verification)과 확인(Validation)에 대한 설명으로 틀린 것은?

① 소프트웨어 테스트에서 검증과 확인을 구별하면 찾고자 하는 결함 유형을 명확하게 하는 데 도움이 된다.
② 검증은 소프트웨어 개발 과정을 테스트하는 것이고, 확인은 소프트웨어 결과를 테스트하는 것이다.
③ 검증은 작업 제품이 요구 명세의 기능, 비기능 요구사항을 얼마나 잘 준수하는지 측정하는 작업이다.
④ 검증은 작업 제품이 사용자의 요구에 적합한지 측정하며, 확인은 작업 제품이 개발자의 기대를 충족시키는지를 측정한다.

해설

검증은 개발자가 측정하고, 확인은 사용자가 측정한다.

| 정답 | ④

족집게 과외

❶ 데이터 검증 개념

㉠ 원천 시스템의 데이터를 목적 시스템의 데이터로 전환하는 과정이 정상적으로 수행되었는지를 확인하는 과정
㉡ 데이터 전환 검증은 검증 방법과 검증 단계에 따라 분류
㉢ 데이터 검증과 확인은 데이터의 정확성과 유효성을 확인하는 과정

구분	설명
데이터 검증 (Valification)	개발자 입장에서 제품 명세서 완성 여부를 확인하는 프로세스
데이터 확인 (Validation)	사용자(고객) 입장에서 고객 요구사항에 부합 여부를 확인하는 과정

❷ 데이터 검증 방법에 따른 분류

구분	설명
로그 검증	데이터 전환 과정에서 작성하는 추출, 전환, 적재 로그 검증
기본 항목 검증	로그 검증 외에 별도로 요청된 검증 항목에 대해 검증
응용 프로그램 검증	응용 프로그램을 통한 데이터 전환의 정합성 검증
응용 데이터 검증	사전에 정의된 업무 규칙을 기준으로 데이터 전환의 정합성 검증
값 검증	숫자 항목의 합계 검증, 코드 데이터의 범위 검증, 속성 변경에 따른 값 검증

❸ 데이터 검증 단계에 따른 분류

원천 데이터를 추출하는 시점부터 전환 시점, DB 적재 시점, DB 적재 후 시점, 전환 완료 후 시점별로 목적과 검증 방법을 달리하여 데이터 전환의 정합성을 검증

단계	내용
추출	• 현행 시스템 데이터에 대한 정합성 확인 • 프로그램 작성과정에서 발생 가능한 오류 방지 • 검증방법: 로그 검증
전환	• 매핑 정의서에 정의된 내용이 정확히 반영되었는지 확인 • 매핑 정의서 오류 여부 확인 • 매핑조건과 상이한 경우의 존재 여부 확인 • 검증방법: 로그 검증
DB 적재	• 목표 SAM 파일을 RDB에 적재하는 과정에서 발생할 수 있는 오류나 데이터 누락 손실 등 여부 확인 • 검증방법: 로그 검증
DB 적재 후	• 데이터 전환의 최종 단계 완료에 따른 정합성 확인 • 검증방법: 기본 항목 검증
전환 완료 후	• 데이터 전환 완료 후 추가 검증 과정을 통해 데이터 전환의 정합성 검증 • 검증방법: 응용 프로그램 및 응용 데이터 검증

기출유형 완성하기

정답 01 ② 02 ① 03 ③

01 다음의 설명과 가장 부합하는 용어는 무엇인가?

> • 숫자 항목의 합계 검증
> • 코드 데이터의 범위 검증
> • 속성 변경에 따른 값 검증을 수행

① 로그 검증
② 값 검증
③ 응용 데이터 검증
④ 기본 항목 검증

해설
숫자 항목의 합계 검증, 코드 데이터의 범위 검증, 속성 변경에 따른 값 검증을 수행하는 것은 값 검증이다.

02 데이터 추출, 전환, DB적재 단계 시 필요로 하는 검증 방법은 무엇인가?

① 로그 검증
② 값 검증
③ 응용 데이터 검증
④ 기본 항목 검증

해설
데이터 전환 과정에서 작성하는 추출, 전환, 적재 로그를 검증하는 방법은 로그 검증이다.

03 사전에 정의된 업무 규칙을 기준으로 데이터 전환의 정합성을 검증하는 방법은 무엇인가?

① 로그 검증
② 값 검증
③ 응용 데이터 검증
④ 기본 항목 검증

해설
응용 데이터 검증은 사전에 정의된 업무 규칙을 기준으로 데이터 전환의 정합성을 검증하는 것이다.

02 자료수집 및 검증

기출유형 03 ▶ 자료수집 기법

다음 중 공간 데이터의 입력 과정에 해당하지 않는 것은?

① 기초 통계량 산출
② 디지타이징
③ 계획과 조직
④ 지리 참조와 투영

해설
공간 데이터 입력 과정
계획과 조직 → 공간 데이터 입력(디지타이징) → 편집과 수정 → 지리 참조와 투영 → 데이터 변환 → 데이터베이스 구축 등

| 정답 | ①

족집게 과외

❶ 공간 데이터 취득

㉠ 공간 데이터의 분석 이전에 반드시 거쳐야 하는 필수 과정
㉡ 공간 데이터를 취득하는 방법은 시대에 따라 활용 가능한 도구들이 다양해지면서 변모해 왔음
㉢ 과거 종이지도 형태의 지도집이나 각종 문서를 통하여 공간 데이터가 작성되고 만들어짐
㉣ 공간 데이터를 대표하는 실물 지도는 실제로 만질 수 있고 종이 형태로 휴대할 수 있는 특징이 있음
㉤ 현대에는 컴퓨터의 발달로 실물 지도뿐만 아니라 디지털 형태로 다양한 공간 데이터가 생산 · 보급되어 제공되고 있음
㉥ 새로운 공간 데이터의 취득은 크게 GPS 등을 활용한 현장 데이터 수집과 원격탐사를 통한 수집으로 구분

❷ 공간 데이터 취득 방법

현지 측량	• 현지에서 장비를 사용하여 소규모 지점에서 측량하므로 인력이나 비용이 많이 요구되지만 정확도가 높음 • 활용 장비: 토털 스테이션, GPS가 장착된 스마트 스테이션 등 • 이용 분야: 건축물이나 구조물의 정확한 위치가 필요한 경우, 토지 · 지적 조사가 필요한 경우, 산림 정보를 구축하는 경우 등
GPS	• GPS는 6개의 서로 다른 궤도를 도는 위성으로 구성됨 • 가시권의 범위에 최소 4개의 위성이 있도록 궤도마다 4개의 위성이 위치함 • 관측되는 GPS 위성 수가 많을수록 정확한 지리 좌표를 획득할 수 있음 • 이용 분야: 내비게이션을 통한 길 찾기, 중요 시설의 위치에 대한 정보 입력, 해상이나 항공 시스템에서의 위치정보 송수신 등

원격탐사 (Remote Sensing)	• 항공사진, 위성사진, 초음파 등 조사하고자 하는 대상과 직접 접촉하지 않고 각종 정보를 알아내는 방법 • GIS 등 이용해 수집된 자료들은 컴퓨터로 바로 입력하여 분석할 수 있음 • 원격탐사를 통한 공간 데이터 수집: 카메라, 다분광 스캐너, 열적외선 센서, RADAR, LiDAR 등을 통한 영상 취득 등 • 토지 피복도, 건물 윤곽 추출, 수치 고도 모델, 경사도 등의 공간 데이터는 원격탐사를 통한 공간 데이터에서 파생됨 • 이용 분야: 지도 제작, 자원 조산 및 관리, 자연환경 조사, 자연재해 관리, 토지 이용 현황, 해양 및 하천의 오염 정도 등

❸ 공간 데이터의 입력 절차

계획과 조직	• 공간 데이터를 취득한 후 의미 있는 정보로 활용할 수 있도록 디지털 형태로 입력하는 절차를 거쳐야 함 • 공간 데이터의 활용 목적을 확실히 하고 이에 따른 일련의 입력 계획을 세움 • 공간 데이터의 입력 계획이 세워지면, GPS나 원격탐사 등을 통하여 취득된 공간 데이터를 소프트웨어 등을 통하여 입력
공간 데이터 입력 (디지타이징)	• GPS나 원격탐사를 통하여 취득한 데이터를 입력하는 것뿐 아니라, 기존의 지도 등을 디지털화함으로써 공간 데이터를 입력하기도 함 • 종이 형태의 아날로그 지도는 스캐닝하거나 디지타이징 등의 과정을 거쳐 디지털화되고 컴퓨터를 통하여 분석할 수 있는 공간 데이터로 활용됨 • 활용 도구: 테이블 디지타이저, 태블릿, 헤드업 온 스크린 디지타이제이션, 스캐너 등
편집과 수정	• 공간 데이터는 벡터 데이터나 래스터 데이터 형태 • 벡터 데이터의 경우 다각형은 폐합이 제대로 이루어졌는가, 연결 관계가 올바른가, 기하학적 관계가 잘 형성되어 있는가 등을 확인 • 래스터 데이터의 경우 각 셀의 크기는 알맞게 조정되었는가, 셀에 입력된 값은 올바른가 등에 대한 사항을 점검 • 데이터에 오류가 있으면 적절한 수정 과정을 거침
지리 참조와 투영	• 공간 데이터는 실세계의 좌푯값을 포함하며 적절한 좌표계와 투영 방법을 선택하여 공간 데이터에 입력함 • 좌푯값이 잘못 입력되었을 경우 공간 데이터의 왜곡이 발생하여 이후의 공간분석 과정이 불가능하거나 의미가 없어지므로 주의 필요
데이터 변환	• 원격탐사를 통하여 취득된 데이터라면 래스터 형태, 디지타이징을 통하여 취득되었다면 벡터 데이터의 구조 • 각각은 다양한 포맷으로 변환할 수 있음
데이터 베이스 구축	• 분석 대상이 되는 공간 데이터는 그래픽 데이터와 속성 데이터가 함께 존재함 • 그래픽 데이터가 입력되면 이에 따른 속성 데이터를 구축 • 공간 데이터를 입력하는 과정만큼 인력과 시간이 많이 소요됨
속성 부여	• 디지털화된 그래픽 데이터와 데이터베이스를 연계하는 속성 부여 과정 • 그래픽 데이터에 속성이 입력되면 중첩 분석이나 기하학적 공간 질의, 공간 통계 등 높은 수준의 공간 질의 가능 • 공간 데이터의 입력 과정을 거친 후 용도에 맞는 파일 형태로 저장

기출유형 완성하기

정답 01 ④ 02 ④ 03 ②

01 원격탐사(Remote Sensing)에 관한 설명으로 옳지 않은 것은?

① 센서에 의한 지구표면의 정보취득이 쉽고, 관측자료가 수치화되어 판독이 자동적이고 정량화가 가능하다.
② 정보수집장치인 센서로는 MSS(Multispectral Scanner), RBV(Return Beam Vidicon) 등이 있다.
③ 원격탐사는 원거리에 있는 대상물과 현상에 관한 정보(정자스펙트럼)를 해석하여 토지환경 및 자원문제를 해결하는 학문이다.
④ 원격탐사는 정사투영을 위하여 인공위성에 의해서만 촬영되는 특수한 기법이다.

해설
원격탐사를 통한 공간 데이터 수집은 항공사진, 위성사진, 초음파 등 조사하고자 하는 대상과 직접 접촉하지 않고 각종 정보를 알아내는 방법이다.

02 다음 중 신규 공간 데이터 취득 방법이 아닌 것은?

① 현지 측량
② GPS
③ 원격탐사
④ 수치지도

해설
새로운 공간 데이터의 취득은 크게 GPS 등을 활용한 현장 데이터 수집과 원격탐사를 통한 수집으로 구분한다.

03 다음 중 기존의 지도 등을 디지털화함으로써 공간 데이터를 입력하는 방법은 무엇인가?

① 속성부여
② 디지타이징
③ 데이터 변환
④ 지리 참조와 투영

해설
종이 형태의 아날로그 지도는 스캐닝하거나 디지타이징 등의 과정을 거쳐 디지털화되고 컴퓨터를 통하여 분석할 수 있는 공간 데이터로 활용된다.

기출유형 04 ▶ 위치자료와 속성자료

GIS 자료 중 특성정보에 해당하지 않는 것은?

① 위치정보
② 도형정보
③ 영상정보
④ 속성정보

해설
특성정보는 도형정보, 영상정보, 속성정보로 구성된다.

Ⅰ정답Ⅰ①

족집게 과외

❶ GIS 정보(자료)의 종류

㉠ GIS의 정보는 위치정보와 특성정보로 구분
㉡ 위치정보는 해석이 가능하도록 대상물에 절대적 또는 상대적 위치를 부여
㉢ 특성정보는 도형정보, 영상정보, 속성정보로 구성됨

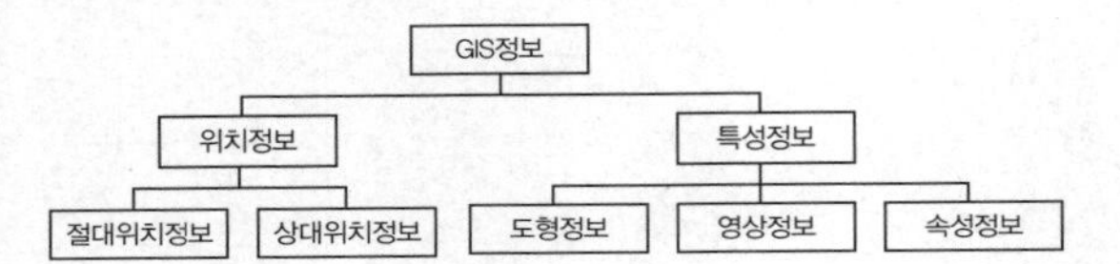

❷ 위치정보

㉠ 점, 선, 면적 또는 다각형과 같은 대상물의 개개의 위치를 판별하는 것
㉡ 구분

절대 위치정보	실제 공간에서의 위치정보
상대 위치정보	모형공간에서의 상대적 위치정보 또는 위상관계를 부여하는 기준

❸ 특성정보

도형 정보	• 지도형상의 수치적 설명이며 지도의 특정한 지도요소를 설명 • 일정한 격자구조로 정의되며 행렬값으로 저장 • 지도형상과 주석을 설명하기 위해 6가지 도형요소 사용[점, 선, 면적, 픽셀(Pixel), 격자 셀(Grid Cell), 기호]
영상 정보	• 인공위성에서 직접 얻어진 수치영상이나 항공기를 통해 얻어진 항공사진을 수치화하여 입력 • 인공위성에서 보내오는 영상은 영상소 단위로 형성되어 격자형으로 자료가 처리 · 조작됨
속성 정보	지도상의 특성이나 질, 지형지물의 관계 등을 나타냄

❹ 벡터자료구조

㉠ 특징

- 가능한 한 정확하게 대상물을 표시
- 분할된 것이 아니라 정밀하게 표현된 차원, 길이 등으로 모든 위치를 표현할 수 있는 연속적인 자료구조를 의미

㉡ 벡터자료의 표현

- 기하학 정보는 점, 선, 면의 데이터를 구성하는 가장 기본적인 정보
- 점일 경우 (x, y) 하나로 저장
- 선의 경우는 연결된 점들의 집합으로 구성
- 면의 경우는 면의 내부를 확인하는 참조점으로 구성

㉢ 벡터자료의 저장

스파게티 모형	• 점, 선, 면들의 공간 형상들을 X, Y 좌표로 저장하는 구조 • 단순하며 객체 간의 상호 연관성에 관한 정보는 기록되지 않음
위상 모형	• 점, 선, 면들의 공간형상들 간의 공간관계 • 다양한 공간형상들 간의 공간관계정보를 인접성, 연속성, 영역성 등으로 구성 • 공간분석을 위해서는 필수적으로 위상구조 정립

㉣ 장단점

장점	• 격자자료 방식보다 압축되어 간결함 • 지형학적 자료가 필요한 망조직 분석에 효과적 • 지도와 거의 비슷한 도형제작 적합
단점	• 격자구조보다 훨씬 복잡한 자료구조 • 중첩 기능을 수행하기 어려움 • 공간적 편의를 나타내는 데 비효과적 • 조작과정과 영상질을 향상시키는 데 비효과적

❺ 격자자료구조(래스터)

㉠ 특징

- 실세계를 규칙적인 모양으로 공간분할하여 나타냄
- 격자구조는 동일한 크기의 격자로 이루어짐
- 자료구조의 단순성 때문에 주제도를 간편하게 분할할 수 있는 장점
- 정확한 위치를 표시하는 데에는 어려운 자료구조

㉡ 격자자료구조의 표현

- 각 셀(Cel)들의 크기에 따라 데이터의 해상도와 저장 크기가 다름
- 셀 크기가 작으면 작을수록 보다 정밀한 공간현상을 잘 표현할 수 있음
- 격자형의 영역에서 x, y축을 따라 일련의 셀들이 존재
- 격자 데이터 유형: 인공위성에 의한 이미지, 항공사진에 의한 이미지, 또한 스캐닝을 통해 얻어진 이미지 데이터
- 3차원 등과 같은 입체적인 지도 디스플레이 가능

㉢ 장단점

장점	• 간단한 자료구조 • 중첩에 대한 조직이 용이 • 다양한 공간적 편의가 격자형 형태로 나타남 • 자료의 조작과정에 효과적 • 수치형상의 질을 향상시키는 데 용이
단점	• 압축되어 사용되는 경우가 거의 없음 • 지형관계를 나타내기가 훨씬 어려움 • 미관상 선이 매끄럽지 못함

기출유형 완성하기

정답 01 ④ 02 ② 03 ④ 04 ① 05 ① 06 ①

01 지형공간정보체계의 자료구조 중 벡터형 자료구조의 특징이 아닌 것은?

① 복잡한 지형의 묘사가 원활하다.
② 그래픽의 정확도가 높다.
③ 그래픽과 관련된 속성정보의 추출 및 일반화, 갱신 등이 용이하다.
④ 데이터베이스 구조가 단순하다.

해설
벡터형 자료구조는 자료구조가 복잡하다.

02 지리정보시스템(GIS) 자료구조 중 실세계를 규칙적인 모양으로 공간분할하여 나타내는 것은?

① 외부 데이터 ② 래스터 데이터
③ 내부 데이터 ④ 벡터 데이터

해설
래스터 데이터는 실세계를 규칙적인 모양으로 공간분할하여 나타낸다.

03 벡터 데이터와 격자(래스터) 데이터를 비교 설명한 것 중 옳지 않은 것은?

① 래스터 데이터의 구조가 비교적 단순하다.
② 래스터 데이터가 환경 분석에 더 용이하다.
③ 벡터 데이터는 객체의 정확한 경계선 표현이 용이하다.
④ 래스터 데이터도 벡터 데이터와 같이 위상을 가질 수 있다.

해설
래스터 데이터는 위상을 가질 수 없다.

04 래스터 기반의 지리 자료에 관한 설명으로 틀린 것은?

① 범주형 자료(Categorical Data)는 연산이 불가능하므로 비율자료(Ratio Data)로 변환해야 한다.
② 셀의 크기와 공간 범위(Spatial Extent)가 같아야 중첩 연산이 가능하다.
③ 범주형 자료이지만 셀 값은 수치로 표현한다.
④ DEM은 래스터 기반의 지형표고모델이다.

해설
범주형 자료이지만 셀 값은 수치로 표현되어 연산을 할 수 있다. 범주형 격자 자료를 분석하려면 주로 공간 패턴 분석이나 공간 군집 분석 등의 기법을 사용하며 격자 셀 간의 유사도를 측정하거나, 격자 셀 간의 거리를 계산하여 연산을 수행한다.

05 래스터 데이터(격자 자료) 구조에 대한 설명으로 옳지 않은 것은?

① 셀의 크기에 관계없이 컴퓨터에 저장되는 자료의 양은 일정하다.
② 셀의 크기는 해상도에 영향을 미친다.
③ 셀의 크기에 의해 지리정보의 위치 정확성이 결정된다.
④ 연속 면에서 위치의 변화에 따라 속성들의 점진적인 현상 변화를 효과적으로 표현할 수 있다.

해설
각 셀(Cel)들의 크기에 따라 데이터의 해상도와 저장 크기가 다르다.

06 이미지 데이터를 이루고 있는 기본 구성단위는?

2023년 기출

① 픽셀 ② 색조
③ 거리 ④ 구조

해설
래스터 데이터 또는 격자자료구조의 기본 구성단위는 셀(Cell), 그리드 셀(Grid Cell), 픽셀(Pixel) 등으로 불리는 '화소'이다.

기출유형 05 ▶ 수집자료 검증

공간 데이터의 검증 과정에서 고려해야 하는 오류 유형이 아닌 것은?

① 위치 오류
② 속성 오류
③ 위상 오류
④ 도형 오류

해설

공간 데이터의 검증 과정에서 고려해야 하는 오류: 위치 오류, 속성 오류, 위상 오류 등

| 정답 | ④

족집게 과외

❶ 공간자료 검증

㉠ 공간 데이터의 취득, 입력, 저장 과정을 거친 후에는 저장된 자료의 신뢰성을 보장하기 위한 수집자료의 편집과 검수작업이 반드시 진행되어야 함

㉡ 자료 검증 시 시간적 특성 고려사항

- 토지 피복 변화를 관찰할 때에는 동일한 시점에서의 대면적 공간 데이터가 주기적으로 확보되어야 함
- 원격탐사 데이터를 활용할 때에도 동일한 시점대의 영상이 확보된 것인지 확인

❷ 공간자료 검증요소

속성 데이터의 오류	• 조사 데이터에 명칭을 작성하는 속성 데이터에 오타가 있는 경우 • 데이터가 빈 레코드로 처리된 경우 • 면적의 단위가 각 조사자의 파일에 따라 다르게 작성된 경우
위치 오류	• 공간 데이터에서 위치 또는 좌표 정보는 가장 핵심임 • 위치정보가 정확해야 이후에 이루어지는 중첩이나 근접성 분석 등의 공간분석 결과를 신뢰할 수 있음 • 일반적으로 대축척 공간 데이터는 소축척 공간 데이터보다 위치 정확도가 높음
위상 오류	• 위상(位相, Topology)이란 인접성, 포함성, 연결성 등 공간 객체의 속성에 대한 수학적인 특성임 • 위상 관계를 통하여 공간 데이터의 오류를 발견하고 편집 · 수정할 수 있음

Tip

위상 오류의 사례

- 닫혀 있지 않은 다각형: 만약 다각형이 완전히 닫혀 있지 않았다면 공간 데이터베이스에서는 다각형이 아닌 선분으로 인식하므로 주의해야 함
- 이어지지 않은 노드: 이어지지 않은 노드 등은 GIS 편집 도구를 이용하여 적당한 퍼지 허용치를 설정하여 이어줌
- 중첩된 선(슬리버): 슬리버로 인하여 선분이 중첩되었다면 올바른 선분을 선택하여 두 다각형이 제대로 인접하도록 편집함
- 다각형 밖으로 뻗어나간 선(스파이크, Spike)
- 다각형 내부에서 잘못 디지타이징 된 선 등
- 라인의 공통적인 위상 오류 가운데 하나는 라인 2개(또는 그 이상이)가 어떤 노드에서 완벽하게 접하지 않는 오류
  - 언더슛(Undershoot): 라인 사이에 틈이 존재하는 경우
  - 오버슛(Overshoot): 라인이 접해야 할 다른 라인 너머에서 끝나는 경우

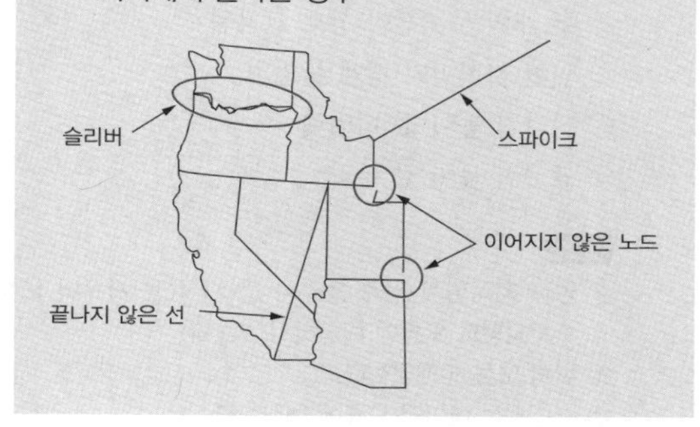

01 다음 중 공간 데이터의 위상 오류에 해당하지 않는 것은?

① 슬리버
② 스파이크
③ 정확하지 않은 좌푯값
④ 닫혀 있지 않은 다각형

해설
닫혀 있지 않은 다각형, 이어지지 않은 노드, 슬리버, 스파이크 등이 위상 오류에 해당한다.

02 지리정보시스템(GIS) 데이터로 사용되는 수치지형도의 오류가 아닌 것은?

① 두 개의 등고선이 상호 교차됨
② 인접 지적필지 경계 불일치
③ 삼각점 높이 값 미입력
④ 표고점 높이 값 누락

해설
② 인접 지적필지 경계 불일치 등 지적전산자료의 오류는 수치지형도 오류에 해당하지 않는다.
① 위치 오류에 해당한다.
③ · ④ 속성 데이터 오류에 해당한다.

03 다음 중 위상 오류 유형 중 중첩된 선에 해당하는 것은?

① 슬리버
② 스파이크
③ 정확하지 않은 좌푯값
④ 닫혀 있지 않은 다각형

해설
위상 오류 중 슬리버로 인하여 선분이 중첩되었다면 올바른 선분을 선택하여 두 다각형이 제대로 인접하도록 편집한다.

04 디지타이징을 통해 도형을 입력하는 과정에서 작업자의 실수에 의해 발생하는 오차가 아닌 것은?

① Spike
② Overshooting
③ Undershooting
④ Pseudo Items

해설
Pseudo Items(의사 항목)은 작업자에 의한 위상 오류에 해당하지 않는다. 즉 도로, 강 또는 건물과 같은 실제 기능 주변의 버퍼 영역을 나타내어 실제 세계에 물리적으로 존재하지 않지만, 특정 분석 또는 시각화 목적으로 생성된 기능을 나타낸다.

03 공간정보 자료관리

기출유형 06 ▶ 공간정보 자료저장

공간정보의 자료 저장 절차에 대한 설명으로 옳지 않은 것은?

① 데이터베이스 설계 시 공간자료 및 속성자료를 도출한다.
② 위상관계의 설정은 공간자료의 상호관계를 정의하는 절차이다.
③ 공간자료 데이터베이스 구축은 공간자료의 입력, 편집, 위상설정 및 인접 지도의 결합 과정을 거친다.
④ 공간자료와 속성자료 연계를 위해 공통 항목으로 식별하지 않아도 된다.

해설
공간자료 레코드와 속성자료 레코드 사이에 상호 식별 가능한 공통항목이 존재한다.

| 정답 | ④

족집게 과외

❶ 공간정보 자료저장의 개념

㉠ 공간정보의 데이터베이스 구축은 가장 중요하고 시간이 많이 소요되는 단계임
㉡ 데이터베이스 구축의 완성도와 정확성에 따라 분석 내용과 최종 결과물의 질이 결정됨
㉢ 데이터베이스 구축은 데이터베이스설계, 공간자료 입력, 편집 및 위상 관계 설정, 속성자료 입력, 자료 관리 등의 과정을 수행
㉣ GIS를 이용하여 구축된 정보를 분석하면 수작업으로 어려운 공간분석이나 시간이 많이 소요되는 작업을 효과적으로 수행할 수 있음
㉤ 최종 결과물이 의사결정과정에서 효과적으로 이용될 수 있도록 결과물에 대한 표현방법의 선택도 중요

❷ 저장 절차

데이터베이스 설계	• 공간자료 및 속성자료 도출: 공간자료 및 관련 속성자료를 규정하고, 공간자료를 여러 레이어로 구성 • 속성자료 항목 결정: 요구되는 속성자료에 대한 구체적 항목과 저장유형(문자, 숫자, 날짜 등), 길이 등을 결정하고 코드화할 수 항목 분류
공간자료 데이터베이스 구축	• 공간자료의 입력 • 위상 관계의 설정: 공간자료의 상호관계를 정의하는 절차로, 인접한 점·선·면 사이의 공간적 대응 관계 설정 • 공간자료의 수정 및 편집 • 인접 지도의 결합
속성자료 데이터베이스 구축	• 공간정보 데이터베이스는 공간자료와 속성자료의 결합을 통해 구축될 수 있음 • 자료의 개념적 모델을 기초로 데이터베이스를 정의 • 데이터베이스 설계 과정에서 결정된 항목과 유형에 적합하도록 정리 • 데이터베이스 테이블을 작성하고 데이터베이스에 자료 입력
공간자료와 속성자료의 연계	• 공간자료 레코드와 속성자료 레코드 사이에 상호 식별 가능한 공통항목 존재 • 공통항목을 이용해 공간자료와 속성자료를 조회하거나 통합하여 새로운 정보 산출

❸ 공간 데이터베이스 관리 시스템

㉠ 취득 · 구축된 공간 데이터를 저장할 때는 자료의 효율적인 관리와 분석을 위하여 별도의 데이터베이스 관리 시스템을 적용하는 것이 좋음

㉡ 특정 목적을 위하여 수집 · 정제된 자료의 집합을 데이터베이스라 함

㉢ 데이터베이스 관리 시스템(DBMS)을 통하여 데이터베이스를 효율적으로 저장 · 접근하고 관리할 수 있음

㉣ 공간 데이터는 일반적인 데이터베이스와 구조가 달라서 공간 데이터베이스 관리 시스템을 통하여 저장 · 관리함

㉤ 공간 데이터베이스 관리 시스템에서는 데이터의 위상 관계 정의, 인덱싱 등이 가능하도록 체계화함

하천 테이블

지도 일련번호	하천 이름	공간 데이터
330000001	공릉천	
330000001	안양천	
330000002	일산천	

개체 단위로 각 행에 저장됨

건물 테이블

지도 일련번호	하천 이름	공간 데이터
330000001	우리빌딩	
330000001	디티오피스텔	
330000002	하나은행	

❹ 공간 데이터의 오차 발생 및 유형

㉠ 일반적으로 공간 데이터에 나타나는 오차는 크게 원시자료, 데이터 수치화와 지도 편집 과정, 데이터 처리과정과 분석 단계에서 발생

㉡ 오차 발생 유형의 특성을 토대로 분류되는 오차로는 원래부터 잠재적으로 지니고 있는 내재적 오차(Inherent Errors)와 구축과정에서 발생하는 작동적 오차(Operational Errors)로 범주화할 수 있음

㉢ 서로 다른 출처, 포맷, 축척, 정확도 수준의 수치 데이터들이 하나의 시스템 환경에 통합되어 작동되기 때문에 상당한 오차가 내재되어 있음에도 불구하고 특별한 경우가 아니면 사용자들은 오차로 인한 문제점을 거의 알지 못함

㉣ 공간 데이터의 수집 단계에서 발생하는 오차는 일반적으로 다음 단계로 옮겨지면 누적됨

❺ 지도 서버와 Open API

㉠ 웹이 일반화되기 이전에는 데이터베이스 시스템이 독립적인 형태였으나 '공유'라는 개념이 확산되면서 데이터베이스 시스템에서도 변화가 나타남

㉡ 데이터의 저장과 관리에서도 공유에 따른 표준화가 필요해져 맵 서버를 통하여 데이터베이스 자료를 웹에서 처리할 수 있는 형태로 발전함

㉢ Open API(Open Application Programming Interface)가 가능하도록 하여 많은 사용자가 공간 데이터에 접근하고 분석할 수 있는 기반을 마련함

㉣ Open API는 일반 사용자가 직접 공간 데이터에 접근하여 분석함으로써 양질의 자료를 공유할 수 있도록 함

> **Tip**
>
> **브이월드(VWorld)★**
>
> 국가가 보유한 공간정보를 통합 · 서비스하여 OpenAPI 방식으로 누구나 쉽게 다양한 분야에서 공간정보를 이용할 수 있도록 지원하기 위한 국가공간정보 활용 · 지원체계

기출유형 완성하기

정답 01 ③ 02 ② 03 ③

01 **공간 데이터베이스 관리 시스템에 대한 설명으로 옳지 않은 것은?**

① 자료의 효율적인 관리와 분석을 위하여 별도의 데이터베이스 관리 시스템을 적용하는 것이 좋다.
② 특정 목적을 위하여 수집 · 정제된 자료의 집합을 데이터베이스라 한다.
③ 공간 데이터는 일반적인 데이터베이스와 구조가 같다.
④ 공간 데이터베이스 관리 시스템에서는 데이터의 위상 관계 정의, 인덱싱 등이 가능하도록 체계화 한다.

해설
공간 데이터는 일반적인 데이터베이스와 구조가 달라서 공간 데이터베이스 관리 시스템을 통하여 저장 · 관리한다.

02 **우리나라 국토교통부에서 2012년부터 OpenAPI 방식으로 3차원 공간정보를 서비스하고 있는 시스템은?** 2023년 기출

① 케이오픈맵
② 브이월드
③ 구글맵
④ 오픈스트리트맵

해설
브이월드는 우리나라 국토교통부에서 2012년부터 OpenAPI 방식으로 국가가 보유한 공간정보를 통합 · 서비스하여 누구나 쉽게 다양한 분야에 공간정보를 이용할 수 있도록 지원하기 위한 국가공간정보 활용 · 지원체계이다.

03 **절대적인 정확성과 정밀성을 지닌 공간 데이터는 존재하지 않으며 항상 오차를 포함하고 있다. 공간 데이터의 오차 발생 및 그 유형에 대한 설명으로 옳지 않은 것은?**

① 일반적으로 공간 데이터에 나타나는 오차는 크게 원시자료, 데이터 수치화와 지도 편집 과정, 데이터 처리과정과 분석 단계에서 발생한다.
② 오차 발생 유형의 특성을 토대로 분류되는 오차로는 원래부터 잠재적으로 지니고 있는 내재적 오차(Inherent Errors)와 구축과정에서 발생하는 작동적 오차(Operational Errors)로 범주화할 수 있다.
③ 공간 데이터의 수집 단계에서 발생하는 오차는 일반적으로 다음 단계로 옮겨지면 누적되지 않는다.
④ 서로 다른 출처, 포맷, 축척, 정확도 수준의 수치 데이터들이 하나의 시스템 환경에 통합되어 작동되기 때문에 상당한 오차가 내재되어 있음에도 불구하고 특별한 경우가 아니면 사용자들은 오차로 인한 문제점을 거의 알지 못하게 된다.

해설
③ 공간 데이터의 수집 단계에서 발생하는 오차는 일반적으로 다음 단계로 옮겨지면 누적된다.

기출유형 07 ▸ 공간정보 자료 갱신

공간정보의 자료 갱신에 대한 설명으로 옳지 않은 것은?

① 기구축된 데이터의 갱신보다 데이터의 지속적인 관리가 필요하다.
② 지하시설물통합정보시스템에서는 도로굴착공사 등 안전사고 방지를 위한 정보를 제공하기 때문에 자료의 정확도 및 최신성 유지가 매우 중요하다.
③ 공간정보 데이터 표준화를 통한 품질관리도 고려해야 한다.
④ 수시갱신체계 마련을 통한 공간정보 유지관리가 필요하다.

해설
공간정보 정책 개선을 위해서 기구축된 데이터의 갱신 및 지속적인 관리가 필요하다.

| 정답 | ①

족집게 과외

❶ 공간정보 갱신 필요성

㉠ 공간정보 데이터 구축비용 증가, 데이터 구축시간 증가, 데이터 품질관리 미흡 등 이슈
㉡ 공간정보 정책 개선을 위해서 기구축된 데이터의 갱신 및 지속적인 관리가 필요
㉢ 공간정보 데이터 표준화를 통한 품질관리, 기본공간정보 데이터 선정 및 관리, 수시갱신을 통한 최신 변화의 즉각적인 반영 등이 이루어져야 함
㉣ 수시갱신체계 마련을 통한 공간정보 유지관리, 표준화를 통한 공간정보 데이터 품질관리 강화, 기본공간정보 선정 및 관리 등이 이루어져야 함

❷ 공간정보 갱신 사례

㉠ 지하시설물통합정보시스템
- 1995년 서울 아현동 도시가스 폭발사고 이후 지하시설물의 정보 부재에 따른 대형 안전사고를 사전에 방지하고 각 기관별 지하시설물 정보의 체계적인 관리를 위하여 구축
- 도로굴착공사, 대규모 건축, 도로공사 등에서 설계 시 지하시설물 현황자료 이용
- 도로굴착공사 등 안전사고 방지를 위한 매우 중요한 정보를 제공하기 때문에 자료의 정확도 및 최신성 유지가 매우 중요함
- 구축범위

지하시설물	상수도, 하수도, 전기, 통신, 가스, 난방 등
지하구조물	지하철, 지하보도, 지하차도, 지하상가, 지하주차장, 공동구 등

- 지하시설물 데이터 갱신은 각 지하시설물 관리기관별로 정기적 · 수시적 방법을 병행 진행
  예 지하공간 공사로 인한 지하시설물의 변화가 예상될 경우 굴착 전 굴착자와 측량업체 간 상호 연락을 통해 공사 시작과 동시에 측량하여 지하시설물 데이터의 최신성과 위치 정확도 확보

㉡ 국가공간정보통합체계
- 기본 공간정보 데이터베이스를 기반으로 국가공간정보체계를 통합 또는 연계하여 국토교통부장관이 구축 · 운용하는 공간정보체계를 말함(국가공간정보 기본법)
- 다양한 기관에서 공통으로 활용되는 공간정보의 범정부적 통합관리 및 공동 활용 필요
- 공간정보의 중복 구축 및 갱신 비용 절감 효과
- 각 부처의 토지 이용 및 규제 정보 등 다양한 토지 관련 정보를 다양한 사용자가 검색
- 대민서비스의 개선과 과학적이고 합리적인 정책 수립 지원

Tip

공간정보체계의 정의

공간정보를 효과적으로 수집, 저장, 가공, 분석, 표현할 수 있도록 서로 유기적으로 연계된 컴퓨터의 하드웨어, 소프트웨어, 데이터베이스 및 인적자원의 결합체

㉢ 1 : 1,000 수치지형도 갱신 방안

- 지형지물 변경 주체가 갱신: 도로나 건물과 같은 지형지물이 변화하면 해당 공사 책임자가 갱신
- 드론을 이용한 부분 갱신: 도로, 하천, 도시개발, 도시계획 사업 등 실제 지형지물이 발생한 곳에 대하여 드론 촬영 후 수치지형도 갱신

정답 01 ③ 02 ② 03 ④

01 국가공간정보 기본법에서 다음과 같이 정의되는 것은?

> 공간정보를 효과적으로 수집, 저장, 가공, 분석, 표현할 수 있도록 서로 유기적으로 연계된 컴퓨터의 하드웨어, 소프트웨어, 데이터베이스 및 인적자원의 결합체를 말한다.

① 공간정보 데이터베이스
② 국가공간정보통합체계
③ 공간정보체계
④ 공간객체

해설
공간정보체계는 공간정보를 효과적으로 수집, 저장, 가공, 분석, 표현할 수 있도록 서로 유기적으로 연계된 컴퓨터의 하드웨어, 소프트웨어, 데이터베이스 및 인적자원의 결합체를 의미한다.

02 국가공간정보 기본법에서 다음과 같이 정의되는 것은?

> 기본 공간정보 데이터베이스를 기반으로 국가공간정보체계를 통합 또는 연계하여 국토교통부장관이 구축 · 운용하는 공간정보체계를 말한다.

① 공간정보 데이터베이스
② 국가공간정보통합체계
③ 공간정보체계
④ 공간객체

해설
국가공간정보통합체계는 기본 공간정보 데이터베이스를 기반으로 국가공간정보체계를 통합 또는 연계하여 국토교통부장관이 구축 · 운용하는 공간정보체계를 의미한다.

03 지하공간을 개발 · 이용 · 관리함에 있어 기본이 되는 지하시설물에 해당하지 않는 것은?

① 상수도
② 하수도
③ 전기
④ 지하상가

해설
- 지하시설물: 상수도, 하수도, 전기, 통신, 가스, 난방 등
- 지하구조물: 지하철, 지하보도, 지하차도, 지하상가, 지하주차장, 공동구 등
- 지반: 시추, 관정, 지질 등

PART 03
공간정보 편집

01 공간 데이터 확인

기출유형 01 ▶ 공간정보 데이터의 종류

지리정보시스템(GIS)의 자료형태 중 래스터 자료형태에 대한 설명으로 틀린 것은?

① TIFF: GeoTIFF 파일 형식은 실좌표를 포함한다.
② GIF: 최대 256가지 색이 사용될 수 있는데, 실제로 사용되는 색의 수에 따라 파일의 크기가 결정된다.
③ Coverage: 위상관계로 연결된 대상물로 구성되고 각각의 대상물은 속성정보를 포함할 수 있다.
④ DEM: USGS에서 제정한 형식이며 일반적으로 모든 형태의 수치표고모형을 말하기도 한다.

해설
TIFF, GIF, DEM은 래스터형 데이터이며, 커버리지(Coverage)는 자료분석을 위해 여러 지도요소를 겹칠 때 그 지도요소 하나하나를 가리키는 말로 커버리지는 벡터 자료형태이다.

| 정답 | ③

족집게 과외

❶ 공간정보 데이터

㉠ 공간정보 소프트웨어에서 사용되는 공간정보 관련 데이터에는 다양한 종류가 존재함
㉡ 공간정보 소프트웨어는 소프트웨어마다 고유한 포맷의 파일 형식을 지원
㉢ 캐드와 같은 벡터 도형정보, tif나 jpg 같은 래스터 도형정보, 관계형 데이터베이스나 스프레드시트 타입의 속성정보를 사용할 수도 있음

❷ 범용 공간정보 소프트웨어 파일 포맷

㉠ 세계적으로 가장 많이 사용되는 Esri사의 GIS 소프트웨어는 고유한 파일 포맷이 있음
㉡ Shape 파일은 대부분의 공간정보 소프트웨어에서 사용되는 기준 역할을 하고 있음
㉢ 공간정보 소프트웨어는 캐드와 같은 벡터 도형정보와 위성영상이나 상용 이미지 파일과 같은 래스터 도형정보, 그리고 스프레드시트와 같은 형식의 속성 데이터베이스 파일을 사용할 수 있음

Shape File (.shp)	• Esri사의 벡터 데이터 파일 포맷 • 위치에 관한 도형정보와 속성정보 저장 • 점 · 선 · 면 등으로 구분하여 저장됨 – .shp: 도형정보로 대상의 기하학적 위치 정보 저장 – .dbf: 도형의 속성정보를 저장하는 데이터베이스 파일 – .shx: 도형정보와 속성정보를 연결하는 색인정보 저장 • 형식구성: 파일
Coverage	• Esri사의 벡터 데이터 파일 포맷 중 위상구조를 가진 벡터 데이터 • 점 · 선 · 면 등 여러 가지 타입의 데이터를 하나의 파일에 저장할 수 있음 • 형식구성: 폴더
mdb	• 벡터 데이터뿐만 아니라 래스터 데이터와 TIN 등 모든 공간 데이터를 저장 • 형식구성: 파일
Grid	• Esri사의 래스터 데이터 파일 포맷으로, 격자형 셀로 구성됨 • 형식구성: 폴더
TIN	• 지형을 표현하기 위해 벡터 형식으로 구성된 불규칙 삼각망 • 형식구성: 폴더

❸ 상용 소프트웨어 파일 포맷

㉠ 공간정보 소프트웨어뿐만 아니라 기타 소프트웨어에서도 사용될 수 있는 공간정보 관련 포맷을 의미함

㉡ 특징

벡터 형식 파일 포맷	• 벡터 형식의 도형정보 포맷으로는 .dxf가 가장 널리 사용됨 • 미국 Autodesk사가 개발한 .dxf는 설계, 제도, 디자인 분야 등에서 널리 사용되는 벡터 형식의 파일 포맷 • 공간정보 관련 분야에서는 지도 제작 등에 널리 사용 • 도형정보를 입력 및 편집하는 과정에서 편리하게 사용될 수 있음 • 속성정보를 포함할 수 없으며, 위상구조를 가질 수 없는 한계가 있음 • .dxf 형식으로 도형정보를 입력한 후 공간정보 소프트웨어를 이용하여 위상구조를 가진 벡터 데이터로 변환하는 과정을 거치기도 함
래스터 형식 포맷	• 래스터 형식의 도형정보 포맷으로는 .tif(Geotiff)가 가장 널리 사용됨 • 래스터 형식의 상용 파일 포맷으로는 .jpg, .gif, .bmp 등 많은 파일 포맷이 존재 • 래스터 파일을 저장하는 .tif 파일에 좌표정보를 삽입할 수 있는 Geotiff가 널리 사용 • 투영법, 타원체, 데이텀, 좌표계 등 부가적인 정보를 삽입할 수도 있음
속성 정보 포맷	• 속성정보의 경우 스프레드시트 타입 정보는 대부분 공간정보 소프트웨어에서 사용 • 텍스트 파일 중 .csv(Comma Separated Value)와 같은 형식은 물론이고, dbase, 스프레드시트, 관계형 데이터베이스 등 파일 이용 • 경위도 등의 좌표정보가 스프레드시트 형태로 구성된 포인트 데이터의 경우 이를 공간정보 소프트웨어를 이용하여 벡터 포인트 데이터로 즉시 변환할 수 있음 • 개방형 API 자료로 스프레드시트 형태의 자료가 널리 사용되고 있음

❹ 벡터와 래스터 비교

㉠ 벡터 장단점

장점	• 지도와 유사(실세계를 반영) • 고해상도 • 공간적 일치 • 위상구조 • 압축저장(저용량)
단점	• 복잡한 구조 • 고도의 기술력 요구 • 높은 비용

㉡ 래스터 장단점

장점	• 간단한 데이터 구조 • 저기종 하드웨어 • 영상과 호환 • 분석과 모델링 용이
단점	• 공간적 불일치 • 모호한 구조 • 실세계를 그대로 반영하지 못함 • 저해상도 • 대용량 데이터셀

정답 01 ④ 02 ② 03 ② 04 ③

01 공간정보의 표현기법 중 래스터 데이터(Raster Data)의 특징이 아닌 것은?

① 격자형의 영역에서 x, y축을 따라 일련의 셀들이 존재한다.
② 각 셀들이 속성값을 가지므로 이들 값에 따라 셀들을 분류하거나 다양하게 표현한다.
③ 인공위성에 의한 이미지, 항공 영상에 의한 이미지, 스캐닝을 통해 얻은 이미지 데이터이다.
④ 3차원과 같은 입체적인 지도 디스플레이 표현은 불가능하다.

해설
격자(Raster)형 자료구조는 3차원과 같은 입체적인 지도 디스플레이 표현도 가능하다.

02 지리정보시스템(GIS)에 대한 설명 중 틀린 것은?

① 인간 의사결정 능력의 지원에 필요한 지리정보의 관측과 수집에서부터 보존과 분석, 출력에 이르기까지 일련의 조작을 위한 정보시스템이다.
② 격자방식은 벡터 방식에 비해 정확한 경계선 추출이 가능하다.
③ 지리정보는 GIS에서 대상으로 하는 모든 정보를 의미한다.
④ 지리정보의 대표적인 항목은 지리적 위치, 관련 속성 정보, 공간적 관계, 시간이다.

해설
일반적으로 벡터 방식이 격자방식에 비해 정확한 경계선 추출이 가능하다.

03 래스터(Raster) 데이터의 특징으로 옳지 않은 것은?

① 격자의 크기 조절로 자료용량의 조절이 가능하다.
② 자료의 데이터 구조가 매우 복잡하며, 자료의 생성이 어렵다.
③ 다양한 공간적 편의가 격자 형태로 나타나며, 자료의 조작과정이 용이하다.
④ 래스터 자료는 주로 네모난 형태를 가지기 때문에 벡터 자료에 비해 미관상 매끄럽지 못하다.

해설
래스터(Raster) 데이터는 구현이 용이하고 단순한 파일구조를 가진다.

04 공간을 크기와 모양이 다양한 삼각형으로 분할하여 생성된 공간자료구조의 일종으로 경사와 경사방향을 설정하고, 효율적으로 지형의 높낮이나 음영을 표현할 수 있는 방법은?

① DEM(Digital Elevation Model)
② DGM(Digital Geographic Model)
③ TIN(Triangulated Irregular Network)
④ TRN(Triangulated Regular Network)

해설
TIN 데이터 모델에서 표면은 표본추출된 표고점들을 선택적으로 연결하여 형성된 겹치지 않는 부정형의 삼각형으로 이루어진 모자이크식으로 표현된다.

기출유형 02 ▶ 메타 데이터

메타 데이터(Metadata)에 대한 설명으로 거리가 먼 것은?

① 일련의 자료에 대한 정보로서 자료를 사용하는 데 필요하다.
② 자료를 생산, 유지, 관리하는 데 필요한 정보를 담고 있다.
③ 자료에 대한 내용, 품질, 사용조건 등을 기술한다.
④ 정확한 정보를 유지하기 위해 수정 및 갱신이 불가능하다.

해설

메타 데이터는 데이터베이스, 레이어, 속성, 공간형상과 관련된 정보로서, 또한 데이터에 대한 데이터로서 정확한 정보를 유지하기 위해 일정 주기로 수정 및 갱신을 하여야 한다.

| 정답 | ④

족집게 과외

❶ 공간 데이터의 메타 데이터(Metadata)

㉠ '데이터에 대한 데이터'라고도 불림
㉡ 데이터의 생산과정에 대한 이력, 데이터의 공간적 범위, 데이터에 포함된 내용 등 데이터에 대한 정보를 포함
㉢ 메타 데이터는 사용하는 사람이나 그룹에 따라 다르게 정의되기도 하지만 대부분 다음과 같은 정보가 포함됨

- 공간 데이터 형식(래스터 또는 벡터)
- 투영법 및 좌표계
- 데이터의 공간적 범위
- 데이터 생산자
- 원 데이터의 축척
- 데이터 생성 시간
- 데이터 수집 방법
- 데이터베이스(속성정보)의 열 이름과 그 값들
- 데이터 품질(오류 및 오류에 대한 기록)
- 데이터 수집에 사용된 도구(장비)의 정확도와 정밀도

❷ 메타 데이터 표준

㉠ 공간 데이터가 메타 데이터를 가지고 있지 않아도 사용에는 지장이 없지만, 메타 데이터를 모를 경우 사용에 많은 제약이 따름
㉡ 여러 사람이 공유하는 경우가 많으므로 표준적인 내용을 포함
㉢ 미국 연방지리자료위원회(Federal Geographic Data Committee)는 메타 데이터의 용어, 정의, 규약을 표준화하여 디지털 지리 공간 메타 데이터 내용 표준을 제작

식별정보	데이터의 제목, 지리적 범위 및 자료 획득방법 등 부분별 정보 설명
데이터 품질정보	데이터셋 품질에 대한 평가를 제공하며 정확도 평가에 사용된 방법에 대한 상세한 설명 포함
공간 데이터 구성정보	데이터셋 공간 데이터 형태 설명
공간적 참조체계 정보	좌표체계, 투영법, 데이텀, 고도 등 데이터의 위치참조정보 제공
개체 및 속성정보	데이터셋에 포함된 속성을 설명, 데이터셋의 각 속성에 대한 데이터 형태, 정밀도, 값의 길이에 대한 정보 제공
배포관련 정보	데이터 획득 방법, 배포 방법, 저작권 규정에 대해 설명

메타 데이터 참조정보	메타 데이터에 대한 설명 및 갱신 시기에 대한 설명
인용정보	공간 데이터셋의 인용 방법에 대해 설명
시간정보	데이터 수집 및 분석 시기에 대해 나열
연락정보	데이터 소유자 또는 관리자에 대한 연락 방법을 설명

㉣ 대부분의 소프트웨어에서 메타 데이터를 입력하는 모듈을 제공하고 있음
㉤ 메타 데이터를 정확하게 관리하기 위해서는 데이터 생산에 대한 전 과정에 대해 충분한 사전적인 지식을 가지고 있어야 함

기출유형 완성하기

정답 01 ② 02 ① 03 ③

01 메타 데이터(Metadata)에 속하는 항목들로 이루어진 것은?

① 도로명, 건물명
② 데이터 품질정보, 데이터 연혁정보
③ 레이어코드, 지형코드
④ 지물(地物)의 X, Y 좌표

해설
메타데이터의 기본요소: 식별정보, 자료품질정보, 공간자료조직정보, 공간참조정보, 객체 및 속성정보, 배포정보, 메타 데이터 참조 정보 등

02 메타 데이터(Matadata)의 요소 중 데이터의 제목, 지리적 범위 및 자료 획득방법 등에 관한 정보는?

① 식별정보(Identification Information)
② 자료품질정보(Data Quality Information)
③ 공간참조정보(Spatial Reference Information)
④ 배포정보(Distribution Information)

해설
데이터의 제목, 지리적 범위 및 자료 획득방법 등에 관한 정보는 메타 데이터에서 식별정보에 해당한다.

03 메타 데이터의 정보에 포함되지 않는 것은?

① 제작시기와 연락처정보
② 공간자료의 구성정보
③ 데이터 활용정보
④ 공간좌표정보

해설
메타정보의 참조 정보로는 정보가 올바른지 정보 및 책임기관에 대한 내용으로 제작시기, 연락처정보, 공간자료의 구성정보, 공간좌표정보 등이 포함된다.

기출유형 03 ▸ Open API

API(Application Programming Interface) 중 누구나 무료로 사용할 수 있도록 공개된 API를 무엇이라 하는가?

① Free API
② Java API
③ SUS
④ Open API

해설

Open API는 누구나 무료로 사용할 수 있게 공개된 API를 의미한다.

| 정답 | ④

족집게 과외

❶ API(Application Programming Interface)

㉠ 응용 프로그램 개발 시 운영체제나 프로그래밍 언어 등에 있는 라이브러리를 이용할 수 있도록 규칙 등을 정의해 놓은 인터페이스
㉡ 프로그래밍 언어에서 특정한 작업을 수행하기 위해 사용되거나 운영체제의 파일 제어, 화상 처리, 문자 제어 등의 기능을 활용하기 위해 사용
㉢ 개발에 필요한 여러 도구를 제공하므로 원하는 기능을 쉽고 효율적으로 구현할 수 있음
㉣ 종류: Windows API, 단일 유닉스 규격(SUS), Java API, 웹 API, Open API 등

❷ Open API(Application Programming Interface)

㉠ 누구나 사용할 수 있도록 '공개된'(Open) '응용프로그램 개발환경'(API)을 의미
㉡ 임의의 응용프로그램을 쉽게 만들 수 있도록 준비된 프로토콜, 도구와 같은 집합
㉢ 소프트웨어나 프로그램의 기능을 다른 프로그램에서도 활용할 수 있도록 표준화된 인터페이스를 공개하는 것

❸ Open API 이용 절차

㉠ 서비스 환경을 활용하여 빅데이터 분석 및 Open API, 분석 기법, APP 등 개발 · 등록 · 실행
㉡ 데이터 전처리, 후처리, 분석 작업을 위해 플랫폼에서 제공하는 서비스 기능을 이용하여 작업 설정 후 실행
㉢ 필요시 플랫폼에서 제공하는 분석 서비스의 생성 · 등록 기능 이용

API 등록	제공 기관에서 데이터 제공을 위한 API를 개발하여 Web에 등록
API 검색	서비스 이용자는 Web에서 필요한 데이터를 제공하는 API 검색
API 활용 신청	서비스 이용자는 API 검색 결과 필요한 데이터를 제공하는 API에 대해 Web을 통해 활용 신청
API 활용 승인	제공 기관은 사용자 API 활용 신청 내용을 검토한 후 Web을 통해 승인
API 인증키 취득	API 활용 승인을 받은 사용자는 해당 API의 인증키를 Web에서 취득
API 호출	사용자는 인증키를 포함한 API 호출을 통해 제공 기관의 제공 데이터 수집

❹ 공간정보 오픈 플랫폼 오픈 API

㉠ 국가 공간정보의 개방, 공유, 참여를 통해 공간정보의 자율적이고 창조적인 다양한 애플리케이션을 개발할 수 있도록 2D/3D, 검색 오픈 API 서비스와 기술 제공

㉡ MashUp을 통해 다양한 지도와 인터넷 상에 존재하는 정보를 사용자의 창의적인 아이디어로 새로운 지도 생성(예 Open API 지도와 기상청 날씨정보를 융합하여 새로운 지도기반 지역별 날씨 정보를 제공하는 사이트 제작 배포)

Tip

오픈스트리트맵(OpenStreetMap, OSM)
2005년 설립되었으며, 누구나 참여할 수 있는 오픈소스 방식의 무료 지도 서비스

Internet GIS
인터넷을 통해 공간자료를 교환, 분석 및 처리할 수 있는 시스템

정답 01 ③ 02 ② 03 ④ 04 ②

01 API에 대한 설명으로 옳지 않은 것은?

① 라이브러리를 이용할 수 있도록 규칙 등을 정의해 놓은 인터페이스이다.
② 개발에 필요한 여러 기능을 활용할 수 있도록 도와준다.
③ 응용 프로그램 개발의 생산성을 향상시킬 수 있지만 개발 난이도는 증가한다.
④ Windows에서 창이나 파일에 접근하기 위해서는 Windows API를 사용해야 한다.

해설
API는 OS4 라이브러리 등에 있는 기능을 사용할 수 있게 해주는 기능으로, 직접 기능을 구현하는 것에 비해 생산성 향상과 개발 난이도가 하락한다.

02 웹에서 제공하는 정보 및 서비스를 이용하여 새로운 소프트웨어나 서비스, 데이터베이스 등을 만드는 기술을 의미하는 용어는?

① Open API
② Mashup
③ GIS
④ SDE

해설
Mashup은 기업의 소프트웨어 인프라인 정보시스템 공유와 재사용이 가능한 서비스 단위로 구축하는 정보기술 아키텍처를 의미한다.

03 2005년에 영국에서 출범한 개방형 자료를 이용해 최신 항공사진이나 GPS 장치, 저차원 기술 분야 지도를 사용하는 오픈소스 지도 서비스는?

① 케이오픈맵
② 브이월드
③ 구글맵
④ 오픈스트리트맵

해설
오픈스트리트맵(OpenStreetMap, OSM)은 2005년 설립되었으며, 누구나 참여할 수 있는 오픈소스 방식의 무료 지도 서비스이다. 비영리 단체인 오픈스트리트맵 재단이 운영하고 있다.

04 지리정보시스템(GIS)의 DB 구축 및 활용이 개인 컴퓨팅 환경에 얽매이지 않고 웹(Web)을 통해 사회 다수의 이용자에게 제공되는 GIS 환경은?

① Institutional GIS
② Internet GIS
③ GNSS
④ Project GIS

해설
Internet GIS는 인터넷을 통해 공간자료를 교환, 분석 및 처리할 수 있는 시스템이다.

기출유형 04 ▶ 레이어 중첩

다음의 설명과 가장 부합하는 레이어 중첩 방법은 무엇인가?

> 가장 기본적인 방법으로 입력 피처와 중첩되는 중첩 내 피처나 피처의 일부분이 유지되며, 입력 및 피처의 기하는 같아야 하는 방법

① 유니언
② 아이덴티티
③ 대칭 차집합
④ 교차

해설

교차 중첩 방법은 가장 기본적인 방법으로 입력 피처와 중첩되는 중첩 내 피처나 피처의 일부분이 유지되며, 입력 및 피처 기하는 같아야 하는 방법을 의미한다.

| 정답 | ④

족집게 과외

❶ 레이어 중첩 개념

㉠ 공간 관계를 기준으로 두 레이어의 결합을 의미
㉡ 레이어 중첩을 사용하여 교차(인터섹션), 유니언, 지우기(이레이징), 대칭 차집합, 아이덴티티 방법을 통해 두 레이어를 단일 레이어로 결합
㉢ 현재 맵 범위 사용을 선택한 경우 현재 맵 범위 내에 표시된 입력 레이어와 중첩 레이어의 피처만 중첩되고, 선택하지 않은 경우 현재 맵 범위 외부에 있는 피처를 포함하여 입력 레이어와 중첩 레이어에 있는 모든 피처가 중첩됨

❷ 레이어 중첩 방법

교차 (인터섹션)	가장 기본적인 방법으로 입력 피처와 중첩되는 중첩 내 피처나 피처의 일부분이 유지되며 입력 및 피처 기하는 같아야 함
유니언	입력 레이어와 중첩 레이어의 기하학적 유니언이 결과에 포함되며 모든 피처와 해당 속성이 레이어에 작성됨
지우기 (이레이징)	중첩 레이어의 피처와 겹치지 않는 입력 레이어의 피처 또는 피처의 일부가 결과에 작성됨
대칭 차집합	중첩되지 않는 입력 레이어와 중첩 레이어의 피처 또는 피처의 일부가 포함됨
아이덴티티	입력 피처와 중첩 피처의 피처 또는 일부가 결과에 포함되며 입력 레이어와 중첩 레이어에 겹치는 피처 또는 피처의 일부가 결과 레이어에 작성됨

❸ 중첩 분석★

㉠ 서로 다른 정보를 가진 공간 데이터들을 중첩하여 정보가 축약된 새로운 공간 데이터를 만들어 내는 과정을 의미함

㉡ 주변 지역을 고려한 소방서의 최적 입지, 신도시의 입지 선택, 보호 대상 동물의 최적 서식지 분석, 쓰레기 매립 최적지의 선택 등이 필요한 경우 활용할 수 있음

㉢ 적지 분석뿐만 아니라 산사태 취약 지점이나 홍수 취약 지점 등 재난 · 재해에 있어 취약한 지점을 파악하고자 할 때 활용

㉣ 공간 데이터 모델의 유형에 따라 벡터 데이터 중첩 분석과 래스터 데이터 중첩 분석으로 구분

㉤ 벡터나 래스터 데이터를 활용한 중첩 분석 과정 모두 같은 공간적 스케일과 위치정보(투영법과 좌표체계)가 보장되어야 함

❹ 중첩 분석의 종류

㉠ 벡터 데이터 중첩 분석

점 · 선 · 면 형태와 기하학적 관계, 중첩 방법 등에 따라 다양하게 분석할 수 있음

인터섹션 (Intersection)	• 불리언(Boolean) 연산에서의 AND 연산, 즉 교집합 연산을 기초로 지도를 중첩하는 방식 • 각 입력 레이어에서 중복된 부분만이 결과 레이어에 남음
유니언 (Union)	• 합집합 연산을 수행하고자 할 때 필요한 연산 • 각 입력 레이어의 내용을 모두 포함하는 결과 레이어가 생성됨
클리핑 (Clipping)	• 필요한 지역만을 오려내고 싶을 때 사용하는 연산 방법 • 특정한 지리적 위치만 분석에 필요할 때 사용
이레이징 (Erasing)	필요 없는 영역을 제거할 때 필요한 연산

㉡ 래스터 데이터 중첩 분석

- 각 셀에 담긴 데이터 간의 수학적 연산 과정을 통하여 분석
- 래스터 데이터의 경우 셀의 크기나 위치 등이 분석에 활용되는 모든 레이어에서 통일되어야 하며 그렇지 않으면 결과 레이어는 의미를 잃음
- 기초 통계량인 평균, 중앙값(중위수), 최빈값, 표준 편차뿐만 아니라 최소, 최대, 합계 등과 같은 연산을 적용
- 다수의 래스터 데이터 중첩 분석에 활용되는 셀의 값에는 숫자나 범주 등이 있음

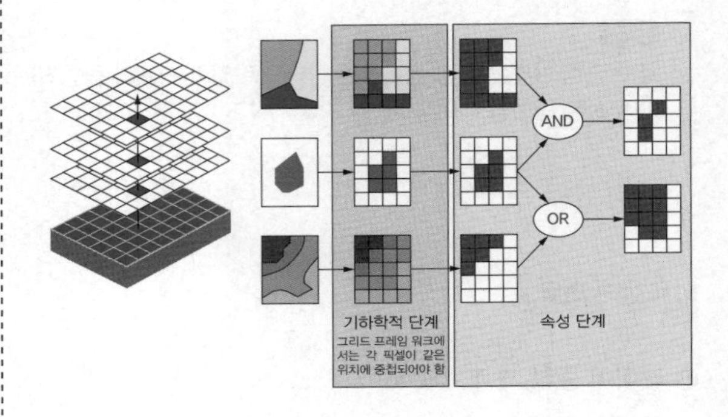

정답 01 ③ 02 ③ 03 ②

01 다음의 설명과 가장 부합하는 레이어 중첩 방법은 무엇인가?

> 중첩되지 않는 입력 레이어와 중첩 레이어의 피처 또는 피처의 일부가 포함된다.

① 아이덴티티
② 교차
③ 대칭 차집합
④ 유니언

해설
대칭 차집합 중첩 방법은 중첩되지 않는 입력 레이어와 중첩 레이어의 피처 또는 피처의 일부가 포함되는 방법을 의미한다.

02 다음 중첩 분석에 대한 설명으로 옳지 않은 것은?

① 중첩 분석은 서로 다른 정보를 가진 공간 데이터들을 중첩하여, 정보가 축약된 새로운 공간 데이터를 만들어 내는 과정을 의미한다.
② 중첩 분석은 공간 데이터 모델의 유형에 따라 벡터 데이터 중첩 분석과 래스터 데이터 중첩 분석으로 구분한다.
③ 벡터의 경우 중첩 분석 과정 시 공간적 스케일과 위치정보가 보장되지 않아도 된다.
④ 소방서의 최적 입지, 신도시의 입지 선택, 보호대상 동물의 최적 서식지 분석, 쓰레기 매립 최적지의 선택이 필요한 경우 활용할 수 있다.

해설
벡터나 래스터 데이터를 활용한 중첩 분석 과정 모두 같은 공간적 스케일과 위치정보(투영법과 좌표체계)가 보장되어야 한다.

03 지리정보시스템(GIS)의 공간분석 기능 중 래스터 데이터 중첩 분석에 대한 설명으로 옳지 않은 것은?

① 셀의 크기나 위치 등이 분석에 활용되는 모든 레이어에서 통일되어야 한다.
② 점 · 선 · 면 형태와 기하학적 관계, 중첩 방법 등에 따라 다양하게 분석할 수 있다.
③ 최소, 최대, 합계 등과 같은 연산을 적용한다.
④ 다수의 래스터 데이터 중첩 분석에 활용되는 셀의 값에는 숫자나 범주 등이 있다.

해설
② 벡터 데이터의 중첩 분석에 해당한다.

02 좌표계 설정

기출유형 05 ▶ 지리좌표계

지리좌표계에 대한 설명으로 옳지 않은 것은?

① 지구상에서 한 점의 수평 위치는 경도와 위도로 나타내며, 이를 이용해 좌표를 나타낸 것을 지리좌표체계라고 한다.
② 지구를 동서 방향이 긴 타원체로 가정하면 경선과 위선이 모두 원이므로, 경도 간의 간격을 동일한 위도에서 일정하고 고위도 갈수록 좁아지며, 위도 간의 간격은 같다.
③ 임의의 점에서 지구 중심을 이은 선과 적도면이 만나는 각을 '지심위도'라 하고, 임의의 점에서 접선과 90°로 교차하는 법선이 적도면과 이루는 각을 '지리(측지)위도'라고 한다.
④ 일상생활에서 사용하는 위도는 바로 지리위도이며, GNSS에서 표시되는 위도 역시 지리위도이다.

해설
지구를 동서 방향이 긴 타원체로 가정하면 경도의 간격은 지구를 가정한 것과 같이 동일한 위도에서는 일정하고 고위도로 갈수록 좁아지지만, 위도의 간격은 고위도로 갈수록 길어진다.

| 정답 | ②

족집게 과외

❶ 지리좌표계 개요

㉠ 지구상에서 한 점의 수평 위치는 경도와 위도로 나타내는데, 이를 이용해 좌표를 나타낸 것을 지리좌표 체계라고 함
㉡ 경도는 본초자오선(지구의 경도를 결정하는 데 기준이 되는 자오선)에서 특정 지점을 지나는 경선까지의 각도, 위도는 적도에서 특정 지점을 지나는 위선까지의 각도
㉢ 지구를 구로 가정하면 경선과 위선이 모두 원이므로, 경도 간의 간격을 동일한 위도에서 일정하고 고위도 갈수록 좁아지며, 위도 간의 간격은 같음
㉣ 지구를 동서 방향이 긴 타원체로 가정하면 경도의 간격은 지구를 가정한 것과 같이 동일한 위도에서는 일정하고 고위도로 갈수록 좁아지지만, 위도의 간격은 고위도로 갈수록 길어짐
㉤ 임의의 점에서 지구 중심을 이은 선과 적도면이 만나는 각을 '지심위도'라 함
㉥ 지구상 한 점에서 접선과 90°로 교차하는 법선이 적도면과 이루는 각을 '측지위도'라고 함

❷ 위도(Latitude)

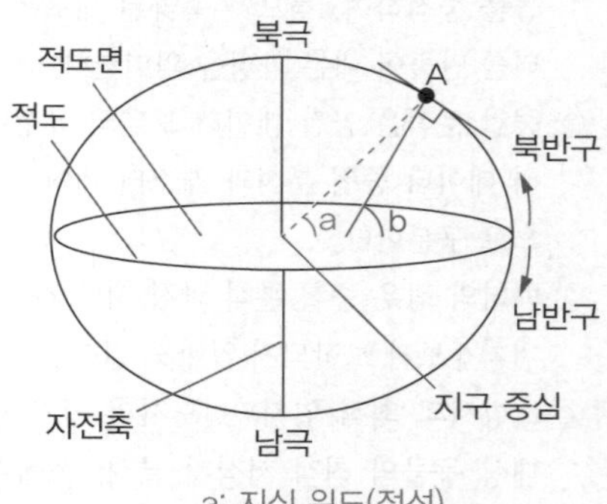

a: 지심 위도(점선)
b: 측지 위도(실선)

㉠ 타원체면의 특정 지점(A)에서 지구 타원체 중심으로 그은 직선이 적도면과 이루는 각(a)은 그 지점의 지심위도

ⓛ 특정 지점(A)에서 타원체면의 수직 방향으로 그은 직선이 적도면과 이루는 각(b)은 그 지점의 측지위도(일상생활에서 사용하는 위도는 측지위도이며 GNSS에서 표시되는 위도)

ⓒ 특정 지점이 북반구에 있는 경우 그 위도는 북위(North Latitude), 남반구에 있는 경우 남위(South Latitude)

ⓔ 지심위도와 측지위도로 나뉘는 것은 지구가 완전한 구가 아니라 회전 타원체이기 때문

❸ 경도(Longitude)

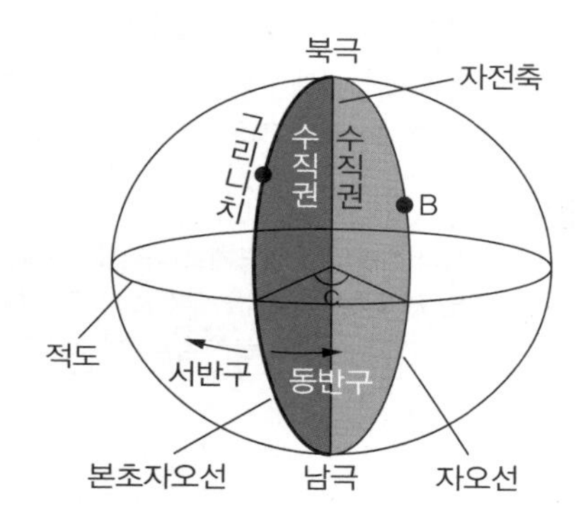

c: 경도

ⓐ 지구 자전축을 한 변으로 하고, 나머지 변은 타원체면과 접해 반원 모양이 되는 평면을 수직권이라고 함

ⓛ 수직권에서 타원체면에 접하는 변을 경도선(Meridian) 또는 경선, 자오선(子午線)이라고 함

ⓒ 영국의 그리니치 천문대(Greenwich Royal Observatory)를 지나는 자오선은 본초자오선(Prime Meridian)

ⓔ 본초자오선을 따라 지구를 둘로 나눴을 때 그리니치 천문대를 기준으로 동쪽은 동반구(Eastern Hemisphere), 서쪽은 서반구(Western Hemisphere)

ⓜ 타원체면의 어떤 한 지점(B)을 접하는 수직권이 본초 자오선을 접하는 수직권과 이루는 각도(c)는 그 지점(B)의 경도

- 한 수직권에 접한 지점들은 모두 동일한 경도를 가짐
- 동반구의 경도는 동경(East Longitude), 서반구의 경도는 서경(West Longitude)
- 경도가 동경 128°인 경우 간단히 E128°로 표기하고 서경 128°인 경우 간단히 W128°로 표기함

Tip

통합기준점

개별적(삼각점, 수준점, 중력점 등)으로 설치 · 관리된 국가기준점 기능을 통합하여 편의성 등 측량능률을 극대화하기 위해 구축한 새로운 기준점

WGS84

- GPS 측량의 기준좌표계
- 전 세계적으로 측정해온 지구의 중력장과 지구 모양을 근거로 해서 만들어진 좌표계
- C축은 국제시보국(BIH)에서 정의한 본초자오선과 평행한 평면이 지구 적도면과 교차하는 선
- Y축은 X축과 Z축이 이루는 평면에 동쪽으로 수직한 방향으로 정의됨
- Z축은 1984년 국제시보국(BIH)에서 채택한 평균극축(CTP)과 평행함

01 임의의 점에서 접선과 90°로 교차하는 법선이 적도면과 이루는 각을 무엇이라고 하는가?

① 지심위도
② 측지위도
③ 천문위도
④ 화성위도

해설

임의의 점에서 지구 중심을 이은 선과 적도면이 만나는 각은 '지심위도'이며, 임의의 점에서 접선과 90°로 교차하는 법선이 적도면과 이루는 각은 '지리(측지)위도'이다.

02 국가기준점 중 지리학적 경위도, 직각좌표, 지구중심 직교좌표, 높이 및 중력 측정의 기준으로 사용하기 위하여 위성기준점, 수준점 및 중력점을 기초로 정한 기준점은?

① 우주측지기준점
② 통합기준점
③ 지자기점
④ 삼각점

해설

통합기준점은 개별적(삼각점, 수준점, 중력점 등)으로 설치 · 관리된 국가기준점 기능을 통합하여 편의성 등 측량능률을 극대화하기 위해 구축한 새로운 기준점이다.

03 GPS 측량의 기준좌표계인 WGS84에 대한 설명으로 옳지 않은 것은?

① 전 세계적으로 측정해온 지구의 중력장과 지구 모양을 근거로 해서 만들어진 좌표계이다.
② C축은 국제시보국(BIH)에서 정의한 본초자오선과 평행한 평면이 지구 적도면과 교차하는 선이다.
③ Y축은 X축과 Z축이 이루는 평면에 서쪽으로 수직인 방향(서쪽으로 90°)으로 정의된다.
④ Z축은 1984년 국제시보국(BIH)에서 채택한 평균극축(CTP)과 평행하다.

해설

전 세계를 하나의 통일된 좌표계로 나타내기 위해 개발된 지심좌표계를 세계측지측량기준계(WGS)라고 한다. Y축은 X축과 Z축이 이루는 평면에 동쪽으로 수직한 방향으로 정의된다.

기출유형 06 ▸ 투영좌표계

투영좌표계에 대한 설명으로 옳지 않은 것은?

① 투영법을 사용한 지도는 투영면의 종류에 따라 원통, 원추, 평면도법 등으로 구분한다.
② 지도가 갖추어야 할 지도학적 성질에 따라 특정 방향으로 거리가 정확한 정거투영법, 면적이 정확한 정적투영법, 형태가 정확한 정형투영법 등으로 구분하기도 한다.
③ 어떤 투영법을 사용하더라도 지구본과 투영법에 따라 지도의 모습이 다르므로, 한 점의 경위도에 해당하는 투영좌표체계는 투영법마다 같다.
④ 투영법에 의해 지구상의 한 점이 지도에 표현될 때 가상의 원점을 기준으로 해당 지점까지의 동서 방향과 남북 방향으로의 거리를 좌표로 표현할 수 있는데, 이를 투영좌표체계라 한다.

해설
어떤 투영법을 사용하더라도 지구본과 투영법에 따라 지도의 모습이 다르므로, 한 점의 경위도에 해당하는 투영좌표체계는 투영법마다 다르다.

| 정답 | ③

족집게 과외

❶ 투영좌표계 개요

㉠ 지도는 3차원 지구상에 존재하는 대상물을 2차원적 평면에 나타낸 것으로, 지도를 제작하기 위해서는 투영법을 사용
㉡ 3차원 지구에서의 모든 점이 2차원 평면상인 지도에 접할 수는 없으므로, 투영법을 사용한 지도는 투영면의 종류에 따라 원통, 원추, 평면도법 등으로 구분
㉢ 지도가 갖추어야 할 지도학적 성질에 따라 특정 방향으로 거리가 정확한 정거투영법, 면적이 정확한 정적투영법, 형태가 정확한 정형투영법 등으로 구분
㉣ 어떤 투영법을 사용하더라도 지구본과 투영법에 따라 지도의 모습이 다르므로, 한 점의 경위도에 해당하는 투영좌표체계는 투영법마다 다름
㉤ 영법에 의해 지구상의 한 점이 지도에 표현될 때 가상의 원점을 기준으로 해당 지점까지의 동서 방향과 남북 방향으로의 거리를 좌표로 표현할 수 있는데, 이를 투영좌표체계라 함

❷ 지도 투영법

㉠ 지리좌표체계

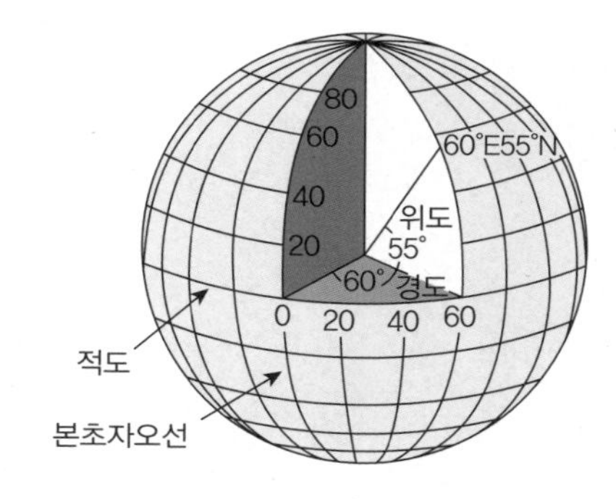

㉡ 투영면에 따른 투영법 구분★

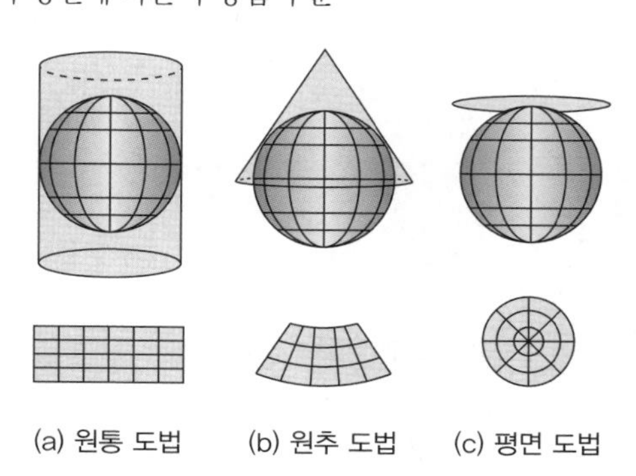
(a) 원통 도법 (b) 원추 도법 (c) 평면 도법

Tip

우리나라의 지형도에서 사용하고 있는 평면좌표의 투영법으로 중 · 대축척 지형도 제작에는 주로 등각 투영을 사용함

ⓒ 투영 성질에 따른 투영법 구분

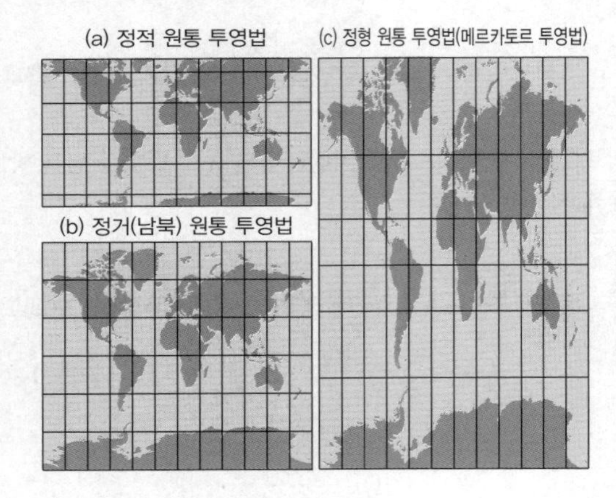

ⓡ 지리좌표(실선)와 투영좌표(점선)의 비교

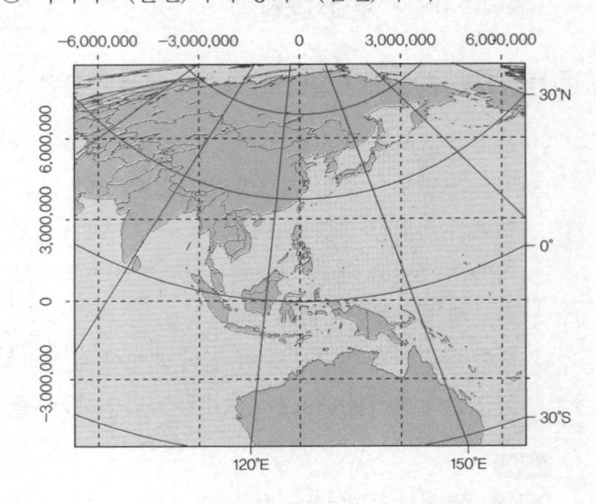

정답 01 ④ 02 ② 03 ① 04 ①

01 투영면의 종류에 따라 구분하는 투영법을 사용한 지도로 옳지 않은 것은?

① 원통도법
② 원추도법
③ 평면도법
④ 삼각도법

해설
3차원 지구에서의 모든 점이 2차원 평면상인 지도에 접할 수는 없으므로 투영법을 사용한다. 투영법을 사용한 지도는 투영면의 종류에 따라 원통, 원추, 평면도법 등으로 구분한다.

02 측지학에서 사용하는 투영에 대한 설명으로 옳은 것은?

① 동서보다 남북이 긴 지역에는 원뿔투영을 주로 사용한다.
② 대축척 지형도 제작에는 주로 등각투영을 사용한다.
③ 투영은 왜곡 없이 구면을 평면으로 나타내는 것이다.
④ 투영면 상의 거리는 실제 거리와 일치한다.

해설
우리나라의 지형도에서 사용하고 있는 평면좌표의 투영법으로 중 · 대축척 지형도 제작에는 주로 등각투영을 사용한다.

03 우리나라의 지형도에서 사용하고 있는 평면좌표의 투영법은?

① 등각투영
② 등적투영
③ 등거투영
④ 복합투영

해설
우리나라의 지형도에서 사용하고 있는 평면좌표의 투영법으로 중 · 대축척 지형도 제작에는 주로 등각투영을 사용한다.

04 다음 그림에 해당하는 투영법은? 2023년 기출

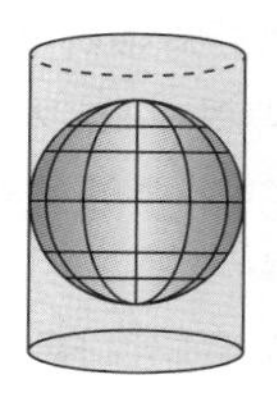

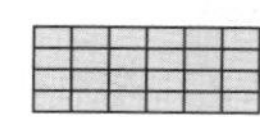

① 원통도법
② 원추도법
③ 평면도법
④ 입체도법

해설
투영면에 따른 투영법은 다음과 같다.

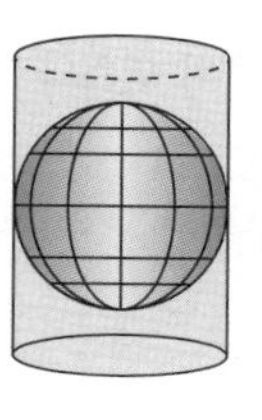

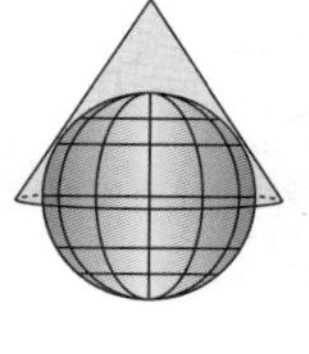

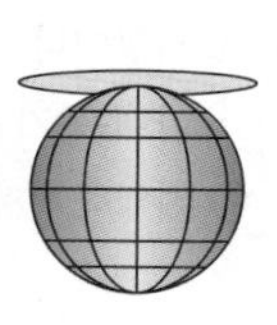

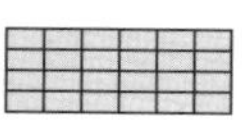

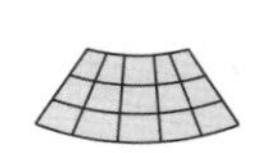

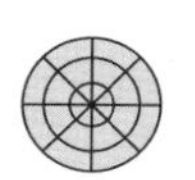

(a) 원통 도법 (b) 원추 도법 (c) 평면 도법

기출유형 07 ▶ 좌표계 변환

좌표계 변환에 대한 설명으로 옳지 않은 것은?

① 좌표계 변환이란 하나의 좌표계에서 다른 좌표계로의 변환을 의미한다.

② 2차원 평면에서 극좌표와 직각좌표 간 변환이 있다.

③ 3차원 직각좌표와 경위도좌표 간 변환이 있다.

④ 좌표계 변환을 위해서는 먼저 변환하려는 데이터의 좌표계 설정은 필요 없다.

해설

좌표계 변환을 위해서는 먼저 변환하려는 데이터의 좌표계가 설정되어 있어야 한다.

| 정답 | ④

족집게 과외

❶ 좌표계 변환의 이해

㉠ 하나의 좌표계에서 다른 좌표계로의 변환을 의미

㉡ 2차원 평면에서 극좌표와 직각좌표 간 변환, 3차원 직각좌표와 경위도 좌표 간 변환이 있음

㉢ 경위도 좌표를 투영좌표로 가져가는 지도 투영 변환이나 반대의 역지도 투영 변환은 좌표계 변환의 가장 기본적인 변환

㉣ 하나의 투영좌표계에서 다른 투영좌표계로 투영법을 변경하는 투영좌표계 변환 역시 좌표계 변환임

㉤ 소프트웨어적으로는 투영법 변환은 먼저 역지도 투영 변환을 실시한 후 지도 투영 변환을 실시하게 됨

㉥ 좌표계 변환을 위해서는 먼저 변환하려는 데이터의 좌표계가 설정되어 있어야 함

㉦ 좌표계 변환은 기준타원체가 변경되지 않는 것을 전제로 하는 것이지만, 만약 기준타원체가 변경될 경우 타원체 간 변환 요소로 고려하여야 함

❷ 측지계(測地係, Geodetic Datum)

㉠ 지형이나 지물과 같은 공간정보의 위치와 거리를 나타내는 기준

㉡ 지역측지계와 세계측지계로 구분됨

❸ 세계 측지계 변환의 이해

세계 측지계	• 지구중심좌표계를 사용하여 지구중심에 원점을 둔 타원체상의 좌표계로, 세계 공통으로 쓰일 수 있는 좌표계 • 우리나라는 2009년 측량수로조사 및 지적에 관한 법률 개정으로 2020년까지 지적측량의 기준을 세계적으로 통용되고 있는 세계측지계로 변환 • 이에 따라 지역측지계 기준의 지리적 위치로 등록된 지적공부를 세계측지계 기준의 지리적 위치로 변환하는 것을 세계측지계변환이라 함 • 측지기준계: ITRF, WGS84, PZ
3차원 직각좌표 체계	• 동경측지계를 세계측지계로 변환할 때는 투영 좌표계나 경위도 좌표계와 달리 지구 중심 3차원 직각좌표계의 개념이 필요함 • 지구상 한 점의 위치를 경위도 좌표와 투영좌표체계인 직각좌표로만 표현하는 방법 외에도 지구 중심을 원점으로 하는 3차원 직각좌표로 나타낼 수 있음 • 따라서 한 점의 경도와 위도는 3차원 직각좌표로 나타낼 수 있고, 3차원 직각좌표를 알면 그 지점의 경도와 위도를 알 수 있음

Tip

세계 측지계 변환의 필요성

- 현재 우리나라의 위치 기준은 1910년대 토지조사사업 당시에 설정된 일본의 동경측지계를 사용하고 있음
- 우리가 동경원점을 사용함으로써 동경원점에서 거리가 멀어질수록 측량오차가 많은 것이 현실이며 세계측지계와 평면위치 오차를 비교하면 지역별로 약 300~400m의 차이가 있음

기출유형 완성하기

정답 01 ① 02 ④ 03 ①

01 다음 내용에 해당하는 용어는?

> 지구중심좌표계를 사용하여 지구중심에 원점을 둔 타원체상의 좌표계로 세계 공통으로 쓰일 수 있는 좌표계

① 세계측지계
② 동경원점
③ 전자기준점
④ 지역측지계

해설
세계측지계는 지구중심좌표계를 사용하여 지구중심에 원점을 둔 타원체상의 좌표계로 세계 공통으로 쓰일 수 있는 좌표계이다.

02 다음 중 세계측지계로 알려진 측지기준계가 아닌 것은?

① ITRF
② WGS84
③ PZ
④ NSRS

해설
세계측지계로 알려진 측지기준계는 ITRF, WGS84, PZ의 3가지가 있다.

03 다음 중 지형이나 지물과 같은 공간정보의 위치와 거리를 나타내는 기준을 의미하는 용어는?

① 측지계
② 동경원점
③ 전자기준점
④ 직각좌표체계

해설
측지계(測地係, Geodetic Datum)란 지형이나 지물과 같은 공간정보의 위치와 거리를 나타내는 기준으로, 지역측지계와 세계측지계로 구분된다.

03 피처 편집

기출유형 08 ▸ 피처(Feature)와 피처 클래스(Feature Class)

피처 클래스의 구성요소로 옳지 않은 것은?

① 점 피처
② 면 피처
③ 원 피처
④ 선 피처

해설
피처 클래스의 구성요소는 점 · 선 · 면 피처가 있다.

| 정답 | ③

족집게 과외

❶ 피처(Feature)

㉠ 벡터 형태의 공간 데이터로 표현되는 대상물을 피처라고 함

㉡ 표현해야 할 대상물인 피처는 속성에 따라 점(Point), 선(Line), 면(Polygon) 형태로 저장

- 피처의 정보를 점 · 선 · 면을 구성하는 별도의 테이블 형태로 제작하는 것은 데이터의 위상관계를 구축하기 쉬우며, 데이터를 갱신할 때도 편리함
- 버스 정류장은 점 형태로, 도로 중심선은 선 형태로, 행정구역은 면 형태로 저장
- 대부분의 공간정보 소프트웨어에서는 이러한 방식으로 피처가 입력되도록 설계되어 있음

점	• 벡터 피처 중 점 피처는 도형정보와 속성정보를 가지게 됨 • 속성정보는 스프레드시트 형태의 데이터베이스 자료이고, 도형정보는 각 포인트의 종횡 좌표로 구성됨
선	• 선 피처의 경우 속성정보는 점 피처와 동일함 • 도형정보는 각 포인트가 종횡 좌표로 구성된 테이블 형태 및 각 선형 피처의 출발점, 경유점, 도착점이 표시된 별도의 테이블로 구성됨
면	• 면 피처의 속성정보 역시 점 피처의 속성정보와 동일함 • 도형정보는 각 포인트가 종횡 좌표로 구성된 테이블 형태, 각 라인을 구성하는 출발점, 경유점, 도착점이 표시된 테이블, 각 면을 구성하는 라인 정보가 포함된 테이블 등으로 구성됨

㉢ 대상물의 축척에 따라 피처 형태가 변경될 수도 있음

- 시청의 경우 1/1,000,000 정도의 소축척 공간 데이터에서는 점 형태로 입력
- 1/1,000 정도의 대축척 공간 데이터에서는 시청의 건물, 부지 내 도로, 각종 시설 등이 표현되어야 하므로 점 형태로 입력되는 것은 적절하지 않음

Tip
추상화(Abstraction)
실세계에 존재하고 있는 피처정보를 GIS에서 활용 가능한 객체(Object)로 변환하는 것

❷ **피처 클래스(Feature Class)**

㉠ 피처 클래스는 피처의 집합으로 각각 점 · 선 · 면 피처로 존재함

㉡ 동일한 지오메트리 유형(포인트, 라인, 폴리곤), 동일한 속성 필드 및 동일한 공간기준체계를 갖는 지리 피처(예 우물, 도로, 주소 위치)의 공통 유형 집합

㉢ 지오 데이터베이스 안에 단독으로 존재하거나 피처 데이터셋에 속하며, 동일 유형의 피처는 데이터 저장 편의상 한 개 단위로 그룹화 될 수 있음(예 고속도로, 국도, 지방도는 도로라는 이름의 라인 피처 클래스로 그룹화됨)

㉣ 지오 데이터베이스에는 포인트, 라인, 폴리곤, 애노테이션, 멀티포인트(LIDAR와 수심 측량 데이터 저장), 멀티패치(3D 쉐이프 저장), 디멘젼(애노테이션의 특화된 유형)의 일곱가지 피처 클래스 유형이 있음

㉤ ArcGIS에서는 CAD, OGC GML, MapInfo 파일과 같은 외부 GIS 데이터셋에 피처 클래스로 접근함

❸ **피처 데이터셋(Feature Dataset)**

㉠ 동일한 공간기준체계를 공유하는 관련 피처 클래스의 집합

㉡ 피처 데이터셋은 토폴로지, 네트워크, 지형 데이터셋에 참여하는 피처 클래스를 구성하기 위해 사용됨

🔒정답 01 ① 02 ④ 03 ④ 04 ①

01 피처에 대한 설명으로 옳은 것은?

① 피처는 대상물의 축척에 따라 피처 형태가 변경될 수도 있다.
② 피처의 정보는 점 · 선 · 면을 구성하는 별도의 테이블 형태로 제작되어 있어 데이터를 갱신할 때는 편리하나, 데이터의 위상관계를 구축하기 어렵다.
③ 점 피처는 도형정보와 속성정보를 가지게 되는데, 속성정보는 스프레드시트 형태의 데이터베이스 자료이고, 도형정보는 각 포인트가 종횡 좌표로 구성된 테이블 형태 및 각 선형 피처의 출발점, 경유점, 도착점이 표시된 별도의 테이블로 구성된다.
④ 면 피처는 도형정보와 속성정보를 가지게 되는데, 속성정보는 스프레드시트 형태의 데이터베이스 자료이고, 도형정보는 각 포인트의 종횡 좌표로 구성된다.

해설
버스 정류장은 점 형태, 도로 중심선은 선 형태, 행정구역은 면 형태로 저장한다. 대상물의 축척에 따라 피처 형태가 변경될 수도 있다.

02 벡터(Vector) 방식의 데이터 모형에 대한 설명으로 틀린 것은?

① 선으로 나타나는 객체의 경우 둘 또는 그 이상의 좌표와 선분으로 구성된다.
② 벡터 모양의 모든 객체는 수학적 위치값을 갖는다.
③ 대상물들은 점 · 선 · 면 요소로 형성된다.
④ 대상 지역 모든 곳의 정보를 담고 있다.

해설
벡터(Vector) 방식의 데이터 모형은 대상물들은 점 · 선 · 면 요소로 형성되지만, 대상 지역 모든 곳의 정보를 담고 있지는 않다.

03 공간 데이터베이스 내에 저장되는 객체가 갖는 정보로서 객체 간 공간상의 위치나 관계성을 좀 더 정량적으로 구현하기 위한 것은?

① 도형정보
② 속성정보
③ 메타정보
④ 위상정보

해설
위상(Topology)은 GIS에서 서로 연결된 또는 인접한 벡터 객체들(포인트, 폴리라인, 폴리곤) 사이의 공간적 관계를 의미한다.

04 실세계에 존재하고 있는 피처정보를 GIS에서 활용 가능한 객체(Object)로 변환하는 것은?

① 추상화(Abstraction)
② 일반화(Generalization)
③ 세분화(Segmentation)
④ 통합화(Integration)

해설
추상화는 실세계에 존재하고 있는 지형지물을 지리정보시스템에서 활용할 수 있는 객체로 변환하는 것이다.

기출유형 09 ▶ 디지타이징(피처 생성)

다음에 설명과 가장 부합하는 개념은 무엇인가?

지도와 같은 아날로그 방식의 공간정보를 디지털 방식의 컴퓨터 파일로 변환하여 저장하는 과정

① 디지타이징
② 스내핑
③ 기하학적 보정
④ 투영

해설

공간 데이터 입력을 위한 디지타이징은 지도와 같은 아날로그 방식의 공간정보를 디지털 방식의 컴퓨터 파일로 변환하여 저장하는 과정을 의미한다.

| 정답 | ①

족집게 과외

❶ 공간정보 디지털화

㉠ 오래되거나 현존하는 지도로, 항공사진과 같은 공간정보는 아날로그 형태로 존재함
㉡ 이러한 데이터는 훼손의 위험성이 크고 다른 종류의 데이터와 결합될 수 없음
㉢ 공간정보 데이터로 활용하기 위해 디지털 자료로 변환하는 과정을 일반적으로 디지털화(Digitization)라고 함

❷ 공간정보 입력 절차

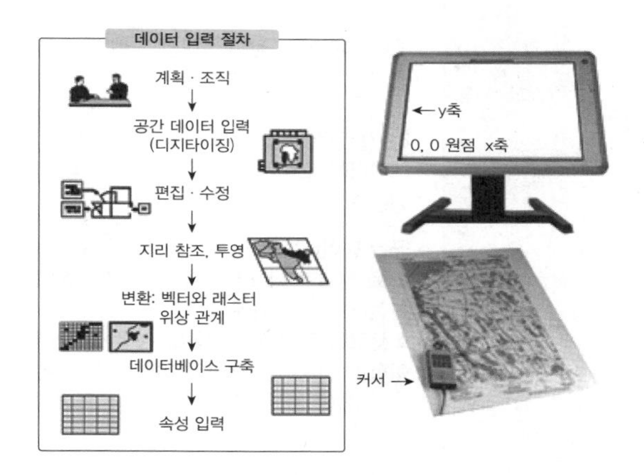

계획과 조직	• 공간 데이터를 취득한 후에는 이를 의미 있는 정보로 활용할 수 있도록 디지털 형태로 입력하는 절차를 거쳐야 함 • 공간 데이터의 활용 목적을 확실히 하고, 이에 따른 일련의 입력 계획을 세움 • 공간 데이터의 입력 계획이 세워지면 GPS나 원격탐사 등을 통하여 취득된 공간 데이터를 소프트웨어 등을 통하여 입력
디지타이징 (Digitizing)	• 지도와 같은 아날로그 방식의 공간정보를 디지털 방식의 컴퓨터 파일로 변환하여 저장하는 과정 • GPS나 원격탐사를 통하여 취득한 데이터를 입력하는 것뿐만 아니라, 기존의 지도 등을 디지털화함으로써 공간 데이터를 입력 • 종이 형태의 아날로그 지도는 스캐닝하거나 디지타이징 등의 과정을 거쳐 디지털화되고 컴퓨터를 통하여 분석할 수 있는 공간 데이터로 활용됨 • 디지타이징 과정에서 활용되는 도구: 래스터 스캐닝, 테이블 디지타이저를 이용한 디지타이징, 모니터 화면에서 커서를 이용하는 헤드업 디지타이징 등
편집과 수정	• 공간 데이터는 벡터 데이터나 래스터 데이터 형태 • 벡터 데이터의 경우 다각형의 폐합, 연결 관계, 기하학적 관계 형성 확인 • 래스터 데이터의 경우 각 셀의 크기 조정, 셀 입력된 값 등에 대한 사항을 점검 • 데이터에 오류가 있으면 적절한 수정 과정을 거침
지리 참조와 투영	• 공간 데이터는 실세계의 좌푯값을 포함하므로 적절한 좌표계와 투영 방법을 선택하여 공간 데이터에 입력 • 좌푯값이 잘못 입력되었을 경우 공간 데이터의 왜곡이 발생하여 이후의 공간 분석 과정이 불가능하거나 의미가 없어지므로 주의 필요
데이터 변환	• 원격탐사를 통하여 취득된 데이터는 래스터 형태의 데이터 구조 • 디지타이징을 통하여 취득된 데이터는 벡터 데이터 구조 • 각각은 다양한 포맷으로 변환할 수 있음
데이터 베이스 구축	• 분석 대상이 되는 공간 데이터는 그래픽 데이터와 속성 데이터가 함께 존재 • 그래픽 데이터가 입력되면 이에 따른 속성 데이터를 구축 • 데이터베이스 구축은 공간 데이터를 입력하는 과정만큼이나 인력과 시간이 많이 소요되는 과정
속성 부여	• 디지털화된 그래픽 데이터와 데이터베이스를 연계하는 속성 부여 과정을 거침 • 그래픽 데이터에 속성이 입력되면 중첩 분석이나 기하학적 공간 질의, 공간 통계 등 높은 수준의 공간 질의가 가능 • 공간 데이터의 입력 과정을 거친 후 용도에 맞는 파일 형태로 저장
데이터 저장	• 취득 · 구축된 공간 데이터를 저장할 때는 자료의 효율적인 관리와 분석을 위하여 별도의 데이터베이스 관리 시스템을 적용 • 공간 데이터베이스 관리 시스템에서는 데이터의 위상 관계 정의, 인덱싱 등이 가능하도록 체계화함

❸ 벡터화★

㉠ 개념

- 사용자가 이미지 등 격자구조에서 벡터구조를 생성하는 작업
- 필터링, 세선화, 벡터화, 후처리의 과정을 거침

㉡ 과정

필터링 (Filtering)	필터 처리로 노이즈를 제거
세선화 (Thinning)	기본적인 선의 형태는 유지하고 점의 수를 작게 하는 일련의 과정을 통해 선형 지령을 일반화하는 과정
벡터화 (Vectorization)	값을 좌표에 입력
후처리 (Post Processing)	불필요한 점을 줄이고 벡터화가 완료된 자료에 위상구조를 정립

Tip

단순화

보다 적은 자료량으로 지형지물의 특성을 간편하게 표현하기 위해 선형의 특징점을 남기고 불필요한 버텍스(Vertex)를 삭제하는 일반화 기법

정답 01 ④ 02 ② 03 ③ 04 ④ 05 ①

01 다음 중 공간 데이터의 입력 과정에 해당하지 않는 것은?

① 속성 부여
② 디지타이징
③ 계획과 조직
④ 기초 통계량 산출

해설

공간 데이터 입력 과정

계획과 조직 – 디지타이징(공간 데이터 입력) – 편집과 수정 – 지리 참조와 투영 – 데이터 변환 – 데이터베이스 구축 – 속성 부여

02 격자(Raster) 구조에서 벡터(Vector) 구조로 변환하는 벡터화에 대한 일반적인 과정을 순서대로 나열한 것은?

> ㉠ 노이즈 제거(Noise Removal)
> ㉡ 후처리 단계(Post Processing)
> ㉢ 세선화(Thinning)
> ㉣ 벡터화 단계(Vectorization)

① ㉠ – ㉡ – ㉢ – ㉣
② ㉠ – ㉢ – ㉣ – ㉡
③ ㉣ – ㉠ – ㉡ – ㉢
④ ㉣ – ㉢ – ㉡ – ㉠

해설

벡터 구조 변환과정

노이즈 제거 → 세선화 → 벡터화 → 후처리 단계

03 다음 설명에 해당하는 용어는?

> 기본적인 선의 형태는 유지하고 점의 수를 작게 하는 일련의 과정을 통해 선형 지령을 일반화하는 과정

① 노이즈 제거 ② 후처리
③ 세선화 ④ 벡터화

해설

세선화는 기본적인 선의 형태는 유지하고 점의 수를 작게 하는 일련의 과정을 통해 선형 지령을 일반화하는 과정이며, 이때 기하학적 특성을 유지하면서 윤곽선의 변형을 최소화해야 한다.

04 다음 중 지리정보시스템(GIS)의 자료출력용 하드웨어가 아닌 것은?

① 모니터 ② 플로터
③ 프린터 ④ 디지타이저

해설

디지타이저는 데이터 입력용 하드웨어 장비이다.

05 보다 적은 자료량으로 지형지물의 특성을 간편하게 표현하기 위해 선형의 특징점을 남기고 불필요한 버텍스(Vertex)를 삭제하는 일반화 기법은?

① 단순화 ② 완만화
③ 축약처리 ④ 정리처리

해설

단순화는 보다 적은 자료량으로 지형지물의 특성을 간편하게 표현하기 위해 선형의 특징점을 남기고 불필요한 버텍스(Vertex)를 삭제하는 일반화 기법이다.

기출유형 10 ▸ 피처 수정

다음 설명과 가장 부합하는 피처 수정의 개념은 무엇인가?

> 1km 구간은 4차선, 1km 구간은 2차선인 도로에서 2차선 구간을 4차원으로 확장하여 2km 구간이 모두 4차선으로 확장된 경우

① 병합(Merge)
② 스내핑(Snapping)
③ 분할(Separate 또는 Explode)
④ 합집합(Union)

해설
선형 피처는 필요에 따라 분할되거나 병합되는데, 병합이란 두 개 이상의 선형 피처를 하나로 결합하는 것이다.

| 정답 | ①

족집게 과외

❶ 피처 위치 수정

㉠ 피처의 버텍스(Vertex)를 이동, 삭제, 추가하여 피처의 형태를 변경하는 위치 수정은 원래 수정할 대상을 배경에 두고 시행해야 함
㉡ 위치를 변경할 경우 변경할 위치를 확인할 만한 기준 데이터가 준비되어 있어야 함
㉢ 이 과정에서 입력 데이터보다 정확도가 높은 데이터, 대축척으로 입력된 데이터, 고해상도의 항공사진 등을 기준 데이터로 활용할 수 있음
㉣ 수정할 벡터 레이어를 선택하여 편집이 가능한 모드로 변경한 후, 피처를 생성할 때와 마찬가지로 스내핑 옵션과 톨러런스 등을 설정
㉤ 수정해야 할 피처를 선택한 후 이동하고자 하는 버텍스를 이동해야 할 위치로 이동시키면 피처의 위치 수정은 완료됨

❷ 피처 분할과 수정

㉠ 공간정보 처리 소프트웨어는 대부분 멀티파트 피처를 싱글파트 피처로 변환하거나, 반대로 싱글파트 피처를 멀티파트 피처로 변환하는 기능을 가지고 있음

싱글파트 피처	하나의 폴리곤에 하나의 속성정보 부여
멀티파트 피처	여러 개의 폴리곤에 하나의 속성정보 부여

㉡ 멀티파트 피처를 싱글파트 피처로 변환하는 기능은 분할(Separate 또는 Explode)을 통해 수행할 수 있음
㉢ 싱글파트 피처를 멀티파트 피처로 변환하는 것은 통상 융합(Dissolve) 기능을 통해 수행할 수 있는데, 통합하고자 하는 여러 개의 폴리곤에 대하여 동일한 속성정보를 가진 필드가 있을 때 가능함
㉣ 싱글파트를 멀티파트로 또는 멀티파트를 싱글파트로 변환한 경우, 반드시 피처의 속성정보를 점검해야 함

❸ 라인(선형) 피처 편집

㉠ 선형 피처는 필요에 따라 분할되거나 병합됨

분할	하나의 선형 피처를 두 개 이상으로 분리
병합	두 개 이상의 선형 피처를 하나로 결합

㉡ 선형 피처가 하나일 경우 하나의 속성 레코드가 존재하지만 두 개 이상으로 분리될 경우 분리된 개수만큼의 속성 레코드가 존재하게 됨

- 하나의 피처로 입력된 2km 구간의 2차선 도로가 공사로 인해 1km 구간은 4차선으로 확장되었고, 나머지 1km 구간은 기존대로 2차선 도로로 존재할 경우 선형 피처 분리
- 반대로 1km 구간은 4차선, 1km 구간은 2차선인 도로에서 2차선 구간을 4차원으로 확장하여 2km 구간이 모두 4차선으로 확장된 경우 선형 피처 병합

❹ 폴리곤(면형) 피처의 편집

㉠ 면형 피처 역시 필요에 따라 분할하거나 병합하여야 함

㉡ 하나의 필지를 분필하는 경우 폴리곤 피처의 분할에 해당하고, 합필하는 경우에는 폴리곤 피처의 병합에 해당함

㉢ 폴리곤 피처의 분할은 Cut Polygon Feature와 같은 도구를 이용하여 시행할 수 있고, 병합은 병합(Merge)이나 합집합(Union)과 같은 도구를 이용할 수 있음

병합	복수의 폴리곤을 하나의 폴리곤으로 병합
합집합	복수의 폴리곤을 병합한 새로운 하나의 폴리곤을 추가

Tip

Dissolve	폴리곤들을 합쳐서 하나의 폴리곤으로 만들 경우
Clip	자르기
Union	두 개의 공간 데이터를 한 개의 공간 데이터로 생성
Merge	공간 데이터의 병합(병렬로 합침, 기존 속성값을 유지한 상태로 레이어 결합)
Erase	해당되는 부분의 공간 데이터 삭제

01 공간정보의 레이어 편집 중 그림과 같이 동일한 데이터를 하나로 합치는 방법은?

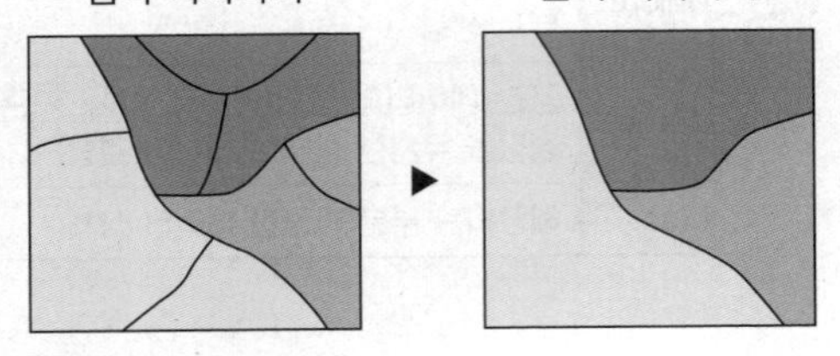

① Dissolve
② Erase
③ Clip
④ Eliminate

해설
Dissolve는 폴리곤들을 합쳐서 하나의 폴리곤으로 만드는 경우에 사용한다.

02 다음 보기에서 설명하는 데이터 편집 방법은?

> 공간 데이터의 병합(병렬로 합치며 기존 속성값을 유지한 상태로 레이어 결합)

① Merge
② Erase
③ Clip
④ Eliminate

해설
Merge는 공간 데이터의 병합 시 병렬로 합치며 기존 속성값을 유지한 상태로 레이어 결합한다.

03 공간 데이터의 재분류 등을 통해 얻은 유사하거나 동일한 값의 폴리곤들을 합쳐 하나의 폴리곤으로 만드는 기능은?

① 통합(Union)
② 자르기(Clip)
③ 삭제(Erase)
④ 디졸브(Dissolve)

해설
디졸브는 한 개의 특정한 속성이나 여러 개의 속성들을 결합하는 기능을 의미한다.

CHAPTER PART 3 공간정보 편집

04 속성 편집

기출유형 11 ▶ 필드 타입 종류와 특징

속성필드를 생성하기 위한 속성필드 타입과 특징으로 옳지 않은 것은?

① Short Integer – 2바이트 정수
② Date – 날짜
③ Double – 8바이트 배정도 실수
④ Float – 8바이트 실수

해설
Float는 4바이트 실수형 데이터 타입을 가진다.

| 정답 | ④

족집게 과외

❶ 속성정보

㉠ 공간정보는 위치정보(도형정보)와 속성정보로 구성됨

위치정보	점 · 선 · 면 타입
속성정보	필드와 레코드로 구성되며 속성정보는 피처의 수만큼 존재함

㉡ 속성정보는 지리 피처의 특성을 표현하는 것으로, 지도에서 확인할 수 없는 피처의 추가적이고 상세한 정보를 담고 있음
㉢ 속성정보는 스프레드시트 자료와 같은 테이블 구조로 표현됨
㉣ 공간 데이터에서 속성자료는 해당 피처의 분류나 순서, 비율, 값 등을 저장하므로 공간 분석을 위한 기본 자료가 됨

Tip
Thiessen Polygon
속성값이 알려진 2차원의 공간에서 특정 지점과 가장 인접한 지점의 속성값을 이용하여 특정 지점에 대한 속성값을 추정

❷ 속성정보 테이블의 구조

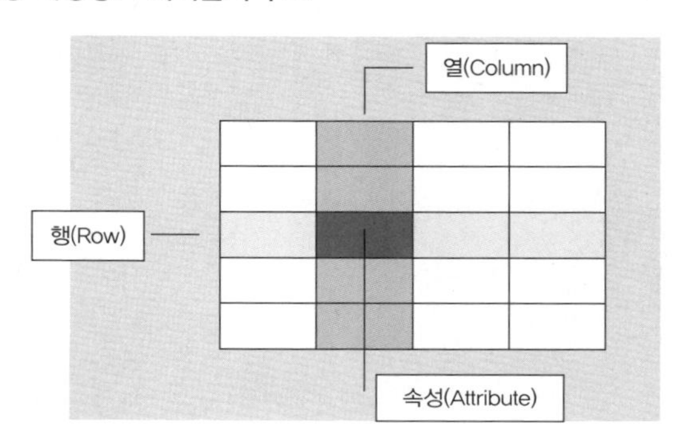

㉠ 테이블은 열(Row)의 집합
㉡ 열은 속성(Attribute)의 집합이며, 행(Column)은 같은 종류의 모든 속성을 표현
㉢ 필드(Field)는 행을 표현
㉣ 피처(Feature)는 열과 일대일로 표현

❸ 속성필드 생성

㉠ 속성필드를 생성하기 위해서는 먼저 속성필드 타입을 고려해야 함

㉡ 속성정보는 벡터 피처의 개수만큼 레코드(Record)를 가지며, 각 레코드는 필드에 대한 정보를 포함

㉢ 속성필드의 종류와 크기: 생성할 필드를 고려하여 타입 설정

구분	데이터 타입	사이즈
Short Integer	정수	2바이트
Long Integer	정수	4바이트
Float	실수	4바이트
Double	배정도 실수	8바이트
Text	텍스트	길이 지정 필요
Date	날짜	

❹ 속성필드 추가 삭제

㉠ 새로운 필드를 추가하려면 필드 타입을 설정해야 함

㉡ 필드 타입을 결정하면 새로운 필드가 생성되며, 이 때 생성된 필드에는 아무런 정보도 없음

㉢ 필요 없는 필드를 삭제하려면 필드를 선택한 후 삭제 메뉴를 이용

㉣ 삭제된 필드는 복구할 수 없으므로 필드를 삭제할 때에는 주의가 필요함

기출유형 완성하기

정답 01 ③ 02 ④ 03 ④ 04 ③

01 속성필드에 대한 내용으로 옳지 않은 것은?

① 속성정보는 필드와 레코드로 구성되어 있으며 속성정보는 피처의 수만큼 존재한다.
② 속성필드를 생성하려면 먼저 속성필드의 타입을 고려하여야 한다.
③ 한 번 삭제된 필드는 다시 복구할 수 있다.
④ 속성정보는 벡터 피처의 개수만큼 레코드를 가지며 필드에 대한 정보를 갖는다.

해설
한 번 삭제된 필드는 복구할 수 없으므로, 필드를 삭제할 때에는 주의가 필요하다.

02 지리정보시스템(GIS)에서 도로에 대한 데이터베이스를 구축할 때 도로포장 일자, 포장 종류, 차로 수, 보수 일자와 같은 정보를 무엇이라 하는가?

① 위상정보
② 지리적 위치
③ 공간적 관계
④ 속성정보

해설
속성정보는 위치자료와 연계되어 대상물에 대한 설명 또는 대상물의 특성에 대한 설명자료를 의미한다.

03 다음 중 공간데이터와 거리가 먼 것은?

① 지역별 연평균 강우량 정보
② 행정구역별 인구밀도 정보
③ 대상 지역의 경사도분포 정보
④ 직업군별 평균소득 정보

해설
직업군별 평균소득 정보는 위치와 결부된 GIS 자료와 관계없다.

04 어떤 위치의 속성을 그 위치에서 가장 가까운 지점의 값으로 지정할 수 있도록 구역을 설정하는 점대면 보간방법으로, 강우량 자료보간에 많이 쓰이는 방법은?

① 역거리경증법
② Kriging
③ Thiessen Polygon
④ TIN

해설
Thiessen Polygon은 속성값이 알려진 이차원의 공간에서 특정 지점과 가장 인접한 지점의 속성값을 이용하여 특정 지점에 대한 속성값을 추정한다.

기출유형 12 ▶ 기하(Geometry) 연산

폴리곤 레이어를 대상으로 전체 범위 중 공통 지역의 도형과 속성을 추출하는 중첩 분석 기능은?

① Intersection
② Difference
③ Identity
④ Merge

해설
Intersection은 교집합 연산을 기초로 지도를 중첩하는 방식이다. 각 입력 레이어에서 중복된 부분만이 결과 레이어에 남는다.

| 정답 | ①

족집게 과외

❶ 공간연산(Spatial Operation) 개념

㉠ 공간 데이터베이스에 저장된 자료들에 대해 원하는 결과를 얻기 위해 적용되는 기본연산
㉡ 2차원에 대한 공간연산으로는 포함, 겹침, 최소 거리 등의 연산이 있음
㉢ 3차원 공간에 대해서는 가시권 분석, 최적경로 파악 등이 있음

❷ 기하학적 측정★

㉠ 공간 데이터를 이루는 선이나 면 객체의 모양, 크기, 상대적인 위치 등의 정보를 활용한 측정
㉡ 거리 또는 길이의 측정
- 공간 데이터를 활용할 때 두 지점 간의 거리를 구해 최근 이웃 간의 거리를 계산하거나 특정 영역 안의 지점들의 개수를 구하여 분포 밀도를 분석할 때 사용
- 두 점 사이의 거리는 유클리드 거리 또는 맨해튼 거리 측정 방법으로 구할 수 있음

유클리드 거리 측정	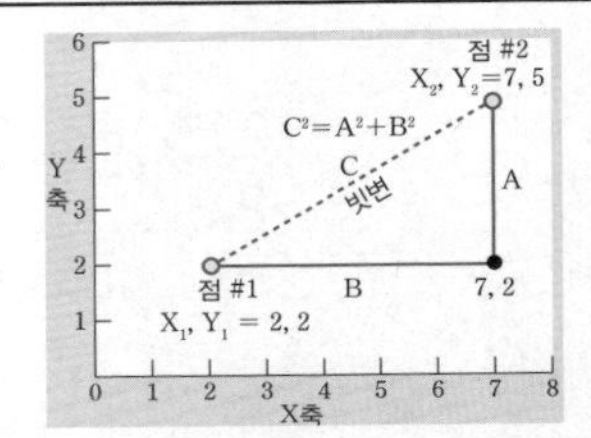 두 점을 활용하여 직각삼각형을 구성하였을 때 빗변의 제곱은 두 선분의 길이의 제곱의 합과 같음을 이용하며, 직각좌표체계를 가진 공간 데이터에서 활용
맨해튼 거리 측정	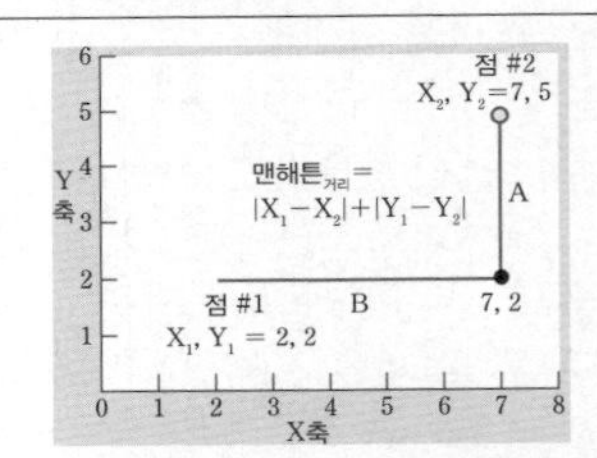 유클리드 거리와 달리 직각삼각형에서 빗변이 아닌 두 선분을 활용하여 계산

ⓒ 둘레 또는 면적의 측정

벡터 데이터	• 벡터 데이터의 둘레는 폴리곤을 구성하는 모든 선분을 구하고 각 선분의 길이를 더하여 계산 • 각 선분의 길이는 피타고라스 정리를 활용하여 두 점 사이의 거리로 함 • 폴리곤의 면적은 폴리곤을 구성하는 각 선분이 구분하는 영역 안의 면적을 계산
래스터 데이터	• 래스터 데이터는 각 픽셀의 수가 일정하므로 둘레 측정이 필요한 래스터 공간 객체를 먼저 구분하고, 해당 객체의 둘레에 해당하는 셀을 구분함 • 구분된 셀의 개수를 더하고 셀의 한 변의 길이를 곱하면 래스터 객체의 둘레 길이를 구할 수 있음 • 면적은 해당 래스터 객체를 구성하는 셀의 개수를 구하고, 한 셀의 면적을 곱하여 구함

Tip

폴리곤 둘레 측정

버텍스1
버텍스2
버텍스6
버텍스4
버텍스5
버텍스3

점	UTM X	UTM Y	두 점 사이의 거리(m)
1	447487	4438722	0
2	447838	4438720	351.01
3	447833	4438541	179.07
4	447704	4438587	136.96
5	447687	4438538	51.87
6	447489	4438614	212.08
1	447487	4438722	108.02
			1,039m

❸ 교차 관계 측정

㉠ 벡터 공간 데이터에서의 교차 관계 측정은 중첩 분석에서 중요한 역할을 함

㉡ 공간 데이터는 점 · 선 · 면으로 구성되어 있어서 교차 관계 측정은 크게 Point in Polygon, Line in Polygon, Polygon on Polygon으로 구분

포인트 인 폴리곤 (Point in Polygon)	• 기반 레이어는 면형 데이터이고 면형 데이터의 속성에 따라 교차하는 입력 레이어의 포인트 데이터를 선택 • 서울의 시 · 군 · 구 단위로 소방서의 개수를 구하고자 할 경우
라인 인 폴리곤 (Line in Polygon)	• 기반이 되는 폴리곤의 특성에 따라 선형 데이터에 속성이 부여되거나 선택됨 • 서울의 각 구 단위에서 선형으로 구축된 한강의 길이를 구하고자 할 경우
폴리곤 온 폴리곤 (Polygon on Polygon)	• 벡터 공간 데이터 중 지역과 지역 간 중첩되는 부분을 선택하거나 삭제하고자 할 때 폴리곤과 폴리곤의 교차 부분을 계산하여 활용 • 중첩 분석에서 가장 자주 활용됨

❹ 포함 관계 측정

㉠ 점 · 선 · 면의 형태를 가진 공간 객체의 포함 관계를 분석하는 과정

㉡ 객체 간 포함 관계뿐만 아니라 공간 객체에 버퍼를 설정하고 버퍼 영역 내 포함 여부를 통하여 포함 관계를 측정할 수 있음

㉢ 공간 통계량의 하나인 폴리곤 중심점이 특정 객체에 포함되는가에 대한 여부도 분석

㉣ 특정 공간 객체에 포함되는가의 여부, 다른 공간 객체를 포함하는가의 여부, 버퍼 영역 내의 포함 관계, 중심점의 포함 관계가 있음

특정 공간 객체의 포함 관계	예 특정 환자가 거주하는 건물을 선택하고자 할 경우
다른 공간 객체의 포함 관계	점 · 선 · 면의 각 공간 객체는 다른 공간 객체를 포함할 수 있음 예 특정 건물에 속한 환자를 선택하고자 할 경우
버퍼 영역 내의 포함 관계	• 공간 객체 자체를 포함 관계 분석 또는 주변에 버퍼를 설정하여 분석 • 버퍼의 구성은 점 · 선 · 면 어느 공간 객체이든 가능 • 각 객체를 중심으로 한 버퍼의 크기도 사용 목적에 따라 다르게 설정 예 특정 병원을 중심으로 한 환자를 선택하여야 할 경우나 송전탑을 중심으로 한 거주민을 선택하고 관리하고자 할 때 활용

중심점의 포함 관계	점 · 선 · 면의 공간 객체는 중심점을 가지는데, 이 중심점을 포함하는 경우는 해당 공간 객체에 영향력을 많이 끼치는 것을 의미함 예 높은 건축물의 면적 중심이 다량의 지하수가 흐르는 유로 위를 지나는 경우 건축물의 안전 관리가 더욱 필요함

❺ 공간 분석

㉠ 중첩 분석

- 서로 다른 정보를 가진 공간 데이터들을 중첩하여 정보가 축약된 새로운 공간 데이터를 만들어 내는 과정
- 벡터나 래스터 데이터를 활용한 중첩 분석 과정 모두 같은 공간적 스케일과 위치정보(투영법과 좌표체계)가 보장되어야 함
- 래스터 데이터의 경우 셀의 크기나 위치 등이 분석에 활용되는 모든 레이어에서 통일되어야 함
- 주변 지역을 고려한 소방서의 최적 입지, 신도시의 입지 선택, 보호 대상 동물의 최적 서식지 분석, 쓰레기 매립 최적지의 선택 등이 필요한 경우 활용
- 산사태 취약 지점이나 홍수 취약 지점 등 재난 · 재해에 있어 취약한 지점 파악에 활용
- 벡터 데이터 중첩 연산

인터섹션 (Intersection)	• 불리언(Boolean) 연산에서의 AND 연산 • 교집합 연산을 기초로 하여 지도를 중첩하는 방식으로, 각 입력 레이어에서 중복된 부분만이 결과 레이어에 남음
유니언 (Union)	• 합집합 연산을 수행하고자 할 때 필요한 연산 • 각 입력 레이어의 내용을 모두 포함하는 결과 레이어 생성
클리핑 (Clipping)	• 필요한 지역만을 오려내고 싶을 때 사용 • 특정한 지리적 위치만 분석에 필요할 때 사용
이레이징 (Erasing)	필요 없는 영역을 제거할 때 활용

㉡ 버퍼 분석

- 점 · 선 · 면 형태의 모든 공간 데이터에 적용
- 공간 객체를 중심으로 하여 분석에 필요한 일정 영역을 설정하고, 그 버퍼 영역의 안쪽이나 바깥쪽에 대한 공간 질의를 수행
- 버퍼 내에 포함되는 사상을 선택할 수도 있고, 버퍼 영역을 삭제할 수도 있음

점 버퍼 분석	• 점 사상의 버퍼 분석은 점으로부터 일정 길이만큼의 영역을 균일하게 생성 • 건물의 중심점, 학교, 소화전, 가로수 등 다양한 사상이 점 버퍼 분석 대상
선형 버퍼 분석	• 선형 사상에서 일정한 길이만큼 떨어진 버퍼 영역을 설정 • 거리에 따른 다양한 버퍼 영역을 생성하여 중첩 분석의 기초 자료로 활용 • 도로, 철도, 하천, 강, 상하수도, 전력선 등의 선형 사상에 적용
면형 버퍼 분석	• 목적에 따라 면형 사상에 다양한 크기의 버퍼 영역을 설정하고 생성할 수 있음 • 주택지, 건물 윤곽, 행정구역, 토지 피복 등 면형 사상에서 면형 버퍼 분석 적용

㉢ 근린 분석(Neighborhood Analysis)

- 특정 지점을 중심으로 주변 지역의 특성 분석
- 주어진 지점과 분석하고자 하는 객체 간의 멀고 가까운 정도의 정보를 기반으로 분석할 수 있음
- 특정 현상의 영향력이 얼마나 파급될 것인지를 분석하는 데 활용
- 집 주변 반경 1km 이내에 버스 정류장이 몇 개나 되는지, 쇼핑몰 근처의 주택지들과의 거리는 얼마나 되는지 등의 분석에 활용

㉣ 지형분석

3차원 데이터를 통한 기초 통계량뿐만 아니라 경사도 분석, 지형 단면, 향(向, Aspect), 배수계(排水界, Drainage), 시계(視界, Visibility) 분석 등이 있음

정답 01 ④ 02 ① 03 ③ 04 ③

01 다음 보기의 그림에서 A와 B를 이용한 래스터 계산 결과인 C를 위한 논리연산자로 옳은 것은?

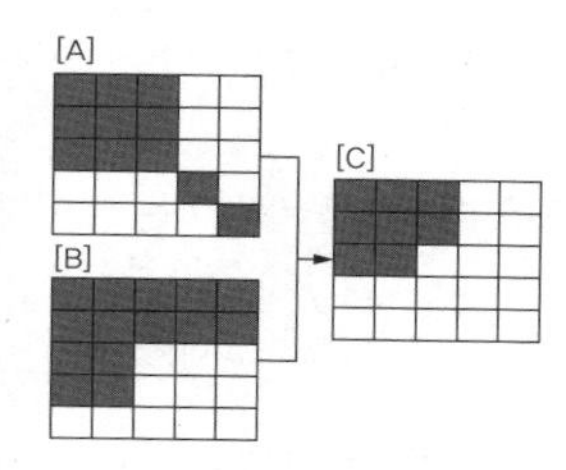

① A or B
② A xor B
③ A not B
④ A and B

해설
인터섹션(Intersection)은 불리언(Boolean) 연산에서의 AND 연산을 의미한다.

02 지리정보시스템(GIS)의 자료처리에서 버퍼(Buffer)에 대한 설명으로 옳은 것은?

① 공간형상의 둘레에 특정한 폭을 가진 구역(Zone)을 구축하는 것이다.
② 선 데이터에 대해서만 버퍼거리를 지정하여 버퍼링(Buffering)을 할 수 있다.
③ 면 데이터의 경우 면의 안쪽에서는 버퍼거리를 지정할 수 없다.
④ 선 데이터의 형태가 구불구불한 굴곡이 매우 심하거나 소용돌이 형상일 경우 버퍼를 생성할 수 없다.

해설
버퍼 분석은 점 · 선 · 면 형태의 모든 공간 데이터에 적용된다.

03 지리정보시스템(GIS)의 공간분석기능에 대한 설명으로 옳은 것은?

① 버퍼 분석(Buffering Analysis) – 가시권 분석, 표면 모델링, 3차원 가시와 경사도 분석
② 지형 분석(Topographic Analysis) – 영향권 분석
③ 망 분석(Network Analysis) – 연결성, 방향성, 최단경로, 최적경로의 분석
④ 중첩 분석(Overlay Analysis) – 거리, 면적, 둘레, 길이, 무게중심 등의 정량적 분석

해설
네트워크 분석(Network Analysis)은 연결성, 방향성, 최단경로, 최적경로의 분석에 해당한다.

04 그림의 빗금친 부분의 결과가 나타나기 위한 공간연산은?

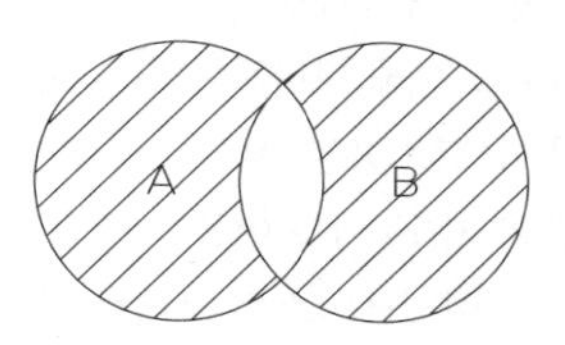

① (A−B)∩(B−A)
② (A∪B) − A
③ (A−B)∪(B−A)
④ (A∪B) − B

해설
(A−B)와 (B−A)의 합집합의 결과이다.

기출유형 13 ▶ 속성필드 업데이트

데이터베이스의 질의 중 조인(Join) 연산에 관한 설명으로 틀린 것은?

① 두 테이블의 공통 행에 있는 값에 기초하여 두 테이블이 연결된다.
② 단순 조인(Simple Join) 연산으로 테이블 A가 테이블 B에 연결되기 위해서는 테이블 A와 B의 관계가 1:1이어야만 한다.
③ 조인(Join)은 각 테이블의 행을 합쳐서 공통된 부분은 한 번만 나타내도록 테이블을 생성하는 것이다.
④ 두 테이블의 공통 행의 속성명(Attribute Name)이 달라도 가능하다.

해설
조인은 업데이트할 공간 데이터와 외부 데이터베이스의 공통된 컬럼(열) 키(Key)를 이용하여 이루어진다.

| 정답 | ①

족집게 과외

❶ 속성필드 업데이트 개요

속성 데이터를 업데이트하는 방법과 별개의 데이터베이스를 불러들여 데이터베이스를 조인(Join)하는 방법이 있음

❷ 속성필드 업데이트 방법

㉠ 속성 필드 업데이트
- 속성 데이터베이스를 수정 가능한 상태로 변경하기 위해 편집모드를 활성화시킴
- 속성값을 입력하여 업데이트하고, 업데이트를 마친 후 편집된 내용을 저장
- 새롭게 입력되는 속성값은 속성필드의 정의에 따라 입력되어야 함

㉡ 외부 데이터베이스와의 조인을 이용한 업데이트
- 공간정보의 업데이트에서 널리 사용되는 방법
- 동일한 키를 가진 2개의 데이터베이스는 조인(Join)을 통해 하나로 통합될 수 있음
- 업데이트할 공간 데이터와 외부 데이터베이스의 공통된 키(Key)를 이용한 조인을 통해 이루어짐
- 기존 데이터베이스는 그대로 남아 있고, 새롭게 추가된 속성이 기존 데이터베이스 다음으로 추가됨
- 조인을 실행한 후 필드는 필요에 따라 삭제하여 데이터베이스를 정리하여야 함
- 조인 후 조인된 데이터는 별도의 공간 데이터 파일로 저장하여야만 함

Tip
EQUI JOIN
조인된 필드의 값이 일치(=)하는 행을 연결하여 결과를 생성하는 JOIN

정답 01 ① 02 ④ 03 ①

01 속성필드 업데이트 방법 중 동일한 키를 가진 외부 데이터베이스를 이용한 방법은?

① 조인(Join)
② DDL
③ DML
④ SQL

해설
조인은 공간 데이터와 외부 데이터베이스의 공통된 키(Key)를 이용한 업데이트 방법이다.

02 다음 중 조인(Join)에 대한 설명으로 옳지 않은 것은?

① 두 개 이상의 테이블로부터 원하는 데이터를 검색하는 방법이다.
② 조인에 사용되는 기준 필드는 동일하거나 호환되는 데이터 형식을 가져야 한다.
③ 조인되는 두 테이블의 필드 수가 동일할 필요는 없다.
④ 같은 테이블에서 2개의 속성을 연결하여 EQUI JOIN을 하는 방법을 CROSS JOIN이라고 한다.

해설
셀프 조인(Self Join)은 같은 테이블에서 2개의 속성을 연결하여 EQUI JOIN을 하는 방법이다.

03 쿼리에서 두 테이블의 필드 값이 일치하는 레코드만 조인하기 위해 괄호 안에 넣어야 할 것으로 옳은 것은?

```
SELECT 필드목록
FROM 테이블1, 테이블2
WHERE 테이블1.필드 (   ) 테이블2.필드;
```

① =
② join
③ +
④ −

해설
조인된 필드의 값이 일치(=)하는 행을 연결하여 결과를 생성하는 JOIN을 EQUI JOIN이라고 한다.

교육은 우리 자신의 무지를 점차 발견해 가는 과정이다.

– 윌 듀란트 –

PART 04
공간 영상 처리

01 영상 전처리

기출유형 01 ▶ 잡음의 종류와 특징

지표면 영상의 수집 과정에서 대기의 다양한 효과로 인해 발생하는 잡음은?

① 감지기 에러
② 방사오차
③ 기하오차
④ 센서오차

해설

영상 수집 시 대기 중의 수증기, 먼지, 공기 분자 등에 의해 산란, 반사, 투과 및 흡수 등에 따라 감쇠 또는 잡음이 발생하는데, 이를 방사오차라고 한다.

| 정답 | ②

족집게 과외

❶ 잡음[오차, 오류(Error), 노이즈(Noise)]

지구의 표면에서 반사 또는 방출되는 특정 대상체의 방사(복사, Radiation) 에너지를 주어진 센서를 통해 정확하게 기록하여야 하나, 자료 수집과정 중 여러 원인으로 인하여 잡음이 발생할 수 있음

❷ 잡음의 종류

감지기 에러 (Detector Error)	데이터 기록을 위해 사용된 감지기의 이상
방사(복사)오차 (Radiometric Error)	• 대기에서 발생하는 다양한 효과(대기 중의 수증기, 먼지, 공기 분자 등에 의해 산란, 반사, 투과 및 흡수 등에 따라 발생하는 감쇠 또는 잡음) • 지형에 의한 감쇠
기하오차 (Geometric Error)	• 플랫폼의 위치, 속도, 자세 등에 대해 제어할 수 없는 변이 • 센서 자체의 상대적인 위치 변이 • 지구의 곡률

❸ 잡음의 특징

㉠ 잡음이 영상 수집에 미치는 영향
- 영상의 밝기 값
- 영상의 기하학적 특성

㉡ 잡음 보정의 적용
- 데이터의 사전 분석 단계에서 반드시 필요하지는 않음
  - 최대우도분류법을 이용하여 단일 영상에 대하여 분류를 수행하는 경우 대기보정이 일반적으로 필요하지 않음
  - 수체나 식생으로부터 부유물질, 온도, 생물량, 잎면적지수, 엽록소, 임관비율과 같은 생물리적 변수를 추출하려고 하는 경우에는 대기보정이 필수적
- 분석의 성격에 따라 잡음 보정은 다르게 적용할 수 있음
  - 패턴인식기법을 적용하는 경우 잡음 보정은 불필요할 수 있음(보정이 영상의 품질을 항상 향상시키는 것은 아닐 수 있으며, 사소한 잡음보정이 불필요한 영상해석의 오류를 가져올 수도 있음)
  - 영상 분석이 종료된 뒤 결과의 해석 단계에서 기하보정이 적용될 수 있음

01 지구의 표면에서 반사 또는 방출되는 특정 대상체의 방사에너지를 주어진 센서를 통해 기록할 때 여러 원인으로 인하여 발생하는 것은?

① 영상의 노이즈
② 기하보정
③ 복사보정
④ 센서보정

해설
영상 수집 시의 잡음, 오차, 오류, 노이즈 등 다양한 용어로 사용되고 있다. 이를 원인에 따라 보정하는 것이 기하보정, 복사보정, 센서보정 등이다.

02 지표면 영상 수집 과정에서 데이터 기록을 위해 사용된 감지기로부터 발생하는 오류는?

① 방사오차
② 복사오차
③ 기하오차
④ 센서오차

해설
지표면 영상 수집 과정에서 데이터 기록을 위해 사용된 감지기로부터 발생하는 오류는 '감지기 에러' 또는 '센서오차'라고 한다. '방사오차'와 '복사오차'는 동일한 것이다.

03 지표면 영상 수집 시 플랫폼의 위치, 속도, 자세 등에 따라 발생하는 오차는?

① 방사오차
② 감지기 에러
③ 기하오차
④ 센서오차

해설
기하오차의 설명에 해당하며, 센서 자체의 상대적인 위치 변이, 지구의 곡률 등이 원인이다.

04 지표면 영상 수집 시 잡음 보정에 대한 설명으로 틀린 것은?

① 데이터의 사전 분석에서도 잡음 보정은 반드시 필요하다.
② 수체나 식생으로부터 생물리적 변수를 추출하려고 하는 경우에는 대기보정이 필수적이다.
③ 보정이 영상의 품질을 항상 향상시키는 것은 아닐 수도 있다.
④ 영상분석이 종료된 뒤 결과의 해석 단계에서 기하보정이 적용될 수 있다.

해설
사전 분석단계에서 잡음 보정은 반드시 필요하지는 않다.

기출유형 02 ▶ 잡음의 발생원인

기하오차의 원인이 아닌 것은?

① 플랫폼의 위치, 속도, 자세 등에 대해 제어할 수 없는 변이
② 센서 자체의 상대적인 위치 변이
③ 지구의 곡률
④ 지형의 경사와 향

해설
①·②·③ 기하오차의 원인, ④ 방사오차의 원인

| 정답 | ④

족집게 과외

❶ 센서로 인한 오류(감지기 에러, Detector Error)

㉠ 오류 형태에 따른 구분

임의 오류 화소 [산탄잡음 (Shot Noise)]	개개 화소에 대한 분광정보를 수집하지 못하는 것으로, 산탄잡음은 임의의 특정 영역에 오류가 집중적으로 많이 발생하는 경우를 의미
열시점 오류 (Line-start Problems)	• 스캔라인의 시작 부분에서 자료 수집이 실패한 경우 또는 화소의 정보를 스캔라인을 따라 잘못된 장소에 위치시키는 경우에 발생 • 감지기가 스캔하는 중에 어느 부분에서 갑자기 자료 수집을 멈추는 경우, 센서는 수집되지 않은 화소의 정보를 기억하여 다시 그 정보를 기록하게 되는데, 이때 기록 위치를 잘못 지정하여 발생
행손실 또는 열손실 (Line or Column Drop-outs)	하나의 행 또는 열이 분광정보를 포함하지 않는 경우로, 스캐닝 시스템의 개개의 감지기가 제대로 작동하지 않는 경우에 발생
부분적인 행손실 또는 열손실 (Partial Line or Column Drop-outs)	감지기가 특정 위치의 행 또는 열에서 제대로 작동하지 않다가 그 후의 스캔라인에서는 제대로 작동하는 경우로, 스캔라인의 일부에 아무 정보도 남아 있지 않게 되는 현상
N라인 줄무늬 잡음 (N-line Striping) / 줄무늬 현상	하나의 감지기가 다른 감지기들에 비해 더 밝거나 어두운 값을 가지게 되는 경우 발생하는 것으로, 잘못 교정된 감지기에 의해 발생하는 오류

㉡ 오류 분포에 따른 구분

광역적 오류	• 랜덤 오류(Random Error)라고도 함 • 영상 전체에 걸쳐 임의로 발생하는 오류
국소적 오류	• 수집된 영상의 일부 영역에 발생한 오류 • 영상의 전송과정에서 자료 손실로 인해 발생 • 일반적인 필터(Filter)를 적용하여 제거할 수 있으나 에지(Edge) 정보가 손상될 수 있으므로 오류 지역을 선택하여 제거
주기적 오류	• 영상 전체에 일정한 간격을 두고 반복적으로 발생하는 오류 • 자료 취득이나 CCD 배열의 일부 화소가 손상되어 영상 전송 장치의 결함으로 인해 발생

❷ 방사(복사)오차

㉠ 대기에서 발생하는 다양한 효과: 대기 중의 수증기, 먼지, 공기 분자 등에 의해 산란, 반사, 투과 및 흡수 등에 따라 발생하는 감쇠 또는 잡음
㉡ 지형에 의한 감쇠: 지형의 경사와 향

❸ 기하오차

㉠ 플랫폼의 위치, 속도, 자세 등에 대해 제어할 수 없는 변이
㉡ 센서 자체의 상대적인 위치 변이
㉢ 지구의 곡률

기출유형 완성하기

정답 01 ② 02 ② 03 ④ 04 ③

01 스캔라인의 시작 부분에서 자료 수집이 실패한 경우 또는 화소의 정보를 스캔라인을 따라 잘못된 장소에 위치시키는 경우에 발생하는 오류는?

① 산탄 잡음(Shot Noise)
② 열시점 오류(Line-start Problems)
③ 행손실 오류(Line Drop Error)
④ N라인 줄무늬 잡음(N-line Striping)

해설
열시점 오류는 센서가 수집되지 않은 화소의 정보를 기억하여 다시 그 정보를 기록하게 되는데, 이때 기록 위치를 잘못 지정하여 발생한다.

02 수집된 영상의 일부 영역에 발생한 오류로, 영상의 전송과정에서 자료 손실로 인해 발생하는 것은?

① 광역적 오류
② 국소적 오류
③ 주기적 오류
④ 랜덤 오류

해설
수집된 영상의 일부 영역에 발생하는 것이기 때문에 국소적 오류라고 한다.

03 하나의 감지기가 다른 감지기들에 비해 더 밝거나 어두운 값을 가지게 되는 경우에 발생하는 것으로, 잘못 교정된 감지기에 의해 발생하는 오류는?

① 산탄 잡음(Shot Noise)
② 열시점 오류(Line-start Problems)
③ 행손실 오류(Line Drop Error)
④ N라인 줄무늬 잡음(N-line Striping)

해설
N라인 줄무늬 잡음은 자료 취득이나 CCD 배열의 일부 화소가 손상되어 영상 전송 장치의 결함으로 인해 발생된다.

04 방사(복사)오차의 원인이 아닌 것은?

① 대기의 산란 및 흡수
② 지형의 경사와 향
③ 지구의 곡률
④ 대기 중의 먼지와 수증기

해설
지구의 곡률은 기하오차의 원인이다.

기출유형 03 ▶ 잡음 필터링

입력 영상에서 특정 위치의 화소와 그 주변 화소에 가중평균의 함수를 적용하여 출력 영상의 밝기 값을 결정하는 기법으로, 가중치와 함께 주변 화소의 밝기 값을 평가하는 것은?

① 필터링(Filtering)
② 히스토그램(Histogram)
③ 산점도(Scattergram)
④ 커널(Kernel)

해설

② 히스토그램은 도수분포를 1차원 축으로 표현한다.
③ 산점도는 2차원 평면에 나타낸다.
④ 커널은 화소 주위에 연산을 해주는 행렬이다.

| 정답 | ①

족집게 과외

❶ 필터링(Filtering) 관련 용어

필터링	• 입력 영상에서 특정 위치의 화소와 그 주변 화소에 가중평균의 함수를 적용하여 출력 영상의 밝기 값을 결정하는 기법 • 가중치와 함께 주변 화소의 밝기 값을 평가함
합성곱(Convolution)	• 입력 영상에 특정 커널을 적용하여 새로운 출력 영상을 만드는 작업 • 입력 영상에 일대일로 대응하는 위치에 있는 커널의 요소와 대응하는 입력 화소 값을 곱해서 모두 합한 것을 출력 영상의 화소 값으로 결정하는 작업
커널(Kernel)	• 윈도우(Window), 필터(Filter), 마스크(Mask)라고도 함 • 화소의 주위에 연산을 해주는 행렬

❷ 잡음 제거를 위한 필터링

㉠ 저주파수[Low-frequency, 저대역/저역통과(Low-pass)] 필터링
- 초점이 맞지 않듯이 영상을 흐릿하게 하는 작업
- 즉, 인접 화소 간 밝기 값의 차이가 크지 않도록 하는 결과

Tip

- 영상 평활화(Image Smoothing, 평균 필터): 주변 화소 값들의 평균을 적용하는 것으로, 화소 밝기 값 사이의 차이가 적어져 선명도가 떨어지게 되나 영상이 전체적으로 부드러워지는 효과
- 미디언 필터링(Median Filtering, 중간값 필터링): 커널의 화소 값을 내림차순 또는 오름차순으로 정렬한 뒤 중앙에 위치한 값을 선택하는 필터링 기법으로, 소금-후추 잡음(Salt and Pepper Noise, 소금과 후추를 뿌려놓은 것과 같이 주변에 비해 훨씬 밝거나 어두운 화소가 무작위로 분포된 영상오류)을 제거하는 효과
- 미디언(중간값) 필터 적용

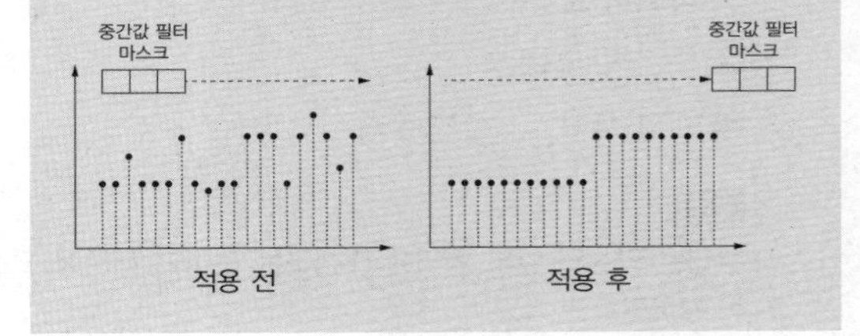

㉡ 고주파수[High-frequency, 고대역/고역통과(High-pass)] 필터링

값의 변화가 크지 않은 요소들을 제거하거나 지역적인 고주파 부분을 강조하기 위한 작업

㉢ 기타 필터링 기법

가우시안 필터링 (Gaussian Filtering)	대상 화소에 가까울수록 많은 영향을 주고, 멀어질수록 적은 영향을 주기 때문에 원래의 영상과 비슷하면서도 노이즈를 제거하는 효과
바이레터럴 필터 (Bilateral Filter)	일반적인 블러링은 잡음 제거 효과는 뛰어나지만 경계도 흐릿하게 만드는 문제가 있음. 이를 개선하기 위해 가우시안 필터와 경계 필터를 결합한 것으로, 경계도 뚜렷하고 노이즈도 제거되는 효과

기출유형 완성하기

정답 01 ③ 02 ① 03 ② 04 ①

01 **영상에 불규칙적으로 나타나는 소금-후추 잡음(Salt and Pepper Noise)을 제거하기 위해 필터링 기법을 적용하려고 한다. 이를 위한 가장 적절한 기법은 무엇인가?**

① 평균 필터
② 최솟값 필터
③ 중간값 필터
④ 고역통과 필터

해설
미디언 필터링(Median Filtering, 중간값 필터링)은 커널의 화소 값 중 중간값을 선택하는 것으로, 소금-후추 잡음(Salt and Pepper Noise)을 제거하는 효과가 있다.

02 **입력 영상에 일대일로 대응하는 위치에 있는 커널의 요소와 대응하는 입력 화소 값을 곱해서 모두 합한 것을 출력 영상의 화소 값으로 결정하는 작업은?**

① 합성곱
② 버퍼링
③ 근린분석
④ 기하오차보정

해설
합성곱은 입력 영상에 특정 커널을 적용하여 새로운 출력 영상을 만드는 작업이다.

03 **인접 화소들 간 밝기 값의 차이가 크지 않도록 하는 것으로, 초점이 맞지 않듯이 영상을 흐릿하게 하는 작업은?**

① 고역통과 필터링
② 저역통과 필터링
③ 가우시안 필터링
④ 바이레터럴 필터링

해설
저역통과 필터링에 대한 설명이다. 고역통과 필터링은 값의 변화가 크지 않은 요소들을 제거하거나 지역적인 고주파 부분을 강조하기 위한 작업이다.

04 **주변 화소 값들의 평균을 적용하는 것으로, 화소 밝기 값 사이의 차이가 적어져 선명도가 떨어지게 되나 영상이 전체적으로 부드러워지는 효과가 있는 것은?**

① 영상 평활화(Image Smoothing)
② 미디언 필터링(Median Filtering)
③ 고역통과 필터링(High-pass Filtering)
④ 바이레터럴 필터(Bilateral Filtering)

해설
영상 평활화는 평균 필터라고도 한다.

기출유형 04 ▶ 방사오차 보정

대기의 흡수와 산란 효과에 대한 보정은?

① 기하오차 보정
② 방사오차 보정
③ 센서오류 보정
④ 선 탈락(Drop Line) 보정

해설

방사오차는 대기 중의 수증기, 먼지, 공기 분자 등에 의해 산란, 반사, 투과 및 흡수 등에 따라 발생하는 감쇠 또는 잡음을 의미한다. 이를 해결하기 위한 것이 방사오차 보정이다.

| 정답 | ②

족집게 과외

❶ 대기에서 발생하는 산란 현상 유형

㉠ 레일리 산란(Rayleigh Scattering) 또는 분자 산란(Molecular Scattering)

- 대기의 산소나 질소와 같은 공기 분자의 유효지름이 입사된 전자기 복사의 파장에 비해 매우 작은 경우 발생
- 지상으로부터 2km~8km 떨어진 대기에서 발생
- 하늘이 푸르게 보이는 원인

㉡ 미(Mie) 산란(비분자 산란 또는 에어로졸 산란)

- 4.5km 정도의 낮은 대기층에서 입사되는 에너지의 파장과 거의 같은 크기의 지름을 가진 구형 입자들로 인해 발생
- 대기 중의 분진, 오염물질 등으로 인한 산란

㉢ 비선택적 산란

- 전자기 복사의 파장보다 10배 이상 큰 입자들로 인한 것으로, 모든 파장의 빛이 산란
- 구름이나 짙은 안개가 백색으로 보이는 되는 원인
- 대기의 가장 낮은 부분에서 발생

❷ 대기의 흡수와 산란 효과에 대한 보정

㉠ 절대 방사보정

방사전달모델에 기초한 대기보정	• 사용자가 기본적인 대기상태 정보를 프로그램에 제공할 수 있을 때 적용 • 특정 대기흡수 밴드가 원격탐사 자료에 나타나 있는 경우에 적용
경험적 선형보정기법을 이용한 절대 대기보정	원격탐사 영상을 실제 분광반사도 측정값과 비교하여 보정하는 기법

㉡ 상대 방사보정

히스토그램 조정을 이용한 단일 영상 정규화	• 가시광선 영역은 대기산란효과가 큰 반면, 적외선 영역은 대기산란효과가 거의 없다는 사실에 기초한 기법 • 전체 밴드에서 깊은 물 지역과 같은 표준 대상물의 히스토그램 밝기 값을 평가하여 그 편의 조정을 결정함 • 연무에 의한 영향을 줄이는데 적용
회귀분석을 이용한 다중시기 영상 정규화	• 방사 지상기준점이라고 할 수 있는 의사불변형상(Pseudo-invariant Features, PIF)을 선택하여, 기본 영상의 PIF 분광 특성을 다른 시기 영상의 PIF 분광 특성에 연관시키는 데 사용 • 반사도가 시간에 따라 거의 변하지 않는 지형요소를 사용하여 동일한 지역의 영상을 조정하는 방사 조정 기법, 방사 정규화 기법, 경험적 영상 정규화 기법 등이 제시됨

❸ 지형의 경사와 향에 대한 보정

코사인 보정	• 지상의 화소에 똑바로 입사하는 복사조도만을 모델링함 • 대기에서의 산란이나 주변 산악지형에 의한 빛의 반사는 고려하지 않음 • 복사조도가 적은 지형에 코사인 보정이 적용된 경우 밝기 값이 제대로 반영되지 않음
Minnaert 보정	• 코사인 보정 기법에 Minnaert 보정 계수를 적용하는 기법으로, 보정 계수는 확산이 균등하게 이루어지는 정도를 의미함 • 산악지형을 포함한 Landsat ETM+ 자료에 적용된 결과 지형 기복 효과를 감소시킨 것으로 나타남
c 보정	• Minnaert 보정 계수와 유사한 방법으로, 보정 계수 c를 적용하는 방법 • 보정 계수 c는 분모를 증가시키며 매우 작은 밝기 값에 대한 과보정을 다시 약화시키는 효과가 있음
경험적 통계 보정	• 영상의 각 화소마다 DEM에서 예측한 조도와 실제 원격탐사 자료의 값에 대해 상관분석을 적용함 • 영상의 특정한 물체가 영상 전체에 대하여 동일한 밝기 값을 갖도록 변환함

정답 01 ① 02 ① 03 ③ 04 ④

01 대기에서 발생하는 산란 현상 가운데 대기의 산소나 질소와 같은 공기 분자의 유효지름이 입사된 전자기 복사의 파장에 비해 매우 작은 경우 발생하는 것을 무엇이라고 하는가?

① 레일리(Rayleigh) 산란
② 미(Mie) 산란
③ 비선택적 산란
④ 지표 산란

해설
공기 분자의 유효지름이 입사된 전자기 복사의 파장에 비해 매우 작은 경우 발생하는 것이 '레일리 산란'이다. 지상으로부터 2km~8km 떨어진 대기에서 발생하며, 하늘이 푸르게 보이게 되는 원인이다.

02 대기에서의 산란이나 주변 산악지형에 의한 빛의 반사는 고려하지 않는 보정으로, 지상의 화소에 똑바로 입사하는 복사조도만을 모델링하는 것은?

① 코사인 보정
② Minnaert 보정
③ c 보정
④ 경험적 통계 보정

해설
코사인 보정에 대한 설명으로, 복사조도가 적은 지형에 코사인 보정이 적용된 경우 밝기 값이 제대로 반영되지 않는 특징이 있다.

03 전체 밴드에서 깊은 물 지역과 같은 표준 대상물의 히스토그램 밝기 값을 평가하여 그 편의 조정을 결정하는 방법은?

① 절대 방사보정
② 코사인 보정
③ 히스토그램 조정을 이용한 단일영상 정규화
④ Minnaert 보정

해설
가시광선 영역은 대기산란효과가 큰 반면, 적외선 영역은 대기산란효과가 거의 없다는 사실에 기초한 기법이다. 연무에 의한 영향을 줄이는 데 적용된다.

04 대기보정이 필요 없는 경우는?

① 중요성분(부유물질, 온도, 생물량, 엽면적지수, 엽록소, 임관비율 등)에 대한 반사도 차이가 필요한 경우
② 서로 다른 시간에 동일 장소에서 수집된 생물리적 정보를 상호 비교할 경우
③ 하이퍼분광 자료의 개별 화소로부터 대기 감쇠효과를 제거하는 경우
④ 서로 다른 시간에 동일 장소에서 수집된 자료를 각각 최대우도법으로 분류한 후 변화탐지를 수행하여 비교하는 경우

해설
다중시기 조합영상을 이용한 변화탐지의 경우에도 대기보정을 수행할 필요가 없다.

02 기하 보정

기출유형 05 ▶ 기하오차

인공위성에서 영상을 수집할 때 발생하는 기하오차의 원인이 아닌 것은?

① 위성의 자세 변화
② 지구 곡률
③ 지구 자전
④ 대기의 수증기와 먼지

해설
①·②·③ 기하오차의 원인, ④ 방사오차의 원인

| 정답 | ④

족집게 과외

❶ 기하오차

인공위성에서 영상을 취득할 때 탐지 대상물과 탑재체, 센서의 상대적인 운동 그리고 탑재된 기기 제어의 한계 등으로 인하여 취득된 영상에서 공간적인 왜곡이 발생하는 것

❷ 발생원인

㉠ 인공위성의 자세 변화에 의한 기하오차
- 인공위성은 지구의 비대칭 중력장, 태양과 달의 인력, 태양풍 영향 등 여러 가지 요인에 의해 다양한 힘[섭동(攝動, Perturbation)]을 받고 있음
- 섭동으로 인하여 인공위성에 탑재된 센서의 지향점이 변화되고, 이는 결국 촬영되는 물체의 위치 변화를 가져옴
- 섭동의 양을 최소화하고 위성의 자세를 안정시키기 위해 자이로스코프(Gyroscope)라는 3축 자세 제어 시스템을 탑재하여 센서 지향점의 위치를 유지함

㉡ 지구 곡률에 의한 기하오차
지구 표면은 평면이 아니라 타원체의 곡면을 이루고 있으며, 이러한 차이로 인해 영상자료의 위치에 변화가 발생함

㉢ 지구 자전에 의한 기하오차
지구도 자전하고 있으므로 인공위성의 센서에 의해 촬영되는 지역은 직사각형 형태를 이루지 못하고 실제로는 동서 방향으로 찌그러진 사각형 형태를 나타냄

㉣ 센서의 상대적 운동에 따른 기하오차
영상 수집 과정에서 인공위성 관측 센서의 회전 속도에 차이가 발생하는 경우, 스캐닝 시간에 불일치가 일어나게 되어 결국 영상자료의 위치에 변화가 발생함

정답 01 ③ 02 ④ 03 ③ 04 ③

01 **인공위성에서 영상을 취득할 때 탐지 대상물과 탑재체, 센서의 상대적인 운동 그리고 탑재된 기기 제어의 한계 등으로 인하여 취득된 영상에서 공간적인 왜곡이 발생하는 것은?**

① 방사오차
② 감지기 에러
③ 기하오차
④ 대기오차

해설

③ 기하오차는 공간적인 왜곡과 관련된 것으로, 센서 자체의 상대적인 위치변이에 따른 것이다.
② 감지기 에러는 센서의 감지기가 제대로 작동하지 않는 경우에 발생하는 것으로, 영상의 화질에 영향을 준다.

02 **인공위성의 자세변화에 따른 기하오차의 대안으로 적합한 것은?**

① 방사보정의 수행
② 지형의 경사와 향에 대한 보정
③ 히스토그램 보정
④ 자이로스코프라는 3축 자세제어 시스템의 탑재

해설

섭동의 양을 최소화하고 위성의 자세를 안정시키기 위해 자이로스코프(Gyroscope)라는 3축 자세제어 시스템을 탑재하여 센서 지향점의 위치를 유지한다.

03 **지구 곡률에 따라 나타나는 인공위성 영상 수집 시의 오차는?**

① 방사오차
② 감지기 에러
③ 기하오차
④ 대기오차

해설

지구는 타원체의 곡면을 이루고 있으며, 이러한 차이로 인해 영상자료의 위치에 변화가 발생함으로써 나타나는 오차이다.

04 **지구 자전에 의한 인공위성 영상 수집 시의 오차는?**

① 방사오차
② 감지기 에러
③ 기하오차
④ 대기오차

해설

지구는 자전하고 있으므로 인공위성의 센서에 의해 촬영되는 지역은 직사각형 형태를 이루지 못하고 실제로는 동서방향으로 찌그러진 사각형 형태를 나타냄으로써 나타나는 오차이다.

기출유형 06 ▶ 기준점의 종류와 선점

영상의 기하보정을 위한 지상기준점 선점에 대해 틀린 것은?

① 영상 전체에 걸쳐 고루 분포되도록 선점한다.
② 시간이나 계절에 따른 영향이 적은 지점을 선택한다.
③ 지상기준점은 많으면 많을수록 좋다.
④ 영상의 공간해상도를 고려하여 선점한다.

해설
지상기준점이 많으면 많을수록 좋은 것은 아니다. 영상의 공간해상도를 감안하여 영상과 지상 위치 간 일정 수준 이상의 정확도가 보장되어야 한다.

| 정답 | ③

족집게 과외

❶ 지상기준점

㉠ 정의
- 영상좌표계와 지도좌표계 사이에 상호 매칭되는 점
- 영상좌표와 지도좌표 사이의 변환에 있어서 기준이 되는 점

㉡ 선점
- 기하보정에 사용되는 영상의 공간해상도를 감안하여 지상기준점의 위치가 시간이나 계절에 따른 영향이 적은 도로의 교차점, 제방의 끝, 인공구조물 등을 선점
- 지상기준점은 영상에서 고루 분포되도록 선점해야 지상기준점의 지역 편중으로 인한 왜곡을 방지할 수 있음

❷ 지상기준점의 수

㉠ 유의사항
- 지상기준점의 수는 영상과 지상 위치 간에 정확도만 보장된다면 많을수록 좋음
- 어느 수준 이상의 지상기준점 사용은 정확도 향상에 크게 도움을 주지 못하기 때문에 기하보정에 불필요할 수도 있음

㉡ 필요한 지상기준점의 최소 개수
- 1차식, 2차식, 3차 다항식에서 필요한 지상기준점의 최소 개수는 3점, 6점, 10점
- 기하보정에 사용할 지상기준점 이외에 별도의 검사점(Check Point)을 선점하여 보정 정확도 확인 필요

> 필요한 지상기준점 개수
> = (다항식 차수 + 1) × (다항식 차수 + 2) / 2

❸ 지상기준점의 위치

㉠ 선점 요령

- 가급적 영상 전체에 고르게 분포하도록 선점
- 모양과 크기 변화가 없는 지형지물(교차로, 인공구조물, 교량 등) 선택
- 영상의 공간해상도를 고려

㉡ 영상의 공간해상도에 따른 지상기준점의 대상 – 공간해상도별 지상기준점의 위치

고해상도 (1m 이하)	• 도로 교차점 • 소운동장의 중앙 또는 코너 • 소도로의 정지선 • 운동장의 중앙 또는 코너 • 테니스장의 중앙 또는 코너 • 교량의 끝점 • 논 · 밭 등의 농사용 도로 등
중 · 저해상도 (2m 이상)	• 다차선 도로의 교차점 • 댐의 좌 · 우 코너 • 학교 운동장 중앙 • 교량 중앙 • 산복도로 등

❹ 지상기준점 선택 방식

직접측량 방식	• 영상에서 명확한 지점을 선택한 후 대상 지역을 현실세계에서 확인하고 대상 지점에 대해 GNSS 등 측량 장비 등을 이용하여 직접 측량하는 방식 • 기존에 기하보정에 활용하기 위한 지상기준점이 없거나 보다 정밀한 보정에 사용되는 방법 • 측량 등의 작업 수행 과정을 거치게 되므로 다른 방식에 비하여 시간적 · 경제적 소요가 필요 • 두 영상이 동일한 공간해상도일 경우 가장 적합하게 사용할 수 있음 • 촬영시기 등이 다르더라도 비교적 동일한 영상을 사용하기 때문에 기하보정을 편하게 할 수 있음 • 기 보정된 영상의 정확도가 확보되어야 한다는 전제 조건 필요
영상 대 영상 방식	• 기하보정하려고 하는 지역에 이미 기하보정된 영상이 있을 경우 많이 사용됨 • 동일한 지역에 대하여 다중시기의 영상 보정이나 시계열 영상 보정에 많이 사용됨 • 기 보정된 영상의 정확도가 확보되어야 한다는 전제 조건 필요
영상 대 벡터 방식	• 기하보정에 가장 많이 활용되는 방식 • 별도의 현장측량과 기하보정된 영상이 필요없이 수치지형도 등이 있으면 편리하게 이용할 수 있는 방법 • 영상과 수치지형도 등의 지도 자료는 가급적 동일시기에 제작된 자료가 좋으며, 동일시기 자료가 없을 경우는 지형지물이 변하지 않는 지점을 선택하여 보정에 활용

❺ 기하보정

㉠ 정확도

- 지상기준점과 위성궤도정보를 이용
- 위성영상의 정확도는 '정사영상 제작 작업 및 성과에 관한 규정(국토지리정보원고시 제2022–3487호)'을 참고하여 기준 정확도에 만족시킴
- 전체 기준점을 대상으로 각 기준점에 대한 잔차를 분석하여 오차가 3σ 이상이 되는 기준점을 제외한 후 재표정을 실시

㉡ 위성영상의 공간해상도에 따른 오차 허용 범위

공간해상도	허용범위
10m급 미만	2화소 이내
20m급 미만	1.5화소 이내
20m급 이상	1화소 이내

🔓정답 01 ④ 02 ② 03 ② 04 ①

01 영상의 기하보정을 위한 지상기준점으로 적합하지 못한 것은?

① 도로 교차점
② 교량의 끝점
③ 댐의 좌 · 우 코너
④ 해변의 해안선

해설
지상기준점은 모양과 크기 변화가 없는 지형지물(교차로, 인공구조물, 교량 등)을 선택한다.

02 영상의 기하보정을 위한 지상기준점을 선택하려고 할 때 이미 기하보정된 영상이 있을 경우 가장 적합한 방식은?

① GNSS 등 측량 장비 등을 이용한 직접측량 방식
② 영상 대 영상 방식
③ 영상 대 벡터 방식
④ 토지이용도 활용 방식

해설
영상 대 영상 방식은 동일한 지역에 대하여 다중시기의 영상 보정이나 시계열 영상 보정에 많이 사용된다. 단, 기 보정된 영상의 정확도가 확보되어야 한다.

03 '정사영상 제작 작업 및 성과에 관한 규정(국토지리정보원고시)'에서 공간해상도 10m급 미만 위성영상의 오차 허용 범위는?

① 2화소 이상
② 2화소 이내
③ 1.5화소 이내
④ 1화소 이내

해설
- 10m급 미만: 2화소 이내
- 20m급 미만: 1.5화소 이내
- 20m급 이상: 1화소 이내

04 영상의 기하보정을 위한 지상기준점의 개수의 설명으로 틀린 것은?

① 지상기준점의 수가 충분하다면 영상에서 고루 분포되지 않아도 된다.
② 지상기준점의 수는 영상과 지상 위치 간에 정확도만 보장된다면 많을수록 좋다.
③ 1차식, 2차식 및 3차 다항식에서 필요한 지상기준점의 최소 개수는 3점, 6점 및 10점이다.
④ 모양과 크기 변화가 없는 지형지물(교차로, 인공구조물, 교량 등)을 선택한다.

해설
가급적 영상 전체에 고르게 분포하도록 선점하는 것이 필요하다. 또한 지상기준점은 많으면 많을수록 좋은 것이 아니고, 공간해상도에 따라 영상과 지상 위치 간에 일정 수준 이상의 정확도가 보장되어야 한다.

기출유형 07 ▶ 좌표변환

영상의 기하보정을 통한 좌표변환의 목적으로 올바른 것은?

① 영상의 각 밴드에 따라 다르게 나타나는 밝기 값을 보정하기 위한 것이다.
② 대기 중의 수증기나 먼지로 인해 나타나는 여러 효과를 제거하기 위한 것이다.
③ 영상에 내재된 여러 위치 왜곡과 오류를 기준이 되는 좌표체계로 변환함으로써 제거하기 위한 것이다.
④ 지표면의 경사와 향에 따라 나타나는 그림자 효과를 제거하기 위한 것이다.

해설

밴드에 따른 밝기 값의 차이, 대기 중의 효과, 지표면의 그림자 효과 등은 방사보정에 대한 내용이다. 영상에 내재된 위치 왜곡과 오류가 기하보정의 대상이 된다.

| 정답 | ③

족집게 과외

❶ 좌표변환의 필요성

㉠ 영상이 지니고 있는 기하오차를 보정하기 위한 방법
㉡ 영상의 각 화소들이 원하는 좌표체계 상의 위치로 매핑될 수 있도록 영상을 변환

❷ 좌표변환의 방법

㉠ 등각사상변환(Conformal Transform)

- 기하적인 각도를 그대로 유지하면서 좌표를 변환하는 방법으로, 좌표변환 후에도 도형의 모양이 변하지 않음
- 평행변위(Translation, 위치 이동), 축척변환(Scale Transformation, 확대 및 축소), 회전(Rotation), 강체(Rigid Body)변환(원본의 크기와 각도가 변하지 않는 상태로 임의의 회전 및 위치 이동), 유사(Similarity)변환(강체 변환에 축척변환 적용) 등
- 4변수 변환: 축척(1), 회전(1), 평행이동(2)

- (註) 점선 사각형이 원본이며, 실선 사각형이 결과임

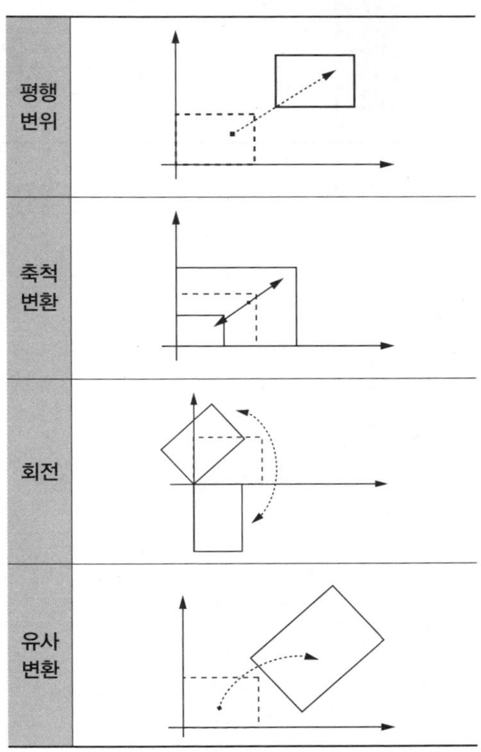

㉡ 부등각사상변환(Affine Transform)

- 선형변환과 이동변환을 동시에 지원하는 변환으로, 변환 후에도 변환 전의 평행성과 비율을 보존
- 평행변위, 원점 기반의 크기 변형과 회전, 축 방향으로의 전단(Shear, 밀림), 원점 혹은 축 방향 기준의 반사(Reflection) 등
- 6변수 변환: 축척(2), 회전(1), 휨(1), 평행이동(2)
- 비교적 작은 지역의 영상에서 심하지 않은 왜곡에 대해 6변수의 일차 선형변환이 영상 보정에 적합
- (註) 점선 사각형이 원본이며, 실선 사각형이 결과임

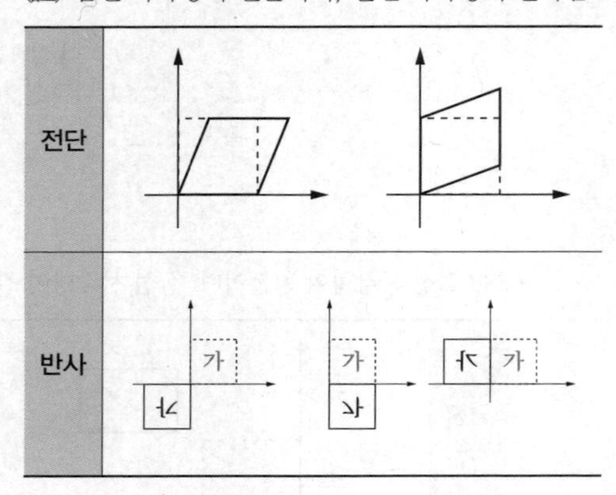

㉢ 투영변환(Projection Transformation)

- 큰 차원 공간의 점들을 작은 차원의 공간으로 매핑하는 변환으로, 3차원 공간을 2차원 평면으로 변환하는 것
- 종류

원근투영 변환	근경의 물체는 크게, 원경의 물체는 작게 보이게 하는 원근법을 적용
직교투영 변환	투영 평면에 수직한 평행선을 따라 Z축 값을 모두 같은 평면에 투영

정답 01 ④ 02 ④ 03 ③ 04 ④

01 좌표변환에서 등각사상변환을 잘 설명하고 있는 것은?

① 선형변환과 이동변환을 동시에 지원하는 변환이다.
② 변환 후에도 변환 전의 평행성과 비율을 보존한다.
③ 6개의 변수를 사용한다.
④ 기하적인 각도를 유지하면서 좌표를 변환하는 방법으로, 도형의 모양이 변하지 않는다.

해설
①·②·③ 부등각사상변환(Affine Transform)에 대한 설명이다.

02 좌표변환에서 부등각사상변환을 잘 설명하고 있는 것은?

① 기하적인 각도를 그대로 유지하면서 좌표를 변환하는 방법이다.
② 좌표변환 후에도 도형의 모양이 변하지 않는다.
③ 4개의 변수를 사용한다.
④ 선형변환과 이동변환을 동시에 지원하는 변환으로, 변환 전의 평행성과 비율을 보존한다.

해설
①·②·③ 등각사상변환(Conformal Transform)에 대한 설명이다.

03 큰 차원 공간의 점들을 작은 차원의 공간으로 매핑하는 변환으로, 3차원 공간을 2차원 평면으로 변환하는 것은?

① 등각사상변환
② 부등각사상변환
③ 투영변환
④ 유사변환

해설
3차원 공간을 2차원 평면으로 변환하는 것은 투영변환이다.

04 좌표변환 가운데 유사변환을 나타내고 있는 것은?

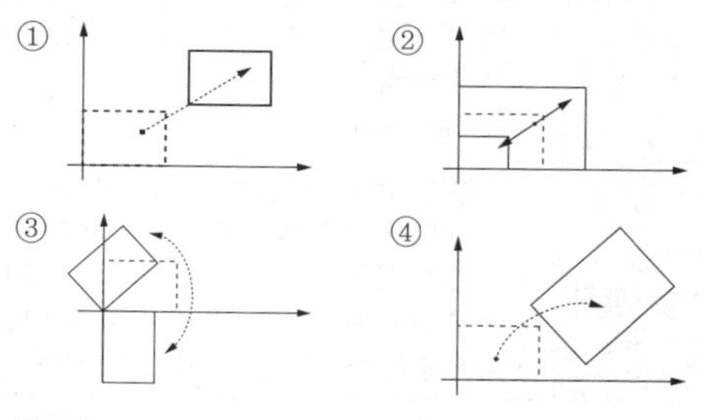

해설
유사변환은 위치이동, 확대 및 축소, 회전 등의 세 가지 요소를 모두 사용한 변환이다.
① 평행변위, ② 축척변환, ③ 회전, ④ 유사변환

기출유형 08 ▶ 기하보정 방법 및 기하오차 수정

기하보정을 위한 보간법 가운데 인접한 네 개 화소까지의 거리에 대한 가중 평균값을 택하는 방법은?

① 최근린 내삽법 ② 입방 회선법
③ 공일차 내삽법 ④ 3차 회선 보간법

해설

③ 공일차 내삽법은 인접한 4개의 화소 값 보간에 사용한다.
① 최근린 내삽법은 가장 가까운 거리의 화소 값 보간에 사용한다.
②·④ 입방 회선법 또는 3차 회선 보간법은 주위의 16개 화소 값 보간에 사용한다.

| 정답 | ③

족집게 과외

❶ 기하보정 방법

수학적 모델링	• 영상의 기하학적 왜곡들을 원인에 따라 분석한 후, 이를 이용하여 왜곡을 보정하는 방법 • 지구자전과 같은 왜곡의 종류가 명확한 경우 효과적임 • 지상기준점(GCP, Ground Control Point) 없이 보정이 가능하나 영상 취득 센서의 특성, 궤도 및 자세 정보, 지구 곡률 등 다양한 정보가 필요 • 자세(좌우회전, 전후회전, 수평회전)나 고도 변화에 의한 오차를 제거하지는 못함
다항식 모델링	• 왜곡의 원인을 명확히 구분하지 않고 수집된 영상과 기준이 되는 지도를 연결할 수 있는 보정식을 구하여 영상의 왜곡을 보정하는 방법 • 지상기준점을 이용하여 보정

❷ 기하보정의 종류

영상 대 지도 보정	• 지도를 참조자료로 사용하는 것으로 정확한 면적, 방향, 거리측정 등이 필요할 경우 수행 • 영상 내의 지형 기복변위에 의한 모든 왜곡을 제거하지 못할 수 있음
영상 대 영상 등록	• 동일한 지역의 비슷한 기하 특징을 지닌 영상에 대해 변환 및 회전시키는 처리 • 영상을 참조자료로 사용하므로, 기준이 되는 영상에 존재하는 기하오차를 물려받음 • 영상을 통한 시계열 변화분석에 적용

❸ 영상 대 지도 기하보정의 처리 과정

㉠ 좌표변환을 이용한 공간내삽(Spatial Interpolation)
입력 화소 좌표와 동일한 위치의 지도 좌표 사이의 기하학적 관계식별을 통한 좌표변환

㉡ 강도내삽(Intensity Interpolation)
보정될 출력 화소에 할당될 밝기 값을 결정하기 위한 과정

❹ 영상 변환의 수행 방식

순방향 매핑	• 입력 대 출력 매핑 • 보정되기 전 입력 영상의 값을 사용하여 보정된 출력 영상의 값을 채우는 방식 • 출력 영상의 지도좌표에 화소 값이 정확히 정수로 떨어지지 않으며, 주어진 위치에 출력값이 존재하지 않을 수도 있음
역방향 매핑	• 출력 대 입력 매핑 • 보정된 출력 영상의 화소 값을 결정하기 위하여 보정되기 전 입력 영상에서의 해당 위치를 찾고, 주변의 값으로부터 보간(Interpolation)을 수행하여 출력 영상의 화소 값을 결정하는 것 • 출력 영상의 모든 위치에서 비어 있는 화소 값이 없도록 하는 것

❺ 보간 방법

㉠ 최근린 내삽법(Nearest Neighbour)

가장 가까운 거리에 있는 화소의 값을 택하는 방법

장점	• 계산이 가장 빠름 • 보정 전 영상자료와 통계적 특징이 보존됨
단점	• 출력 영상이 거칠음 • 사선으로 존재하는 대상물이 계단처럼 끊어져 보임

㉡ 공일차 내삽법(Bilinear Interpolation, 양선형 보간법)

인접한 네 개의 화소 값을 이용하여 보간하는 방법

장점	• 계산이 비교적 빠름 • 출력 영상이 매끈함
단점	보정 전 자료와 통계치가 달라질 수 있음

㉢ 입방 회선법(Cubic Convolution, 3차 회선 보간법)

보간하고자 하는 점의 주변 16개의 화소 값을 사용하여 내삽하는 방법

장점	출력 영상이 가장 매끈함
단점	• 보정 전 자료와 통계치 및 특성이 손상됨 • Smoothing 현상이 발생됨

❻ 기하오차에 적용된 지상기준점의 정확도

㉠ 왜곡을 측정하는 방법

평균제곱근(RMS)오차의 계산

㉡ 지상기준점에 대한 평균제곱근오차를 통해 알 수 있는 것

- 각 지상기준점의 상대적인 오차의 크기
- 모든 RMS 오차의 누적 합

01 기하오차에 적용된 지상기준점의 정확도를 평가하기 위해 사용되는 것은?

① 평균제곱근오차
② 가중 평균값
③ 상관계수
④ 공분산

해설
기하오차에 적용된 지상기준점의 정확도를 평가하기 위해 사용되는 것은 평균제곱근(RMS)오차이다.

02 기하보정 시 '영상 대 지도 보정' 방식의 특징은?

① 동일한 지역의 비슷한 기하 특징을 지닌 두 영상에 대해 변환 및 회전시키는 처리이다.
② 영상을 참조자료로 사용하므로, 기준이 되는 영상에 존재하는 기하오차를 물려받는다.
③ 시계열 변화분석의 적용에 적합하다.
④ 지도를 참조자료로 사용하는 것으로 정확한 면적, 방향, 거리측정 등이 필요할 경우 수행한다.

해설
영상 대 지도 보정 방식은 지도를 참조자료로 사용하는 것으로 정확한 면적, 방향, 거리측정 등이 필요할 경우 수행한다. 나머지 보기의 내용은 '영상 대 영상 등록' 방식의 특징이다.

03 기하보정을 위한 영상변환에서 실제 수행하는 방식은?

① 순방향 매핑
② 입력 대 출력 매핑
③ 역방향 매핑
④ 양방향 매핑

해설
출력 영상의 모든 위치에서 비어 있는 화소 값이 없도록 역방향 매핑을 수행한다.

04 기하보정을 위한 보간법 가운데 가장 가까운 거리에 근접한 화소의 값을 택하는 방법은?

① 최근린 내삽법
② 입방 회선법
③ 공일차 내삽법
④ 3차 회선 보간법

해설
가장 가까운 거리에 근접한 화소의 값을 택하는 방법은 최근린 내삽법이다.

기출유형 09 ▶ 지도 투영법

우리나라 1 : 50,000 축척의 수치지도에 사용되고 있는 지도투영법은?

① 정적방위도법
② 심사도법
③ 횡축메르카토르도법
④ 람베르트정각원추도법

해설
횡축메르카토르도법은 위도의 증가에 따라 면적에 왜곡이 발생하는 메르카토르도법을 90° 회전시킨 도법이다. 우리나라와 같이 동서 방향으로는 좁고 남북으로 긴 형태의 국가의 지도제작에 적합한 방식이다.

| 정답 | ③

족집게 과외

❶ 지도 투영법(Map Projection)

㉠ 정의
- 3차원 상의 지구를 2차원의 평면지도로 변환하는 기법
- 2차원의 평면지도로 변환하는 과정에서 왜곡을 피할 수 없으며, 따라서 지도 투영법은 왜곡 처리 방법에 따라 여러 기법이 존재

㉡ 유형
- 성질 보전에 따른 분류: 정거투영법, 정적투영법, 정형투영법(정각투영법), 방위투영법 등
- 지도 제작방식에 따른 분류: 방위도법, 원통도법, 원추도법 등

㉢ 특징
전개 가능면이 지구에 접하거나 또는 지표면과 교차 · 관통하는 곳에서 가장 정확하게 실제 표현

❷ 전개 가능면(Developable Surface)

㉠ 정의
수축이나 팽창이 나타나지 않는 편평해질 수 있는 단순한 기하하적 형태

㉡ 유형
평면, 원통, 원추 등

❸ 성질 보전에 따른 투영법의 종류

정거투영법	지구에서 두 지점 사이의 거리가 지도에서의 두 지점 사이의 거리와 같아 거리가 정확
정적투영법	지구에서의 면적이 크고 작은 정도와 지도에서의 면적이 크고 작은 정도가 같아 면적이 정확
정형투영법(정각투영법)	지구에서의 각도와 지도에서의 각도가 같아 지구에서의 모양과 지도에서의 모양이 같아 형태가 정확
방위투영법	지구에서의 방위가 지도에서의 방위가 같아 방향이 정확

❹ 지도 제작방식에 따른 분류

방위도법 (Azimuthal Projection)	• 정사도법(Orthographic Projection) • 평사도법(Stereographic Projection) • 심사도법(Gnomonic Projection) • 정거방위도법(Azimuthal Equidistant Projection) • 정적방위도법(Azimuthal Equal Area Projection) 등
원통도법 (Cylindrical Projection)	• 메르카토르도법(Mercator Projection) • 횡축메르카토르도법(Transverse Mercator Projection) • 사축메르카토르도법(Oblique Mercator Projection) • 심사원통도법(Central Cylindrical Projection) • 등장방형도법(Equirectangular Projection) • 정적원통도법(Cylindrical Equal Area Projection) 등
원추도법 (Conic Projection)	• 투시원추도법(Perspective Conic Projection) • 람베르트정각원추도법(Lambert Conformal Conic Projection) 등

❺ 투영좌표 체계

투영법에 의해 지구상의 한 점이 지도에 표현될 때 가상의 원점을 기준으로 해당 지점까지의 동서 방향과 남북 방향으로의 거리를 좌표로 표현한 것

❻ 우리나라에서 사용하는 투영법

㉠ 국가기본도로 활용되는 지형도 제작을 위해서 횡축메르카토르도법을 활용

㉡ 메르카토르 투영법

- 경도와 위도가 각각 직선으로 90° 교차하며, 적도상에서의 경도와 경도 사이의 간격만이 실제 간격과 일치
- 위도의 거리는 적도로부터 거리가 멀어질수록 그 크기가 증가되어 왜곡이 발생하므로, 위도 85° 정도 범위까지만 제작됨

㉢ 횡축메르카토르도법

- 위도의 증가에 따라 면적에 왜곡이 발생하는 메르카토르도법을 90° 회전시킨 도법
- 우리나라와 같이 동서 방향으로는 좁고 남북으로 긴 형태의 국가의 지도제작에 적합한 방식

정답 01 ④ 02 ③ 03 ③ 04 ①

01 지구에서의 면적이 크고 작은 정도와 지도에서의 면적이 크고 작은 정도가 같아 면적이 정확한 투영법은?

① 정거투영법
② 정형투영법
③ 방위투영법
④ 정적투영법

해설
지구에서의 면적이 크고 작은 정도와 지도에서의 면적이 크고 작은 정도가 같아 면적이 정확한 것은 정적투영법이다.

02 지도 투영법에 대한 설명으로 틀린 것은?

① 3차원상의 지구를 2차원의 평면지도로 변환하는 기법이다.
② 2차원의 평면지도로 변환하는 과정에서 왜곡을 피할 수 없다.
③ 투영의 왜곡에 의한 성질 보전에 따라 방위도법, 원통도법, 원추도법 등으로 구분된다.
④ 전개 가능면이 지구에 접하거나 또는 지표면과 교차·관통하는 곳에서 가장 정확하게 표현된다.

해설
투영의 왜곡에 의한 성질 보전에 따라 정거투영법, 정적투영법, 정형투영법(정각투영법), 방위투영법 등으로 구분된다.

03 남극과 북극을 지나는 자오선을 따라 종이를 감싸는 방식으로, 우리나라와 같이 남북으로 길이가 긴 나라들을 지도에 표현하는 것이 적합한 것은?

① 정적방위도법
② 정거방위도법
③ 횡축메르카토르도법
④ 람베르트정각원추도법

해설
남북으로 긴 우리나라는 원통을 90° 돌려 왜곡을 최소화한 횡축메르카토르도법을 사용하여 국내 지도를 제작한다.

04 두 지점 간에 거리를 측정하는 목적으로 지도를 선택해야 할 경우 적합한 투영법은?

① 정거투영법
② 정적투영법
③ 정형투영법
④ 방위투영법

해설
지구에서 두 지점 사이의 거리가 지도에서의 두 지점 사이의 거리와 같아 거리를 정확하게 나타낼 수 있는 것은 정거투영법이다.

CHAPTER 03 영상 강조

기출유형 10 ▶ 영상 강조 기법

영상 강조에 대한 설명으로 틀린 것은?

① 분석자의 육안에 의한 분석을 수행할 때 영상의 분석과 판독이 용이하도록 하기 위한 것이다.
② 영상 전체에 걸쳐 히스토그램이 고르게 분포되도록 변환하거나, 필요한 부분만을 강조해서 특정 분포가 되도록 변환한다.
③ 선형대조 강조에는 최소-최대 대비확장, 비율선형 대비확장, 단계별 강조 등의 기법이 있다.
④ 영상 강조 결과를 영상분류에 적용하면 정확한 분류가 가능하다.

해설
영상 강조는 영상이 원래 지니고 있는 특성을 변형시키게 되므로, 그 결과를 영상분류에 적용하면 잘못된 결과를 가져올 수 있다. 영상 강조는 육안 분석으로 한정하는 것이 옳다.

| 정답 | ④

족집게 과외

❶ 영상 강조

㉠ 분석자의 육안(시각)에 의한 분석을 수행할 때 영상의 분석과 판독이 용이하도록 취득된 원 영상을 강조하는 기법
㉡ 영상 전체에 걸쳐 히스토그램(Histogram)이 고르게 분포되도록 변환하거나, 필요한 부분만을 강조해서 특정 분포가 되도록 변환

❷ 영상 강조 기법의 유형

㉠ 선형대조 강조
선형대조(선형대비) 강조(Contrast Enhancement) 또는 대비확장(Contrast Stretching)이라고도 함

최소-최대 대비확장	• 입력 영상의 밝기 단계에 선형 방정식을 적용하여 새로운 밝기 단계로 변환 • 원 최솟값과 최댓값을 화소 값의 전 범위에 사용할 수 있는 새로운 값에 대응함으로써 원래의 최솟값을 새로운 최솟값에, 원래의 최댓값을 새로운 최댓값에 대응
비율선형 대비확장 및 표준편차 대비확장	비율선형 대비확장(Percentage Linear Contrast Stretch) 및 표준편차 대비확장(Standard Deviation Contrast Stretch)은 히스토그램의 평균값으로부터 일정 비율의 화소만큼 떨어져 있는 각 밴드의 최소 밝기 값과 최대 밝기 값 또는 표준편차 비율이 되도록 결정해서 영상 강조에 적용
단계별 강조	• 구분적 선형대비 확장이라고도 함 • 영상의 히스토그램이 정규분포가 아닐 때 적용할 수 있음 • 시각적 분석이 필요한 화소 값을 강조할 수 있도록 히스토그램 편집 기능을 활용하여 몇 개의 부분으로 나눠서 선형 강조하는 기법 • 각각의 밴드별로 히스토그램 선을 선택하고 브레이크라인(Break Line)을 적절히 선정하여 편집

ⓛ 비선형대조(비선형대비) 강조

히스토그램 균등화	• 히스토그램 균등화(Histogram Equalization)는 입력 영상의 히스토그램 분포를 조절하여 출력되는 영상의 히스토그램이 균등하게 분포되도록 변환하는 기법 • 히스토그램 균등분포를 만들기 위해 누적 분포를 이용하며, 전체 히스토그램 영역 대비 일정 영역에 균등한 비율의 화소 수가 분포되도록 배치
히스토그램 매칭	• 히스토그램 매칭(Histogram Matching)은 두 영상의 히스토그램 분포를 유사하게 하여 외관상 두 영상의 밝기 값의 분포를 가능한 비슷하게 조정하는 기법 • 인접한 영상을 단일 영상으로 제작하는 모자이크(Mosaic) 영상의 전처리 과정에 적용되는 기법

정답 01 ① 02 ③ 03 ② 04 ④

01 원 최솟값과 최댓값을 화소 값의 전 범위에 사용할 수 있는 새로운 값에 대응함으로써 원래의 최솟값을 새로운 최솟값에, 원래의 최댓값을 새로운 최댓값에 대응하는 영상 강조 기법은?

① 선형대조 강조
② 히스토그램 균등화
③ 단계별 강조
④ 히스토그램 매칭

해설
문제의 내용은 최소–최대 대비확장으로, 선형대조 강조에 해당한다.

02 영상의 히스토그램이 정규분포가 아닐 때 적용할 수 있는 것으로, 각각의 밴드별로 히스토그램 선을 선택하고 브레이크 라인(Break Line)을 적절히 선정하여 편집하는 것은?

① 선형대조 강조
② 히스토그램 균등화
③ 단계별 강조
④ 히스토그램 매칭

해설
단계별 강조에 대한 설명이며, 구분적 선형대비 확장이라고도 한다.

03 입력 영상의 히스토그램 분포를 조절하여 출력되는 영상의 히스토그램이 균등하게 분포되도록 변환하는 기법은?

① 선형대조 강조
② 히스토그램 균등화
③ 단계별 강조
④ 히스토그램 매칭

해설
비선형대조(비선형대비) 강조에 대한 내용 중 히스토그램 균등화에 대한 설명이다.

04 두 영상의 히스토그램의 분포를 유사하게 하여 외관상 두 영상 밝기 값의 분포를 가능한 비슷하게 조정하는 기법으로, 모자이크(Mosaic) 영상의 전처리 과정에 적용되는 것은?

① 선형대조 강조
② 히스토그램 균등화
③ 단계별 강조
④ 히스토그램 매칭

해설
비선형대조(비선형대비) 강조에 대한 내용 중 히스토그램 매칭에 대한 설명이다.

기출유형 11 ▶ 영상품질

영상융합 시 참조 영상과 융합된 영상 사이에 표준 오차를 계산하는 방법으로, 융합에 대한 품질을 확인할 수 있는 지표는?

① 평균제곱근오차(RMSE)
② 상관계수(Correlation Coefficient)
③ 공분산(Covariance)
④ 고유값(Eigenvalue)

해설

RMSE 값이 크다는 것은 참조 영상과 융합된 영상 간에 차이가 크다는 것을 의미하며, RMSE 값은 0에 가까울수록 좋다.

| 정답 | ①

족집게 과외

❶ 영상품질

원격탐사 영상의 수집 전과 수집 단계, 활용 단계 등으로 구분 가능

수집 전 단계	영상품질 관련 요구조건, 수집의 시험단계에서의 품질 관련 항목
수집 단계	영상 수집 플랫폼의 동작 및 센서 등에 대한 검보정, 영상 전처리 과정에서의 검보정
활용 단계	영상 처리 · 변환 · 융합 · 분석 등 활용 전후의 영상에 대한 정확도 평가, 연계성 및 스펙트럼(분광) 등의 품질 추정

❷ 원격탐사 영상의 품질관리

㉠ 사용자에게 배포되는 영상 제품군 기반의 품질 관리
- 노이즈 정도
- 영상 내 밝기 값 균일도
- 영상의 채도(Saturation)
- 밴드 간 정합(Band-to-Band registration) 관련 정확도
- Location accuracy(위치 정확도) 등

㉡ 검보정 사이트와 특수촬영 기반의 품질 관리
- 인공위성 설계 및 개발 단계에서 요구 정확도 항목으로 정의
- MTF(Modulation Transfer Function), SNR(Signal-to-Noise Ratio), Location accuracy 등

㉢ IRPE(Image Reception and Processing Element) 기반의 품질 관리
IRPE의 기능상 오류 관리(시스템 버그 수정)

❸ 영상품질 평가 요소

MTF	탑재체 카메라 성능과 탑재체 초점 제어시스템과 관련되어서 영상 선명도를 결정하는 주요 인자
SNR	• 배경 노이즈에 대한 의미 있는 신호 값의 비율 • 영상에 존재하는 각종 노이즈의 보상 정도를 판단하는 기준 인자
Location accuracy	자세제어 센서, 위치 센서, 자세-탑재체 정렬각에 대한 정도를 영상에서 확인할 수 있는 인자

❹ 영상융합에 대한 품질평가

㉠ 영상융합(Data Fusion)의 정의
- 서로 다른 공간해상도를 가진 영상을 하나의 영상으로 병합하는 기법
- 고해상도 흑백 영상과 저해상도 컬러 영상을 병합하여 고해상도의 컬러 영상을 제작하는 것이 일반적임

㉡ 영상융합의 조건
영상 간의 기하학적 보정을 통한 동일한 좌표계와 투영법의 적용

㉢ 영상융합 기법의 유형

- IHS(Intensity–Hue–Saturation) 융합 방법: RGB 색채모형에서 IHS 색채모형으로 변환한 후, 고해상도 흑백영상을 명암(Intensity) 성분과 교체한 뒤 RGB 색채모형으로 역변환하는 기법
- PCA(Principal Component Analysis) 변환: PCA 변환을 통해 세 개의 주성분을 구한 뒤, 첫 번째 주성분을 고해상도 흑백 영상으로 대체하는 기법
- Wavelet 영상 융합: 융합하려는 영상 간의 공간해상도가 일치하는 단계까지 Wavelet 변환을 수행하여 근사영상과 세부영상으로 나누고 근사영상을 저해상도 영상으로 대체한 뒤 역변환하는 기법
- Pan–Sharpened 융합: 최소제곱법을 이용하여 융합 전후 영상 간의 관계를 파악한 뒤, 색상의 왜곡이나 자료 의존적인 문제를 해결하는 기법

㉣ 영상융합의 품질평가 요소

- 평균제곱근오차(RMSE; Root Mean Square Error)
  - 참조 영상과 융합된 영상 사이에 표준 오차를 계산하는 방법

$$RMSE=\left[\frac{\sum_{i=1}^{M}\sum_{j=1}^{N}[I_R(i, j)-I_F(i, j)]^2}{M\times N}\right]^{\frac{1}{2}}$$

- $I_R(i, j)$, $I_F(i, j)$: 참조 영상과 융합된 영상 사이의 영상 화소 값
- M, N: 영상의 크기

  - RMSE 값이 크다는 것은 참조 영상과 융합된 영상 간 차이가 크다는 것을 의미함
  - RMSE 값은 0에 가까울수록 좋음

- 상관계수(Correlation Coefficient)
  - 원 영상과 융합된 영상 사이에 연계성에 관한 척도를 나타냄

$$cc=\frac{\sum_{i=1}^{M}\sum_{j=1}^{N}[F(i, j)-\overline{F}][X(i, j)-\overline{X}]}{\sqrt{\sum_{i=1}^{M}\sum_{j=1}^{N}[F(i, j)-\overline{F}]^2\sum_{i=1}^{M}\sum_{j=1}^{N}[X(i, j)-\overline{X}]^2}}$$

- X: 원 멀티스펙트럴 영상
- F: 융합 영상
- M, N: 영상의 크기

  - 원본 영상과 융합한 영상이 동일한 경우 상관계수의 값은 1에 가까워짐

- Relative Average Spectral Error(RASE)
  - 융합된 영상의 전체적인 스펙트럼 품질을 추정하기 위해 사용
  - 원 영상과 융합영상 간의 동일한 위치의 화소들의 밝기 값 차이, 상관도(Correlation) 등을 이용하여 화소 간 유사도를 측정
  - 백분율로 표현되며, 이 비율은 스펙트럼 대역에서 영상 융합 방법의 평균 성능을 의미

$$RASE=\frac{100}{M}\sqrt{\frac{1}{n}\sum_{i=1}^{N}RMSE^2(B_i)}$$

- $RMSE$: 평균제곱근오차
- B_i: 스펙트럼 밴드
- M: 전체 멀티스펙트럴 영상 밴드의 평균 방사값
- N: 멀티스펙트럴 영상의 밴드 개수

🔒 정답 01 ① 02 ① 03 ④ 04 ②

01 예측 모델에서 예측한 값과 실제 값 사이의 평균 차이를 측정하는 것으로, 예측 모델이 목표값을 얼마나 잘 예측할 수 있는지 추정하는 데 사용되는 것은?

① 평균제곱근오차(RMSE)
② 상관계수(Correlation Coefficient)
③ 공분산(Covariance)
④ 오차행렬(Error Matrix)

해설
평균제곱근오차(RMSE)에 대한 설명이다. 오차행렬은 대상 변수의 예측 값을 실제 값과 비교하여 분류 예측 모델의 성과를 보여주는 테이블로, 전체정확도(Overall Accuracy) 및 카파계수(Kappa Coefficient) 등으로 정확도를 나타낸다.

02 융합된 영상의 전체적인 스펙트럼 품질을 추정하기 위해서 사용되는 것으로, 원 영상과 융합영상 간의 동일한 위치의 화소들의 밝기 값 차이, 상관도(Correlation) 등을 이용하여 화소 간 유사도를 측정하는 것은?

① Relative Average Spectral Error(RASE)
② 상관계수(Correlation Coefficient)
③ 공분산(Covariance)
④ 오차행렬(Error Matrix)

해설
Relative Average Spectral Error(RASE)에 대한 설명이다.

03 상관계수에 대한 설명으로 틀린 것은?

① 상관계수의 절댓값의 크기는 직선관계에 가까운 정도를 나타낸다.
② 상관계수의 부호는 직선관계의 방향을 나타낸다.
③ 상관관계의 단위는 없다.
④ 상관계수가 0에 가까워질 때 연관성이 높아지는 경향이 있다.

해설
상관계수가 1에 가까워질 때 연관성이 커진다.

04 위성영상의 검보정 및 품질 관리를 위한 것으로, 배경 노이즈에 대한 의미 있는 신호 값의 비율을 의미하며 영상에 존재하는 각종 노이즈의 보상 정도를 판단하는 기준인자는?

① MTF
② SNR
③ Location accuracy
④ GCP

해설
위성영상의 대표적인 품질평가 요소로는 MTF(Modulation Transfer Function), SNR(Signal-to-Noise Ratio), Location accuracy 등이 있다.

기출유형 12 ▶ 히스토그램(Histogram)

영상 내에서 화소 값에 대응되는 화소들의 개수를 빈도수, 즉 막대그래프로 표현한 것은?

① 다이어그램(Diagram)
② 히스토그램(Histogram)
③ 밴드(Band)
④ 임계값(Threshold)

해설
화소 값에 대응되는 화소들의 개수를 막대그래프로 표현한 것은 히스토그램이다. 이를 통해 영상의 밝기 분포를 쉽게 파악할 수 있다.

| 정답 | ②

족집게 과외

❶ 히스토그램

㉠ 정의
- 영상 내에서 화소 값에 대응되는 화소들의 개수를 빈도수, 즉 막대그래프로 표현한 것
- 영상의 밝기 분포를 그래프로 표현한 것

㉡ 특성
- 해당 영상이 얼마나 어둡고 밝은지를 파악할 수 있음
- 영상 전체의 명암 분포(시각적으로 밝고 어두운 정도)를 파악할 수 있음

㉢ 활용
- 영상의 밝기 조정
- 영상의 화질 개선
- 수집된 광학 다중분광 영상의 품질 평가
- 영상의 압축, 분할, 검색 등을 위한 영상의 기본 정보 제공

❷ 히스토그램을 사용한 영상 조정(Image Adjustment)

㉠ 영상의 명암 대비 증가(화질 증가)
영상 대비 강조(Contrast Enhancement) 또는 대비 확장(Contrast Stretching)

㉡ 영상의 명암 대비 감소(화질 감소)
영상 대비 수축(Histogram Shrinking)

㉢ 영상의 명암 대비 유지(영상의 히스토그램 분포 유지)
히스토그램 슬라이딩(Histogram Sliding)

㉣ 영상 일부 영역의 명암비 개선(입력 영상의 히스토그램을 사용자가 원하는 히스토그램으로 변환)
히스토그램 매칭(Histogram Matching) 또는 히스토그램 명세화(Histogram Specification)

㉤ 영상의 단순화(영상의 밝기 단계를 원하는 2단계, 4단계, 16단계, 32단계 등으로 조정)
히스토그램 양자화(Histogram Quantization)

❸ 이진화(Binarization)

㉠ 정의
영상의 밝기 단계를 2단계로 조정

㉡ 구분
- 전역적 이진화(영상 전체 화소에 대하여 하나의 임계값을 사용)
- 지역적 이진화(영상을 여러 개의 영역으로 분할하여 각 영역마다 다른 임계값을 사용)

㉢ 임계값(Threshold, 문턱값, 역치)
영상의 밝기를 구분하는 기준치

㉣ 임계값 설정 기법
- 블록 이진화(Block Binarization) 기법
- 적응형 임계값(Adaptive Threshold) 설정
- 보간적 임계값(Iterative Threshold) 설정 등

정답 01 ② 02 ① 03 ① 04 ④

01 수집된 영상의 품질을 평가하기 위해 사용될 수 있는 것으로, 영상의 밝기조정과 화질 개선에 사용될 수 있는 것은?

① 다이어그램(Diagram)
② 히스토그램(Histogram)
③ 밴드(Band)
④ 임계값(Threshold)

해설
히스토그램을 통하여 영상 전체 명암 분포를 파악할 수 있으며, 밝기와 화질 개선에 활용한다.

02 영상의 명암 대비를 증가하는 데 적용할 수 있는 기법은?

① 영상 대비 확장(Contrast Stretching)
② 영상 대비 수축(Histogram Shrinking)
③ 히스토그램 양자화(Histogram Quantization)
④ 블록 이진화(Block Binarization)

해설
① 영상의 명암 대비를 증가하기 위해서는 영상 대비 확장이 필요하다.
② 영상 대비 수축은 명암 대비를 감소시키는 것이다.
④ 블록 이진화는 영상 전체가 아닌 일부 영역에 대해 작은 블록 단위로 영상을 세분화하여 두 개의 값으로 변환하는 기법이다. 자동차번호판의 문자와 숫자 인식에 주로 적용된다.

03 영상의 화질 단계를 단순화하기 위해, 즉 영상의 밝기 단계를 2단계, 4단계, 16단계, 32단계 등으로 조정하는 것은?

① 히스토그램 양자화(Histogram Quantization)
② 히스토그램 슬라이딩(Histogram Sliding)
③ 영상 대비 강조(Contrast Enhancement)
④ 히스토그램 매칭(Histogram Matching)

해설
임계값(Threshold)을 사용하여 밝기 단계를 조정하는 '히스토그램 양자화'를 수행한다.

04 히스토그램의 활용으로 거리가 먼 것은?

① 영상의 밝기 조정
② 영상의 화질 개선
③ 수집된 광학 다중분광 영상의 품질 평가
④ 위상 관계 편집

해설
영상의 히스토그램은 위상과 거리가 멀다.

05 다음 그림은 임의의 위성영상에 대한 히스토그램을 나타낸 결과이다. 여기서 가로축은 DN(Digital Number), 즉 기록된 값의 범위를 의미한다. 이 영상에 대한 설명으로 맞는 것은? 2023년 기출

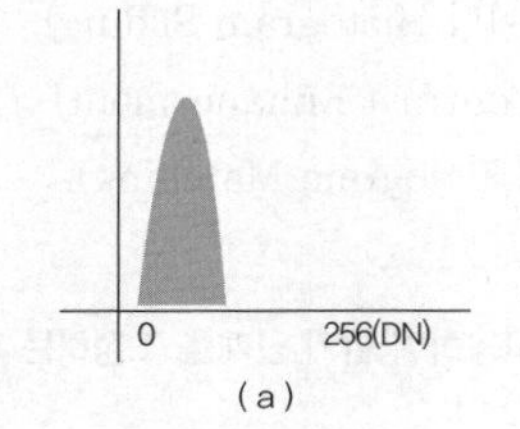

(a)

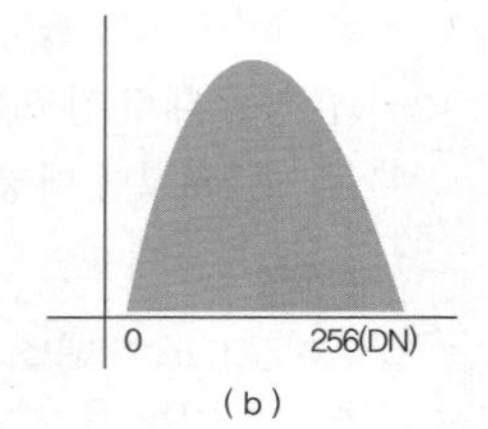

(b)

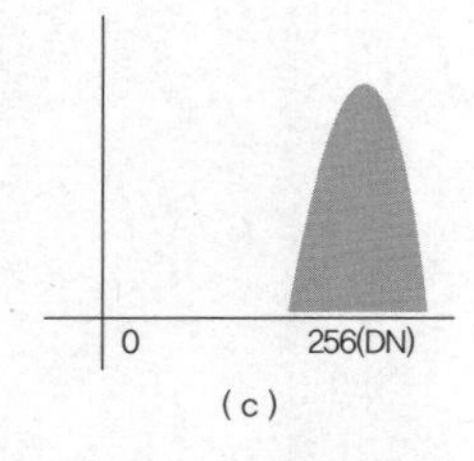

(c)

① 영상 (b)가 영상 (a)에 비해 어둡게 나타난다.
② 영상 (b)가 영상 (c)에 비해 밝게 나타난다.
③ 영상 (b)는 영상 (a)와 영상 (c)에 비해 전반적으로 회색이 주를 이루고 있으며, 어두운 색으로부터 밝은 색들을 모두 찾을 수 있다.
④ 영상 (a)는 어두운 요소가, 영상 (c)는 밝은 요소가 부족하다.

해설

가장 밝게 나타나는 것은 영상 (c)이며, 영상 (a)가 가장 어둡게 나타난다. 또한 영상 (a)는 밝은 요소가, 영상 (c)는 어두운 요소가 부족하다.

04 영상 변환

기출유형 13 ▶ 영상 공간변환

3×3 크기의 커널을 사용하여 9개 화소 값의 평균을 계산한 뒤 다음 화소로 이동하는 공간이동평균(Spatial Moving Average) 방법은 어떠한 결과를 기대할 수 있는가?

① 영상의 고주파 필터
② 영상의 경계 강조
③ 영상 평활화
④ 양각처리

해설
영상의 9개 화소 값을 평균하는 것은 상대적으로 밝거나 어두운 값들의 영향을 줄이고, 중심의 각 화소 값을 주변의 유사한 값들로 변환하는 효과가 있다. 특히 다음 화소로 이동했을 때 평균 연산의 대상이 되는 9개 화소는 이전 단계에서의 9개 화소와 6개 화소가 중복된다. 주변 화소의 평균값으로 대체하는 것은 영상 전체에 걸쳐 유사한 값이 되도록 하는 평활화 효과를 얻게 된다.

| 정답 | ③

족집게 과외

❶ 공간주파수(Spatial Frequency)

㉠ 정의
영상의 특정 부분에서 단위길이 당 밝기 값이 변하는 횟수

㉡ 특성
영상의 특정 공간 영역에 대한 밝기 값의 설명

㉢ 활용
- 공간 회선 필터링(Spatial Convolution Filtering): 회선 필터를 사용한 공간 영역에서 필터링
- 푸리에 변환(Fourier Transform): 푸리에 변환을 사용한 영상의 주파수 정보 처리

❷ 공간 회선 필터링

㉠ 공간 영역에서 저주파수(Low-frequency) 또는 저대역(Low-pass) 필터링
고주파수 부분을 차단하거나 최소화
예 영상 평활화(Image Smoothing), 중간값 필터(Median Filter) 등

㉡ 공간 영역에서 고주파수(High-pass) 필터링
점진적으로 변하는 요소들을 제거하거나 고주파수 부분을 강조

㉢ 공간 영역에서 경계강조기법(Edge Enhancement)
- 선형 경계강조기법
  예 양각처리(Embossing) 필터, 나침 기울기 매스크(Compass Gradient Mask), 라플라시안 필터(Laplacian Filter) 등
- 비선형 경계강조기법
  예 Sobel 경계 탐지 연산자, Roberts 경계 탐지 연산자, Kirsch 비선형 경계 강조

Tip

- 양각처리(Embossing) 필터: 북서 방향 처리 또는 동서 방향 처리 등 그림자를 보는 것과 같은 음영 기복(Shaded-relief) 효과를 내는 필터
- 라플라시안 필터(Laplacian Filter): 2차 미분계수이고 회전에 대해 불변인 함수로, 점 · 선 · 경계를 강조하고 일정하거나 평활하게(또는 점진적으로) 변화하는 지역은 감추는 필터

❸ 푸리에 변환(Fourier Transform)★

㉠ 정의

영상을 다양한 주파수 요소들로 분리하는 수학적 기법

㉡ 원격탐사 분야에서의 푸리에 변환의 적용

푸리에 변환을 통해 공간주파수를 표현할 수 있으며, 이때 중심부에는 저주파 성분을 두고 중심에서 외곽으로 멀어질수록 고주파 성분이 분포됨

㉢ 푸리에 변환의 활용

- 영상복원, 필터링, 방사보정 등에 활용
- 원격탐사 영상에 나타나는 주기적인 잡음 제거에 활용
- 주파수 영역에서의 공간 필터링
  고속 푸리에 변환(FFT)과 고속 푸리에 역변환(IFFT)을 사용한 공간 저대역 필터링, 공간 고대역 필터링을 모두 수행

정답 01 ③ 02 ④ 03 ② 04 ④

01 2차 미분계수이고 회전에 대해 불변인 함수로, 점 · 선 · 경계를 강조하고 일정하거나 평활하게(또는 점진적으로) 변화하는 지역은 감추는 필터는?

① 영상 평활화
② 저주파수 필터
③ 라플라시안 필터
④ 중간값 필터

해설
라플라시안 필터는 영상을 선명하게 강조한다.

02 북서 방향 처리 또는 동서 방향 처리 등 그림자를 보는 것과 같은 음영기복(Shaded-relief) 효과를 내는 필터는?

① 중간값 필터
② 영상 평활화
③ 고대역 필터
④ 양각 처리 필터

해설
음영기복 효과를 낼 수 있는 필터는 양각 처리 필터이다.

03 영상을 다양한 주파수 요소로 분리하는 수학적 기법을 적용하여 공간 영역에서는 수행하기 어려운 필터링을 주파수 영역에서 할 수 있도록 하는 방법은?

① 라플라시안 필터
② 푸리에 변환
③ Sobel 경계 탐지 연산자
④ 나침 기울기 매스크(Compass Gradient Mask)

해설
푸리에 변환은 주파수 영역에서 공간 저대역 필터링과 공간 고대역 필터링을 수행할 수 있다.

04 영상의 공간 영역에서 저주파수 필터링의 설명으로 틀린 것은?

① 고주파수 부분을 차단하거나 최소화한다.
② 영상 평활화(Image Smoothing), 중간값 필터(Median Filter) 등의 기법이 있다.
③ 공간이동평균(Spatial Moving Average) 방법이 입력 영상의 화소에 적용된다.
④ 영상의 밝기 값이 빠르게 달라지는 국지적 변화를 강조하는 데 적합하다.

해설
영상의 밝기 값이 빠르게 달라지는 국지적 변화를 강조하는 것은 고주파수 필터링이다. 고수파수를 차단하거나 최소화하는 것, 영상 평활화와 중간값 필터, 공간이동 평균 등은 모두 저주파수 필터링에 해당한다.

정답 05 ① 06 ①

05 푸리에 변환(Fourier Transform)에 대한 설명으로 틀린 것은?

① 푸리에 변환을 통해 공간주파수를 표현할 수 있으며, 이때 중심부에는 고주파 성분을 두고 중심에서 외곽으로 멀어질수록 저주파 성분이 분포된다.
② 영상복원, 필터링, 방사보정 등에 활용된다.
③ 원격탐사 영상에 나타나는 주기적인 잡음 제거에 활용된다.
④ 영상을 다양한 주파수 요소들로 분리하는 수학적 기법을 적용한다.

해설

푸리에 변환을 통해 공간주파수를 표현할 수 있으며, 이때 중심부에는 저주파 성분을 두고 중심에서 외곽으로 멀어질수록 고주파 성분이 분포된다.

06 아래 두 영상의 커버리지 Max 값에 대한 결과는?

2023년 기출

1	3	2
3	5	1
2	4	3

3	1	4
1	2	3
4	2	1

①

3	3	4
3	5	3
4	4	3

②

4	4	6
4	7	4
6	6	4

③

3	3	8
3	10	3
8	8	3

④

1	3	2
1	2	1
2	2	1

해설

커버리지 Max 값은 두 영상의 각 픽셀을 비교하여 큰 값을 구하는 것이다.
① 동일한 위치의 픽셀 값을 비교하여 큰 값을 선택한 것이다.
② 동일한 위치의 두 픽셀 값을 더한 것이다.
③ 두 픽셀 값을 곱한 것이다.
④ 두 픽셀 값을 비교하여 작은 값을 선택한 것이다.

기출유형 14 ▶ 영상 밴드별 특성 및 성분 조정

전자기 스펙트럼 영역에서 맑은 물에 의해 흡수되는 영역으로, 육지와 수역의 경계를 식별하는 데 유용한 분광 영역은?

① 청색 영역
② 녹색 영역
③ 적색 영역
④ 근적외선 영역

해설
탁도가 낮은 맑은 물은 근적외선을 흡수하므로 가시광선에서 분명하지 않은 육지와 수역의 경계를 식별하는 데 유용하다.

| 정답 | ④

족집게 과외

❶ 전자기 스펙트럼(분광) 영역별 수집 정보

㉠ 가시광선(Visible Light) 영역

청색	• 450~490 nanometers • 물에 의해 반사되는 파장 • 얕은 물의 바다 또는 호수에서 수면의 특징 파악 • 대기 중의 입자와 가스 분자에 의해 푸르게 나타남
녹색	• 490~580 nanometers • 바다의 식물성 플랑크톤과 육지 식물의 관찰 • 유기체의 엽록소는 적색과 청색을 흡수하고 녹색을 반사 • 물속의 퇴적물도 녹색 빛을 반사하므로 진흙 또는 모래 수역이 밝게 나타남
적색	• 620~780 nanometers • 고농도의 철 또는 산화철을 함유한 미네랄과 토양을 구별하는 데 도움을 줌 • 엽록소가 흡수하기 때문에 교목, 관목, 잔디 및 농작물의 생장과 건강을 관찰하는 데 사용 • 광범위한 규모로 다양한 유형의 식물을 구별하는 데 유용

㉡ 적외선 영역

근적외선(NIR)	• 700~1,100 nanometers • 물, 특히 탁도가 낮은 맑은 물은 근적외선을 흡수하므로 가시광선에서 분명하지 않은 육지와 수역의 경계를 식별하는 데 유용 • 건강한 식물은 근적외선을 강하게 반사하고, 스트레스를 받는 식물보다 더 많이 반사 • 근적외선은 안개를 통과할 수 있으므로 연기가 자욱하거나 흐릿한 세부 사항을 식별하는 데 도움이 됨
단파 적외선(SWIR)	• 1,100~3,000 nanometers • 물은 1,400, 1,900 및 2,400나노미터의 세 영역에서 단파 적외선을 흡수하므로, 토양의 수분 함량이 많을수록 이 파장에서 이미지가 더 어둡게 나타남 • 구름 유형(물구름과 얼음구름의 구별)과 구름, 눈, 얼음 등을 구별 • 새로운 화재 피해 발생 지역의 토양은 SWIR 밴드에 강하게 반사되므로, 화재 피해 지역의 지도 제작에 활용 • 다양한 유형의 사암과 석회암 구분에 용이
중파 적외선(MIR)	• 3,000~5,000 nanometers • 어둠 속에서의 열복사 및 해수면 온도 측정에 유용
적외선(IR)	• 6,000~7,000 nanometers • 대기 중의 수증기 관찰에 중요

열 또는 장파 적외선 (TIR 또는 LWIR)	• 8,000~15,000 nanometers • 지구에서 방출되는 열을 관찰할 수 있으며, 따라서 낮과 밤 모두 영상수집을 할 수 있음 • 지열 매핑 및 화재, 가스 플레어 및 발전소 등의 열원 감지에 특히 유용 • 작물을 모니터링: 활발히 생장하는 식물은 증발산을 통해 물을 방출하므로, 식물이 얼마나 많은 물을 사용하고 있는지 평가

❷ 영상의 색 조합

㉠ 필요성

- 각 분광 영역의 색 조합으로 인한 다양한 분석 가능
- 구름, 얼음, 눈은 가시광선에서 모두 백색으로 나타나지만, 단파 적외선은 이들의 차이를 강조할 수 있음

㉡ 방법

천연색조합	적 · 녹 · 청색의 영역에서 수집된 영상을 각각 적 · 녹 · 청색으로 조합하는 것
가색조합	다양한 전자기 스펙트럼 영역에서 수집된 영상을 임의의 적 · 녹 · 청색으로 조합하는 것

㉢ 가색 조합 예시

- 식생의 활력도 및 밀도의 변화
  근적외선, 적색, 녹색으로 수집된 영상을 적, 녹, 청색으로 조합
- 홍수나 산불화재 피해지역 파악
  단파 적외선, 근적외선, 녹색으로 수집된 영상을 적, 녹, 청색으로 조합
- 눈, 얼음 및 구름을 구별
  청색으로 수집된 영상을 적색으로, 단파 적외선에서의 두 대역에서 수집된 영상을 각각 녹색 및 청색으로 조합

정답 01 ④ 02 ① 03 ② 04 ②

01 건강한 식물은 이 분광 영역을 강하게 반사하며, 또한 스트레스를 받는 식물보다 더 많이 반사한다. 이 영역은 무엇인가?

① 단파 적외선 영역
② 녹색 영역
③ 적색 영역
④ 근적외선 영역

해설
근적외선 영역에서 건강한 식물은 다른 영역보다 분광 영역을 훨씬 강하게 반사한다.

02 새로운 화재 피해 발생 지역의 토양은 이 영역에서 강하게 반사되므로, 화재 피해 지역의 지도 제작에 활용된다. 이 영역은 무엇인가?

① 단파 적외선 영역
② 녹색 영역
③ 적색 영역
④ 근적외선 영역

해설
새로운 화재 피해 발생 지역의 토양은 SWIR(단파 적외선) 밴드에 강하게 반사되므로, 화재 피해 지역의 지도 제작에 활용되며, 다양한 유형의 사암과 석회암 구분에 용이하다.

03 지구에서 방출되는 열을 관찰할 수 있으며, 따라서 영상수집이 낮과 밤 모두 가능한 분광 영역은?

① 단파 적외선 영역
② 열 또는 장파 적외선 영역
③ 적색 영역
④ 근적외선 영역

해설
열 또는 장파 적외선(TIR 또는 LWIR)은 지구에서 방출되는 열을 관찰할 수 있어 낮과 밤 모두 영상수집을 할 수 있다. 지열 매핑 및 화재, 가스 플레어 및 발전소 등의 열원 감지에 특히 유용하다.

04 근적외선(적색), 적색(녹색), 녹색(청색) 등의 색 조합과 같이 다양한 영역의 밴드에서 수집된 영상을 임의의 적 · 녹 · 청색으로 조합하는 것은?

① 천연색조합
② 가색조합
③ 자연색조합
④ 가산혼합

해설
가색조합에 대한 설명이다.

기출유형 15 ▸ 분광해상도

원격탐사 시스템이 감지하는 전자기 스펙트럼 영역의 파장대 간격을 통해 파악할 수 있는 해상도는?

① 공간해상도
② 분광해상도
③ 시간해상도
④ 방사해상도

해설
원격탐사 시스템이 감지하는 전자기 스펙트럼 영역 상의 파장대 간격을 통해 밴드 또는 채널의 특성을 파악함으로써 '분광해상도'에 관한 정보를 알 수 있다.

| 정답 | ②

족집게 과외

❶ 원격탐사 자료의 해상도

㉠ 공간해상도(Spatial Resolution)
- GSD(Ground Sample Distance): 영상에서 한 픽셀에 해당하는 실제 거리
- GRD(Ground Resolved Distance): 두 물체를 구분할 수 있는 최소한의 거리

㉡ 분광해상도(Spectral Resolution)
- 원격탐사 시스템이 감지하는 전자기 스펙트럼(분광) 영역 상의 파장대 간격
- 밴드 또는 채널의 수 및 크기

㉢ 시간해상도(Temporal Resolution, 주기해상도)
- 동일한 지역에 대한 재방문주기
- 동일한 지역에 대해 영상을 반복적으로 수집하는 것에 대한 간격

㉣ 방사해상도(Radiometric Resolution, 복사해상도)
- 에너지 강도에 대해 얼마나 민감한가를 의미
- 화소당 할당 비트(bit) 수로 표현(8비트는 256단계, 11비트는 2,048단계)

❷ 분광해상도(Spectral Resolution)

㉠ 전정색 영상(Panchromatic Imagery)
전자기 스펙트럼의 여러 파장대의 구간(가시광선 영역 및 근적외선 일부 구간)에 대해 하나의 센서를 사용하여 수집

㉡ 다중분광 영상(Multispectral Imagery)
전자기 스펙트럼의 여러 파장대 구간을 여러 개의 밴드로 구분하여 수집

㉢ 초분광 영상(Hyperspectral Imagery, Imaging Spectroscopy)
- 일반적으로 400nm에서 2,500nm의 분광 영역에 대해 수십 개로부터 수백 개의 밴드를 구분하여 수집
- 수백 장의 사진을 한축 방향으로 쌓아 놓은 형태인 하이퍼큐브(Hypercube)로 표현

㉣ 울트라분광 영상(Ultraspectral Imagery)
수백 개 이상의 밴드를 사용하는 것으로, 이론상의 모델

❸ 주요 위성의 분광해상도

㉠ 국토위성(차세대중형위성) 1호(CAS500, Compact Advanced Satellite 500, 발사일: 2021.3.22.)

구분	흑백	컬러
밴드	Panchromatic	Blue, Green, Red, NIR
파장 최솟값(nm)	450	450
파장 최댓값(nm)	900	900
수직에서의 공간해상도(m)	0.5	2

ⓛ 아리랑 위성 3-A(KOMPSAT-3A, Korea Multi-Purpose Satellite-3A, 발사일: 2015.3.26.)

구분	Pan	MS1	MS2	MS3	MS4
밴드	Panch romatic	Blue	Green	Red	NIR
파장 최솟값(nm)	450	450	520	630	760
파장 최댓값(nm)	900	520	600	690	900
수직에서의 공간 해상도(m)	0.55	2.2			

ⓒ Landsat-9 (발사일: 2021.9.27.)

구분	1	2	3	4	5	6	7	8	9	10	11
밴드	Coastal /Aerosol	Blue	Green	Red	NIR	SWIR -1	SWIR -2	Panch romatic	Cirrus	Thermal	Thermal
파장 최솟값(nm)	433	450	525	630	845	1560	2100	500	1360	10300	11500
파장 최댓값(nm)	453	515	600	680	885	1660	2300	680	1390	11300	11300
파장 중앙값(nm)	443	482	562	655	865	1610	2200	590	1375	10800	12000
수직에서의 공간 해상도(m)	30	30	30	30	30	30	30	15	30	100	100

정답 01 ① 02 ④ 03 ④ 04 ③

01 전자기 스펙트럼의 여러 파장대의 구간에 대해 하나의 센서를 사용하여 수집하는 것은?

① 전정색 영상(Panchromatic Imagery)
② 다중분광 영상(Multispectral Imagery)
③ 초분광 영상(Hyperspectral Imagery)
④ 울트라분광 영상(Ultraspectral Imagery)

해설
전정색 영상은 전자기 스펙트럼의 여러 파장대의 구간(가시광선 영역 및 근적외선 일부 구간)에 대해 하나의 센서를 사용하여 수집하는 것이다.

02 우리나라 차세대중형위성 1호의 분광 영역이 아닌 것은?

① Panchromatic
② Red
③ Near Infrared
④ Short Wave Infrared

해설
차세대중형위성 1호는 흑백(Panchromatic)의 1개 밴드와 컬러(Blue, Green, Red, NIR)의 4개 밴드로 구성되어 있다.

03 KOMPSAT-3A의 근적외선 영역의 파장은?

① 450nm ~ 520nm
② 520nm ~ 600nm
③ 630nm ~ 690nm
④ 760nm ~ 900nm

해설
KOMPSAT-3A의 근적외선 영역의 파장은 760nm ~ 900nm이다.

04 수백 장의 사진을 한축 방향으로 쌓아 놓은 형태인 하이퍼큐브(Hypercube)로 표현되는 것은?

① 전정색 영상(Panchromatic Imagery)
② 다중분광 영상(Multispectral Imagery)
③ 초분광 영상(Hyperspectral Imagery)
④ 근적외선 영상(Near Infra Imagery)

해설
초분광 영상은 일반적으로 400nm에서 2,500nm의 분광 영역에 대해 수십 개로부터 수백 개의 밴드를 구분하여 수집한다.

기출유형 16 ▶ 정규식생지수(NDVI)★

근적외선 밴드와 적색 밴드의 두 영상으로부터 차이를 구하고, 이를 두 영상의 합으로 나누는 것으로, 녹색 식물의 상대적 분포량과 엽록소의 광합성 작용의 활동성을 나타내는 것은?

① 단순비율(SR)
② 정규연소비율(NBR)
③ 정규시가지지수(NDBI)
④ 정규식생지수(NDVI)

해설

근적외선 밴드와 적색 밴드에서의 식생의 반사 특성을 활용한 정규식생지수는 가장 일반적으로 사용되는 식생지수 중의 하나이다.

| 정답 | ④

족집게 과외

❶ 식생지수(Vegetation Index)

㉠ 정의

녹색 식물의 상대적 분포량과 엽록소의 활동성(광합성 작용, 활력 등)을 나타내는 것으로, 단위가 없는 값

㉡ 식생밀도나 활력이 높은 경우의 반사특성(예시)

- 녹색 분광 영역에서 약간 높은 반사율(약 10%)
- 적색 분광 영역에서 낮은 반사도(약 5%)
- 근적외선 분광 영역에서 높은 반사율(약 40%)

㉢ 식생밀도나 활력이 낮은 경우의 반사특성(예시)

- 가시광선 분광 영역에서 활력도 높은 식생과 같거나 높은 반사율
- 근적외선 분광 영역에서 활력도 높은 식생보다 현저히 낮은 반사율

❷ 식생지수의 유형

㉠ 단순비율(Simple Ratio, SR)

녹색식물의 적색 및 근적외선 반사도 사이의 반비례 관계를 적용

㉡ 정규식생지수(Normalized Difference Vegetation Index, NDVI)

- 근적외선 밴드와 적색 밴드의 두 영상으로부터 차이를 구하고, 이를 두 영상의 합으로 나눠 정규화하는 지수
- NDVI = (NIR−RED) / (NIR+RED)
- 값의 범위는 −1에서 +1 사이이지만 식생은 이론적으로 0에서 최대 1의 값을 가지며, 값이 클수록 녹색 식물의 생체량이 많음을 의미. 즉, 식생의 활력도 또는 밀도가 높음을 알 수 있음

㉢ Kauth−Thomas Tasseled Cap 변환

- 토양명도지수, 녹색식생지수, 황색성분지수, 무성분 등으로 구성
- 토양 명도와 녹색 식물에 대해 술 달린 모자(Tasseled Cap) 형태의 분포 모양이 되는 것을 밝혀냄

㉣ 정규시가지지수(Normalized Difference Built-up Index, NDBI)

도시지역의 분포와 성장을 모니터링을 위한 것

㉤ 적색경계위치결정(Red Edge Position, REP)

적색과 근적외선 파장 사이에서 식생 반사도 스펙트럼의 최대 경사도 지점을 의미

㉥ 정규연소비율(Normalized Burn Ratio, NBR)

화재 피해지역의 파악을 위한 식생지수

㉦ 이외의 다양한 식생지수

- 정규습윤지수 또는 정규수분지수(Normalized Difference Moisture or Water Index, NDMI or NDWI)
- 수직식생지수(Perpendicular Vegetation Index, PVI)
- 엽 수분 함량지수(Leaf Water Content Index, LWCI)
- 토양보정 식생지수(Soil Adjusted Vegetation Index, SAVI)
- 대기보정 식생지수(Atmospherically Resistant Vegetation Index, ARVI)
- 토양 대지보정 식생지수(Soil and Atmospherically Resistant Vegetation Index, SARVI)
- 강화식생지수(Enhanced Vegetation Index, EVI) 등

01 정규식생지수(NDVI)에 대한 설명으로 틀린 것은?

① 다중분광영상에 존재하는 태양조도의 차이, 구름 그림자, 대기감쇠 및 지형효과 등을 감소시킨다.
② 식생의 성장과 식생상태에 대한 계절적 변화와 연간 변화를 파악할 수 있다.
③ 식생의 배경으로 보이는 토양에 대한 영향은 거의 받지 않는다.
④ 일반적으로 잎 면적 지수(Leaf Area Index, LAI)와 높은 상관성이 있다.

해설
일반적으로 식생지수는 배경으로 나타나는 토양의 면적과 상태(수분함유량, 밝기 등)에 따라 많은 영향을 받는다. 식생지수는 나누기 연산을 수행하는 것이므로 적색과 근적외선 영역에 공통적으로 존재하는 반사 특성의 요소들이 감소되는 효과가 있다.

02 정규식생지수(NDVI)에 대한 설명으로 틀린 것은?

① 적색 및 근적외선 밴드의 영역을 대상으로 하고 있다.
② 0보다 큰 값의 범위에서 NDVI 값이 증가할수록 녹색 식물의 생체량은 증가하는 경향이 있다.
③ 콘크리트 도로, 건물 옥상의 콘크리트 마감처리, 주차장의 콘크리트 포장 등에 대한 NDVI 값은 0보다 작은 값으로 나타난다.
④ 정규식생지수는 Landsat 위성영상에 대해서만 적용할 수 있다.

해설
정규식생지수는 적색 및 근적외선 밴드의 영역을 대상으로 하고 있으므로, 광학 센서로부터 수집되는 적색 및 근적외선 영역의 모든 위성영상에 대해 적용할 수 있다. 근적외선 영역에서 콘크리트는 활력도 높은 식생에 비해 반사도가 낮다. 이 경우 수식에 따라 콘크리트 영역에서의 정규식생지수의 값은 음수가 된다.

03 도시지역의 분포와 성장을 모니터링 하기 위한 것으로, 시가지와 나지(노출된 토양) 등을 파악하는 데 유용한 식생지수는?

① Simple Ratio, SR
② Normalized Burn Ratio, NBR
③ Normalized Difference Built-up Index, NDBI
④ Normalized Difference Vegetation Index, NDVI

해설
정규시가지지수(NDBI)가 도시지역의 분포와 성장을 모니터링하는 데 적합한 식생지수이다.

04 토양 명도와 녹색 식물에 대해 술 달린 모자(Tasseled Cap) 형태의 분포 모양이 되는 것을 밝혀낸 것으로, 토양명도지수, 녹색식생지수, 황색성분지수, 무성분 등 4개의 축으로 구성된 것은?

① Kauth-Thomas 변환
② 토양보정 식생지수(Soil Adjusted Vegetation Index, SAVI)
③ 적색경계위치결정(Red Edge Position, REP)
④ 정규식생지수(Normalized Difference Vegetation Index, NDVI)

해설
Kauth-Thomas 변환 또는 Tasseled Cap 변환에 대한 설명이다.

05 보기에서 정규식생지수(NDVI)의 올바른 구성식은?

2023년 기출

① ((NIR−RED)/(NIR+RED+L)) × (1+L)
② (NIR−SWIR)/(NIR+SWIR)
③ (NIR−RED)/(NIR+RED)
④ (NIR−(2×Red)+Blue)/(NIR+(2×Red)+Blue)

해설

① 토양보정 식생지수(Soil Adjusted Vegetation Index, SAVI)의 식으로, 토양밝기보정인자(L)를 0.5로 정의한다.
② 정규습윤지수 또는 정규수분지수(Normalized Difference Moisture or Water Index, NDMI or NDWI)이다.
④ 대기보정 식생지수(Atmospherically Resistant Vegetation Index, ARVI)이다.

기출유형 17 ▶ 주성분분석(PCA, Principal Component Analysis)

고차원의 자료를 저차원의 자료로 변환시키는 기법 중 하나로, 원래의 자료에 대해 분산이 가장 커지는 축을 첫 번째 성분, 이에 직교하면서 두 번째로 커지는 축을 두 번째 성분으로 하는 식으로 계속 조합해서 변환하는 방법은?

① 주성분분석
② 요인분석
③ 식생지수분석
④ 영상 강조

해설

주성분분석은 자료를 요약 · 축소하는 기법이다. 원격탐사에 의해 수집된 영상에 노이즈가 다량 포함되어 있는 경우, 노이즈가 주성분으로 나타날 수 있으므로 주의가 필요하다.

| 정답 | ①

족집게 과외

❶ 주성분분석 정의

㉠ 고차원의 자료를 주성분이라는 서로 상관성이 높은 자료들의 선형결합으로 만들어 저차원의 자료들로 요약 · 축소하는 기법
㉡ 원 자료에 대해 분산이 가장 커지는 축을 첫 번째 주성분, 이에 직교하면서 두 번째로 커지는 축을 두 번째 주성분으로 하는 식으로 계속 조합해서 변환하는 방법

❷ 필요성

㉠ 원격탐사를 통해 수집한 영상을 하나의 화면에 시각화하는 것은 3개 밴드에 한정되므로 다중분광영상을 시각화하는 것에 제약이 따름
㉡ 다중분광영상을 주성분분석을 이용하여 3개~4개의 영상으로 압축함으로써 보다 많은 정보를 한 번에 표현하고 이해하기 쉽게 해줌
㉢ 주성분분석을 사용하여 원 자료의 차원을 축소한 후, 군집분석(Cluster Analysis, 무감독분류)을 수행하면 그 결과와 속도 개선이 가능함

❸ 활용

㉠ 영상 잡음 제거 등의 전처리 및 영상 강조
㉡ 수질분석, 식생조사 등에 대한 자료 압축
㉢ 변화 감지를 위한 시계열 자료 분석
㉣ 특정 지역에 대한 다중 시기의 영상의 합성

❹ 주의점

원 영상에 다량의 노이즈가 포함된 경우 노이즈가 주성분으로 나타날 수 있음

🔓 정답 01 ④ 02 ④ 03 ③

01 주성분분석에 대한 설명으로 틀린 것은?

① 원 자료에 대해 분산이 가장 커지는 축을 첫 번째 주성분, 이에 직교하면서 두 번째로 커지는 축을 두 번째 주성분으로 하는 식으로 계속 조합해서 변환하는 방법이다.
② 여러 자료 간에 내재하는 상관관계를 이용해 차원을 축소함으로써 자료를 이해하기 쉽게 해준다.
③ 주성분분석을 사용하여 원 자료의 차원을 축소한 후, 무감독분류를 수행하면 그 결과와 속도 개선이 가능하나 항상 보장된 것은 아니다.
④ 결과로 얻은 각 성분 간의 관계는 대등하기 때문에 제1주성분이 가장 중요하다고 할 수 없다.

해설
주성분분석은 제1주성분이 가장 중요하게 취급되고, 그 다음 제2주성분 등으로 중요하게 다루어진다.

02 주성분분석의 활용에 대한 설명으로 틀린 것은?

① 영상의 전처리 및 영상 강조에 활용할 수 있다.
② 수질분석, 식생조사 등의 수집 자료를 압축하는 데 사용할 수 있다.
③ 변화 감지를 위한 시계열 자료 분석에 활용될 수 있다.
④ 원 영상에 다량 포함된 노이즈는 주성분 변환과정에서 제거되므로 노이즈 제거에 유용하다.

해설
원 영상에 다량 포함된 노이즈는 주성분 변환과정에서 제거되는 것이 아니라 주성분으로 취급될 수 있다. 따라서 활용에 주의가 필요하며, 변환과정에서 노이즈임을 인식하는 것이 아니다. 영상의 전처리나 영상 강조에 활용되는 잡음 제거는 주성분분석 후 채택되지 않아 제거되는 것이다.

03 주성분분석에서 '첫 번째 주성분'의 의미를 올바르게 설명하고 있는 것은?

① 데이터들의 무게중심점을 지나는 축이다.
② 각 축에 대한 평균값을 구한 뒤, 이 값이 원점이 되도록 축을 이동한 것이다.
③ 데이터들의 분산이 가장 큰 축이다.
④ 데이터의 최솟값과 최댓값을 연결하는 축이다.

해설
첫 번째 주성분은 원래의 데이터에 대해 분산이 최대인 축으로, 분산이 크다는 것은 데이터의 특성을 잘 반영하게 됨을 의미한다.

PART 05
공간정보 처리·가공

CHAPTER

01 공간 데이터 변환

기출유형 01 ▶ 데이터 스키마

공간자료모델에서 벡터 자료의 구성요소가 아닌 것은?

① 점(Point)
② 선(Line)
③ 면(Polygon)
④ 격자(Grid)

해설

격자는 래스터 자료의 구성요소이다. 벡터는 점, 선, 면 등으로 구성된다.

| 정답 | ④

족집게 과외

❶ 스키마(Schema)

㉠ 정의

데이터 개체(Entity), 속성(Attribute), 관계(Relationship) 및 데이터 조작 시 데이터값들이 갖는 제약 조건 등의 설명

㉡ 스키마의 3계층

구분	설명
개념 스키마 (Conceptual Schema)	• 모든 응용 프로그램이나 사용자들이 필요로 하는 데이터를 종합한 전체 관점에서의 개념 • 개체 간의 관계와 제약 조건을 나타내고 데이터베이스의 접근 권한, 보안 및 무결성 규칙에 관한 명세를 정의 • 단순히 '스키마'라고 하면 개념 스키마를 의미
내부 스키마 (Internal Schema)	• 물리적 저장장치와 밀접한 계층 • 저장될 데이터의 물리적인 구조를 정의하고, 저장 데이터 항목의 표현 방법 등을 정의
외부 스키마 (External Schema)	• 사용자나 응용 프로그래머의 입장에서 필요로 하는 논리적 구조를 정의한 것 • 하나의 시스템에는 여러 개의 외부 스키마가 존재할 수 있으며, 하나의 외부 스키마를 여러 개의 응용 프로그램이나 사용자가 공유할 수 있음

❷ 공간자료 모델

구분	설명
필드 기반 모델	• 공간을 연속적인 속성값으로 표현 • 공간에 있는 각각의 점이 하나 또는 그 이상의 속성값을 지니는 것으로, 객체 개념은 적용되지 않음 • 각 점은 화소(Pixel), 격자(Grid), 그리드 또는 그리드 셀(Grid Cell) 등 다양한 용어로 사용됨 • 래스터 자료 모델
객체 기반 모델	• 점의 집합인 객체로서 표현 • 위치를 나타내는 점, 두 점을 연결한 선, 다각형을 나타내는 폴리곤 등으로 구성 • 벡터 자료 모델

❸ 공간자료 스키마

㉠ 기하객체모델의 정의

• 공간자료 모델은 개념적인 모델로, 특정 구현에 대한 모델이 아닌 추상적 정보 모델인 공간 스키마로 정의

• 우리나라 국가표준으로 'ISO 19125의 공통 구조(아키텍처)'의 정의와 함께 '지리정보 – 단순 피처(특징) 접근 – 제1부:공통 구조(아키텍처)' 등에서 공간자료의 기하객체모델을 정의

㉡ 기하객체모델의 구성

- 가장 상위의 기하 클래스는 추상 클래스로서 모든 공간객체의 부모 클래스이고, 점, 곡선, 표면 및 기하모음 등의 하위 클래스로 구성
- 상위의 기하 클래스는 정의된 좌표 공간에 대한 공간참조체계와 연계됨
- 점(Point), 선문자열(LineString), 다각형(Polygon) 등과 이들 각각에 상응하는 기하모델인 다중점(MultiPoint), 다중선문자열(MultiLineString), 다중다각형(MultiPolygon) 등 0, 1, 2차원의 클래스로 구성
- 국가표준에서 정의하고 있는 기하객체모델(KS X ISO19125-1: 2007)의 기하클래스 계층 구조는 다음과 같음

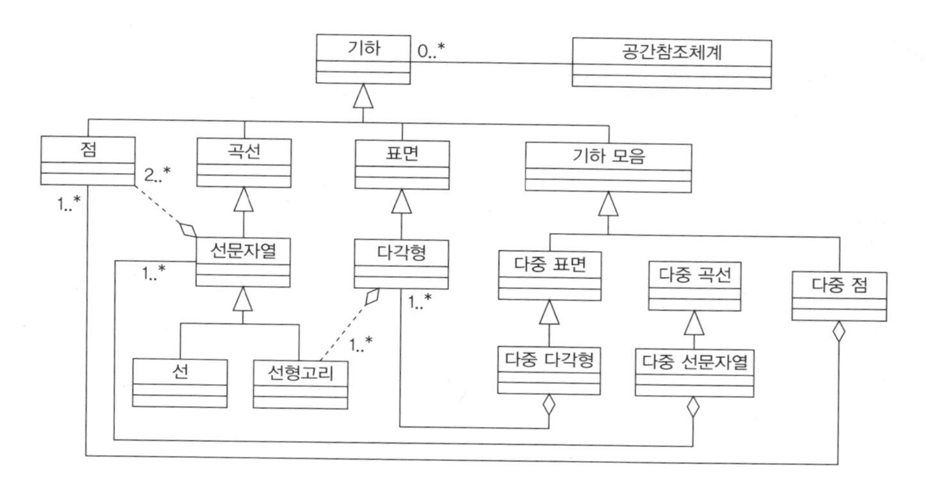

Tip

기하객체 모델의 UML(Unified Modeling Language, 통합모델링언어) 표현

기호	명칭	설명
───▷	일반화 (Generalization)	부모 클래스와 자식 클래스 간의 상속 관계를 표현
◇───	집합 (Aggregation)	전체와 부분과의 관계를 표현
		전체 쪽에 다이아몬드를 표현
*	개수 (Multiplicity)	대상 클래스가 가질 수 있는 개수의 범위를 의미
		0..1과 같이 점으로 구분하여 앞에 최솟값, 뒤에 최댓값을 표기
		0..*는 객체가 없을 수도 있고, 또는 여러 개일 수도 있음을 의미

정답 01 ④ 02 ④ 03 ① 04 ①

01 공간자료모델에서 래스터 자료의 구성요소인 것은?

① 선 문자열(LineString)
② 다각형(Polygon)
③ 다중점(MultiPoint)
④ 화소(Pixel)

해설
래스터 자료의 구성요소는 화소(Pixel), 격자(Grid), 그리드 또는 그리드 셀(Grid Cell)이라고 하며, 이들 용어는 모두 동일한 의미로 사용된다.

02 벡터 자료의 구성요소가 아닌 것은?

① 다중선문자열(MultiLineString)
② 다중다각형(MultiPolygon)
③ 선문자열(LineString)
④ 행렬(Matrix)

해설
벡터 자료는 점(Point), 선 문자열(Line String), 다각형(Polygon) 등과 이들 각각에 상응하는 다중점(MultiPoint), 다중 선 문자열(Multi Line String), 다중다각형(Multi Polygon) 등으로 구성된다.

03 국가표준으로 'ISO 19125의 공통 구조(아키텍처)'의 정의와 함께 '지리정보 – 단순 피처(특징) 접근 – 제1부:공통 구조(아키텍처)' 등에서 정의하고 있는 가장 상위의 객체모델로, 모든 공간객체의 부모 클래스인 것은?

① 기하
② 점
③ 곡선
④ 표면

해설
'기하' 클래스에 대한 설명이다.

04 데이터 개체(Entity), 속성(Attribute), 관계(Relationship) 및 데이터 조작 시 데이터값들이 갖는 제약 조건 등을 설명하고 있는 것은?

① 스키마(Schema)
② 참조파일(Reference File)
③ 메타 데이터(Metadata)
④ 행렬(Matrix)

해설
'스키마'는 데이터의 개념적인 구성과 원리를 정의하고 있는 것이고, '메타데이터'는 실제 데이터의 연혁과 내용 등을 설명하고 있는 데이터이다.

기출유형 02 ▶ 벡터타입 변환

공간자료의 수집 · 입력 시 이미 벡터 자료로 입력되어 벡터 자료로 변환이 불필요한 것은?

① 이미지 센서로부터의 자료 수집
② 스캐너(Scanner)에 의한 지도 스캐닝
③ 디지타이징(Digitizing)
④ 위성영상

해설

이미지 센서로부터의 자료수집, 스캐닝 자료, 위성영상 등은 모두 래스터 자료이다. 디지타이저를 통해 입력한 공간자료는 벡터로 저장된다.

| 정답 | ③

족집게 과외

❶ 래스터-벡터 자료 변환

㉠ 필요성

- 벡터 자료와 래스터 자료의 결합
  최근 공간정보의 활용은 3차원 수치표고모델(DEM), 디지털 항공사진, 위성영상 등 래스터 자료와 행정구역, 도로망, 수계망 등 다양한 벡터 자료를 결합하여 사용하는 추세
- 중첩 분석 수행 시 데이터 모델의 변환
  - 중첩 분석 시 불규칙삼각망(TIN), 토지이용도, 임상도 등의 벡터 자료를 래스터 자료로 변환하여 수행
  - 스캐닝된 지도, 영상 등의 래스터 자료로부터 벡터 자료를 변환 · 추출하여 분석에 활용

㉡ 변환 시 반드시 확인해야 할 사항

- 변환 가능성
- 변환 시에 발생하게 되는 자료의 손실 유무
- 변환 단계에서 새로운 필드를 추가하거나 삭제 등의 편집 가능성

❷ 벡터화(Vectorizing)★

㉠ 정의
래스터 자료를 벡터 자료로 처리하는 작업

㉡ 벡터 자료로의 변환이 불필요한 자료 수집(입력 시 자동화된 벡터 자료 수집)

- 기존 수치지도의 사용
- 디지타이징(Digitizing): 기존 종이지도로부터 디지타이저를 사용하여 벡터 데이터를 직접 입력
- 라이다 센서로부터의 자료 입력
- 측량 또는 센서 등으로부터의 위치 좌푯값의 입력

㉢ 래스터 자료에서 벡터 자료로 변환이 필요한 경우

- 스캐너(Scanner)를 통한 스캐닝: 스캐닝된 래스터 자료를 벡터라이징 소프트웨어를 사용하여 자동 및 반자동 방법으로 벡터 자료로 변환
- 카메라 또는 이미지 센서를 사용하여 수집된 영상으로부터 선형정보의 추출 및 변환

Tip

스캐너의 해상도 표시 단위

스캐닝하는 단위 인치 당 점 또는 라인의 수, 즉 'DPI(Dots Per Inch)'로 표시

❸ 스캐닝을 통한 벡터화의 순서

㉠ 변환 방법(대상 자료, 변환 과정 확인 등)의 결정
㉡ 변환 데이터(종이도면 등) 수집
㉢ 스캐닝 환경 설정 및 스캐닝
㉣ 벡터 타입 변환
㉤ 좌표변환
㉥ 데이터 저장

❹ 벡터 타입 변환의 세부 단계

단계	내용
전처리 단계	• 필터링 단계(Filtering) – 스캐닝 된 래스터 자료에 존재하는 여러 종류의 잡음(Noise)을 제거 – 이어지지 않은 선을 연속적으로 이어주는 처리 과정 • 세선화 단계(Thining) – 필터링 단계를 거친 두꺼운 선을 가늘게 만들어 처리할 정보의 양을 감소시키고 벡터 자료의 정확도를 높게 만드는 단계 – 벡터의 자동화 처리에 따른 품질에 많은 영향을 끼침
벡터화 단계	전처리를 거친 래스터 자료를 벡터화 단계를 거쳐 벡터 구조로 전환
후처리 단계	• 벡터화 단계로 얻은 결과의 처리단계 • 경계를 매끄럽게 하고, 라인 상의 과도한 점(Vertex)을 제거 또는 정리 • 벡터 자료의 객체 단위로 위상 부여 및 편집

❺ 벡터 변환에 따른 벡터 데이터의 유의사항

㉠ 래스터 자료의 공간해상도와 스캐닝 조건, 벡터화 소프트웨어에 따라 결과의 품질이 달라질 수 있음
㉡ 공간 객체들이 연결되지 못하거나 연결되지 말아야 할 것들이 연결될 수 있음
㉢ 계단식의 선이 지그재그로 나타날 수 있음
㉣ 문자나 숫자, 심볼 등의 불필요한 요소가 벡터데이터로 변환될 수 있음
㉤ 변환 과정에서 정보의 손실이 발생하여 원 자료보다 정확도가 낮아질 수 있음

정답 01 ② 02 ① 03 ② 04 ②

01 벡터 타입 변환 단계 중 두꺼운 선으로 스캐닝 된 것을 처리하는 단계로, 처리할 정보의 양을 감소시키고 벡터 자료의 정확도를 높게 만드는 단계는?

① 필터링 단계
② 세선화 단계
③ 벡터화 단계
④ 후처리 단계

해설
세선화 단계를 통해서 필터링을 거친 두꺼운 선을 가늘게 만들 수 있으며, 벡터의 자동화 처리에 따른 품질에 많은 영향을 끼친다.

02 벡터 타입 변환 단계 중 스캐닝 된 래스터 자료에 여러 종류의 잡음을 제거하고, 이어지지 않은 선을 연속적으로 이어주는 단계는?

① 필터링 단계
② 세선화 단계
③ 벡터화 단계
④ 후처리 단계

해설
필터링 단계에 대한 설명이다.

03 기존의 종이지도를 스캐닝하여 수치자료로 변환하려고 할 때, 스캐너의 해상도 설정 단위를 의미하는 것은?

① GSD
② DPI
③ DOT
④ RADIAN

해설
스캐너의 해상도 표시 단위는 단위 인치 당 점 또는 라인의 수를 의미하는 'DPI(Dots Per Inch)'로 표시된다.

04 종이지도 입력 시 스캐닝에 의한 설명으로 틀린 것은?

① 기존의 종이지도를 입력하는 방법이다.
② 벡터 방식의 입력 방법이다.
③ 지도 상의 정보를 신속하게 입력할 수 있다.
④ 디지타이저를 이용한 입력에 비해 시간과 비용을 절약할 수 있다.

해설
스캐너를 사용한 종이지도의 입력 방법은 래스터 방식의 입력 방법이다. 스캔된 자료는 벡터화 과정을 거쳐 벡터 자료로 변환된다.

기출유형 03 ▶ 래스터-벡터 데이터 변환

격자화(Rasterization) 과정에서 두 개 클래스 이상의 폴리곤 자료가 하나의 화소에 동시에 걸쳐 있을 때, 50% 이상 차지하고 있는 폴리곤의 클래스 값으로 화소 값을 결정하는 방식은?

① 존재/부재(Presence / Absence) 방법
② 화소 중심점(Centroid of Cell) 방법
③ 지배적 유형(Dominant Type) 방법
④ 발생 비율(Percent Occurrence) 방법

해설
이미 50% 이상을 차지하고 있는 상황으로 판단하는 것이니 '지배적 유형 방법'이라고 할 수 있다. 이는 폴리곤 유형에만 적용된다.

| 정답 | ③

족집게 과외

❶ 래스터 자료와 벡터 자료의 변환

㉠ 격자화(Rasterization)의 정의
- 벡터 자료를 래스터 자료로 변환하는 것
- 벡터 구조인 점, 선, 면 자료를 동일한 위치의 래스터 자료로 변환하는 것

㉡ 벡터 자료의 각 요소별 격자화 방법

점	• 가장 단순하고 용이함 • 벡터 자료의 점을 그 위치의 래스터 자료의 화소 값으로 부여
선	• 수평선이나 수직선을 제외하고는 선과 래스터 자료의 화소 중심이 정확하게 일치하지 않음 • 벡터 자료와 래스터 자료의 중첩 상태를 판단하여 화소 값을 결정
내부가 채워진 폴리곤	폴리곤의 경계선과 내부의 화소를 찾아서 변환

❷ 래스터 자료로 변환 시 화소 값의 결정 방식

㉠ 존재/부재(Presence / Absence) 방법
- 벡터 자료와 래스터 자료가 중첩되어 있을 때, 해당 위치에 벡터 자료값이 있는지 없는지에 따라 값을 부여하는 방식
- 장점
  - 화소 값의 결정이 용이
  - 벡터 자료가 점 또는 선분일 경우 유용하게 적용

㉡ 화소 중심점(Centroid of Cell) 방법
- 선형 벡터 자료의 경계선이 어디를 지나는지에 따라 화소 값이 결정되는 것으로, 대상 화소의 중심점이 벡터 자료의 어느 영역에 해당하느냐에 따라 화소의 값이 결정됨
- 점과 선형의 벡터 자료에는 부적합
- 폴리곤 유형에만 적용

㉢ 지배적 유형(Dominant Type) 방법
- 두 개 클래스 이상의 폴리곤 자료가 하나의 화소에 동시에 걸쳐 있을 때, 50% 이상 차지하고 있는 폴리곤의 클래스값으로 화소 값을 결정
- 폴리곤 유형에만 적용

㉣ 발생 비율(Percent Occurrence) 방법
- 두 개 클래스 이상의 폴리곤 자료가 하나의 화소에 동시에 걸쳐 있을 때, 각 폴리곤의 점유 면적 비율에 따라 각 화소 값을 결정
- 각 속성별로 상세하게 구분하여 부여할 수 있으나 3가지 이상의 다양한 속성값을 가진 폴리곤 자료의 경우 화소 값을 부여하는데 제약이 따름
- 폴리곤 유형에만 적용

정답 01 ① 02 ② 03 ④ 04 ②

01 벡터 자료에서 점을 격자화하는 방법으로, 점을 그 위치의 래스터 자료의 화소 값으로 부여하는 가장 단순하고 용이한 방법은?

① 존재/부재(Presence / Absence) 방법
② 화소 중심점(Centroid of Cell) 방법
③ 지배적 유형(Dominant Type) 방법
④ 발생 비율(Percent Occurrence) 방법

해설
존재/부재(Presence / Absence) 방법은 벡터 자료와 래스터 자료가 중첩되어 있을 때 해당 위치에 벡터 자료값이 있는지 없는지에 따라 값을 부여하는 방식으로, 벡터 자료가 점 또는 선분일 경우 유용하게 적용할 수 있다.

02 선형 벡터 자료의 경계선이 어디를 지나는지에 따라 화소 값이 결정되는 것으로, 대상 화소의 중심점이 벡터 자료의 어느 영역에 해당하느냐에 따라 화소의 값이 결정되는 방법은?

① 존재/부재(Presence / Absence) 방법
② 화소 중심점(Centroid of Cell) 방법
③ 지배적 유형(Dominant Type) 방법
④ 발생 비율(Percent Occurrence) 방법

해설
화소 중심점(Centroid of Cell) 방법은 점과 선형의 벡터 자료에는 부적합하고, 폴리곤 유형에만 적용할 수 있다.

03 두 개 클래스 이상의 폴리곤 자료가 하나의 화소에 동시에 걸쳐 있을 때, 각 폴리곤의 점유 면적 비율에 따라 각 화소 값을 결정하는 방법은?

① 존재/부재(Presence / Absence) 방법
② 화소 중심점(Centroid of Cell) 방법
③ 지배적 유형(Dominant Type) 방법
④ 발생 비율(Percent Occurrence) 방법

해설
발생 비율(Percent Occurrence) 방법은 각 속성별로 상세하게 구분하여 부여할 수 있으나 3가지 이상의 다양한 속성값을 가진 폴리곤 자료의 경우 화소 값을 부여하는 데 제약이 따른다.

04 벡터 자료의 래스터 자료 변환에 대한 설명으로 틀린 것은?

① 벡터 자료의 점을 그 위치의 래스터 자료의 화소 값으로 부여한다.
② 벡터 자료의 선을 래스터 자료의 화소 중심과 정확하게 일치하도록 이동시킨 다음 변환을 수행한다.
③ 내부가 채워진 폴리곤의 경우 폴리곤의 경계선과 내부의 화소를 찾아서 변환한다.
④ 벡터 자료와 래스터 자료의 중첩 상태를 판단하여 화소 값을 결정한다.

해설
수평선이나 수직선을 제외하고는 선과 래스터 자료의 화소 중심이 정확하게 일치하지 않을 수 있으므로 존재/부재, 화소 중심점, 지배적 유형, 발생 비율 등의 방법을 고려하여 변환한다.

CHAPTER 02 공간 위치 보정

기출유형 04 ▶ 공간위치 보정의 종류와 특징

공간분석을 위해 주제도, 즉 각 레이어는 올바른 위치에 정렬되어 있어야 한다. 이때 필요하지 않은 것은?

① 동일한 축척

② 동일한 좌표체계

③ 동일한 원점

④ 동일한 범례

해설

주제도가 일관성 있는 범례 작성 방식을 갖는 것은 필요한 일이나, 각 주제도가 동일한 범례를 가질 필요는 없다.

| 정답 | ④

족집게 과외

❶ 공간자료의 위치 정렬

㉠ 정의

각 레이어 상의 공간객체들은 제대로 된 위치에 올바르게 위치하여 존재하여야 함

㉡ 위치 정렬을 위한 공간객체 및 레이어의 필요조건

- 일관성 있는 좌표체계 및 좌표변환의 적용
  - 동일한 축척
  - 동일한 방향(방위각)
  - 동일한 원점
  - 동일한 공간해상도(래스터 자료)
- 일관성 있는 공간객체의 생성 및 관리
  - 동일한 축척에서의 공간객체 생성
  - 동일한 정밀도에서의 공간객체 생성

㉢ 정렬 문제 발생의 원인

- 좌표체계의 누락
- 서로 다른 좌표체계의 적용
- 동일한 좌표체계이지만 서로 다른 축척과 정밀도에서 생성된 공간객체
- 유효한 공간참조객체의 부재 또는 부족

❷ 공간자료의 위치 보정

㉠ 정의

공간객체 간에 발생하는 정렬 문제를 해결하여 공간객체를 올바른 위치에 정확하게 위치시키는 것

㉡ 특징

공간객체의 정렬 문제는 투영을 통한 좌표체계의 변환으로는 한계가 있음

㉢ 위치 보정을 위한 해결책

변위 링크 기법을 사용해서 공간객체의 위치 조정

❸ 위치 보정 방법

㉠ 변환(Transformation)

- 입력 레이어의 전체 객체에 동일하게 영향을 미치는 방법
- 평균제곱근오차(Root Mean Square Error) 값이 계산되어 산출된 변환의 정확도를 판단할 수 있음

유사(Similarity) 변환	• 정사변환 또는 2차원 선형변환 • 유사한 두 좌표체계 간의 데이터를 조정할 때 사용 • 동일한 좌표체계에서 데이터의 좌표단위를 변경할 때 사용 • 공간객체의 이동, 회전, 확대/축소 가능 • 적어도 2개 이상의 변위 링크 생성 필요
아핀(Affine) 변환	• 유사변환과 유사하지만, 축척 요소를 서로 다르게 설정함으로써 회전될 때 피처의 형태가 비틀어지는 것을 허용 • 확대/축소, 비틀기 등으로 변환 • 디지타이징 데이터를 실세계 좌표로 변경할 때 주로 사용 • 적어도 3개 이상의 변위 링크가 필요
투영(Projective) 변환	• 고위도 지역이나 상대적으로 평평한 지역의 항공사진을 직접 디지타이징하여 데이터를 생성한 경우 사용되는 변환 방법 • 항공사진으로부터 직접 얻은 데이터를 변환하는 데 주로 사용 • 최소 4개의 변위 링크가 필요

㉡ 러버시트(Rubber Sheet)★

- 정의
  레이어 전체를 대상으로 하거나 레이어 내 선택된 일부 피처에 적용되는 변환
- 특징
  - 오차를 계산하지 않는 방법
  - 특정 부분을 정확하게 표현하고자 할 때 사용
- 방법
  정확한 레이어를 기준으로 고정점은 유지하며, 피처를 직선 형태가 유지되도록 당겨줌
- 활용
  - 좌표의 기하학적 보정
  - 공간 위치 보정 후에 데이터 세부 조정으로 사용
  - 좌표 사이에 좀 더 정확한 일치 가능
  - 조정이 필요한 데이터 전체 또는 특정 지역만 사용 가능
  - 조정하지 않을 위치에 고정점 링크 지정

㉢ 엣지 스냅(Edge Snap) 또는 경계 일치(Edge Matching)

- 정의
  러버시트 기법을 레이어의 가장자리에 적용한 것
- 특징
  오차를 계산하지 않는 방법
- 방법
  부정확한 레이어를 정확한 레이어로 이동시키거나 둘 사이의 중간 지점으로 각각의 피처를 이동시켜 연결
- 활용
  주로 지도와 지도의 경계선(등고선, 도로 등)이 일치하지 않는 경우 사용
- 세부 처리 요령
  - 인접한 레이어의 경계가 일치하지 않을 때 경계를 일치시킴
  - 덜 정확한 데이터를 조정함으로써 하나의 레이어만 이동
  - 데이터의 정확성 우위를 판단할 수 없는 경우 중간 위치로 조정
  - 조정 후에는 속성 일치와 데이터를 통합

01 공간분석의 수행을 위해서는 공간객체들이 올바른 위치에 정렬되어 있어야 한다. 정렬 문제를 발생시키는 원인이 아닌 것은?

① 좌표체계의 누락
② 서로 다른 좌표체계에서 생성된 공간객체
③ 동일한 좌표체계이지만 서로 다른 축척과 정밀도에서 생성된 공간객체
④ 서로 다른 좌표체계의 적용

해설

② 동일한 원점과 공간해상도의 적용은 정렬을 위한 필수적인 내용에 속한다.
① 좌표체계가 누락되면 원래의 좌표체계로 설정되지 않는 한 좌표체계의 정보가 없어 제대로 된 정렬이 이루어질 수 없다.
③ 동일한 좌표체계라 하더라도 서로 다른 축척과 정밀도에서 생성된 공간객체는 정확도를 유지하기 곤란하므로 올바르게 정렬되기 어렵다.
④ 서로 다른 좌표체계를 적용해서는 공간분석의 수행이 곤란하다.

02 공간객체의 정렬 문제는 투영을 통한 좌표체계의 변환으로도 한계가 존재한다. 이때 위치 보정을 위한 해결책으로 적합한 것은?

① 위상 처리
② 인덱싱
③ 러버시트
④ 지오메트리 처리

해설

좌표체계의 변환으로는 한계가 존재할 때 러버시트, 엣지 스냅 등의 기법을 사용해서 공간객체의 위치를 조정할 수 있다.

03 공간자료의 위치 보정 방법으로, 특정 부분만을 정확하게 맞추려고 할 때 사용되며 레이어 내 선택된 일부 피처에 적용되는 것은?

① 유사(Similarity) 변환
② 아핀(Affine) 변환
③ 투영(Projective) 변환
④ 러버시트(Rubber Sheet)

해설

러버시트는 오차를 계산하지 않는 방법으로, 정확한 레이어를 기준으로 고정점은 유지하며 피처를 직선 형태가 유지되도록 당기는 방법이다.

04 부정확한 레이어를 정확한 레이어로 이동시키거나 둘 사이의 중간 지점으로 각각의 피처를 이동시켜 연결하는 방법으로, 지도와 지도의 경계선(등고선, 도로 등)이 일치하지 않는 경우 사용하는 위치 보정 방법은?

① 유사(Similarity) 변환
② 아핀(Affine) 변환
③ 투영(Projective) 변환
④ 엣지 스냅(Edge Snap)

해설

엣지 스냅은 러버시트 방법을 레이어의 가장자리만 적용한 것으로, 오차를 계산하지 않는다.

기출유형 05 ▶ 변위 링크 생성, 수정, 제거

위치 보정을 위해 변환할 데이터와 기준 데이터의 관계를 생성해 주는 것으로, 변환할 위치에서 기준 데이터의 위치 방향으로 화살표와 선을 사용하여 표기하는 것은?

① 인덱싱(Indexing)
② 쿼드트리(Quadtree)
③ 변위 링크(Displacement Link)
④ 버퍼(Buffer)

해설

변위 링크는 위치 보정이 필요한 부분을 표기하고, 어느 방향으로 얼마나 많은 보정이 필요한지를 화살표와 선을 사용하여 알려준다.

| 정답 | ③

족집게 과외

❶ 변위 링크(Displacement Link)

㉠ 정의

위치 보정을 위해 변환할 데이터와 기준 데이터의 관계를 생성해 주는 것

㉡ 표기

변환할 위치에서 기준 데이터의 위치 방향으로 화살표와 선을 사용하여 표기

㉢ 변위 링크의 지정

- 링크는 스내핑 설정을 이용하여 직접 지정
- 좌표가 저장되어 있는 링크 파일 사용

Tip

스내핑(Snapping)

공간객체를 편집하거나 보정하는 경우, 정확한 지점을 선택할 수 있도록 미리 주어진 허용 범위(Tolerance) 내에 마우스 포인터가 놓이게 되면 해당 객체에 달라붙도록 해주는 기능

❷ 링크 테이블(Link Table)

㉠ 정의

공간위치 보정을 위해 생성한 변위 링크를 좌표로 보여주는 표

㉡ 링크 테이블의 내용

- 보정전 기준점 X, Y 좌표
- 보정 후 X, Y 좌표
- 잔차 및 평균제곱근오차

㉢ 특징

링크 테이블은 변위 링크와 1:1로 대응

❸ 변위 링크의 수정 및 삭제

㉠ 링크 테이블에서 평균제곱근오차를 확인한 후, 높은 평균제곱근오차를 만드는 링크(일반적으로 잔차가 크게 나타남)를 삭제

㉡ 링크 테이블에서 링크가 삭제되면 화면에서도 변위 링크가 삭제됨

㉢ 링크의 X, Y 좌표에 오류가 있을 경우, 링크를 수정해서 평균제곱근오차(RMSE)를 줄일 수 있음

❹ 변위 링크를 사용한 위치 보정 과정

보정 목적의 확인	보정하고자 하는 자료와 기준이 되는 자료의 좌표체계와 정확도 확인
변환 방법 선택	• 유사변환, 아핀변환, 투영변환 등의 방법 가운데 적합한 방법을 선택 • 변환을 위한 기준 좌표와 변환 대상 좌표를 정의
변위 링크 생성	• 정확한 지점 선택을 위한 스내핑 설정 • 보정하고자 하는 데이터를 선택한 뒤 기준이 되는 데이터 선택. 이에 따라 보정 전 자료로부터 기준 데이터로 화살표 모양의 그래픽 링크를 생성 • 이때 스내핑이 적절하게 설정되어 있는지 확인 • 화살표로 연결된 변위 링크를 확인하며, 필요한 만큼 추가로 링크를 연결 • 모든 변위 링크를 연결한 뒤, 각 변위 링크의 좌푯값을 링크 테이블에서 확인 • 링크 테이블에서 변위 링크를 추가하거나 수정 또는 삭제
변위 링크 표시 여부 확인	• 생성된 변위 링크가 링크 테이블에 모두 표시되었는지 확인 • 링크 테이블에 표현된 변위 링크 개수 확인 • 변위 링크의 모든 좌푯값 확인
잔차 확인	• 각 변위 링크의 잔차 확인 • 변위 링크의 잔차가 큰 값부터 확인하고, 필요시에는 오류가 큰 값부터 링크 삭제
링크 위치 확인	• 링크의 위치를 살펴보며 잘못 지정된 위치가 있는지 확인하고 수정 • 변위 링크 테이블과 화면을 확인하며 각 링크의 적절성 확인 • 잘못 지정된 변위 링크가 있다면 이를 수정하거나 삭제하고, 평균제곱근오차의 증감을 확인
잔차 오류에 따른 변환 실행	• 평균제곱근오차가 원하는 수준 이하일 경우 변환 실행 • 위치 보정을 위한 변환 실행
중첩 상태 확인	• 변환된 레이어와 기준 레이어를 중첩하여 확인 • 레이어의 공간객체가 벌어져 있거나 겹쳐있는 경우 오류를 수정함
통합	수정이 완료되면 하나의 자료로 통합

정답 01 ② 02 ① 03 ④

01 공간객체를 편집하거나 보정하는 경우, 정확한 지점을 선택할 수 있도록 미리 주어진 허용 범위 내에 마우스 포인터가 놓이게 되면 해당 객체에 달라붙도록 해주는 기능은?

① 스파이크(Spike)
② 스내핑(Snapping)
③ 톨러런스(Tolerance)
④ 지오메트리(Geometry)

해설
변위 링크에 따른 위치 보정 시 스내핑 설정을 이용하여 진행된다.

02 공간위치 보정을 위해 생성한 변위 링크를 좌표로 보여 주는 것은?

① 링크 테이블(Link Table)
② 평균제곱근오차(RMSE)
③ 혼동행렬(Confusion Matrix)
④ 잔차(Residual)

해설
링크 테이블은 공간위치 보정을 위해 생성한 변위 링크를 좌표로 보여 주는 표이다. 링크 테이블에서 잔차 오류 및 평균제곱근오차를 확인할 수 있다.

03 변위 링크를 사용한 위치 보정의 설명으로 틀린 것은?

① 변환을 위한 기준 좌표와 변환 대상 좌표를 정의해야 한다.
② 정확한 지점 선택을 위해 스내핑 설정이 필요하다.
③ 각 변위 링크의 좌푯값은 링크 테이블을 통해 확인한다.
④ 변위 링크의 잔차를 확인할 때 오류가 작은 값부터 링크를 삭제한다.

해설
변위 링크의 잔차가 큰 값부터 적합성을 확인한 뒤 링크를 삭제해 나가는 것이 일반적이다. 잔차가 적다는 것은 추정되는 위치정확도가 높은 것을 의미하기 때문이다.

기출유형 06 ▶ 보정 결과 검토(잔차, 평균제곱근오차)

변위 링크를 통해 보정을 수행하는 경우, 실행된 각각의 변환이 얼마나 잘 이루어졌는지를 보정 전반에 걸쳐 파악할 수 있는 지표가 되는 것은?

① 링크 테이블(Link Table)
② 변위 링크(Displacement Link)
③ 평균제곱근오차(RMSE)
④ 혼동행렬(Confusion Matrix)

해설
실행된 각각의 보정이 얼마나 잘 이루어졌는지는 잔차를 통해 알 수 있고, 전반적인 보정이 얼마나 잘 이루어졌는지에 대해서는 평균제곱근오차를 통해 판단한다.

| 정답 | ③

족집게 과외

❶ 잔차(Residual, 추정오차)

㉠ 정의
실제 값과 회귀분석 등을 통해 추정한 값과의 차이

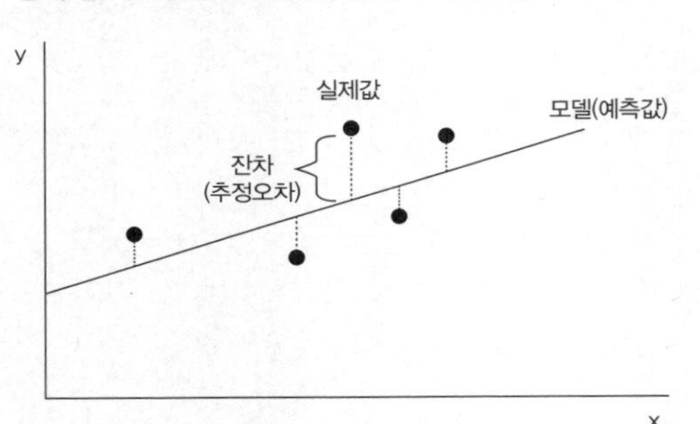

㉡ 변위 링크에서의 활용
- 이론적으로 설정된 위치와 변환된 보정 점 간의 위치 차이
- 잔차는 모든 변위 링크에 대해 계산될 수 있음

Tip

오차(Error)
모집단에서 회귀식을 얻은 경우, 모집단의 회귀식을 통해 얻은 예측값과 실제 관측값의 차이

잔차(Residual)
표본집단에서 회귀식을 얻은 경우, 표본집단의 회귀식을 통해 얻은 예측값과 실제 관측값의 차이

❷ 평균제곱근오차(Root Mean Square Error, RMSE)

㉠ 정의
각 관측치마다의 잔차의 제곱에 평균을 취하고, 이를 제곱근한 값

$$\sqrt{\frac{1}{n}\sum_{i=1}^{n}(\text{실제값}-\text{예측값})^2}$$

㉡ 변위 링크에서의 활용
실행된 각각의 보정이 얼마나 잘 이루어졌는지는 잔차를 통해 알 수 있고, 전반적인 보정이 얼마나 잘 이루어졌는지에 대해서는 평균제곱근오차를 통해 판단함

기출유형 완성하기

정답 01 ② 02 ③ 03 ②

01 **변위 링크를 보정하기 위하여 이론적으로 설정한 위치와 변환된 보정 점과의 차이를 알 수 있는 지표가 되는 것은?**

① 링크 테이블(Link Table)
② 잔차(Residual)
③ 혼동행렬(Confusion Matrix)
④ 톨러런스(Tolerance)

해설

② 잔차는 이론적으로 설정된 위치와 변환 결과와의 위치 차이를 측정한 값이다.
③ 혼동행렬은 영상분류 결과의 정확도 평가에 사용된다.
④ 톨러런스는 스내핑 설정 시의 허용오차를 의미한다.

02 **각 변위 링크의 모든 보정에 대한 계산 결과로, 전반적인 변환이 얼마나 잘 이루어졌는지를 파악하기 위한 것이다. 각 보정에 대한 잔차의 제곱에 평균을 취하고, 이를 제곱근한 값은?**

① 변위 링크
② 링크 테이블
③ 평균제곱근오차
④ 공분산

해설

평균제곱근오차를 통하여 보정 결과에 대한 전반적인 오차를 파악할 수 있다.

03 **실제 값과 회귀분석 등을 통해 추정한 값과의 차이를 의미하는 것으로, 괄호 안의 ㉠에 들어갈 내용은?**

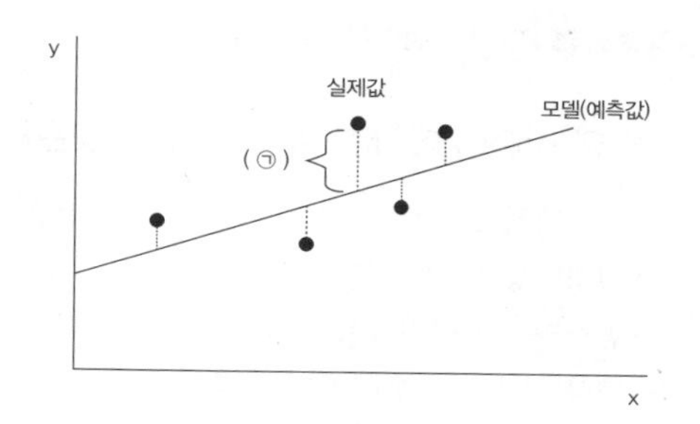

① 보정 값
② 잔차
③ 평균제곱근오차
④ 톨러런스

해설

잔차(Residual, 추정오차)는 실제 값과 회귀분석 등을 통해 추정한 값과의 차이를 의미한다.

03 위상 편집

기출유형 07 ▸ 위상(Topology)

위상(Topology)에 대한 설명으로 옳은 것은?

① 공간객체가 존재하는 레이어의 CAD 자료를 의미한다.
② 위성영상으로부터 얻는 정보이다.
③ 공간자료와 지적자료를 결합한 것이다.
④ 대상 객체의 관계를 상대적 위치에 따라 인접성, 연결성, 포함 관계 등으로 정의한 것이다.

해설
공간객체 간 존재하는 위치의 상관관계를 통해서 공간분석을 실행할 수 있다. 공간분석에서 위상은 매우 중요한 요소이다.

| 정답 | ④

족집게 과외

❶ 위상(Topology)

㉠ 정의
- 공간 상에서 객체들간의 관계를 설명하는 것
  각 객체의 위치를 좌푯값으로 인식하고, 대상 객체의 관계를 상대적 위치에 따라 인접성(Adjacency), 연결성(Connectivity) 및 포함성(Containment) 등의 관계를 정의한 것
- 연속된 변형 작업에도 왜곡되지 않는 객체의 속성에 대한 수학적인 연구
  공간객체인 점, 선, 폴리곤과 같은 벡터 데이터의 인접이나 연결과 같은 공간적 관계를 표현한 것

㉡ 위상의 정의로부터 알 수 있는 위상의 가치
- 특정 객체와 주변 객체들 간의 공간 관계를 파악할 수 있도록 해주는 것
- 벡터 데이터의 구조와 관계를 알려주는 것

㉢ 위상이 정의되지 않았을 경우의 문제
- 주변 벡터 데이터들 간의 관계를 알 수 없으므로 공간 분석을 수행할 수 없음
- 새로운 공간 데이터를 수집하였을 경우, 그 공간 데이터가 갖고 있는 특성을 완전히 파악할 수 없음
- 각 공간 객체가 개별적으로 존재하게 되므로 공간 데이터의 중복이 발생하게 됨
  주변과의 관계를 알 수 없으므로 공간 객체 각각이 자체적으로 구축될 수밖에 없으며, 이웃하는 객체와의 경계선이 공유될 수 없음

㉣ 공간 분석을 위한 위상 구조의 필요성
- 주어진 도로 왼편에는 어떤 지역이 있는지, 또한 오른편에는 어떤 지역이 있는지를 알 수 있음
- 도로의 시작점과 끝나는 점이 어디인지 알 수 있음
- 주어진 도로가 끝나는 지점에서 어떤 도로와 연결되는지 알 수 있음
- 경로 분석에서 최단 경로를 찾거나 효율적인 배송 경로를 구축할 수 있음
- 상류에서 하류에 이르는 연결 지류를 찾아내는데 유용

㉤ 위상 도입의 목적
실세계를 보다 정확하게 모델링할 수 있도록 하는 것

ⓑ 위상의 특징

- 공간객체 사이의 관계, 즉 위상관계(Topological Relationship)를 명시
- 데이터를 관리하고, 데이터의 공간적 품질을 확보하기 위한 필수 요소

ⓢ 활용

- 유사한 성격을 갖는 다각형(폴리곤)의 결합을 수행 인접한 행정경계와의 통합과 디졸브의 수행
- 중첩을 비롯한 다양한 공간 분석 기능의 수행
  - 중첩 분석을 수행하는 과정에서 필요한 각 객체의 공간정보 정의 및 분류
  - 중첩을 통해 새롭게 생성되는 위상 정보 갱신(도로와 행정구역이 교차함으로써 생기는 관리구간의 재설정)
- 위치 관계적 오류를 찾아내고 이를 수정하는데 유용
  - 선(Line, LineString, MultiLineString)이 제대로 연결되도록 하는 데 위상관계를 사용
  - 다각형(Polygon, MultiPolygon)의 경우 모든 면이 닫혀 있어야 하고, 면들 사이에 어떠한 공간도 없어야 함을 명확히 하는 데 위상관계 사용
  - 인접한 객체를 찾거나 객체들 사이에 공유된 외곽선의 편집, 연결된 객체를 통한 선형 탐색 등이 가능
- 네트워크 데이터를 대상으로 한 공간분석
  - 최단거리, 최소시간, 최소비용 등의 최적 경로 분석
  - 최근린 시설 분석
  - 서비스 권역 분석
  - 입지 배분 분석

❷ 위상에 적용되는 공간관계

인접성(Adjacency)	이웃하고 있는 서로 다른 객체 간의 관계에 관한 정보
연결성(Connectivity)	공간객체들 사이의 연결 정보
포함성(Containment)	다른 객체의 포함과 관련된 정보

01 공간객체 사이의 인접성, 연결성, 포함성 등에 대한 관계를 포함하고 있는 것은?

① 위치정보
② 속성정보
③ 위상정보
④ 영상정보

해설
위상은 각 객체의 위치를 좌푯값으로 인식하고, 대상 객체의 관계를 상대적 위치에 따라 인접성(Adjacency), 연결성(Connectivity), 포함성(Containment) 등으로 정의한 것이다.

02 점 · 선 · 다각형으로 구성된 공간객체 간 위치의 상관관계를 나타내는 것은?

① 레이어(Layer)
② 속성(Attribute)
③ 위상(Topology)
④ 커버리지(Coverage)

해설
위상은 공간객체 사이의 관계, 즉 위상관계(Topological Relationship)를 명시하고 있다.

03 공간자료에 위상을 부여할 경우 기대할 수 있는 특성이 아닌 것은?

① 정의된 위상관계에 따라 신속하고 용이하게 공간분석을 수행할 수 있다.
② 공간자료의 위상관계 관련 정보를 공간DB에 저장할 수 있다.
③ 공간자료의 저장용량을 절약할 수 있다.
④ 공간객체 간의 관계를 처리 · 분석하는 시간을 절약할 수 있다.

해설
공간자료의 저장용량을 절약하는 것은 위상의 도입목적이 아니다.

04 공간객체 간의 위상관계에 대한 설명으로 옳지 않은 것은?

① 래스터 자료는 위상을 갖고 있으므로 공간분석의 효율성이 높다.
② 위상은 인접한 점 · 선 · 다각형 간의 공간 관계를 나타낸다.
③ 공간객체 간의 인접성, 연결성, 포함성 등의 관계 등을 정의한 것이다.
④ 네트워크 분석과 같은 공간분석에서는 반드시 위상관계가 필요하다.

해설
래스터 자료는 위상을 갖고 있지 않다. 위상은 벡터자료의 공간객체에 적용된다.

05 공간상에서 객체들 간의 관계를 의미하는 것은?
2023년 기출

① 노드 ② 위상
③ 아크 ④ 속성

해설
공간객체 사이의 관계를 나타내는 것은 위상(Topology)이다.

기출유형 08 ▶ 위상관계 규칙

벡터자료의 적합성과 오류를 판단하기 위한 근거가 되는 것으로, 'Equal(동일한)', 'Contain(포함하는)', 'Cover(둘러싸는)' 등의 조건을 통해 확인할 수 있도록 하는 것은?

① 위상관계 규칙
② 지오메트리
③ 공간위치 보정
④ 영상변환

해설

위상관계 규칙을 통해 벡터자료의 적합성과 오류를 판단하며, 지오메트리(Geometry)는 벡터자료를 구성하는 점 · 선 · 다각형 및 이들의 조합으로 이루어지는 도형자료 및 이의 구성을 의미한다.

| 정답 | ①

족집게 과외

❶ 위상관계 규칙

㉠ 적용
- 위상관계 규칙은 벡터자료를 대상으로 함
- 위상관계 규칙을 이용하여 벡터자료의 적합성과 오류를 판단

㉡ 규칙 내용
- Equal(동일한), Contain(포함하는), Cover(둘러싸는), CoveredBy(둘러싸인), Intersect(교차된), Overlap(공유된), Touch(닿아 있는) 등

㉢ 적용 사례

한 개 레이어에서의 규칙	• 우편번호 지역은 겹치지 않음 • 상하수도는 끊어지지 않음 • 지적은 틈새를 가지지 않음
두 개 레이어 간의 규칙	• 지적은 바다와 겹치지 않음 • 지적 안에는 반드시 지번이 있어야 함 • 건물은 도로와 겹치지 않음

❷ 위상관계 규칙의 종류

㉠ 점 레이어에 대한 규칙
- Must be covered by(다른 레이어의 라인 위 또는 폴리곤의 외곽선 위에 존재)
- Must be covered by endpoints of(선형 객체의 끝점에 존재)
- Must not have invalid geometries(유효하지 않은 지오메트리를 가지고 있지 않아야 함)

㉡ 선형 레이어에 대한 규칙
- End points must be covered by(끝점에는 항상 점 레이어가 존재)
- Must not have dangles(끝점이 다른 선형 객체에 연결되어 있지 않은 상태로 튀어나와 있거나 미치지 못하는 것(Dangle)이 없어야 함)
- Must not have invalid geometries(유효하지 않은 지오메트리를 가지고 있지 않아야 함)
- Must not have psuedos(선의 중간에 불필요한 끝점(Psuedo-node)을 가지고 있지 않아야 함)

Tip

- Dangle: 사전적으로 '어디에 아주 느슨하고 약하게 매달려 있는 것'을 의미함. 공간객체에 대해서도 편집을 진행하는 과정에서 위상이 부여되지 않은 채로 '그저 툭 튀어나와 있는 선'이라고 할 수 있음
- Psuedo-node: 사전적으로 '가짜 끝점'으로 해석할 수 있는데, 두 개의 선이 만나 하나의 선으로 이어졌을 때 선의 끝점이 그대로 남아있는 경우가 발생함. 이는 '디졸브(Dissolve)'를 수행해서 자동으로 제거할 수 있음

㉢ 폴리곤 레이어에 대한 규칙

- Must contains(적어도 하나 이상의 점 객체를 포함)
- Must not have gaps(인접한 폴리곤과의 사이에 갭이 발생하지 않아야 함)
- Must not have invalid geometries(유효하지 않은 지오메트리를 가지고 있지 않아야 함)
- Must not overlap(인접한 다른 객체와 공유된 지역이 없어야 함)
- Must not overlap with(폴리곤 레이어가 주변에서 지정된 다른 폴리곤 레이어와 공유된 지역이 없어야 함)

Tip

폴리곤 레이어에 대해 유효한 지오메트리 규칙

- 폴리곤 링은 반드시 닫혀 있어야 함
- 폴리곤 링 안에 다른 링이 존재한다면, 그것은 구멍으로 정의되어 있어야 함
- 폴리곤 링은 스스로 꼬여 있지 않아야 함
- 폴리곤 링은 포인트 없이 다른 링과 닿아 있지 않아야 함

❸ 위상관계 규칙에서의 톨러런스(Tolerance)

㉠ 정의

점과 선형 객체 등에 대해 서로 다른 객체로 인식하게 되는 거리 간격

㉡ 설정 권고 값

- 정밀도가 가장 높은 값에 대한 약 1/10 정도의 간격
- 톨러런스 값을 크게 설정하면 실제로 별도의 객체임에도 불구하고 동일한 객체로 인식하게 되는 오류 발생

01 점 레이어에 대한 위상관계 규칙으로, 다른 레이어의 라인 위 또는 폴리곤의 외곽선 위에 존재해야 하는 것을 의미하는 것은?

① Must be covered by
② End points must be covered by
③ Must not have invalid geometries
④ Must not have gaps

해설
점 레이어에 대한 것으로, 다른 레이어의 라인 위 또는 폴리곤의 외곽선 위에 존재해야하는 규칙을 나타내는 것은 'Must be covered by'이다.

02 점과 선형 객체 등에 대해 서로 다른 객체로 인식하게 되는 거리 간격을 의미하는 것은?

① 변위 링크
② 잔차
③ 톨러런스
④ 평균제곱근오차

해설
톨러런스(Tolerance)에 대한 설명으로, 이 값을 크게 설정하면 실제로 별도의 객체임에도 불구하고 동일한 객체로 인식하게 되는 오류가 발생한다.

03 폴리곤 레이어에 대해 유효한 지오메트리 규칙으로 틀린 것은?

① 폴리곤 링은 반드시 닫혀 있어야 한다.
② 폴리곤 링 안에 다른 링이 존재한다면, 그것은 구멍으로 정의되어 있어야 한다.
③ 폴리곤 링은 꼬여 있어야 한다.
④ 폴리곤 링은 포인트 없이 다른 링과 닿아 있지 않아야 한다.

해설
폴리곤 링은 꼬여 있지 않아야 한다.

04 선형 레이어에 대한 위상관계 규칙으로, 끝점이 다른 선형 객체에 연결되어 있지 않은 상태로 튀어나와 있거나 미치지 못하는 것이 없어야 함을 의미하는 것은?

① End points must be covered by
② Must not have dangles
③ Must not have psuedos
④ Must not have gaps

해설
끝점이 다른 선형 객체에 연결되어 있지 않은 상태로 튀어나와 있거나 미치지 못하는 것을 'Dangle'이라고 하며, 이는 확인을 통해 제거되거나 새로운 노드(Node, 끝점)를 추가하여 위상을 부여해 주어야 한다.

기출유형 09 ▶ 위상관계 편집

여러 레이어 간 일치하는 지오메트리의 편집에 대한 설명으로 틀린 것은?

① 여러 레이어에서 서로 중첩되거나 교차되는 객체들에 대해 일괄 편집이 가능하다.
② 각 레이어에서 중첩되거나 교차되는 부분을 선택해서 편집을 진행하면 이들 객체에 대해서도 동시 편집이 가능하다.
③ 여러 데이터의 공간 범위의 일치성을 그대로 유지하면서 필요한 편집을 한 번에 수행한다.
④ 위상관계를 적용해서 오류의 수준을 파악한다.

해설
여러 레이어 간 일치하는 지오메트리의 편집은 위상관계를 이용하지 않는다.

| 정답 | ④

족집게 과외

❶ 일치하는 지오메트리

㉠ 위상의 활용
- 공간데이터 편집
  여러 공간데이터에 대해 일치하는 지오메트리를 결정한 뒤, 한 번의 작업으로 여러 개의 레이어에 대한 편집 수행
- 공간 모델링
  각 공간 객체들간의 관계를 모델링하여 분석하는 데 활용

㉡ 공간데이터 편집 시의 활용
- 각 공간 객체들이 서로 교차하거나 중첩하는 경우 라인과 포인트를 공유하는 경우 발생(지적 경계, 행정구역 경계, 행정구역을 가로지르는 하천)
- 각 공간 객체들이 서로 교차하거나 중첩하는 경우 위상의 활용: 공유 부분을 선택하고 공간 객체에 대한 편집을 수행(해당 부분을 공유하는 여러 레이어에 대한 동시 편집이 이루어짐)

㉢ 일치하는 지오메트리의 편집 과정
- 일치하는 지오메트리를 공유하는 서로 다른 데이터의 공간적 위치 관계 확인
  편집 내용(여러 데이터의 공간 범위의 일치성(위치의 일치성)을 그대로 유지하면서 필요한 편집을 한 번에 수행)
- 중첩 및 공유 지역의 확인
- 동일한 위상의 편집 레이어로 설정
- 편집 작업을 진행할 대상 객체 선택
  일정한 톨러런스 안에 있는 '일치하는 지오메트리'를 공유하는 공간 객체 선택
- 경계선을 변경하기 위한 새로운 라인 생성
  기존의 경계선 위에 변경될 새로운 경계선을 생성
- 편집에 참여한 각 레이어에 대한 편집 확인
  - 각각의 레이어를 하나씩 확인하여 각 레이어가 동시에 편집된 것을 확인
  - '일치하는 지오메트리'를 이용한 편집은 실제 좌푯값이 다르더라도 화면상에 동일하게 위치하고 있다면 동시 편집 가능

❷ 위상관계를 이용한 편집

㉠ 미리 정의되어야 하는 사항(공간 객체 간의 위상관계 생성)
- 서로 다른 라인이나 포인트가 동일한 것으로 처리되기 위해 어느 정도의 톨러런스 안에 있어야 하는지를 설정
- 톨러런스(지오메트리가 같다고 인식하는 최소한의 값)는 소프트웨어에서 제시하는 기본값으로 설정 또는 데이터의 가장 높은 정밀도의 1/10 정도의 값(이때 값이 크면 데이터가 임의로 편집되는 상황 발생)

㉡ 위상관계를 이용한 편집의 특성
- 데이터의 특성에 적합한 위상관계 규칙의 적용
- 적용된 위상관계 규칙에 따른 데이터의 유효성 검사 수행
- 유효성 검사 결과로 나타난 오류를 확인하여 수정 · 편집 또는 예외 처리를 수행
- 수정된 결과에 대해 유효성 검사를 재실행함으로써 데이터의 무결성 유지

㉢ 편집 도구(공간정보 소프트웨어)의 기능
- 위상관계 톨러런스의 설정
- 위상관계 규칙의 적용
- 유효성 검사
- 유효성 검사를 통한 오류의 정보 제공
- 오류 수정을 위한 편집 및 예외 설정 기능

㉣ 위상관계를 이용한 편집 수행 과정
- 위상관계 규칙을 적용할 데이터 확인
  - 육안 확인(속성 테이블, 공간적 위치 관계)
  - 위상관계 규칙의 적용(데이터의 규모가 크고 복잡한 경우, 데이터 무결성을 설정하고자 할 때)
- 새로운 위상관계 규칙의 설정
  - 위상관계의 이름 정의(사용자 지정)
  - 규칙을 적용할 데이터에 대한 톨러런스 값의 설정
- 설정된 위상관계 규칙의 적용
  - 위상관계 규칙의 적용(레이어별로 설정 가능, 상황에 맞는 적절한 규칙 적용)
  - 위상관계 규칙의 적용 예시(필지가 겹쳐서는 안 됨, 빈공간이 발생해서는 안 됨)
- 유효성 검사의 실행

  설정된 위상관계 규칙에 따른 데이터 검사
- 유효성 검사 결과의 확인

  위상관계 규칙에 어긋나는 오류 확인
- 오류의 확인

  요약 자료를 통한 오류의 유형과 내용 확인
- 오류에 대한 수정 및 편집
  - 겹침 오류에 대한 처리(인접 필지로 병합, 새로운 필지로 등록, 예외 처리)
  - 빈 공간 오류에 대한 처리(새로운 필지로 등록, 예외 처리)
- 예외 처리 및 유효성 검사의 재실행
  - 오류의 예외 설정[오류가 아니라고 판단되는 객체에 대한 처리(예외 설정 처리가 이루어지면 오류 요약 및 화면에서 사라짐), 다음번 유효성 검사에서 오류로 판단되지 않도록 함]
  - 유효성 검사의 재실행(수정된 오류가 잘 처리되었는지에 대한 유효성 검사, 데이터의 무결성 최종 확인)

기출유형 완성하기

🔓정답 01 ④ 02 ④ 03 ④

01 **여러 레이어 간 일치하는 지오메트리의 편집에 대한 설명으로 올바른 것은?**

① 다양한 위상관계 규칙을 지정한다.
② 다양한 위상관계 규칙에 따른 유효성 검사가 필요하다.
③ 위상관계 편집 결과의 정확도는 평균제곱근오차로 표시한다.
④ 서로 다른 점 또는 선형 객체가 동일한 객체로 처리되기 위해서는 톨러런스의 크기 설정이 필요하다.

해설
위상관계 편집은 위상관계 규칙을 지정하지 않는다. 따라서 유효성 검사나 오류에 대한 것은 고려하지 않는다. 단, 동일한 객체로 처리되기 위해서는 톨러런스의 크기 설정에 유의해서 진행한다.

02 **여러 레이어 간 일치하는 지오메트리의 편집에 대한 설명으로 틀린 것은?**

① 여러 레이어에서 서로 중첩되거나 교차되는 객체들에 대해 일괄 편집이 가능하다.
② 각 레이어에서 중첩되거나 교차되는 부분을 선택해서 편집을 진행하면, 이들 객체에 대해서도 동시 편집이 가능하다.
③ 서로 다른 점 또는 선형 객체가 동일한 객체로 처리되지 않게 하기 위해서는 톨러런스의 크기 설정에 유의하여야 한다.
④ 위상관계 규칙을 적용해서 오류의 수준을 파악한다.

해설
여러 레이어 간 일치하는 지오메트리의 편집은 위상관계 규칙을 적용하지 않는다. 따라서 별도의 유효성 검사와 오류의 파악은 진행되지 않는다.

03 **위상관계를 이용한 편집의 설명으로 틀린 것은?**

① 데이터 무결성을 설정하고자 할 때 위상관계 규칙을 적용할 수 있다.
② 데이터의 규모가 크고 복잡한 경우 위상관계 규칙을 적용할 수 있다.
③ 데이터의 상황에 적합한 적절한 위상관계 규칙을 적용할 수 있다.
④ 위상관계 편집 결과의 정확도는 평균제곱근오차로 표시한다.

해설
위상관계를 이용한 편집 결과의 정확도는 따로 산정하지 않는다.

기출유형 10 ▸ 데이터 유효성 검사

위상관계 규칙에서 벗어나는 객체 및 오류를 확인하고, 이를 수정하거나 예외로 지정하는 등의 과정을 거치도록 하는 작업은?

① 변위 링크 생성
② 래스터-벡터 변환
③ 데이터 유효성 검사
④ 공간 위치 보정

해설

위상관계 규칙을 적용하여 오류를 확인하고 수정하는 과정은 '데이터 유효성 검사'이다.

| 정답 | ③

족집게 과외

❶ 데이터 유효성 검사

㉠ 정의
위상관계 규칙에서 벗어나는 객체 및 오류를 확인하고, 이를 수정하거나 예외로 지정하는 등의 과정을 거치도록 하는 작업

㉡ 위상관계 규칙의 적용이 필요한 경우
- 눈으로 모든 것을 확인할 수 없을 만큼 용량이 큰 데이터를 대상으로 하는 경우
- 오류를 방지하기 위해 데이터 무결성에 대한 설정이 필요한 경우

❷ 데이터 유효성 검사 순서

㉠ 위상관계 규칙을 적용할 데이터의 속성 테이블 및 공간적 위치관계 확인
㉡ 새로운 위상관계 규칙의 이름을 지정하고, 규칙을 적용할 데이터에 대해 톨러런스 값 설정
㉢ 위상관계 규칙 적용
- 레이어별로 설정 가능
- 상황에 맞는 적합한 위상관계 규칙 지정('Must not overlap', 'Must not have gaps' 등)

㉣ 유효성 검사 실행
㉤ 유효성 검사 결과에 따른 오류를 화면상에 출력
㉥ 앞에서 설정된 위상관계 규칙에서의 오류 파악
- 오류에 대한 요약 자료를 통해 오류의 유형 확인
- 오류에 대한 수정 및 예외 지정

㉦ 각 오류에 대한 수정 · 편집 작업 진행
㉧ 오류가 아니라고 판단되는 것은 예외로 설정하여 다음 유효성 검사에서는 오류로 판단되지 않도록 처리
㉨ 오류에 대한 수정 · 편집 작업이 완료되면, 다시 유효성 검사를 수행해서 데이터의 무결성 확인
㉩ 필요한 경우 추가로 편집을 진행한 뒤, 유효성 검사를 실시하고 이상이 없는 경우 종료

기출유형 완성하기

정답 01 ② 02 ④

01 데이터 유효성 검사에 대한 설명으로 옳은 것은?

① 데이터 유효성 검사는 위상관계 규칙의 적용이 필요하지 않다.
② 데이터의 유효성 검사 시 오류가 아니라고 판단되는 것은 예외로 설정하여 다음 검사에서는 오류로 판단되지 않도록 처리해야 한다.
③ 데이터 유효성 검사와 데이터 무결성은 상관없는 것이다.
④ 데이터 유효성 검사는 변위 링크 테이블을 사용한다.

해설

데이터 유효성 검사는 데이터의 무결성을 확인하기 위한 것으로, 위상관계 규칙을 적용하여 위상관계 규칙에서 벗어나는 객체 및 오류를 확인한다.

02 데이터 유효성 검사에 대한 설명으로 틀린 것은?

① 위상관계 규칙을 적용할 데이터의 속성 테이블 및 공간적 위치 관계를 확인한다.
② 위상관계 규칙을 적용할 데이터에 대해 톨러런스 값을 설정한다.
③ 오류가 아니라고 판단되는 것은 예외로 설정하여 다음 검사에서는 오류로 판단되지 않도록 처리한다.
④ 오류에 대한 수정 · 편집 작업이 완료되면, 유효성 검사를 다시 수행할 필요가 없다.

해설

오류의 수정 · 편집 작업이 완료되면, 유효성 검사를 다시 수행해서 데이터의 무결성을 확인해야 한다.

PART 06
공간정보 분석

01 공간정보 분류

기출유형 01 ▶ 레이어 재분류

공간 객체를 처리하거나 분석하는 단위를 의미하는 것으로, 특정 주제에 따라 작성된 지도라고 할 수 있는 것은?

① 이미지(Image)
② 필드(Field)
③ 레이어(Layer)
④ 그리드(Grid)

해설

'레이어(Layer)'는 일반적으로 '켜' 또는 '층'을 의미하지만, 토지이용도, 토양도, 임상도, 도로망도 등과 같이 특정 주제로 제작된 하나의 주제도(Thematic Map)를 의미하기도 한다. 중첩 분석 시 각각의 주제도를 층으로 쌓아 분석에 사용하듯이 지도가 마치 '층'처럼 보인다고 해서 '레이어'라고 부른다.

| 정답 | ③

족집게 과외

❶ 레이어 조작 기능

분할 (Split)	특정한 목적을 위해 기본도(Base Map) 또는 기존 레이어로부터 원하는 영역만을 별도의 레이어로 추출하는 것
타일링 (Tiling)	전체 대상 지역을 균일한 형태의 소지역으로 구분함으로써 편리하고 빠르게 사용할 수 있도록 작은 면적으로 지도를 분할하는 것
도면 접합 (Map Join)	특정 대상 지역의 지도를 합쳐 하나의 지도로 결합하는 것. 이때 인접한 도엽 간의 경계 부합(Edge Matching) 필요
경계부합 (Edge Matching)	• 동형화(Conflation): 서로 다른 레이어 간에 나타나는 동일한 객체의 크기와 형태를 일치시키도록 보정하는 기능 • 러버시팅(Rubber Sheeting): 지정된 기준점에 대해 지도의 일부분을 맞추기 위한 기하학적 과정으로, 지정된 기준점을 중심으로 고무판을 잡아당기듯 지도를 늘리거나 줄이는 것
재분류 (Reclassification)	속성의 범주를 활용 목적에 맞게 변경하는 것

❷ 재부호화와 재분류

㉠ 재부호화(Recoding)
- 속성의 명칭이나 값을 변경하는 것
- 재부호화의 장점
  - 속성의 간편화
  - 속성 간의 관계 파악 용이
  - 자료에 일반화를 적용하기 위한 선행 작업으로의 활용

㉡ 재분류
- 속성 범주의 수는 같거나 감소할 수 있으며, 일반적으로 간략화하여 자료의 특성을 이해하기 쉽게 함
- 재분류 수행 단계
  - 속성의 범주를 새로운 분류기준에 따라 구분
  - 구분된 속성의 분류 내용에 따라 재분류 수행
  - 동일한 속성값을 가진 인접 객체들을 병합
  - 병합에 따라 삭제된 경계선들에 대한 위상의 갱신

❸ 레이어의 재분류 방법

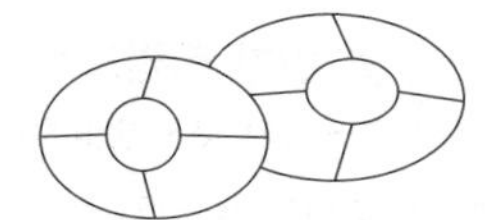

재분류 수행 전의 구역

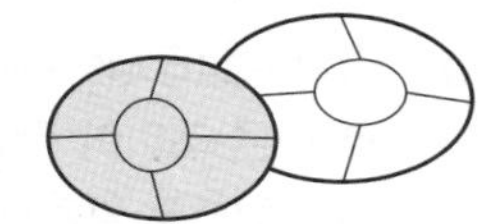

구역 재설정(Redistricting)

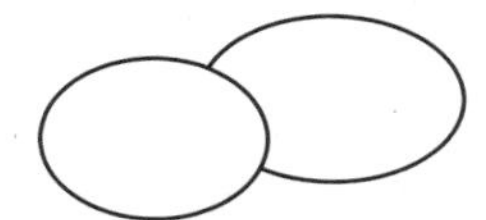

디졸빙(Dissolving)

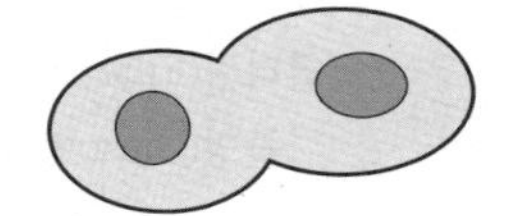

분류(Classification)

구역 재설정 (Redistricting)	• 연속적으로 이웃하고 있는 폴리곤에 대해 구역을 재설정 • 재설정되기 이전의 원래 경계선은 보존 예 초 · 중등학교 통학권에 따른 구분
디졸빙 (Dissolving)	• 동일한 속성을 지닌 여러 폴리곤을 하나의 구역으로 통합하여 재설정 • 폴리곤의 원래 경계선은 통합되어 삭제 예 인구조사 집계구의 변경 및 통합
분류 (Classification)	• 폴리곤에 새로운 범주에 따라 새로운 구역으로 재설정 • 기존 폴리곤의 경계는 재분류됨에 따라 병합되어 삭제되는 것이 일반적 예 도심권역 · 부도심권역 등 도시의 생활권 분류

정답 01 ④ 02 ③ 03 ① 04 ③

01 전체 대상 지역을 균일한 크기로 분할함으로써 빠르고 간편하게 사용할 수 있도록 작은 면적으로 지도를 나누는 것은?

① 도면 접합(Map Join)
② 경계부합(Edge Matching)
③ 재분류(Reclassification)
④ 타일링(Tiling)

해설
타일링은 전체 대상 지역을 작은 소지역으로 분할하여 편리하고 빠르게 사용할 수 있도록 해주는 것이다.

02 지정된 기준점에 대해 지도의 일부분을 맞추기 위한 것으로, 지정된 기준점을 중심으로 지도를 늘리거나 줄이는 것은? 2023년 기출

① 분할
② 타일링
③ 러버시팅
④ 도면 접합

해설
러버시팅(Rubbber Sheeting)은 특정 지점만을 잡아 늘이거나 줄이기 때문에 '고무판 늘이기'라고도 한다.

03 경계부합(Edge Matching)을 위한 작업으로, 서로 다른 레이어 간에 나타나는 동일한 객체를 크기와 형태를 일치시키도록 보정하는 것은?

① 동형화(Conflation)
② 재분류(Reclassification)
③ 필터링(Filtering)
④ 디졸빙(Dissolving)

해설
경계부합을 위해 '동형화'와 '러버시팅'과 같은 작업이 수행된다.

04 다음 그림과 같이 재분류 수행 전의 구역을 오른쪽 그림과 같이 경계선을 지워 하나의 값을 지닌 구역으로 통합하는 것은?

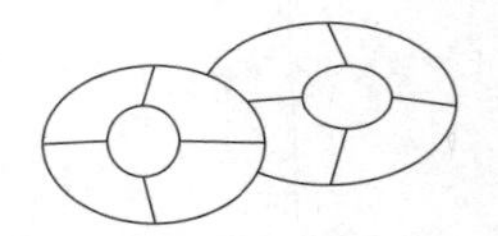
재분류 수행 전의 구역

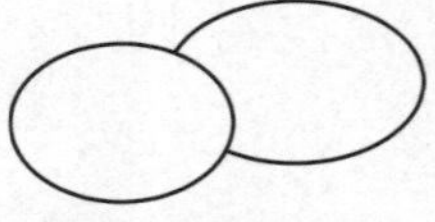
재분류 수행 후의 구역

① 타일링(Tiling)
② 세선화(Thinning)
③ 디졸빙(Dissolving)
④ 필터링(Filtering)

해설
여러 폴리곤을 하나의 구역으로 통합해서 경계선을 없애는 것은 '디졸빙'이다. '세선화'는 선을 가늘게 만든다는 의미로, 지도를 스캐닝한 다음 벡터화(Vectorizing)를 수행하기 위해 선에 해당하는 화소를 최소한으로 줄이는 것이다.

기출유형 02 ▶ 레이어 피쳐 병합·분할

하나의 레이어 내에서 여러 구역을 묶어서 큰 지역으로 형상을 합치는 작업으로, 이에 따라 통합된 내부의 경계선은 자동으로 삭제되는 것은?

① 병합(Merge)
② 경계부합(Edge Matching)
③ 재분류(Reclassification)
④ 타일링(Tiling)

해설

병합은 선택한 폴리곤을 합쳐 각 구역을 통합하는 것으로, 통합된 폴리곤 내부의 경계선은 삭제된다.

| 정답 | ①

족집게 과외

❶ 디졸브(Dissolve, 경계선 해소)

㉠ 정의

재분류 이후 동일한 속성을 지닌 폴리곤 간의 경계선을 삭제해서 하나로 합치는 기법

㉡ 특징

디졸브 과정을 거쳐 공간 객체와 데이터베이스가 간결해지고, 공간 객체 간의 관계가 단순화되어 이해하기 쉬움

㉢ 필요성

벡터 자료를 재분류한 후 속성값이 같은 공간 객체에 대해서 통합하는 과정 필요

㉣ 단계별 수행 과정

- 속성값을 검색하여 변환될 새로운 속성값을 결정하고 입력하는 단계
- 입력된 속성값에 따라 레이어의 속성값이 재분류되는 단계
- 레이어 재분류 이후 동일한 속성값을 갖는 인접 폴리곤들을 디졸브하는 단계
- 디졸브 이후 위상 구조를 새롭게 구축하는 단계

❷ 병합(Merge)

㉠ 정의

선택한 폴리곤을 합쳐 각 구역을 통합하는 것으로, 통합된 폴리곤 내부의 경계선은 삭제됨

㉡ 병합 시 주의점

- 병합 수행 이전에 적합성 판단을 위한 벡터 자료의 무결성을 검증해야 함
- 서로 다른 속성을 지닌 벡터 자료의 병합인 경우, 병합 이후의 속성값에 대해 미리 정의해야 함
- 디졸브의 작업과 마찬가지로 병합 후 위상구조를 새롭게 구축해야 함

㉢ 디졸브와의 공통점과 차이점

공통점	하나의 레이어 내에서 작은 구역을 묶어서 큰 지역으로 형상을 합치는 작업
차이점	디졸브가 속성이 같은 구역(폴리곤)을 통합하는 것이라면, 병합은 서로 다른 속성의 구역(폴리곤)에 대해서도 통합을 수행하는 것

❸ 분할(Split)

㉠ 정의

특정한 목적을 위해 기본도(Base Map) 또는 기존 레이어로부터 원하는 영역만을 별도의 레이어로 추출하는 것

㉡ 분할 방법

영역 분할	레이어의 영역에 따라 균등분할 또는 사용자 지정 분할 등의 방법을 적용
속성 분할	레이어의 속성에 대해 필요한 속성을 추출하여 새로운 레이어를 구성하는 것

㉢ 분할 이후의 처리

분할된 객체에 대한 위상 구조의 갱신

정답 01 ② 02 ④ 03 ① 04 ②

01 특정한 목적을 위해 기본도(Base Map) 또는 기존 레이어로부터 원하는 영역만을 별도의 레이어로 추출하는 것은?

① 병합(Merge)
② 분할(Split)
③ 디졸브(Dissolve)
④ 필터링(Filtering)

해설
원하는 영역만을 별도의 레이어로 추출하는 것은 분할이라고 하며, 영역 분할과 속성 분할로 구분된다.

02 공간 객체를 병합할 때 주의할 것에 대한 설명으로 틀린 것은?

① 병합 수행 이전에 적합성 판단을 위한 벡터 자료의 무결성 검증이 필요하다.
② 서로 다른 속성을 지닌 벡터 자료의 병합인 경우, 병합 이후의 속성값을 미리 정의해야 한다.
③ 병합 후 위상 구조를 새롭게 구축해야 한다.
④ 레이어 전체에 걸쳐 자동으로 진행되므로, 병합될 객체를 일일이 지정할 필요는 없다.

해설
병합은 속성값이 달라도 선택된 객체에 대해 수행될 수 있다. 레이어 전체에 걸쳐 일괄적으로 속성값을 통합하는 것은 재분류를 통해 진행될 수 있으며, 이후 리졸브를 통해 같은 값으로 재분류된 객체의 경계를 통합하게 된다.

03 공간 객체에 대해 재분류를 수행한 이후, 동일한 값을 가진 폴리곤의 경계선을 삭제해서 하나로 합치는 것은?

① 디졸브
② 분할
③ 분류
④ 타일링

해설
디졸브는 재분류 이후 동일한 속성을 가진 폴리곤 간의 경계선을 삭제해서 하나로 합치는 기법을 의미한다.

04 디졸브와 병합의 특징과 차이를 올바르게 설명하고 있는 것은?

① 디졸브와 병합을 수행한 이후 위상 구조의 변화는 고려하지 않아도 된다.
② 디졸브가 속성이 같은 폴리곤을 통합하는 것이라면, 병합은 서로 다른 속성의 폴리곤에 대해 통합을 수행하는 것이다.
③ 디졸브와 병합은 선택한 폴리곤을 합쳐 각 구역을 통합하는 것으로, 모두 동일한 개념이다.
④ 디졸브는 작은 폴리곤 간의 통합을, 병합은 일정 규모 이상의 큰 폴리곤을 통합할 때 사용되는 기법이다.

해설
② 병합은 서로 다른 속성의 폴리곤을 통합할 때 사용되며, 디졸브는 동일한 속성의 폴리곤 경계를 삭제하는 데 적용된다.
① 디졸브와 병합을 수행한 이후 위상 구조를 새롭게 구축해야 한다.
③ 디졸브와 병합은 선택한 폴리곤을 합쳐 각 구역을 통합하는 것은 동일하지만, 차이점으로는 동일한 속성의 폴리곤에 대한 것은 디졸브, 서로 다른 속성에 대한 것은 병합이다.
④ 폴리곤 통합을 구분할 때 크기는 중요한 요소가 아니다.

기출유형 03 ▸ 셀 값 및 속성값 재분류

공간 객체의 속성을 재분류할 때 속성의 작은 값에서 큰 값으로 빈도 그래프를 그린 후 그룹 내의 분산이 가장 작도록 그룹 경계를 결정하는 방법은?

① 자연 분류(Natural Break) 방법
② 동일 개수 분류(Quantile) 방법
③ 동일 간격 분류(Equal Interval) 방법
④ 표준편차 분류(Standard Deviation) 방법

해설
최소 변이가 되도록 분류하는 방법은 자연 분류(Natural Break) 방법이다.

| 정답 | ①

족집게 과외

❶ 공간자료의 분류 방법

㉠ 공간 객체의 속성을 재분류하는 방법
㉡ 공간 객체의 속성이 유사하거나 같은 것끼리 재분류 후 속성을 처리하는 방법

❷ 공간 객체의 속성을 재분류하는 방법

㉠ 최소 변이 분류, 자연 분류(Natural Break) 방법
속성이 작은 값에서 큰 값으로 빈도 그래프를 그린 후, 그룹 내의 분산이 가장 작도록 그룹 경계를 결정하는 방법
㉡ 동일 개수 분류(Quantile) 방법
최솟값에서 최댓값까지의 범위 중 그룹별 빈도수가 동일하게 그룹의 경계를 결정하는 방법
㉢ 동일 간격 분류(Equal Interval) 방법
그룹 간 간격이 동일하게 그룹 경계를 결정하는 방법
㉣ 표준편차 분류(Standard Deviation) 방법
평균과 표준편차에 따라 1 · 2 · 3차 표준편차 범위를 구하여 분류하는 방법

❸ 공간 객체의 속성이 유사하거나 같은 것끼리 재분류 후 속성을 처리하는 방법

㉠ 경계가 병합된 폴리곤의 재분류(벡터 자료)
- 속성값을 모두 합하여 새로운 폴리곤에 부여하는 방법: 폴리곤의 경계가 하나로 병합된 폴리곤들의 속성값을 합하는 방법
  예 지역 면적이나 지역 인구 등
- 대푯값을 부여하는 방법: 지역명이나 행정구역명 등은 기존의 속성값 외에 새로운 속성값으로 결정
- 일련의 처리 과정을 거쳐 새로운 속성값을 산출하는 방법: 기존의 인구밀도 값을 합하는 것이 아닌 폴리곤 전체의 면적과 인구수를 각각 합한 후 새로운 인구밀도 값을 산정해서 부여
- 이외 기존 속성의 대푯값으로 대체: 평균값, 최빈치, 표준편차 등

㉡ 다른 측정 척도를 가진 자료의 재분류(래스터 자료)
- 서로 다른 속성 유형의 레이어를 연산하는 경우, 서로 비교할 수 있도록 속성 유형을 변경시켜야 함
- 0에서 1까지의 값의 범위를 갖도록 정규화하는 등의 재분류를 통해 서로 호환 가능한 상태로 변환한 후 연산 수행

Tip
정규화(Normalization)
서로 다른 속성과 값의 범위를 지닌 여러 종류의 자료가 동일한 범위의 값을 갖도록 변환하는 것

정답 01 ② 02 ③ 03 ③ 04 ④

01 **공간 객체의 속성을 재분류할 때 최솟값에서 최댓값까지의 범위 중 그룹별 빈도수가 동일하도록 그룹 경계를 결정하는 것은?**

① Natural Break
② Quantile
③ Equal Interval
④ Standard Deviation

해설
동일 개수 분류(Quantile) 방법에 대한 설명이다.

02 **공간 객체의 속성을 재분류할 때 그룹 간 간격이 동일하도록 그룹 경계를 결정하는 것은?**

① Natural break
② Quantile
③ Equal interval
④ Standard deviation

해설
동일 간격 분류(Equal Interval) 방법에 대한 설명이다.

03 **공간 객체의 속성이 인구밀도인 경우, 폴리곤을 병합하여 재분류하고자 한다. 이때의 처리 방법으로 적합한 것은?**

① 폴리곤의 경계를 하나로 병합하고, 인구밀도 또한 합산해서 속성값으로 부여한다.
② 인구밀도가 가장 높은 값을 대푯값으로 해서 새로이 부여한다.
③ 폴리곤 전체의 면적과 인구수를 합한 후 새로운 인구밀도 값을 산정해서 부여한다.
④ 병합되는 각 폴리곤의 인구밀도 평균을 구해서 대푯값으로 부여한다.

해설
기존의 인구밀도 값을 합하는 것이 아닌 폴리곤 전체의 면적과 인구수를 각각 합한 후 새로운 인구밀도 값을 산정해서 부여한다.

04 **래스터 자료와 같이 다른 측정 척도를 가진 여러 속성의 자료를 비교 · 분석하고자 할 때 수행 방법으로 적합한 것은?**

① 각 레이어의 화소 값은 동일한 지점에 위치하고 있어야 하므로, 동일한 좌표체계로 변환한다.
② 기존의 속성값을 모두 합산하여 누적된 값을 대상으로 분석을 수행한다.
③ 각 레이어마다 평균값을 찾고, 이를 대푯값으로 하여 분석을 진행한다.
④ 재분류를 통해 서로 호환 가능한 상태로 변환한 후 연산을 수행한다.

해설
서로 다른 속성 유형의 레이어를 연산하는 경우 서로 비교할 수 있도록 정규화 등의 과정을 거쳐 진행한다.

02 공간정보 중첩 분석

기출유형 04 ▶ 벡터 데이터 레이어 공간 연산

동일한 위치의 입력 자료값을 비교하여 결과 레이어의 값을 지정하는 것으로, 두 개 이상의 입력 레이어에 대해 해당 조건을 만족하는 지역을 찾아내는 과정은?

① 버퍼 분석
② 중첩 분석
③ 지형 분석
④ 근접성 분석

해설

중첩 분석은 여러 레이어에 대해 해당 조건을 만족하는 지역을 찾아내는 과정을 의미한다. 근접성 분석은 공간상의 객체가 얼마나 가까이, 또한 어떠한 상태로 존재하는가를 분석하는 것으로 관심 대상지점으로부터의 연속적인 거리와 상태를 측정한다.

| 정답 | ②

족집게 과외

❶ 중첩(Overlay)

㉠ 정의

두 개 이상의 입력 레이어를 이용하여 새로운 결과값을 갖는 레이어를 생성하는 것

㉡ 특징

- 기본적으로 동일한 위치의 입력 자료값을 비교하여 결과 레이어의 값을 지정하는 개념
- 여러 레이어에 대해 해당 조건을 만족하는 지역을 찾아내는 과정
- 신도시 입지 선정, 소방서 최적 입지 분석, 쓰레기 매립지 최적지 분석 등 적지 분석에 가장 많이 사용되는 기능 중 하나
- 벡터 또는 래스터에 모두 적용 가능

❷ 벡터 레이어 중첩

㉠ 정의

- 중첩에 사용되는 레이어가 벡터 자료 유형
- 레이어는 점 · 선 · 면 형의 공간 객체 레이어를 대상으로 함

㉡ 중첩의 요령

- 공간 객체 유형에 대해 개별 요소별로 레이어 구성 필요
- 한 가지 주제의 분류 유형을 가지도록 함
  예 도로, 빌딩, 하천 레이어 등
- 차원의 변화에 유의
  예 0차원(점), 1차원(선), 2차원(면) 등

ⓒ 벡터 자료 중첩 시 차원의 변화

점(0차원)과 점(0차원)의 중첩	점(0차원): 점과 점의 중첩 결과는 점이므로 0차원
선(1차원)과 점(0차원)의 중첩	점(0차원): 선과 점이 중첩되면 결과는 점이 되므로 0차원
선(1차원)과 선(1차원)의 중첩	• 점(0차원): 선과 선이 중첩되어 교차점이 생성되면 점이 되므로 0차원 • 선(1차원): 동일한 방향의 선과 선이 중첩되어 구간을 형성하면 선이 되어 1차원
면(2차원)과 점(0차원)의 중첩	점(0차원): 면과 점의 중첩은 점이므로 0차원
면(2차원)과 선(1차원)의 중첩	• 점(0차원): 면의 꼭짓점에서 선이 중첩되면 점이 되므로 0차원 • 선(1차원): 면이 선과 중첩되면 선이 되므로 1차원
면(2차원)과 면(2차원)의 중첩	• 점(0차원): 면과 면이 꼭짓점끼리 중첩되면 점이 되므로 0차원 • 선(1차원): 면과 면이 중첩되어 한 변을 공유하면 선이 되므로 1차원 • 면(2차원): 면과 면이 중첩되어 영역이 생성되면 2차원

❸ 벡터 레이어 중첩 유형

㉠ 점 레이어와 폴리곤 레이어의 중첩
- 다각형 내부 판별 알고리즘(Point-in-polygon)
- 어떤 폴리곤 내에 어떤 점들이 있는지를 파악하기 위한 알고리즘 적용 필요

㉡ 선형 레이어와 폴리곤 레이어의 중첩
- 선과 폴리곤 교차(Line-in-polygon) 검사 방법
- 최소 경계 사각형(Minimum Bounding Rectangle)을 통한 교차 확인

Tip

최소 경계 사각형

외부에서 폴리곤을 둘러싸고 있는 최소 크기의 사각형으로, 선과 폴리곤의 교차 관계를 파악하는 데 적용됨

ⓒ 폴리곤 레이어 간 중첩 수행 순서
- 두 레이어가 중첩되어 생성될 새로운 레이어의 정의
- 중첩에 의한 새로운 레이어 생성
- 점 · 선 · 폴리곤 등에 대한 새로운 위상구조 생성
- 기존 속성값의 조합에 따른 신규 속성값의 재정의

❹ 벡터 레이어의 중첩으로부터 얻을 수 있는 정보

㉠ 점 레이어와 폴리곤 레이어의 중첩
- 각 점이 어느 폴리곤 내부에 존재하는지에 대한 정보
  - 소비자가 어떤 상권에 포함되는지에 대한 상권 권역 문제
  - 학생이 어느 학군에 포함되는지에 대한 학군 배정 문제
  - 각 건물의 토지 이용권역 포함에 대한 문제 등
- 각 폴리곤이 포함하고 있는 점들에 대한 정보
  - 지역별 상점의 수 및 특성
  - 지역 또는 권역별 시설물에 대한 정보 등

㉡ 선형 레이어와 폴리곤 레이어의 중첩
- 각 선이 어느 폴리곤 내에 존재하는지에 대한 정보
  - 선을 포함하고 있는 폴리곤의 번호 및 속성
  - 행정구역명 등
- 어떠한 선을 내부에 가질 수 있는지 알 수 있음
  - 각 폴리곤 별 선의 수와 속성을 계산
  - 행정구역별 도로 정보의 생성
  - 가스, 통신, 상하수도 등 선형 시설물의 권역별 정보 관리 등

❺ 벡터 레이어 중첩 시 유의 사항

㉠ 슬리버(Sliver)의 발생

경계가 서로 유사한 여러 폴리곤을 중첩할 때 경계면에서 가늘고 폭이 좁은 형태의 불필요한 폴리곤, 즉 슬리버가 생성됨

㉡ 슬리버의 특징

디지타이징 과정에서도 흔히 발생됨

ⓒ 제거 방법
- 톨러런스(허용범위)를 지정해서 이 범위 내의 값은 하나의 값으로 병합되도록 하는 방법
- 변위 링크를 생성하여 보정하는 방법
- 소프트웨어를 사용하여 주변 폴리곤과 병합하도록 처리하는 방법

정답 01 ③ 02 ④ 03 ③ 04 ③

01 벡터 자료 중첩 시 차원의 변화에 대해 잘못 설명하고 있는 것은?

① 점(0차원)과 점(0차원)의 중첩: 점(0차원)
② 선(1차원)과 점(0차원)의 중첩: 점(0차원)
③ 면(2차원)과 선(1차원)의 중첩: 선(1차원)
④ 면(2차원)과 면(2차원)의 중첩: 점(0차원), 선(1차원) 또는 면(2차원)

해설
면(2차원)과 선(1차원)의 중첩은 점(0차원) 또는 선(1차원)이다.

02 경계가 서로 유사한 여러 폴리곤을 중첩할 때 경계면에서 발생하는 가늘고 폭이 좁은 형태의 불필요한 폴리곤은?

① 스파이크(Spike)
② 루프(Loop)
③ 닫히지 않은 다각형(Unclosed Polygon)
④ 슬리버(Sliver)

해설
경계가 서로 유사한 여러 폴리곤을 중첩할 때 경계면에서 가늘고 폭이 좁은 형태의 불필요한 폴리곤, 즉 슬리버가 생성된다.

03 선형 레이어와 폴리곤 레이어의 중첩으로 얻을 수 있는 정보의 사례로 적합한 것은?

① 소비자가 어떤 상권에 포함되는지에 대한 상권 권역
② 학생이 어느 학군에 포함되는지에 대한 학군 배정
③ 가스, 통신, 상하수도 등 시설물의 권역별 정보 관리
④ 각 건물의 토지 이용권역 포함

해설
③ 가스, 통신, 상하수도 등 선형 객체와 권역의 폴리곤 객체의 중첩 사례를 설명하고 있다.
①·②·④ 점 레이어와 폴리곤 레이어의 중첩 사례에 대한 내용이다.

04 두 폴리곤 레이어 간의 중첩 분석에 대한 설명으로 옳은 것은?

① 두 레이어가 중첩되어 새롭게 레이어가 생성되어도 기존의 위상과 속성은 변하지 않고 유지된다.
② 두 폴리곤 레이어가 중첩될 때 생성되는 객체는 선(1차원) 또는 면(2차원), 두 유형의 객체이다.
③ 행정구역별 공업지역의 면적을 파악하는 데 적용될 수 있다.
④ 중첩 분석의 결과로 만들어지는 속성은 재분류가 필요하지 않다.

해설
③ 행정구역 폴리곤(시·군·구 또는 동 단위의 행정구역)과 공업지역 폴리곤을 중첩해서, 공업지역을 포함하고 있는 행정구역을 구할 수 있다. 이를 통해 행정구역별 공업지역의 면적도 서로 비교해볼 수 있다.
①·④ 두 레이어의 중첩 분석은 기존의 위상과 속성을 변화시킨다. 따라서 위상과 속성의 재구조화와 재분류가 필요하다.
② 점(0차원), 선(1차원) 또는 면(2차원) 등의 새로운 객체가 생성될 수 있다.

기출유형 05 ▸ 다중레이어 중첩 분석

동일한 좌표계를 갖는 여러 레이어를 사용하여 가중치를 부여하거나 산술연산, 논리연산 등을 적용하여 새로운 레이어를 생성하는 분석기능은?

① 공간추정
② 중첩 분석
③ 회귀 분석
④ 상관 분석

해설

중첩 분석은 여러 레이어를 사용하여 가중치를 부여하거나 산술연산, 논리연산 등을 적용하여 새로운 레이어를 생성한다.

| 정답 | ②

족집게 과외

❶ 벡터 자료를 이용한 분석

㉠ 정의

위상을 이용하여 경계가 분할 · 결합 · 삭제되는 등의 중첩을 수행

㉡ 방법

- 레이어 간의 공간관계 분석
  - 대응관계를 갖는 객체 간의 관계를 중첩을 통해 파악
  - 중첩 결과를 바탕으로 공간 패턴에 대한 정보 파악
- 분석 레이어 간 가중치 부여를 통한 정보 추출
  - 레이어에 가중치를 부여하여 중첩 연산을 수행
  - 곱셈, 나눗셈, 뺄셈, 제곱, 제곱근, 최소화, 최대화, 평균 등

❷ 래스터 자료를 이용한 분석

지도 대수 기법 (Map Algebra)	• 동일한 셀 크기를 가지는 래스터 데이터를 이용하여 덧셈, 뺄셈, 곱셈, 나눗셈 등 다양한 수학 연산자를 사용해 새로운 화소 값을 계산하는 방법 • 입력 레이어와 결과 레이어에서 각 화소의 위치는 동일하며, 결과 레이어의 각 화소에는 새로운 값이 부여됨
논리적 연산 (Logical Operation)	• 조건식에 따른 결과 레이어의 산출 • 두 레이어의 동일한 위치의 화소 값에 대해 논리적 연산을 수행하고, 이때 조건을 충족시키면 결과값은 적합, 조건을 충족시키지 못하면 결과값은 부적합으로 판정

❸ 다중 레이어 중첩의 특징

㉠ 정보의 합성
- 각각의 레이어가 갖고 있는 정보의 합성
- 필요한 도형자료나 속성자료를 추출하여 적용
- 부울 연산(Boolean Operation)을 통한 방법: 필요한 정보만을 선택적으로 추출

㉡ 중첩 기법의 적용에 따른 기능
- 점 자료에 적용
  - 사칙연산과 같은 단순 연산에서부터 지수나 삼각함수와 같은 복잡한 함수 적용
  - 강우 측정 지점별 연평균 강우량 측정
- 선 또는 폴리곤 자료에 적용
  - 길이, 면적, 객체의 형태 등
  - 행정구역별 도로의 길이, 행정구역의 경계를 나타내는 레이어와 도로망의 분포를 나타내는 레이어의 중첩 등
- 점 자료를 중심으로 주변의 속성값을 이용
  - 특정 지점 주변의 표고값에 대한 정보 획득
  - 거리 계산, 평균 · 최대/최솟값 · 중간값 등의 선택, 확산 기능, 등고선 기능 등의 적용
- 공간상의 변이에 관한 정보 분석
  시간의 흐름에 따른 공간데이터베이스 내 정보의 변화 파악과 그에 따른 속성의 합성

㉢ 모델링을 위한 중첩
- 현실에 유용한 정보의 추출
- 의사결정을 위한 모델링 기능 제공: 한 레이어의 속성값과 다른 여러 레이어의 속성값을 대상으로 일정한 수학적 연산을 수행하여 새로운 결과를 얻는 것

기출유형 완성하기

정답 01 ④ 02 ④ 03 ④ 04 ②

01 중첩 분석에 대한 설명으로 틀린 것은?

① 다양한 주제의 레이어를 사용하여 필요한 정보를 추출한다.
② 시간의 흐름에 따른 공간데이터베이스 내 정보의 변화 파악과 그에 따른 속성을 합성할 수 있다.
③ 한 레이어에 존재하는 속성 값에 다른 레이어에서 상응하는 속성 값을 대상으로 일정한 수학적 연산을 수행하여 새로운 값을 얻는다.
④ 도형 및 속성자료에 포함된 오류를 제거하는 기능이다.

해설
도형 및 속성자료에 포함된 오류를 제거하는 것은 자료의 입력과 보정, 검증과정 등을 통해 진행된다.

02 중첩 분석에 대한 설명으로 틀린 것은?

① 여러 레이어를 중첩함으로써 각각의 레이어가 가지고 있는 특징적인 정보를 추출할 수 있다.
② 입력 레이어와 결과 레이어에서 각 화소의 위치는 동일하며, 다양한 연산방법이 적용되어 결과 레이어의 각 화소에는 새로운 값이 부여된다.
③ 두 개 레이어에 대해 동일한 위치의 화소 값을 논리적으로 연산하여 두 개의 조건이 맞으면 결과값은 적합, 두 개의 조건이 모두 맞지 않으면 결과값은 부적합으로 판정할 수 있다.
④ 사칙연산과 같은 단순 연산을 적용하기보다는 지수나 삼각함수와 같은 복잡한 함수를 적용하는 데 적합하다.

해설
사칙연산과 같은 단순 연산을 적용하는 데 많이 사용된다.

03 다중 레이어 중첩의 특징으로 틀린 것은?

① 각각의 레이어가 갖고 있는 정보를 합성하는 것으로, 필요한 도형자료나 속성자료를 추출하여 적용한다.
② 부울 연산(Boolean Operation)을 사용하면 필요한 정보만을 선택적으로 추출할 수 있다.
③ 사칙연산과 같은 단순 연산에서부터 지수나 삼각함수와 같은 복잡한 함수를 적용할 수 있다.
④ 중첩 분석을 사용하여 시간의 흐름에 따른 공간상의 변이를 파악하기는 어렵다.

해설
중첩 분석은 시간의 흐름에 따른 공간데이터베이스 내 정보의 변화 파악과 그에 따른 속성의 합성이 가능하다.

04 두 레이어의 동일한 위치의 화소 값에 대해 특정 조건을 충족시키면 적합, 조건을 충족시키지 못하면 부적합 등으로 판단해서 결과를 판정하는 분석기법은?

① 지도 대수 기법을 이용한 공간 모델링
② 논리적 연산을 적용한 중첩 분석
③ 두 레이어 간의 관계를 파악하는 상관 분석
④ 위상에 의한 인접성 분석

해설
'두 레이어의 동일한 위치의 화소 값'으로 래스터 자료를 대상으로 하는 중첩 분석임을 알 수 있고, '특정 조건을 충족과 미충족에 따라 적합과 부적합을 판단'하는 것은 논리연산이다.

기출유형 06 ▸ 공간 개체 간 관계 분석

벡터 자료의 중첩 분석기능 가운데 연산 레이어의 외곽 경계를 이용하여 입력 레이어를 추출하는 기능은?

① 자르기(Clip)
② 지우기(Erase)
③ 교차(Intersect)
④ 결합(Union)

해설

연산 레이어의 외곽 경계를 이용하여 입력 레이어를 추출하는 것은 '자르기(Clip)'이다.

| 정답 | ①

족집게 과외

❶ 공간 개체 간 관계 분석

㉠ 두 개 이상의 레이어를 중첩하면 새로운 경계선이 생성되며, 속성 또한 결합되거나 분리되는 과정이 진행됨

㉡ 첫 번째 레이어를 입력 레이어, 두 번째 레이어를 연산 레이어라고 하며, 산출 레이어에 중첩한 결과를 출력함

❷ 벡터 자료에서 가능한 중첩 분석기능

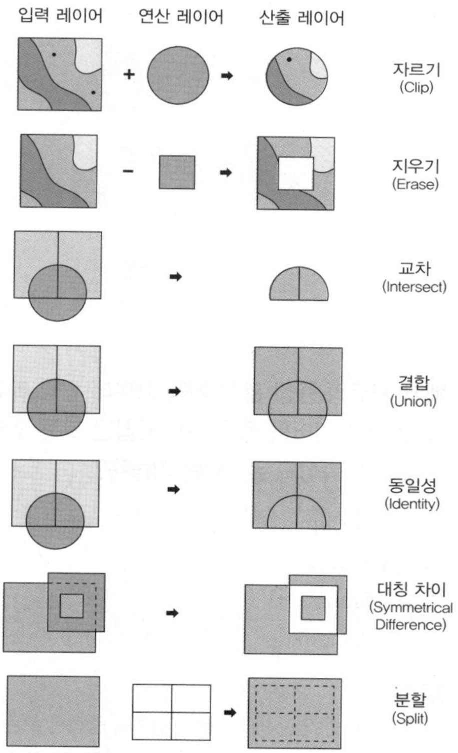

입력 레이어 연산 레이어 산출 레이어

자르기 (Clip)

지우기 (Erase)

교차 (Intersect)

결합 (Union)

동일성 (Identity)

대칭 차이 (Symmetrical Difference)

분할 (Split)

자르기 (Clip)	연산 레이어의 외곽 경계를 이용하여 입력 레이어를 추출함
지우기 (Erase)	연산 레이어를 이용하여 입력 레이어의 일부분을 삭제함
교차 (Intersect)	입력 레이어와 연산 레이어를 중첩하여 서로 교차하는 영역을 추출하고, 두 영역 모두에 공통적으로 해당하는 속성을 포함함
결합 (Union)	입력 레이어와 연산 레이어를 중첩하여 중첩된 모든 영역을 포함하고, 속성도 유지함
동일성 (Identity)	입력 레이어의 모든 형상은 그대로 유지되지만, 연산 레이어의 형상은 입력 레이어의 범위에 있는 형상만 유지됨
대칭 차이 (Symmetric Difference)	입력 레이어와 연산 레이어간 중첩되지 않는 부분만을 산출 레이어로 하며, 중첩되지 않은 두 레이어의 속성은 모두 산출 레이어에 포함됨
분할 (Split)	입력 레이어를 연산 레이어의 형태에 따라 작은 구역으로 면적을 분할함으로써 레이어를 조각으로 분리하는 것

01 벡터 자료에서 가능한 중첩 분석의 기능을 설명한 것으로 틀린 것은?

① Symmetric Difference: 입력 레이어와 연산 레이어를 중첩하여 서로 교차하는 영역을 추출하고, 두 영역 모두에 공통적으로 해당되는 속성을 포함한다.
② Split: 입력 레이어를 연산 레이어의 형태에 따라 작은 구역으로 면적을 분할함으로써 레이어를 조각으로 분리하는 것이다.
③ Erase: 연산 레이어를 이용하여 입력 레이어의 일부분을 삭제한다.
④ Clip: 연산 레이어의 외곽 경계를 이용하여 입력 레이어를 추출한다.

해설

입력 레이어와 연산 레이어를 중첩하여 서로 교차하는 영역을 추출하고, 두 영역 모두에 공통적으로 해당하는 속성을 포함하는 것은 교차(Intersect) 기능이다. 대칭 차이(Symmetric Difference)는 입력 레이어와 연산 레이어 간 중첩되지 않는 부분만을 산출 레이어로 하며, 중첩되지 않은 두 레이어의 속성은 모두 산출 레이어에 포함된다.

02 입력 레이어의 모든 형상은 그대로 유지되지만, 연산 레이어의 형상은 입력 레이어의 범위에 있는 형상만 유지되는 중첩 기능은?

① 자르기(Clip)
② 교차(Intersect)
③ 동일성(Identity)
④ 대칭 차이(Symmetrical Difference)

해설

동일성(Identity)에 대한 설명이다. 입력 레이어의 모든 형상은 그대로 유지되지만, 연산 레이어의 형상은 입력 레이어의 범위에 있는 형상만 유지된다.

03 벡터 자료의 중첩 분석기능 가운데 연산 레이어를 이용하여 입력 레이어의 일부분을 삭제하는 기능은?

① 자르기(Clip)
② 지우기(Erase)
③ 교차(Intersect)
④ 결합(Union)

해설

연산 레이어를 이용하여 입력 레이어의 일부분을 삭제하는 것은 '지우기(Erase)'이다.

04 벡터 자료의 중첩 분석 기능 가운데 입력 레이어와 연산 레이어를 중첩하여 중첩된 모든 영역을 포함하고, 속성도 유지하는 기능은?

① 자르기(Clip)
② 지우기(Erase)
③ 교차(Intersect)
④ 결합(Union)

해설

입력 레이어와 연산 레이어를 중첩하여 중첩된 모든 영역을 포함하고, 속성도 유지하는 기능은 '결합(Union)'이다.

공간정보 버퍼 분석

기출유형 07 ▶ 버퍼 및 버퍼존 생성

주어진 공간 객체 주변에 일정한 간격을 두고 폴리곤 구역을 생성함으로써 근접성 분석에 활용되는 기법은?

① 중첩 분석
② 버퍼 분석
③ 네트워크 분석
④ 주성분 분석

해설

버퍼 분석은 공간 객체 주변에 일정한 간격으로 구역을 생성해서 근접성 분석을 수행한다.

| 정답 | ②

족집게 과외

❶ 버퍼(Buffer)

㉠ 정의

공간 객체의 주변 둘레에 사용자로부터 정의된 일정한 간격, 즉 버퍼 거리(Buffer Distance)에 따라 구역을 생성한 것

㉡ 종류

단일 버퍼(Discrete Buffer)	버퍼 계산을 위해 사용하는 버퍼 거리를 하나로 정의한 버퍼
연속 버퍼(Continous Buffer)	• 다중 링 버퍼(다중 고리 버퍼, Multiple Ring Buffer)라고도 함 • 버퍼 계산을 위해 설정된 버퍼 거리에 따라 연속적인 등간격으로 영향권을 생성하게 되는 버퍼

㉢ 특징

- 점 · 선 · 폴리곤 등 모든 객체에 생성할 수 있음
- 래스터 자료와 벡터 자료 모두에 적용할 수 있음
- 일정 구간을 여러 단계로 지정하여 공간 객체 내부 및 외부에 영역 생성

❷ 공간 객체에 따른 버퍼의 유형

점 버퍼	점 주변에 버퍼 거리에 따라 정의된 반경으로 원형의 버퍼 형성
선 버퍼	선의 굴곡과 일치하면서 선의 양쪽으로 버퍼 거리만큼 띠 모양으로 버퍼 형성
폴리곤 버퍼	폴리곤 둘레에 형상을 따라 폴리곤의 변 주변으로 일정 거리만큼 영역 형성

❸ 점 버퍼의 유형

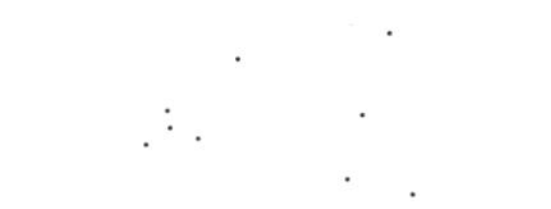

버퍼를 수행하기 위해 주어진 위치 점

단순 버퍼(Simple Buffer)

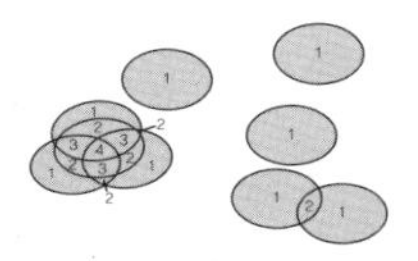

복합 버퍼(Compound Buffer)

동심원 버퍼(Nested Buffer)

단순 버퍼 (Simple Buffer)	• 버퍼를 수행하는 점 간 중첩되는 영역에 대해 디졸브를 수행하여 버퍼 영역 내의 경계는 병합된 것 • 버퍼 영역의 가장 바깥 경계만 남아 영향권의 범위를 파악할 수 있음 • 특정 이벤트의 발생으로부터 영향을 받는 최대 범위만을 산정할 때 적용
복합 버퍼 (Compound Buffer)	• 단순 버퍼와는 달리 버퍼 영역 내의 각 경계가 유지되면서 몇 개의 영역이 중첩되는지를 표현한 버퍼 • 버퍼의 각 중첩된 영역 내에 미치는 영향권의 누적 상태를 비교할 수 있음 • 특정 이벤트의 발생에 비례해서 내부에 각각 얼마나 많은 영향을 미치는지 파악하기 위해 적용
동심원 버퍼 (Nested Buffer)	• 각 점을 중심으로 해서 영향권의 거리 간격에 따라 동심원을 그리듯이 생성한 버퍼 • 복합 버퍼와 같은 버퍼 영향에 따른 누적은 고려하지 않고, 단순히 거리만을 기준으로 생성한 것 • 특정 이벤트가 발행하면 이벤트 발생 수와는 관계없이 발생 지점으로부터의 거리 산정이 필요할 경우 적용

❹ 버퍼 구축 과정

㉠ 공간정보 소프트웨어를 사용하여 사용자가 공간 객체를 선택한 후 버퍼 거리를 입력하면 자동으로 버퍼 형성

- 하나의 레이어에서 버퍼링 객체가 하나일 경우 산출 결과도 하나이므로 단순함
- 버퍼링할 객체가 여러 개일 경우 버퍼 결과는 중첩되어 나타남

㉡ 작업 목적과 내용에 부합되도록 디졸브 작업을 수행하여 버퍼링된 객체를 단순화

❺ 버퍼 거리 측정

㉠ 벡터 자료

- 버퍼 거리는 버퍼링을 설정할 때 입력하는 '거리'이며, 공간 객체에 따라 다양한 형태임

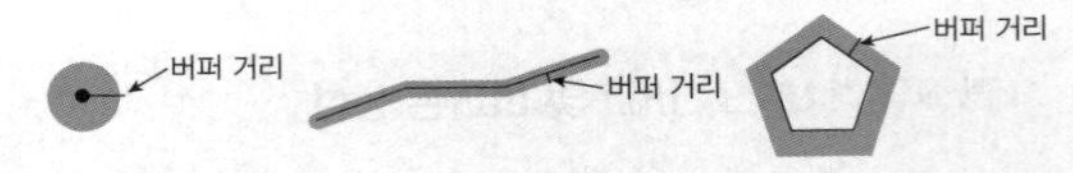

- 반복적으로 버퍼가 중첩되는 연속 버퍼(다중 링 버퍼)인 경우에는 '각 버퍼 간의 간격'이라고 할 수 있음

㉡ 래스터 자료

화소, 즉 그리드 셀(Grid Cell)의 간격이 거리 측정의 기본 단위가 됨

❻ 버퍼 연산의 활용

이용권역 분석	생성된 버퍼 구역 내의 접근성, 시설물의 분포 등 다양한 요인을 분석해 이용 가능성과 영역의 범위를 파악하는 분석
근접지역 검색	• 근접지역 검색 시 관심 대상 지역 내부와 외부를 구분 • 내 · 외부의 공간적 특성과 상호관련성 분석
다중 링 버퍼 분석	• 주어진 공간 객체로부터 버퍼존이 형성되므로 하나의 버퍼가 아닌 여러 개의 다중 링 버퍼(Multiple Ring Buffer)를 구축 • 분석 대상이 되는 영향권에 따라 여러 개의 버퍼를 생성하고 거리 증가에 따른 영향력 분석

정답 01 ① 02 ① 03 ② 04 ③ 05 ②

01 버퍼(Buffer)에 대한 설명으로 옳은 것은?

① 공간 객체의 주변 둘레에 사용자가 정의한 간격에 따라 구역을 생성하는 것이다.
② 선형 객체의 형태가 굴곡이 매우 심할 경우 버퍼를 생성할 수 없다.
③ 폴리곤 객체의 경우 폴리곤 안쪽에는 버퍼 거리를 지정할 수 없다.
④ 선형 객체에 대해서만 버퍼 거리를 지정하여 버퍼링할 수 있다.

해설
② 선형 객체의 경우 형태와 상관없이 버퍼 거리에 따라 버퍼 영역을 생성할 수 있다.
③ 폴리곤 객체에 대해서는 폴리곤 내부에도 버퍼 생성이 가능하다.
④ 선형 객체뿐만 아니라 점과 폴리곤에 대해서도 버퍼 거리를 지정하여 버퍼링을 수행할 수 있다.

02 버퍼를 수행하는 점 간 중첩되는 영역에 대해 디졸브를 수행하여 버퍼 영역 내의 경계는 병합된 것은?

① 단순 버퍼
② 복합 버퍼
③ 동심원 버퍼
④ 연속 버퍼

해설
단순 버퍼는 버퍼 영역의 가장 바깥 경계만 남아 영향권의 범위를 파악할 수 있다.

03 버퍼 영역 내의 각 경계가 유지되면서, 몇 개의 영역이 중첩되는지를 표현하고 있는 버퍼는?

① 단순 버퍼 ② 복합 버퍼
③ 동심원 버퍼 ④ 폴리곤 버퍼

해설
복합 버퍼는 버퍼의 각 중첩된 영역 내에 미치는 영향권의 누적 상태를 비교할 수 있다.

04 특정 이벤트가 발행하면 이벤트 발생 수와는 관계없이 발생 지점으로부터의 거리 산정이 필요할 경우 적용하는 버퍼는?

① 단순 버퍼 ② 복합 버퍼
③ 동심원 버퍼 ④ 단일 버퍼

해설
동심원 버퍼는 발생한 이벤트의 각 점을 중심으로 하여 영향권의 거리 간격에 따라 동심원을 그리듯이 생성한 버퍼이다.

05 다음 그림의 공간정보 방법에 대한 설명을 고르시오. 2023년 기출

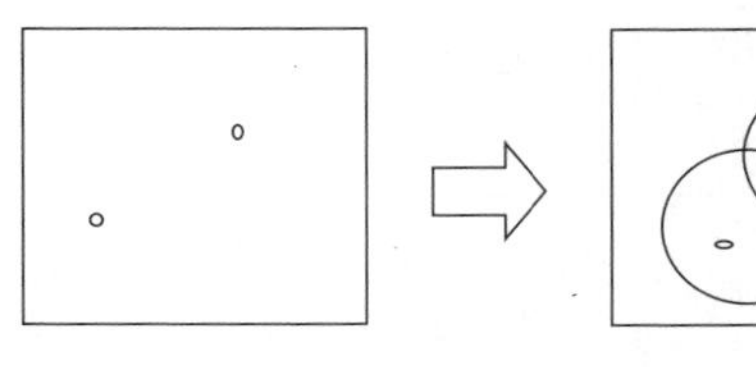

① 중첩 분석 ② 버퍼 분석
③ 지형 분석 ④ 디졸빙 분석

해설
그림은 공간정보 버퍼 분석에 대한 내용이다. 점 객체에 대한 단일 버퍼를 수행하여 특정 영향권의 범위를 파악할 수 있다. 이와 같은 버퍼 분석 결과에 대해 재분류를 수행하는 과정에서 경계선을 통합하여 삭제할 수 있으며, 이러한 것을 '디졸빙'이라고 한다.

기출유형 08 ▸ 이용권역 분석

생성된 버퍼 구역 내의 접근성, 시설물의 분포 등 다양한 요인을 분석해 접근 가능성과 영역의 범위를 파악하는 분석은?

① 주성분 분석
② 중첩 분석
③ 지형 분석
④ 이용권역 분석

해설

이용권역 분석은 이용 및 접근 가능성과 영역의 범위를 파악할 수 있다.

| 정답 | ④

족집게 과외

❶ 이용권역 분석

생성된 버퍼 구역 내의 접근성, 시설물의 분포 등 다양한 요인을 분석해 이용 가능성과 영역의 범위를 파악하는 분석

❷ 접근성 측정 방법

모델	설명
컨테이너(Container) 모델	주어진 대상 지역 내에 포함된 시설물의 개수 측정에 적합
커버리지(Coverage) 모델	시작점으로부터 주어진 거리 내에 포함된 시설물의 개수 측정에 적합
최소 거리(Minimum Distance) 모델	시작점으로부터 가장 가까운 시설물을 찾는 데 적합
이동비용(Travel Cost) 모델	시작점으로부터 모든 시설물과의 평균 거리를 산정
중력(Gravity) 모델	(면적 가중치가 부여된) 모든 시설물의 합을 거리 관련 마찰계수로 나눈 지표

❸ 접근성 측정 인자

인자	내용
시작점	위치, 유형, 시작점의 속성 등
종점	위치, 유형, 종점의 속성 등
이동 수단	도보, 자전거, 대중교통, 승용차 등
이동 경로의 특성	경로 조건, 속도, 안전 등
거리 산정	직선거리(Euclidean Distance), 격자거리(Manhattan Block), 네트워크 등

Tip

- 직선거리: 2차원 평면상에서 피타고라스 정리의 적용에 의해 산출되는 거리
- 격자거리: 택시 운전수의 거리(Taxi Driver's Distance)라고도 하며, 격자 형태의 도로망에서 시작점으로부터 종점까지의 거리는 어떠한 경로를 택하더라도 모두 동일하다는 특징에서 비롯됨. 미국 뉴욕 맨해튼의 도로 격자망과 형태가 같아 '맨해튼 블록(Manhattan Block)' 또는 '맨해튼 거리(Manhattan Distance)'라고도 함

❹ 분석 단계

단계	내용
분석 목표 설정	분석 방향(근린, 지역)
관련 자료 수집	시작점, 종점, 경로 특성
거리 계산	도로망, 기하학
경로 계산	최단 거리, 전체 거리의 합
분석 실행	분석 대상(도시 전역, 도시 내의 지역 간, 목표 지점의 접근)

정답 01 ① 02 ② 03 ③ 04 ①

01 접근성 측정 방법 가운데 주어진 대상 지역 내에 포함된 시설물의 개수를 측정하는 데 가장 적합한 모델은?

① 컨테이너(Container) 모델
② 커버리지(Coverage) 모델
③ 최소 거리(Minimum Distance) 모델
④ 이동비용(Travel Cost) 모델

해설
② 시작점으로부터 주어진 거리 내에 포함된 시설물의 개수 측정에 적합하다.
③ 시작점으로부터 가장 가까운 시설물을 찾는 데 적합하다.
④ 시작점으로부터 모든 시설물과의 평균 거리를 산정한다.

02 접근성 측정 방법 가운데 시작점으로부터 주어진 거리 내에 포함된 시설물의 개수 측정에 적합한 모델은?

① 컨테이너(Container) 모델
② 커버리지(Coverage) 모델
③ 최소 거리(Minimum Distance) 모델
④ 이동비용(Travel Cost) 모델

해설
커버리지 모델은 시작점으로부터 버퍼 거리 내에 포함된 시설물의 개수를 측정하는 데 적합한 모델이다.

03 접근성 측정 방법 가운데 시작점으로부터 가장 가까운 시설물을 찾는 데 적합한 모델은?

① 컨테이너(Container) 모델
② 커버리지(Coverage) 모델
③ 최소 거리(Minimum Distance) 모델
④ 이동비용(Travel Cost) 모델

해설
① 주어진 대상 지역 내에 포함된 시설물의 개수 측정에 적합하다.
② 시작점으로부터 주어진 거리 내에 포함된 시설물의 개수 측정에 적합하다.
④ 시작점으로부터 모든 시설물과의 평균 거리를 산정한다.

04 접근성 측정을 위해 사용할 수 있는 인자 가운데 '이동경로의 특성'을 나타낼 수 있는 것은?

① 경로 조건
② 시작점과 종점의 속성
③ 격자거리(Manhattan Block)
④ 직선거리(Euclidean Distance)

해설
접근성 측정 인자 가운데 '이동 경로의 특성'과 관계있는 것은 '경로 조건'이고, '격자거리'와 '직선거리'는 '거리산정'에 해당하는 인자이다. '시작점'과 '종점'은 별도의 측정 인자로 사용된다.

기출유형 09 ▶ 근접 지역 검색

주어진 지점과 주변의 객체들이 얼마나 가까운지를 파악하는 근접분석에 대한 설명으로 틀린 것은?

① 분석 목적에 따라서 검색 기능과 확산 기능, 지형 분석 등으로 구분할 수 있다.
② 근접분석 시 측정되는 거리는 물리적 거리 외에 통행에 소요되는 시간, 비용 등으로 나타낼 수 있다.
③ 목표 지점의 설정, 목표 지점의 근접 지역, 근접 지역 내에서 수행되어야 할 작업 등의 조건이 명시되어야 한다.
④ 주변의 화소를 대상으로 근접분석을 수행하는 경우 벡터 자료를 기반으로 하는 것이 효율적이다.

해설

확산과 지형분석 등 주변 화소를 대상으로 분석하는 경우 래스터 자료를 기반으로 근접성 분석이 이루어지는 것이 효율적이다. 벡터 자료에 대한 근접성 분석은 버퍼 및 버퍼존의 생성, 네트워크 분석 등이 래스터 자료에 비해 효율적이다.

| 정답 | ④

족집게 과외

❶ 근접성(Proximity)

㉠ 정의
공간상의 객체가 얼마나 가까이, 또한 어떠한 상태로 존재하는가를 나타내는 것

㉡ 근접성 분석
관심 대상지점으로부터의 연속적인 거리와 상태를 측정

㉢ 근접성 분석을 위한 필요 요소
- 관심 대상 지점(상점, 학교, 병원, 도로, 공원 등)
- 측정단위[거리(미터, 킬로미터), 시간(분, 시간), 비용 등]
- 공간 객체 간에 거리와 상태를 측정하기 위해 사용되는 기능(소프트웨어 및 분석 알고리즘)
- 분석 대상 구역

㉣ 분석 목적에 따른 구분

검색 기능	주어진 조건에 부합하는 특정 지점을 탐색하는 기능
확산 기능	주변 지역으로의 영향이 거리 · 시간 · 비용 등에 따라 어떻게 누적 · 확산하는지 파악하고자 하는 분석 기능
지형 분석	지형의 변화를 파악하기 위한 것

❷ 래스터 자료의 분석 대상에 따른 근접성 분석의 구분

로컬(Local)	하나의 화소를 분석 대상으로 산정하는 경우
포컬(Focal)	• 하나의 화소와 주변의 인접한 화소를 대상으로 산정하는 이동창(Moving Window) 방식이 주로 사용됨 • 분석 목적과 대상에 따라서 다양한 형태(도넛, 원, 쐐기, 직사각형 등)와 크기(1×3, 3×1, 3×3, 5×5 등)의 커널(Kernel)이 적용될 수 있음 • 평균, 중간값, 최솟값, 최댓값, 합계, 최대/최소 빈도 등의 값이 이동창의 연산 결과로 적용 • 가장 일반적으로 사용됨
조널(Zonal)	동일한 값을 지닌 화소 집합이 연산에 사용
글로벌(Global)	레이어 전체가 연산에 사용

❸ 활용

㉠ 학교 주변의 유해시설 분석
㉡ 공원 주변의 특성 분석
㉢ 쇼핑센터 주변의 상권 분석
㉣ 야생동물 서식지 주변의 생태권역 분석
㉤ 주변 화소와의 관계를 파악하는 지형분석(경사도, 향)

기출유형 완성하기

정답 01 ④ 02 ② 03 ③ 04 ②

01 근접성 분석을 위한 필요 요소가 아닌 것은?

① 관심 대상 지점
② 측정 단위
③ 분석 대상 구역
④ 벡터 자료

해설
근접성 분석의 필요 요소는 관심 대상 지점, 측정 단위, 분석 대상 구역 등이 있다. 또한 근접 분석은 벡터 및 래스터 자료에 모두 적용할 수 있다.

02 래스터 자료를 사용한 근접성 분석에서 이동창(Moving Window) 방식의 커널(Kernel)을 적용하는 분석은?

① 로컬(Local)
② 포컬(Focal)
③ 조널(Zonal)
④ 글로벌(Global)

해설
포컬(Focal) 분석은 하나의 화소와 주변의 인접한 화소를 대상으로 산정하며, 이때 이동창 방식의 커널을 적용한다.

03 래스터 자료를 사용하여 근접성 분석을 수행하고자 할 때, 포컬(Focal) 방식의 설명으로 틀린 것은?

① 하나의 화소와 주변의 인접한 화소를 대상으로 산정한다.
② 이동창(Moving Window) 방식을 적용하여 주변 화소에 대해 평균, 중위값, 최솟값, 최댓값, 합계, 최대/최소 빈도 등을 연산 결과로 적용한다.
③ 3×3 화소 크기의 정사각형 형태의 커널(Kernel)만을 적용해야 한다.
④ 가장 일반적으로 사용되는 방식이다.

해설
분석 목적과 대상에 따라 다양한 형태(도넛, 원, 쐐기, 직사각형 등)와 크기(1×3, 3×1, 3×3, 5×5 등)의 커널을 적용할 수 있다.

04 학교 주변의 유해시설 분석, 쇼핑센터 주변의 상권 분석, 야생동물 서식지 주변의 생태권역 분석 등을 수행하기에 적합한 분석 방법은?

① 주성분 분석
② 근접 분석
③ 상관 분석
④ 공간 추정

해설
학교 주변의 유해시설 분석, 쇼핑센터 주변의 상권 분석, 야생동물 서식지 주변의 생태권역 분석 등은 근접성 분석이 적합하다.

기출유형 10 ▸ 다중 링 버퍼 분석

특정 위치에서 특정 기능이나 현상이 일정 방향으로 확산하는 것을 표현하고 분석하기에 적합한 것은?

① 중첩 분석
② 다중 링 버퍼 분석
③ 네트워크 분석
④ 주성분 분석

해설

다중 링 버퍼 분석을 통해 버퍼 거리에 따른 주변 지역으로의 영향을 분석할 수 있다.

| 정답 | ②

족집게 과외

❶ 다중 링 버퍼 분석(다중 고리 버퍼 분석, Multiple Ring Buffer)

분석 대상이 되는 영향권에 따라 여러 개의 버퍼를 생성하고 거리 증가에 따른 영향력을 분석하는 방법

❷ 확산(Spread)

㉠ 정의
- 특정 위치에서 특정 기능이나 현상이 일정 방향으로 넓혀 가는 것
- 버퍼 거리에 따라 영향권을 연속적으로 표현할 수 있으며, 이러한 연속 버퍼의 형태가 다중 링의 모습으로 표현됨

㉡ 특징
- 각종 지표면에서 발생하는 현상에 대해 특정 위치에서 누적값을 얻을 수 있음
- 특정 위치에서 다른 위치로 이동함에 따른 누적된 소요 시간이나 현상을 정량적으로 계산할 수 있음
- 누적된 값을 산정하기 위하여 누적 표면 또는 마찰 표면 활용

Tip

누적 표면(Accumulation Surface)과 마찰 표면(Friction Surface)

래스터 자료에서 거리를 용이하게 산출하기 위한 것으로, 위치 이동에 따른 거리의 누적값을 미리 생성해 놓은 것

❸ 공간자료 모델에 따른 거리 산정 방법

래스터 자료	• 시작점과 직선상의 동서남북 방향에 위치한 하나의 화소 거리는 단위 거리(화소와 화소 간의 거리)의 1배로 부여 • 시작점과 대각선으로 인접한 하나의 화소 거리는 단위 거리의 1.4배로 부여
벡터 자료	시작점으로부터의 거리를 직선거리 또는 네트워크와 같은 경로 거리에 따른 산정

❹ 활용

특정 사건이 발생한 지점으로부터 주변 지역으로 거리나 시간의 증가 등에 따른 다양한 현상의 분석

기출유형 완성하기

정답 01 ④ 02 ③ 03 ② 04 ②

01 **버퍼 분석에서 공간자료 모델에 따른 거리 산정 방법의 설명으로 틀린 것은?**

① 래스터 자료에서 시작점과 동서남북 방향의 직선상에 위치한 하나의 화소 거리는 단위 거리(화소와 화소 간의 거리)의 1배로 부여한다.
② 래스터 자료에서 시작점과 대각선으로 인접한 하나의 화소 거리는 단위 거리의 1.4배로 부여한다.
③ 벡터 자료에서 시작점에서 종점까지의 거리는 직선거리로 산정한다.
④ 벡터 자료에서 네트워크 자료의 경로 거리는 버퍼 분석을 수행하는 경우 고려하지 않아도 된다.

해설
벡터 자료에서는 거리는 두 지점 간의 직선거리를 통해 산정할 수 있지만, 경우에 따라 네트워크와 같은 경로가 존재한다면 경로상의 거리에 대한 부분도 고려할 필요가 있다.

02 **래스터 자료에서 버퍼 분석을 수행할 때 거리를 용이하게 산출하기 위해 미리 산정한 것으로, 위치 이동에 따른 거리의 누적값을 생성해 놓은 것은?**

① 버퍼 거리(Buffer Distance)
② 최소 거리(Minimum Distance) 모델
③ 누적 표면(Accumulation Surface)
④ 최소 경계 사각형(Minimum Bounding Rectangle)

해설
누적 표면은 마찰 표면(Friction Surface)이라고도 하며, 이는 래스터 자료 모델에서 거리 산정을 용이하게 하기 위한 것이다.

03 **분석 대상이 되는 영향권에 따라 여러 개의 버퍼를 생성하고 거리 증가에 따른 영향력을 분석하는 방법은?**

① 단순 버퍼
② 다중 링 버퍼
③ 단일 버퍼
④ 복합 버퍼

해설
다중 링 버퍼는 확산 알고리즘을 적용해서 거리 증가에 따른 영향권을 분석하는 데 적합하다.

04 **다중 링 버퍼의 활용 사례로 가장 적합한 것은?**

① 학교 주변의 유해시설 분석
② 여러 화학물질 저장소에서 사고로 유출된 가스의 확산 피해 분석
③ 경사도와 경사 방향 분석을 위한 지형 분석
④ 시작점과 종점에 대한 경로 분석

해설
여러 지점에서 발생한 사고가 주변 지역에 대해 거리의 증가에 따라 어떠한 영향을 미치고 있는지를 분석하는 것은 다중 링 버퍼의 적합한 활용 사례이다.

04 지형 분석

기출유형 11 ▶ 수치지형도

수치지형도에 관한 설명으로 틀린 것은?

① 지형이나 기온, 강수량 등과 같은 실세계의 연속적인 현상을 수치지도를 사용하여 표현한 것이다.
② 지표면 상에 연속적으로 나타나는 현상들을 점 · 선 · 면 등으로 표현하기 어렵기 때문에 일반적으로 '표면'으로 나타낸다.
③ '표면'은 2차원의 x, y 좌표로 표현된 대상 지역에 z 값을 사용하여 높이의 변이를 표현한 것이다.
④ 수치지형도는 수작업을 통하여 일일이 수집하고 제작해야 하므로 갱신과 관리가 어렵다.

해설
수치지형도는 지형지물의 위치와 형상을 좌표 데이터로 나타내어 전산처리가 가능한 디지털 지도이므로, 갱신과 관리가 효율적이다.

| 정답 | ④

족집게 과외

❶ 실세계 현상의 표현

㉠ 지형이나 기온, 강수량 등과 같은 실세계의 연속적인 현상을 수치지도를 사용하여 표현
㉡ 지표면 상에 연속적으로 나타나는 현상들을 점 · 선 · 면 등으로 표현하기 어렵기 때문에 일반적으로 표면으로 나타냄
㉢ 표면은 2차원의 x, y 좌표로 표현된 대상 지역에 z 값을 사용하여 높이의 변이를 표현한 것으로 정의할 수 있음

❷ 수치 지형 자료의 취득

㉠ 기존 지도, 야외조사, 사진측량, 위성영상, GNSS(Global Navigation Satellite System) 등으로부터 수집되고 구조화됨
㉡ 조사지점 또는 표본지점에 대해 연속적으로 또는 불규칙적으로 x, y, z의 값을 취득할 수 있음
㉢ 기존 지도의 등고선을 따라 수치화된 점 자료를 이용해 수치지형모델을 제작할 수 있음
㉣ 점 자료들은 보간법에 의해 규칙적인 간격을 가진 수치표고모델(DEM)이나 불규칙 삼각망(TIN) 등의 구조로 변환됨

❸ 수치 지형 자료 획득을 위한 표본 추출 방법

㉠ 계통적 표본 추출방법(Systematic Sampling)

대상 지역 전체에 걸쳐 규칙적인 간격으로 표본을 추출하여 수치지형모델을 제작하는 방식

㉡ 적응적 추출방법(Adaptive Sampling)

- 표본을 선택적으로 추출하여 수치지형모델을 제작하는 방식
- 중요한 지역이거나 특징적인 지점을 대상으로 표본지점을 결정하여 진행

❹ 수치지형도

㉠ 정의

지형 · 지물 및 지명 등에 대한 위치, 형상을 좌표 데이터로 나타내어 전산처리가 가능한 디지털 지도

㉡ 제작기관 및 배포기관

국토지리정보원

㉢ 수치지형도의 축척

구분	축척
수치지형도 1.0	• 1/1,000 • 1/2,500 • 1/5,000 • 1/25,000 • 1/250,000
수치지형도 2.0	• 1/1,000 • 1/2,500 • 1/5,000
연속 수치지형도	1/5,000

❺ 우리나라 수치지도의 구분

수치지도 1.0	• 제공 단위: 도엽 • 구조: 도형 정보만 포함, 문자와 기호로 속성정보를 대체 • 묘사 특성: 주로 점과 선을 이용하여 지형지물을 묘사 • 포맷: CAD 데이터 형식의 DXF 파일
수치지도 2.0	• 제공 단위: 도엽 • 구조: 도형 정보와 속성 정보 모두 포함 • 묘사 특성: 점 · 선 · 다각형을 모두 이용하여 지형지물을 묘사 • 포맷: NGI 파일, NDA 파일, Shape 파일
연속 수치지도	• 제공 단위: 레이어 • 구조: 도형 정보와 속성 정보 모두 포함 • 묘사 특성: 점 · 선 · 다각형을 모두 이용하여 지형지물을 묘사 • 포맷: NGI 파일, NDA 파일, Shape 파일, Geodatabase 파일
온맵 (On-Map)	• 제공 단위: 도엽 • 구조: 도형 정보만 포함, 문자와 기호로 속성정보를 대체하고 있으며, 배경영상을 포함하고 있음 • 묘사 특성: 점 · 선 · 다각형을 모두 이용하여 지형지물을 묘사하며, 영상을 포함하여 하이브리드 지도방식으로 표현 • 포맷: PDF 파일 • 축척: 1/5,000, 1/25,000, 1/50,000, 1/250,000

기출유형 완성하기

정답 01 ① 02 ① 03 ④ 04 ②

01 수치지형 자료 획득을 위한 표본 추출 방법으로, 대상 지역 전체에 걸쳐 규칙적인 간격으로 표본을 추출하여 수치지형모델을 제작하는 방식은?

① 계통적 표본 추출 방법(Systematic Sampling)
② 적응적 추출 방법(Adaptive Sampling)
③ 집락 추출법(Cluster Random Sampling)
④ 단순 랜덤 추출법(Simple Random Sampling)

해설

계통적 표본 추출 방법을 통하여 규칙적인 간격으로 대상 지역으로부터 표본을 추출한다. 집락 추출법과 단순 랜덤 추출법은 일반적인 통계 표본 추출 방법으로 수치 지형 자료의 수집으로 적용되지는 않는다.

02 지형 · 지물 및 지명 등에 대한 위치, 형상을 좌표 데이터로 나타내어 전산처리가 가능한 디지털 지도는?

① 수치지형도
② 교통지도
③ 지적도
④ 지번도

해설

수치지형도는 지형 · 지물 및 지명 등에 대한 위치, 형상을 좌표 데이터로 나타내어 전산처리가 가능한 디지털 지도이다.

03 국토지리정보원에서 제작하여 배포하고 있는 하이브리드 지도로, 도형 정보는 포함하나 속성정보는 문자와 기호로 대체하여 PDF 포맷으로 제공되는 것은?

① 수치지도 1.0
② 수치지도 2.0
③ 연속수치지도
④ 온맵

해설

온맵은 점 · 선 · 다각형을 모두 이용하여 지형지물을 묘사하며, 영상을 포함하여 하이브리드 지도방식으로 표현하고 있다.

04 국토지리정보원에서 제작하여 도엽 단위로 배포하고 있는 지도로서, 도형 정보와 속성 정보 모두 포함하고 있으며 NGI 파일, NDA 파일, Shape 파일 등의 포맷으로 제공되는 것은?

① 수치지도 1.0
② 수치지도 2.0
③ 연속수치지도
④ 온맵

해설

① 도엽 단위, 도형 정보만 포함, CAD 데이터 형식의 DXF 파일 포맷
③ 레이어 단위, 도형 정보와 속성 정보 모두 포함, NGI 파일 · NDA 파일 · Shape 파일 · Geodatabase 파일 포맷
④ 도엽 단위, 도형 정보만 포함, PDF 파일 포맷

기출유형 12 ▸ 3차원 공간자료의 특징

우리나라의 3차원 국토 공간정보에서 위치 · 기하 정보와 텍스처에 대한 표현의 한계를 정의하고 있는 것은?

① 세밀도

② 속성 정보

③ 기하 정보

④ 기초 자료

해설

세밀도(LOD: Level of Detail)는 3차원 국토 공간정보의 위치 · 기하 정보와 텍스처에 대한 표현의 한계를 나타낸다.

| 정답 | ①

족집게 과외

❶ 관련 용어

㉠ 3차원 국토 공간정보

지형지물의 위치 · 기하 정보를 3차원 좌표로 나타내고, 속성 정보, 가시화 정보 및 각종 부가 정보 등을 추가한 디지털 형태의 정보

㉡ 위치 · 기하 정보

지형지물의 형태가 세밀도에 따라 구축되는 정보

㉢ 속성 정보

3차원 국토 공간정보에 표현되는 각종 지형지물의 특성

㉣ 가시화 정보

3차원 국토 공간정보의 현실감을 표현하기 위하여 세밀도에 따라 구축되는 텍스처

㉤ 세밀도(LOD: Level of Detail)

3차원 국토 공간정보의 위치 · 기하정보와 텍스처에 대한 표현의 한계

㉥ 기초자료

3차원 국토 공간정보를 구축하기 위하여 취득된 2 · 3차원 위치 · 기하 정보, 속성 정보 및 가시화 정보

㉦ 3차원 국토 공간정보 표준 데이터 셋

- 3차원 교통 데이터
- 3차원 건물 데이터
- 3차원 수자원 데이터
- 3차원 지형 데이터

㉧ 3차원 국토 공간정보의 데이터 형식

- 3차원 공간정보의 데이터 형식인 3DF-GML (3-Dimension Feature Geographic Markup Language)으로 제작하는 것을 원칙으로 함
- CityGML 형식과 상호교환 가능
- 데이터 활용계획에 따라 Shape, 3DS 및 JPEG 형식 등으로 제작할 수 있음

❷ 3차원 국토 공간정보 제작을 위한 작업순서

㉠ 작업계획 및 점검

㉡ 기초자료 취득 및 편집

㉢ 3차원 국토 공간정보 제작

㉣ 가시화 정보 제작

㉤ 품질관리

㉥ 정리점검 및 성과품

❸ 3차원 국토 공간정보 구축을 위한 자료 취득 방법

㉠ 기본 지리정보와 수치지도 2.0을 이용한 2차원 공간정보 취득

㉡ 항공 레이저 측량을 이용한 3차원 공간정보 취득

㉢ 항공사진을 이용한 3차원 공간정보 및 정사영상 취득

㉣ 이동형 측량 시스템을 이용한 3차원 공간정보 및 가시화 정보 취득

㉤ 디지털카메라를 이용한 가시화 정보 취득

㉥ 건축물 관리대장, 한국토지정보시스템, 토지종합정보망, 새 주소 데이터 등을 이용한 3차원 공간정보의 속성정보 취득

㉦ 속성정보 취득 및 현지 보완측량을 위한 현지 조사

㉧ 기존에 제작된 수치표고모델, 정사영상 및 영상정보를 이용한 자료의 취득

❹ 3차원 국토 공간정보 제작 순서

㉠ 2차원 공간정보에 높이 정보(항공 레이저 측량, 항공 측량용 카메라, 이동형 측량시스템 또는 현지 조사로부터 취득)를 입력하여 3차원 면형(블록)으로 제작

㉡ 세밀도에 따라 3차원 면형(블록)을 3차원 심볼 또는 3차원 실사모델로 변환

㉢ 세밀도에 따라 가시화 정보를 제작

㉣ 속성정보를 입력(기초자료 간의 시기 불일치에 따른 차이가 발생하는 경우, 1:1,000 수치지도 2.0을 기준으로 함)

❺ 품질검사를 위한 품질 요소

㉠ 완전성

㉡ 논리일관성

㉢ 위치정확성

㉣ 주제정확성

❻ 수치 지형 데이터를 이용한 지형분석

㉠ 정의

- 지형분석 기능: 래스터 자료에서 인접한 화소들과의 관계를 중심으로 분석하는 대표적 사례
- 지형분석에서 많이 활용되는 경사도, 향, 음영 기복도, 가시권 분석 등은 각 화소의 높이 값과 인접한 화소의 높이 값을 기반으로 하는 래스터 분석 방법

㉡ 특징

- 경사도 분석의 경우 인접한 화소까지 변하는 값에 대한 최대 비율을 계산하며, 계산된 값 중 최고값을 다시 원래의 화소에 입력하는 구조
- 화소를 이동하면서 새로운 값을 입력하는 무빙 윈도우(Moving Window) 적용
- 경사면의 향, 음영기복도와 일조 분석의 경우에도 무빙 윈도우 방식으로 해당 분석 알고리즘이나 연산식에 의해 각 화소에 해당하는 값을 입력

㉢ 주요 활용 분야

- 경사도/향 분석(Slope/Aspect)
- 등고선 생성(Automated Contours)
- 단면 분석(Cross Section)
- 수계 분석(Watershed)
- 가시권 분석(Viewshed Analysis)
- 일조 분석(Solar Radiation Analysis)

정답 01 ② 02 ④ 03 ① 04 ④

01 우리나라의 3차원 국토 공간정보에서 사용하고 있는 데이터 형식은?

① DXF(Drawing Exchange Format 또는 Drawing Interchange Format)
② 3DF-GML(3-Dimension Feature Geographic Markup Language)
③ PDF(Portable Document Format)
④ SVG(Scalable Vector Graphics)

해설
3차원 공간정보 데이터 형식인 3DF-GML로 제작하는 것을 원칙으로 하고 있다.

02 우리나라 3차원 국토 공간정보 표준 데이터 셋에 속하지 않는 것은?

① 3차원 교통 데이터
② 3차원 건물 데이터
③ 3차원 수자원 데이터
④ 3차원 임상 데이터

해설
3차원 국토 공간정보 표준 데이터 셋은 3차원 교통 데이터, 3차원 건물 데이터, 3차원 수자원 데이터 및 3차원 지형 데이터이다.

03 3차원 국토 공간정보의 품질검사를 위한 품질 요소에 포함되지 않는 것은?

① 표현의 다양성
② 논리의 일관성
③ 위치의 정확성
④ 주제의 정확성

해설
품질검사를 위한 품질요소: 완전성, 논리일관성, 위치정확성, 주제정확성 등

04 수치 지형 데이터를 활용한 분석기법이라고 하기 어려운 것은?

① 경사도/향 분석(Slope/Aspect)
② 단면 분석(Cross Section)
③ 가시권 분석(Viewshed Analysis)
④ 네트워크 분석(Network Analysis)

해설
네트워크 분석은 벡터 자료의 대표적인 분석기법이다. 수치 지형 데이터의 분석은 래스터 자료를 기반으로 이루어진다.

기출유형 13 ▶ 수치표고모델(DEM) 생성

수치지형모델 가운데 지형뿐만 아니라 건물, 수목, 인공구조물 등의 높이까지 반영하고 있는 것은?

① DEM(Digital Elevation Model)
② DSM(Digital Surface Model)
③ DTM(Digital Terrain Model)
④ TIN(Triangulated Irregular Network)

해설
② DSM은 지형뿐만 아니라 건물, 수목, 인공구조물 등의 높이까지 반영하고 있다.
③ DTM은 표고뿐만 아니라 다양한 지리 요소와 자연지물을 포함하고 있지만 지형에 대한 것이므로 수목과 인공구조물을 포함하고 있지는 않다.

| 정답 | ②

족집게 과외

❶ 수치 지형 모델

㉠ 연속적으로 변화하는 지형의 기복을 표현하기 위한 것
㉡ 효율적으로 지표면의 변화를 표현하기 위한 것

❷ 수치 지형 모델의 유형

㉠ 래스터 자료

DEM (Digital Elevation Model)	자연적인 지형의 변화를 표현하며, 표고에 국한된 정보를 대상으로 함
DSM (Digital Surface Model)	지형뿐만 아니라 건물, 수목, 인공구조물 등의 높이까지 반영한 연속적인 변화를 표현
DHM (Digital Height Model)	식생과 인공구조물 등 지표면 위 대상물에 대한 높이 정보를 포함하고 있는 것

㉡ 벡터 자료

DTM (Digital Terrain Model)	• 표고뿐만 아니라 강, 하천, 지성선(Basic Relief Line) 등과 같은 지리 요소와 자연 지물 포함 • 경사도, 지세, 가시도 등의 지형과 관련된 정보 포함 • 모델 분석이나 지세, 다른 표면과 연관된 현상 제공
TIN (Triangulated Irregular Network)	불규칙하게 분포된 위치에서 표고를 추출하여 삼각형의 형태로 연결해 전체 지형을 불규칙한 삼각망으로 표현하는 방식
DGM (Digital Ground Model)	지표면의 위치하는 요소 간에는 연결성이 있는 것으로 간주하여 수학적인 보간 함수들을 사용해 지표면상의 점들을 생성한 것

❸ 수치표고모델(DEM)

㉠ 정의
규칙적인 간격으로 표본지점이 추출된 격자 형태의 데이터 모델

㉡ 특징
- 데이터의 구조가 격자 형태이므로 레이어 간 데이터를 처리하고 분석하는 것이 용이함
- 규칙적인 간격(동일한 밀도와 크기의 격자 사용)의 표본지점 배열로 복잡한 지형과 단순한 지형에 효율적인 대응이 어려움
- 단순한 지형을 표현하는 데에도 많은 데이터 용량 필요

㉢ DEM 구축 비용, 정확도 등에 영향을 주는 요소
- 지형의 형태
- 표고자료 추출점의 위치와 밀도
- 보간에 사용되는 알고리즘

㉣ 수치표고모델로부터 추출할 수 있는 정보
- 경사 분석도
- 가시권 분석도
- 절토량 및 성토량 분석도

❹ DEM 제작 방법

㉠ 자료 수집 단계

- 정의

  지표면의 지형지물을 3차원의 위치 좌표로 관측하는 과정

- 수집 방법

지상으로부터 직접 수집	지상측량, 데이터 표고 측정, 레이저 스캐닝 등
간접 수집	항공사진, 위성영상, 라이다(Lidar) 또는 종이지도의 등고선 등

- 구축 방법
  - 지표면 대상 지역의 모든 격자점의 표고를 직접 추출
  - 시간과 경비가 많이 소요됨
  - 중요한 지점의 표고로부터 보간을 통해 대상 지역 격자점의 표고를 2차로 추출하는 방법이 보편적

㉡ 자료처리단계

- 정의

  수집된 위치자료로부터 지형을 잘 표현할 수 있는 모형의 표고를 보간에 의해 결정하는 과정

- 고려사항

  표고점의 배치 형태, 추출 방법 및 장비, 보간법, 목표정확도 등

❺ DEM 제작 방법의 비교

㉠ 사용 목적에 부합되도록 정확도와 경제성을 고려한 결정이 요구됨

㉡ DEM 제작 방법에 대해 상대적이고 일반적인 내용

구분		소요 장비	경제성	정확성
지상측량		토탈 스테이션, GPS	매우 낮음	매우 높음
종이지도		디지타이저	중간 (수작업 수반)	낮음 (원시자료에 좌우)
		스캐너, 지도제작 SW	중간 (데이터 변환수반)	
수치지형도		지도제작 SW	매우 높음	중간 (원시자료에 좌우)
사진 측량	기존 사진	해석도화기 수치도화기	낮음	높음
	신규 촬영		낮음 (촬영비 추가)	
위성영상		영상처리기	높음	낮음 (개선 중)
Lidar		레이저 스캐닝 시스템, GPS/IMU	중간 (개선 중)	매우 높음
SAR Interferometry		SAR 데이터 처리기	매우 낮음 (개선 중)	매우 높음

❻ 3차원 지형 데이터 편집 방법

㉠ '항공 레이저 측량 작업 규정'에 따라 제작된 수치표고모델을 사용하는 것을 원칙으로 함

㉡ 수치지도 축척에 따른 수치표고모델의 격자간격

수치지도 축척	수치표고자료 격자간격
1 : 1,000	1m×1m
1 : 2,500	2m×2m
1 : 5,000	5m×5m

기출유형 완성하기

정답 01 ④ 02 ① 03 ② 04 ②

01 수치표고모델로부터 추출할 수 있는 정보가 아닌 것은?

① 경사 분석도
② 가시권 분석도
③ 절토량 및 성토량 분석도
④ 인구밀도 분석도

해설
인구밀도와 관련된 내용은 수치표고모델로부터 추출할 수 있는 정보가 아니다.

02 자연적인 지형의 변화를 표현하는 것으로, 표고에 국한된 정보를 대상으로 하는 것은?

① DEM(Digital Elevation Model)
② DSM(Digital Surface Model)
③ DTM(Digital Terrain Model)
④ DHM(Digital Height Model)

해설
①·③ 표고에 국한된 정보를 지닌 것이 DEM이라면, DTM은 표고뿐만 아니라 강, 하천, 지성선(Basic Relief Line) 등과 같은 지리 요소와 자연지물의 변화까지 포함하고 있다.
② DSM은 지형뿐만 아니라 건물, 수목, 인공구조물 등의 연속적인 변화를 표현하고 있다.
④ DHM은 지표면 위의 자연 및 인공구조물의 높이 정보를 포함하고 있다.

03 지형뿐만 아니라 건물, 수목, 인공구조물 등의 높이까지 반영한 연속적인 변화를 표현하고 있는 것은?

① DEM(Digital Elevation Model)
② DSM(Digital Surface Model)
③ DTM(Digital Terrain Model)
④ TIN(Triangulated Irregular Network)

해설
DEM은 표고에 국한된 정보를, TIN은 경사와 향 및 위상관계의 정보까지 포함하고 있다. DTM은 표고뿐만 아니라 지형의 세밀하고 특징적인 변화까지 포함하고 있다.

04 '3차원 국토 공간정보 구축 작업 규정'에 의한 축척 1/1,000 수치지도의 수치표고모델 격자간격은?

① 0.5m×0.5m
② 1m×1m
③ 2m×2m
④ 5m×5m

해설
축척 1/1,000 수치지도의 수치표고모델 격자간격은 1m×1m이다.

기출유형 14 ▸ TIN 생성

불규칙삼각망(TIN)에 대한 설명으로 틀린 것은?

① 고도값의 내삽에 사용될 수 있다.
② 수치표고모델(DEM)의 제작과 변환에도 사용될 수 있다.
③ 경사도와 경사 방향은 계산할 수 있으나, 체적은 계산할 수 없다.
④ 델로니 삼각망(Delaunay Triangulation)의 원리를 적용해 구축한다.

해설

TIN은 경사 크기와 경사 방향, 체적 등의 산정에 활용할 수 있으며, 고도값의 내삽과 DEM의 제작에도 사용될 수 있다.

| 정답 | ③

족집게 과외

❶ TIN(Triangulated Irregular Network)

㉠ 정의

불규칙하게 분포된 위치에서 표고를 추출하고, 이들 위치를 삼각형의 형태로 연결하여 전체 지형을 불규칙한 삼각형의 망으로 표현하는 방식

㉡ 특징

- 세 변의 길이가 같은 정삼각형 형태에 근접할수록 보다 정확한 지표면의 형태를 보간할 수 있음
- 비교적 적은 지점에서 추출된 표고 자료를 이용하여 전반적인 지형의 형태를 나타낼 수 있음

㉢ 활용

- 경사 크기(Gradient)와 경사 방향(Aspect), 체적(Volume) 등의 산정
- 점 형태의 표고자료로부터 삼각형의 면 데이터로 변환한 뒤 내삽(Interpolation), 즉 보간식을 도출하여 DEM을 만들 수 있음
- 위상구조를 가질 수 있어 공간분석에도 활용할 수 있음
- 일정 지역 내 연속적인 변이를 갖는 특징이나 속성을 표현하는 데 사용

❷ 구성

㉠ 구성 요소

- 각 삼각형 꼭짓점의 X, Y, Z 좌표정보
- 페이스(Face), 노드(Node), 에지(Edge)로 구성
- 위상정보

㉡ 위상정보 테이블

아크 속성 테이블	모든 변의 연결성과 방향성을 알려주는 노드(From Node to Node)에 대한 정보
노드 속성 테이블	각 삼각형을 이루는 노드의 좌푯값과 표고값
폴리곤 속성 테이블	각 삼각형을 구성하고 있는 변들과 인접한 삼각형의 정보

❸ 장단점

장점	• 적은 자료량을 사용해 복잡한 지형(계곡, 골짜기, 정상, 특이지형 등)의 상세한 표현 • 래스터 방식과 비교해 정확하고 효과적인 방식의 지표면 표현 • 압축기법의 사용으로 용량 감소 가능
단점	• 래스터 방식에 비해 많은 자료 처리가 필요함 • TIN 생성 알고리즘에 따라 오차가 발생할 수 있음 • 생성된 삼각형 부근에서 만들어지는 불필요한 객체를 제거하기 위한 수작업이 필요할 수 있음

❹ TIN 구축 원리

㉠ 델로니 삼각망(Delaunay Triangulation)

- 표본점으로부터 삼각형의 네트워크를 생성하는 방법
- 삼각형의 외접원 내부에 다른 점이 포함되지 않도록 연결된 삼각망

Tip

델로니 삼각망(Delaunay Triangulation)

- 델로니 삼각망과 외접원의 중심

- 삼각형의 외접원 내부에 다른 점이 포함되면 안 되는 원칙에 어긋난 델로니 삼각망

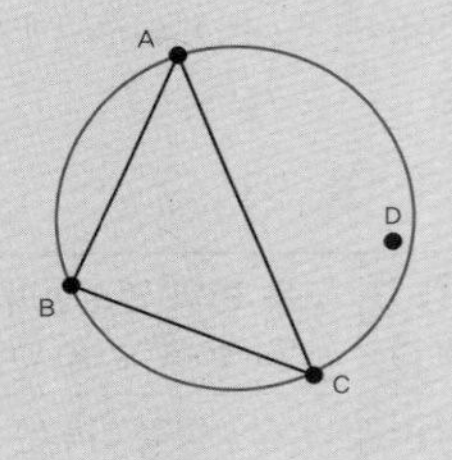

❺ TIN 구축

㉠ 등고선을 이용한 TIN 구축

- 특징
  - 등고선으로부터 구성되는 삼각형은 모양이 델로니 삼각망의 성질을 갖는다면 이상적인 삼각망의 구성
  - 등고선의 꼭짓점을 이어서 구성된 삼각형의 모양은 달라질 수 있음
- 내포된 문제점
  - 등고선, 능선, 합수선, 인공구조물 등을 가로질러 TIN이 구성되면 실제 지형의 특성을 반영하지 못함
  - 동일한 고도값을 가지고 있는 표고점들만을 이용하여 TIN이 생성될 경우 실제 지형과 달리 평지로 표현됨
- 문제 해결방안
  - 표고 보완점을 수동으로 추가하는 방안
  - 수치지도에 포함된 표고 정보를 이용하여 가상 표고 보완점을 추정하는 방안
  - 가상 표고 보완점과 기존 등고선 및 표고점을 연결하여 수동방식의 표고 보완점을 줄이는 방안
  - 대상 구역을 소규모로 나누어 각 구역에서 TIN을 구성하고, 각 구역의 TIN을 합성하는 방안

㉡ 보로노이 다이어그램(Voronoi Diagram)을 이용한 TIN 구축

- 보로노이 선분을 공유하는 2개의 점을 연결한 보로노이 다이어그램의 듀얼 그래프를 이용한 TIN의 구성
- 보로노이 다각형 또는 티센 다각형으로 구성할 수 있는 델로니 삼각망의 집합은 유일하며, 이러한 유일성을 바탕으로 TIN 구축

Tip

보로노이 다이어그램(Voronoi Diagram)

- 임의의 표본지점으로부터 가장 가까운 선을 연결하고, 그 선을 수직 이등분해서 만들어지는 다각형
- 이렇게 만들어진 다각형은 델로니 삼각망의 원칙을 충족시킴

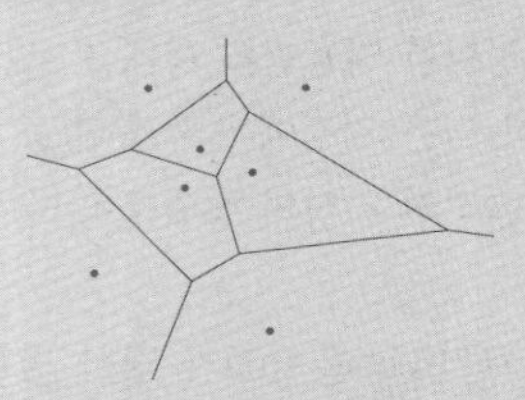

티센 다각형(Thiessen Polygon)

보로노이 다이어그램을 통해 생성된 티센 다각형 내부의 모든 점은 주변 다각형의 중심점보다 해당 티센 다각형의 중심점에 더 가까운 특성을 지님

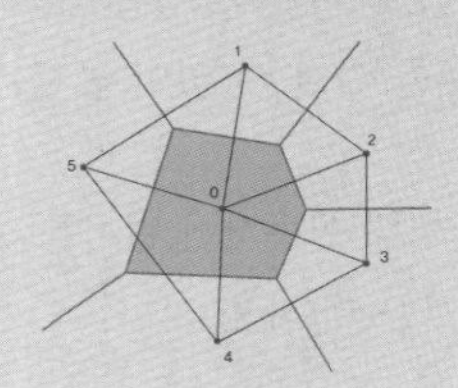

정답 01 ② 02 ③ 03 ② 04 ④

01 불규칙하게 분포된 위치에서 표고를 추출하고 이들 위치를 삼각형의 형태로 연결하여 전체 지형을 불규칙한 삼각형의 망으로 표현하는 방식으로 페이스(Face), 노드(Node), 에지(Edge)로 구성되는 것은?

① DTM
② TIN
③ DEM
④ DSM

해설
불규칙삼각망(TIN)에 대한 설명으로, 각 삼각형의 꼭짓점은 X, Y, Z 좌표정보를 갖는다.

02 TIN(Triangulated Irregular Network)의 설명으로 틀린 것은?

① 불규칙하게 분포된 위치에서 표고를 추출하고, 이들 위치를 삼각형의 형태로 연결하여 전체 지형을 불규칙한 삼각형의 망으로 표현한 것이다.
② 각 삼각형의 꼭짓점은 X, Y, Z 좌표정보를 갖는다.
③ TIN 모델은 위상(Topology) 정보가 필요하지 않다.
④ 델로니 삼각망(Delaunay Triangulation)의 원리를 적용하여 구축된다.

해설
TIN 모델은 아크 속성 테이블, 노드 속성 테이블, 폴리곤 속성 테이블 등의 위상 정보를 갖는다.

03 TIN의 특징에 대한 설명으로 틀린 것은?

① 적은 자료량을 사용해 복잡한 지형을 상세하게 표현할 수 있다.
② TIN을 변환하여 DEM을 생성하는 것은 불가능하다.
③ 래스터 방식에 비해 많은 자료 처리가 필요하다.
④ 위상구조를 가질 수 있어 공간분석에도 활용할 수 있다.

해설
TIN 모델에 보간식을 적용하여 DEM을 생성할 수 있다. TIN은 복잡한 지형(계곡, 골짜기, 정상, 특이지형 등)을 상세하게 표현하는 것에 유리하다. 그러나 중첩 분석과 같은 공간분석을 위해서는 데이터 변환 등의 많은 자료 처리가 필요한 단점이 있다.

04 TIN의 구성과 관련하여 델로니 삼각망 각 변의 이등분선으로 만들어지는 것으로, 이것의 꼭짓점은 델로니 삼각망의 외접원의 중심인 것은?

① 최소 경계 사각형(Minimum Bounding Rectangle)
② 다중 링 버퍼(Multiple Ring Buffer)
③ 슬리버(Sliver)
④ 보로노이 다이어그램(Voronoi Diagram)

해설
보로노이 다이어그램은 델로니 삼각망 각 변의 이등분선으로 만들어지며, 보로노이 다각형의 꼭지점은 델로니 삼각망의 외접원의 중심이다. 보로노이 다각형으로 구성할 수 있는 델로니 삼각망의 집합은 유일하며, 이러한 유일성을 바탕으로 TIN이 구축된다.

기출유형 15 ▸ 3차원 조감도 제작

건물 및 지형 등을 3차원 가시화 정보로 편집 및 제작하려고 할 때, 올바르지 않은 설명은?

① 실사 영상으로 취득된 가시화 정보는 자료의 특성(그림자 등)을 고려하여 색상을 조정한다.
② 실사 영상에서 지물을 가리는 수목, 전선 등은 주변 영상을 이용하여 편집한다.
③ 3차원 교통 데이터, 3차원 건물 데이터 및 3차원 수자원 데이터는 세밀도에 따라 단색, 색깔, 가상 영상 또는 실사 영상으로 가시화 정보를 제작한다.
④ 10층 이상 고층 공동주택, 3차 의료기관, 경기장, 전시장 및 대형쇼핑센터 등은 세밀도에 따라 단색, 색깔 등으로 가시화 정보를 제작한다.

해설

10층 이상 고층 공동주택, 3차 의료기관, 경기장, 전시장 및 대형쇼핑센터 등은 '3차원 국토 공간정보 구축 작업 규정'의 '3차원 건물 데이터 세밀도 및 가시화 정보 제작기준'과 달리 실사 영상으로 가시화하여야 하는 대상이다.

| 정답 | ④

족집게 과외

❶ 가시화 정보 편집 방법

㉠ 실사 영상으로 취득된 가시화 정보는 자료의 특성(그림자 등)을 고려하여 색상을 조정하여야 함
㉡ 실사 영상에서 지물을 가리는 수목, 전선 등은 주변 영상을 이용하여 편집하여야 함
㉢ 실사 영상에서 폐색지역이나 영상이 선명하지 않은 지역은 지상에서 촬영한 영상을 이용하여 편집하여야 함. 다만, 편집이 어려운 경우, 가상 영상으로 대체할 수 있음
㉣ 3차원 지형 데이터의 가시화 정보는 정사영상을 이용하여 다음 내용과 같이 편집함
- 교량, 고가도로, 입체 교차부 등 공중에 떠 있는 지물은 삭제함
- 교량, 고가도로, 입체 교차부 등으로 가려진 부분은 주변 영상을 이용하여 편집함

❷ 가시화 정보 제작 방법

㉠ 3차원 교통 데이터, 3차원 건물 데이터 및 3차원 수자원 데이터는 세밀도에 따라 단색, 색깔, 가상 영상 또는 실사 영상으로 가시화 정보를 제작하여야 함
㉡ 단색 또는 색깔 텍스처는 3차원 면형(블록)을 단색 또는 색깔로 제작하여야 함
㉢ 가상 영상 텍스처는 지물의 용도 및 특징을 나타낼 수 있도록 실제 모습과 유사하게 제작하여야 함
㉣ 실사 영상 텍스처는 가시화 정보 편집 방법에 의해 편집된 실사 영상을 이용하여 제작하여야 함
㉤ 가상 영상 및 실사 영상 텍스처는 3차원 모델의 크기에 맞게 제작하여야 함
㉥ '3차원 건물 데이터 세밀도 및 가시화 정보 제작기준(별표5)'과 달리 실사 영상으로 가시화하여야 하는 대상은 다음과 같음
- 10층 이상 고층 공동주택, 시 · 군 · 구청 및 우체국 등 공공기관
- 3차 의료기관, 경기장, 전시장 및 대형쇼핑센터
- 4차선(편도, 왕복 8차선) 이상의 도로가 교차하는 교차로에서 반경 50m 이내에 존재하는 10층 이상의 건물

❸ 가시화 정보 지상 표본 거리(Ground Sample Distance, GSD)

가상 영상 및 실사 영상의 지상 표본 거리는 12cm 이내로 함

❹ 3차원 건물 데이터 세밀도 및 가시화 정보 제작기준('3차원 국토 공간정보 구축 작업 규정'의 별표5)

대분류	3차원 건물 데이터	
중분류	주거용 및 주거 외 건물	
세분류	일반주택, 공공주택, 공공기관, 산업시설, 문화교육시설, 의료복지시설, 서비스 시설, 기타시설	
세밀도	제작기준	제작 예
Level 1	• 블록형태 • 지붕면은 단색 텍스처 • 수직적 돌출부 및 함몰부 미제작 • 단색, 색깔 또는 가상 영상 텍스처	
Level 2	• 블록 또는 연합블록 형태 • 지붕면은 색깔 또는 정사영상 텍스처 • 수직적 돌출부 및 함몰부 미제작 • 가상 영상 또는 실사 영상 텍스처	
Level 3	• 연합블록 형태 • 지붕구조(경사면) 제작 • 수직적 돌출부 및 함몰부까지 제작 • 가상 영상 또는 실사 영상 텍스처	
Level 4	• 3차원 실사모델 • 지붕구조(경사면) 제작 • 수직적 · 수평적 돌출부 및 함몰부까지 제작 • 실사 영상 텍스처	

01 '3차원 국토 공간정보 구축 작업 규정'의 '3차원 건물 데이터 세밀도 및 가시화 정보 제작기준'에서 정의하고 있는 가시화 정보의 지상 표본 거리(Ground Sample Distance)는?

① 12cm 이내
② 24cm 이내
③ 50cm 이내
④ 96cm 이내

해설

'3차원 건물 데이터 세밀도 및 가시화 정보 제작기준'에서 정의하고 있는 가시화 정보(가상 영상 및 실사 영상)의 지상 표본 거리는 12cm 이내이다.

02 '3차원 국토 공간정보 구축 작업 규정'의 '3차원 건물 데이터 세밀도 및 가시화 정보 제작기준'에서 정의하고 있는 3차원 건물 데이터의 세밀도 'Level 1'에 해당하는 것은?

① 지붕면은 단색 텍스처
② 연합블록 형태
③ 3차원 실사 모델
④ 수직적 · 수평적 돌출부 및 함몰부 제작

해설

3차원 건물 데이터의 세밀도 'Level 1'

- 블록형태
- 지붕면은 단색 텍스처
- 수직적 돌출부 및 함몰부 미제작
- 단색, 색깔 또는 가상 영상 텍스처

03 '3차원 국토 공간정보 구축 작업 규정'의 '3차원 건물 데이터 세밀도 및 가시화 정보 제작기준'에서 정의하고 있는 3차원 건물 데이터의 세밀도 'Level 3'에서 지붕면에 대한 처리는?

① 단색 텍스처
② 색깔 텍스처
③ 정사영상 텍스처
④ 지붕구조(경사면) 제작

해설

Level 1에서는 '단색 텍스처', Level 2는 '색깔 또는 정사영상 텍스처', Level 3 · Level 4는 '지붕구조(경사면) 제작'이다.

04 '3차원 국토 공간정보 구축 작업 규정'의 '3차원 건물 데이터 세밀도 및 가시화 정보 제작기준'에서 3차원 건물 데이터를 3차원 실사 모델로 표현하도록 되어있는 세밀도 수준은?

① Level 1
② Level 2
③ Level 3
④ Level 4

해설

3차원 실사 모델로 건물 데이터를 표현하는 것은 세밀도 'Level 4'이다.

기출유형 16 ▶ 등고선(Contour Line)★

등치선 중에서 높이가 동일한 지점을 연결한 것으로, 평균 해수면을 기준으로 하는 것은?

① 등온선

② 등압선

③ 등고선

④ 단계구분도

해설

높이에 대해 동일한 값을 지닌 지점을 연결한 것이므로 등고선이라고 한다.

| 정답 | ③

족집게 과외

❶ 등고선

㉠ 등치선 중에서 높이가 동일한 지점을 연결한 선

㉡ 평균 해수면을 기준으로 동일 고도의 지점을 연결한 선

Tip

등치선(Isoline)

공간에 분포하는 특성값(온도, 기압, 밀도, 높이, 수심, 가격 등)이 동일한 지점을 연결한 선

❷ 등고선의 특성

㉠ 하나의 등고선 위에서 모든 점의 높이는 동일

㉡ 시작점과 끝점이 동일한 폐곡선

㉢ 서로 이웃하는 등고선은 절벽이나 동굴을 제외하고는 겹치지 않음

㉣ 지형의 경사가 급한 곳은 그 간격이 좁고, 경사가 완만한 곳은 그 간격이 넓음

❸ 등고선의 활용

㉠ 산지의 능선과 계곡의 구분

㉡ 임의 지점에서의 최대 경사 방향(빗물 흐름방향)과 최저 경사 방향의 파악

㉢ 등고선 사이 임의 지점에 대한 표고 산정

❹ 등고선의 종류

주곡선 (Intermediate Contour)	• 등고선 중 가장 기본이 되는 곡선 • 가는 실선으로 표시 • 1 : 25,000 지형도에서 10m 간격, 1 : 50,000 지형도에서 20m 간격
간곡선 (Half-interval Contour)	• 완경사지에서 주곡선만으로는 판독이 불충분하거나 등고선의 간격이 넓을 때 사용 • 긴 점선[할선(割線)]으로 표시 • 주곡선의 1/2 간격
조곡선 (Supplementary Contour)	• 지형이 더욱 완만하여 간곡선을 표시해도 세부 지형 판독이 힘들 때 사용 • 짧은 점선[파선(破線)]으로 표시 • 주곡선의 1/4 간격
계곡선 (Index Contour)	지형의 상태와 판독을 쉽게 이해하기 위하여 주곡선 5개마다 하나씩 굵은 실선으로 표시

❺ 등고선 제작

현황측량	• 지도를 제작할 지역을 직접 측량하여 제작 • '국가기준점' 또는 '도시기준점'을 활용 • 토털스테이션, GNSS 등을 이용
사진측량	• 디지털카메라를 적용한 항공사진을 이용 • '국가기본도'인 지형도 제작 시 항공사진측량 기술을 이용하여 등고선 제작
위성영상 측량	• 인공위성 영상을 활용한 수치지도 제작 시 등고선 제작 • 국토지리정보원에서는 휴전선 지역에 대한 지형도 제작, 북한지역 수치지도 제작 등을 위하여 위성영상을 활용한 국가기본도 제작
기타 제작 방법	• 준공도면, 디지타이저, 스캐너 등을 이용한 제작 • 기존에 제작된 수치지형도로부터 TIN과 DEM 변환을 거쳐 등고선 생성

❻ 기존 수치지형도로부터의 등고선 생성

㉠ 수치지형도로부터 DEM까지의 제작 과정

표고점 추출	• TIN 생성을 위한 선행단계 • 수치지형도에서 표고점을 추출하는 단계 • 표고점의 파일 포맷: XYZ 정보를 보유한 ASCII 파일
TIN 생성	• DEM을 제작하기 위한 선행단계 • 추출된 표고점을 이용하여 TIN을 생성하는 단계 • 보로노이 다각형, 델로니 삼각망 등의 알고리즘을 적용 • 생성된 TIN은 페이스(Face), 노드(Node), 에지(Edge) 등의 정보 보유
DEM 생성	• TIN을 이용한 보간법을 적용하여 DEM을 제작하는 단계 • TIN에 근거한 지형자료의 보간은 최소한의 표고점을 이용해 능선이나 곡선과 같은 지형 구조의 특성을 반영할 수 있다는 점에서 효율적임

㉡ DEM을 이용한 등고선 생성
공간정보 소프트웨어를 통한 처리

㉢ DEM을 이용한 등고선 생성 과정

- 공간정보 소프트웨어에서 DEM을 선택해서 열기
- 공간정보 소프트웨어의 메뉴에서 명령어를 선택한 후 등고선 추출기능 선택
- 입력되는 래스터 레이어에서 DEM을 선택하고, 출력되는 벡터 파일명과 등고선 간격 지정
- 공간정보 소프트웨어에서 등고선 추출기능 실행 확인
- 등고선 벡터 데이터의 생성 결과 확인
- 쉽게 인식할 수 있도록 각 등고선에 계곡선, 주곡선, 간곡선, 조곡선 등의 속성과 높이 값을 부여하고 시각화

01 우리나라의 축척 1 : 25,000 지형도에서 주곡선의 간격은?

① 5m
② 10m
③ 20m
④ 50m

해설
축척 1 : 25,000 지형도에서 주곡선의 간격은 10m이다.

02 지형도의 등고선에 대한 설명으로 틀린 것은?

2023년 기출

① 하나의 등고선 위에서 모든 점의 높이는 동일하다.
② 시작점과 끝점이 동일한 폐곡선이다.
③ 서로 이웃하는 등고선은 절벽이나 동굴을 제외하고는 겹치지 않는다.
④ 지형의 경사가 급한 곳은 그 간격이 넓고, 경사가 완만한 곳은 그 간격이 좁다.

해설
등고선은 지형의 경사가 급한 곳은 그 간격이 좁고, 경사가 완만한 곳은 그 간격이 넓다.

03 등고선을 추출해서 활용할 수 있는 우리나라의 국가기본도인 지형도의 제작방식은?

① 현황측량
② 항공사진측량
③ 위성영상측량
④ 스캐너 활용

해설
국가기본도인 지형도를 제작하는 것은 항공사진측량 기술을 이용한다. 예외적으로 항공사진을 촬영할 수 없는 접경지역과 북한지역에 대해서는 위성영상을 활용하여 국가기본도를 제작한다.

04 등고선에 대한 설명으로 틀린 것은?

① 주곡선은 가는 실선으로 표시하며, 1 : 25,000 지형도에서 10m 간격으로 표시한다.
② 간곡선은 완경사지에서 주곡선만으로는 판독이 불충분하거나 등고선의 간격이 넓을 때 사용한다. 이에 따라 주곡선과 동일한 간격으로 표시한다.
③ 조곡선은 지형이 더욱 완만하여 간곡선을 표시해도 세부 지형 판독이 힘들 때 사용한다. 짧은 점선으로 표시한다.
④ 계곡선은 지형의 상태와 판독을 쉽게 이해하기 위하여 주곡선 5개마다 하나씩 굵은 실선으로 표시한다.

해설
간곡선은 주곡선의 1/2 간격으로 표시한다.

얼마나 많은 사람들이
책 한 권을 읽음으로써
인생에 새로운 전기를 맞이했던가.

헨리 데이비드 소로

PART 07
공간정보 기초 프로그래밍

CHAPTER 01 PART 7 공간정보 기초 프로그래밍

프로그래밍 개요

기출유형 01 ▶ 프로그래밍 개요

프로그램 실행 방법이 아닌 것은?

① 컴파일 기법
② 인터프리트 기법
③ 스크립트 기법
④ 하이브리드 기법

해설
프로그램 실행은 컴파일, 인터프리트, 하이브리드 기법으로 구분된다.

| 정답 | ③

족집게 과외

❶ 프로그램 언어

기계어 (Machine Language)	• 0과 1의 이진수로 구성된 언어 • 컴퓨터의 CPU는 기계어만 이해하고 처리할 수 있음
어셈블리어	기계어 명령을 ADD, SUB, MOVE 등과 같은 표현하기 쉬운 상징적인 단어인 니모닉 기호(Mnemonic Symbol)로 일대일로 대응시킨 언어
고급 언어	• 사람이 이해하기 쉬움 • 복잡한 작업, 자료 구조, 알고리즘을 표현하기 위해 고안된 언어 • Pascal, Basic, C/C++, Java, C# 등 절차지향언어 및 객체지향언어로 구분

❷ 프로그램 실행 방법

㉠ 컴파일 기법

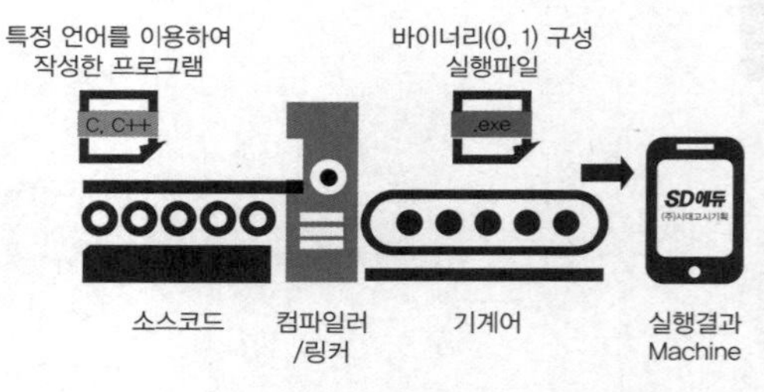

- 프로그래밍 언어로 작성된 텍스트 파일인 소스 파일을 컴퓨터가 이해할 수 있는 기계어로 만드는 과정
- 프로그램이 컴파일러에 의해 0과 1로 구성된 이진 파일로 번역된 다음, 번역된 파일이 컴퓨터에서 실행되는 기법
- 컴파일러에 의해 번역된 프로그램은 윈도우, 맥(Mac), 유닉스(Unix) 등의 각 환경에서 실행될 수 있는 동일한 기능을 각각 개발
- 컴파일 기법에 의해 생성된 바이너리 코드는 메모리에 올라가서 실행될 수 있는 파일로서 0과 1로 이루어진 2진법 체계로 이루어진 기계어로 구성되며 플랫폼에 의존적임

- 모든 플랫폼에서 가능한 소프트웨어를 개발하는 것은 매우 어려움

㉡ 인터프리트 기법

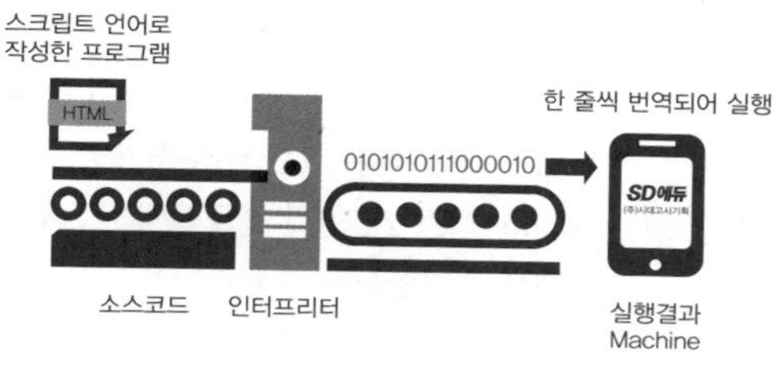

- 인터프리터란 프로그램을 실행하기 전 프로그램을 해석하여 기계어로 변경하는 것이 아니라 실행할 때 한 줄씩 번역하면서 실행하는 것을 의미함
- 인터프리터를 기반으로 하는 언어는 컴파일 언어에 비해 매우 적은 수로 배우고 쓰기 쉬움
- 프로그램이 수행되는 동안 한 문장씩 컴퓨터가 이해할 수 있는 형태로 번역하므로 컴파일 언어에 비해 수행 시간이 많이 소요됨
- 대표적인 언어: HTML, 자바 스크립트, ASP, PHP, Perl 등

㉢ 하이브리드 기법

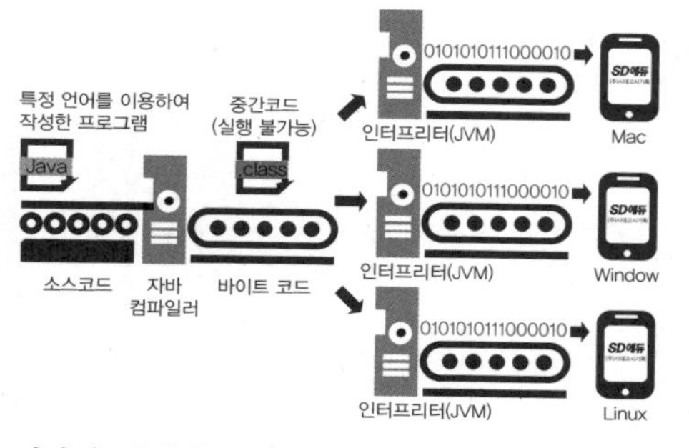

- 컴파일 기법과 인터프리트 기법을 모두 사용하는 방식으로 최근 자바, C# 등에서 주로 사용됨
- 즉시 실행이 불가능한 중간코드를 사용하여 네트워크 환경의 다양한 컴퓨터에서도 실행될 수 있는 이식성을 제공
- 자바의 경우 소스코드를 중간 단계의 바이너리 코드로 변환한 후 플랫폼별로 준비된 자바 가상 기계를 통해 실행시키면 소프트웨어는 어떤 플랫폼에서나 실행할 수 있음

❸ 하이브리드 기법의 대표적인 언어인 자바의 특징

구조적 중립성 · 이식성	자바 가상 머신이 있는 어떠한 플랫폼에서도 응용 프로그램의 변경 없이 실행할 수 있음
객체지향	객체지향언어의 상속(상위 클래스의 멤버를 물려받아 재정의), 캡슐화(정보 은폐), 다형성(오버로딩, 오버라이딩) 등을 지원
단순	언어의 구성요소들을 보다 간단하게 하기 위해 goto 문, 헤더파일, 전처리기, 포인터 기능 등을 제거함
강력	신뢰성이 높고 강력한 소프트웨어 개발을 위해 프로그래밍 오류의 특정 유형을 제거하고, 컴파일 시 엄격한 데이터 형식 체크를 수행
멀티 스레드	java.lang.thread 내장 패키지를 통해 다중 스레드 개념을 지원하여 보다 쉽게 스레드들을 이용해서 프로그래밍할 수 있도록 설계

기출유형 완성하기

정답 01 ④ 02 ④ 03 ②

01 자바의 특징이 아닌 것은?

① 구조적 중립성
② 객체지향
③ 언어의 구성요소를 단순화함
④ 절차지향

해설
절차적 프로그래밍은 일련의 처리 절차를 정해진 문법에 따라 순서대로 기술해나가는 언어로 C, ALGOL, COBOL, FORTRAN 등이 해당한다.

02 컴파일 기법과 인터프리트 기법을 모두 사용하는 방식으로 최근 자바, C# 등에서 주로 사용하는 기법은?

① 컴파일 기법
② 인터프리트 기법
③ 스크립트 기법
④ 하이브리드 기법

해설
하이브리드 기법은 컴파일 기법과 인터프리트 기법을 모두 사용하는 방식이다.

03 통합개발도구의 각 기능에 대한 설명으로 틀린 것은?

① Coding – 프로그래밍 언어를 가지고 컴퓨터 프로그램을 작성할 수 있는 환경을 제공
② Compile – 저급언어의 프로그램을 고급언어 프로그램으로 변환하는 기능
③ Debugging – 프로그램에서 발견되는 버그를 찾아 수정할 수 있는 기능
④ Deployment – 소프트웨어를 최종 사용자에게 전달하기 위한 기능

해설
컴파일(Compile)은 고급언어로 작성한 프로그램을 컴퓨터가 이해할 수 있는 기계어(저급언어)로 변환하는 기능이다.

기출유형 02 ▶ 프로그래밍 언어 유형

정보시스템 개발 단계에서 프로그램 언어 선택 시 고려사항으로 가장 거리가 먼 것은?

① 컴파일러의 가용성
② 개발정보시스템의 특성
③ 컴파일러의 독창성
④ 사용자의 요구사항

해설

프로그래밍 언어의 선정기준과 컴파일러의 독창성은 관계가 없으며, 프로그래밍 언어의 주된 선정기준으로는 친밀감, 언어의 작업 능력, 처리의 효율성, 프로그램 구조, 프로그램의 길이 등이 있다.

| 정답 | ③

족집게 과외

❶ 개발언어 선정기준

㉠ 개발언어 선정의 대표적인 5가지 특성

적정성	개발하려는 소프트웨어의 목적에 적합해야 함
효율성	코드의 작성 및 구현이 효율적이어야 함
이식성	다양한 시스템 및 환경에 적용 가능해야 함
친밀성	개발언어에 대한 개발자들의 이해도와 활용도가 높아야 함
범용성	다른 개발 사례가 존재하고 여러 분야에서 활용되고 있어야 함

㉡ 이외에도 개발 정보시스템의 특성, 사용자의 요구사항, 컴파일러의 가용성, 친밀감, 언어의 능력, 처리의 효율성, 프로그램 구조, 프로그램의 길이, 이식성, 과거의 개발 실적, 알고리즘과 계산상의 난이도, 자료 구조의 난이도, 성능 고려사항들, 대상 업무의 성격, 소프트웨어의 수행 환경, 개발 담당자의 경험과 지식 등이 고려됨

사용자 요구사항	유지보수를 사용자가 직접 담당하는 경우 특정 언어를 요구할 수 있음
컴파일러 가용성	하드웨어, 적당한 가격, 목적 코드의 효율성, 품질, 오류 메시지의 분량

❷ 프로그래밍 언어의 유형

㉠ 프로그래밍 언어별로 각각의 특성을 보유하고 있으며, 관점에 따라 프로그래밍 언어를 유형별로 분류할 수 있음

㉡ 개발 편의성 측면에 따른 분류

저급 언어 (Low-Level Language)	• 기계가 이해하기 쉽게 작성된 언어 • 실행속도가 빠름 • 기계마다 기계어가 상이하여 호환성이 없고 유지관리가 어려움 • 추상화 수준이 낮고 배우거나 유지관리가 힘들어 현재 거의 사용하지 않음 • 주요 언어: 기계어, 어셈블리어
고급 언어 (High-Level Language)	• 사람이 이해하기 쉽게 작성된 언어 • 가독성이 높고 번역 과정(컴파일러, 인터프리터)이 필요 • 대부분의 프로그래밍에서 사용 • 주요 언어: C, C++, Java, Python, 대다수 언어가 고급언어에 속함

㉢ 실행 및 구현 방식에 따른 분류

명령형 언어 (Imperative Language)	• 컴파일러형 언어 • 폰 노이만 구조에 기반하여 변수, 배정문, 반복문 등의 명령어를 순차적, 절차적으로 수행하는 구조 • 명령형 언어가 상태 변경 강조 • 주요 언어: FORTRAN, COBOL, ALGOL, PASCAL, C
함수형 언어 (Functional Language)	• 수학적 함수에 기반한 언어 • 인터프리터형 언어이며 데이터를 함수에 적용하여 사용 • 주요 언어: Lisp, Scala, Scheme, Erlang, ML
논리형 언어 (Logic Language)	• 논리적인 문장 구조를 이용하여 프로그램을 표현하고 계산을 수행하는 구조 • 주요 언어: PROLOG
객체지향형 언어 (Object-Oriented Language)	• 객체 간의 관계에 초점을 두고 기능을 중심으로 메서드를 구현하는 방법 • 객체 간의 메시지 통신을 이용하여 동작하는 방식 • 상속, 캡슐화, 다형성, 추상화 등의 특징을 가짐 • 주요 언어: Java, C++, SMALLTALK, Python

㉣ 빌드(Build) 방식에 따른 분류

프로그램의 소스코드가 실행 가능한 형태로 변하는 과정을 빌드(Build)라고 하며 빌드 방식에 따라 분류할 수 있음

컴파일 언어 (Compile Language)	• 소스코드를 컴파일러를 통해 실행 가능한 형태의 기계어로 미리 번역하는 과정 필요 • 실행에 필요한 정보가 미리 계산되어 구동 • 시간은 오래 걸리지만, 실행속도가 빠름 • 주요 언어: FORTRAN, PASCAL, C, C++
인터프리터 언어 (Interpreter Language)	• 별도의 컴파일 과정 없이 바로 실행 가능 • 소스코드를 하나씩 번역하여 실행함으로써 실행속도는 느림 • 주요 언어: BASIC, PROLOG, LISP, SNOBOL
바이트 코드 언어 (Byte Code Language)	• 컴파일을 통해 고급언어를 중간 언어로 변환한 후 가상머신에 의해 번역을 실행하는 방식 • 가상머신은 Native OS가 이해할 수 있는 기계어로 번역해 다양한 환경에서 사용할 수 있음 • 주요 언어: Java, SCALA

❸ 프로그래밍 언어의 분류 기준

㉠ 절차적 프로그래밍 언어

- 일련의 처리 절차를 정해진 문법에 따라 순서대로 기술
- 프로그램이 실행되는 절차를 중요시함
- 데이터를 중심으로 프로시저를 구현하며, 프로그램 전체가 유기적으로 연결되어 있음
- 자연어에 가까운 단어와 문장으로 구성됨
- 과학 계산이나 하드웨어 제어에 주로 사용됨
- 특징

C	• 시스템 소프트웨어를 개발하기 편리하여 시스템 프로그래밍 언어로 널리 사용됨 • 자료의 주소를 조작할 수 있는 포인터를 제공함 • 고급 프로그래밍 언어이면서 저급 프로그램 언어의 특징을 모두 가짐 • 컴파일러 방식의 언어이며, 이식성이 좋아 컴퓨터 기종에 관계없이 프로그램을 작성할 수 있음
ALGOL	• 수치 계산이나 논리 연산을 위한 과학 기술 계산용 언어 • PASCAL과 C 언어의 모체가 됨
COBOL	• 사무처리용 언어 • 영어 문장형식으로 구성되어 있어 이해와 사용이 쉬움
FORTRAN	• 과학 기술용 계산 언어 • 수학과 공학 분야의 공식이나 수식과 같은 형태로 프로그래밍할 수 있음

㉡ 객체지향 프로그래밍 언어

- 현실 세계의 개체(Entity)를 하나의 객체로 만들어 소프트웨어를 개발할 때도 객체들을 조립해서 프로그램을 작성할 수 있도록 한 프로그래밍 기법
- 프로시저보다는 명령과 데이터로 구성된 객체를 중심으로 하는 프로그래밍 기법으로, 한 프로그램을 다른 프로그램에서 이용할 수 있도록 함
- 구성요소

구성요소	설명
객체(Object)	• 데이터(속성)와 이를 처리하기 위한 연산(메서드)을 결합시킨 실체 • 데이터 구조와 그 위에서 수행되는 연산들을 가지고 있는 소프트웨어 모듈 • 속성(Attribute) : 한 클래스 내에 속한 객체들이 가지고 있는 데이터 값들을 단위별로 정의하는 것으로서 성질, 분류, 식별, 수량 또는 현재 상태 등을 표현 • 메서드(Method) : 객체가 메시지를 받아 실행해야 할 때 구체적인 연산을 정의하는 것으로 객체의 상태를 참조하거나 변경하는 수단
클래스(Class)	• 두 개 이상의 유사한 객체들을 묶어 하나의 공통된 특성을 표현하는 요소. 즉, 공통된 특성과 행위를 갖는 객체의 집합이라고 할 수 있음 • 객체의 유형 또는 타입(Object Type)을 의미
메시지(Message)	• 객체 간 상호작용을 할 때 사용되는 수단으로, 객체의 메서드(동작, 연산)를 일으키는 외부의 요구사항 • 메시지를 받은 객체는 대응하는 연산을 수행하여 예상된 결과를 반환하게 됨

- 특징

특징	설명
캡슐화(Encapsulaticn)	• 데이터(속성)와 데이터를 처리하는 함수를 하나로 묶는 것 • 캡슐화된 객체의 서브 내용이 외부에 은폐(정보 은닉)되어 변경이 발생할 때 오류의 파급 효과가 적음 • 캡슐화된 객체들은 재사용이 용이함
정보은닉(Information Hiding)	캡슐화에서 가장 중요한 개념으로 다른 객체에게 자신의 정보를 숨기고 자신의 연산만을 통하여 접근을 허용
추상화(Abstraction)	• 불필요한 부분을 생략하고 객체의 속성 중 가장 중요한 것에만 중점을 두어 개략화하는 것 • 데이터의 공통된 성질을 추출하여 슈퍼 클래스를 선정하는 개념
상속성(Inheritance)	• 이미 정의된 상위 클래스(부모 클래스)의 모든 속성과 연산을 하위 클래스가 물려받는 것 • 상속성을 이용하면 하위 클래스는 상위 클래스의 모든 속성과 연산을 자신의 클래스 내에서 다시 정의하지 않고서도 즉시 자신의 속성으로 사용할 수 있음
다형성(Polymorphism)	• 메시지에 의해 객체(클래스)가 연산을 수행하게 될 때 하나의 메시지에 대해 각 객체(클래스)가 가지고 있는 고유한 방법(특성)으로 응답할 수 있는 능력을 의미함 • 객체(클래스)들은 동일한 메소드명을 사용하며 같은 의미의 응답을 함

㉢ 스크립트 언어(Script Language)

- 스크립트 언어는 HTML 문서 안에 직접 프로그래밍 언어를 삽입하여 사용
- 기계어로 컴파일되지 않고 별도의 번역기가 소스를 분석하여 동작하게 하는 언어
- 게시판 출력, 상품 검색, 회원 가입 등과 같은 데이터베이스 처리 작업 수행
- 서버에서 해석되어 실행된 후 결과만 클라이언트로 보내는 서버용 스크립트 언어와 클라이언트의 웹 브라우저에서 해석되어 실행되는 클라이언트용 스크립트 언어가 있음

구분	종류
서버용 스크립트 언어	• ASP(Active Server Page) • JSP(Java Server Page) • PHP(Professional Hypertext Preprocessor) • Python
클라이언트용 스크립트 언어	• 자바스크립트(Java Script) • VB 스크립트(Visual Basic Script)

- 특징

구분	언어	특징
서버용	ASP	• 서버 측에서 동적으로 수행되는 페이지를 만들기 위한 언어로 마이크로소프트사에서 제작함 • Windows 계열에서만 수행 가능한 프로그래밍 언어
	JSP	JAVA로 만들어진 서버용 스크립트로, 다양한 운영체제에서 사용할 수 있음
	PHP	• 서버용 스크립트 언어로 Linux, Unix, Windows 운영체제에서 사용할 수 있음 • C, Java 등과 문법이 유사하므로 배우기 쉬워 웹 페이지 제작에 많이 사용됨
	파이썬	• 귀도 반 로섬(Guido van Rossum)이 발표한 대화형 인터프리터 언어 • 객체지향 기능을 지원하고 플랫폼에 독립적이며 문법이 간단하여 배우기 쉬움
클라이언트용	자바스크립트	• 웹페이지의 동적인 특성을 제어하기 위해 사용하는 스크립트 언어 • HTML의 〈script〉〈/script〉 태그 안에서 사용 • 서버에서 데이터를 전송할 때 입력사항을 확인하기 위한 용도로 많이 사용됨
	VB 스크립트	• Visual Basic 기반의 스크립트 언어 • 마이크로소프트사에서 자바스크립트에 대응하기 위해 제작한 언어 • Active X를 사용하여 마이크로소프트사의 애플리케이션들을 제어할 수 있음

기출유형 완성하기

정답 01 ③ 02 ④ 03 ④ 04 ① 05 ④

01 C언어에 대한 설명으로 옳지 않은 것은?

① 이식성이 높은 언어이다.
② 다양한 연산자를 제공한다.
③ 기계어에 해당한다.
④ 시스템 프로그래밍이 용이하다.

해설
C 언어는 기계어가 아닌 기계어로 번역하여야 실행이 가능한 컴파일러 방식의 언어이다.

02 다음 중 객체지향언어가 아닌 것은?

① C++
② SMALLTALK
③ PYTHON
④ COBOL

해설
C++, SMALLTALK, PYTHON은 객체지향형 언어이며, COBOL은 절차적 프로그래밍 언어이다.

03 객체지향 개념에서 이미 정의되어있는 상위 클래스(슈퍼 클래스 혹은 부모 클래스)의 메서드를 비롯한 모든 속성을 하위 클래스가 물려받는 것을 무엇이라고 하는가?

① Message
② Method
③ Abstraction
④ Inheritance

해설
상위 클래스의 메서드와 속성을 하위 클래스가 물려받는 것을 상속(Inheritance)이라고 한다.

04 스크립트 언어가 아닌 것은? 2023년 기출

① Cobol
② Python
③ PHP
④ Basic

해설
스크립트 언어는 자바스크립트, VB스크립트, ASP, JSP, PHP, 파이썬 등이 있다.

05 귀도 반 로섬(Guido van Rossum)이 발표한 언어로 인터프리터 방식이자 객체지향적이며, 배우기 쉽고 이식성이 좋은 것이 특징인 스크립트 언어는?

① C++
② JAVA
③ C#
④ Python

해설
파이썬은 귀도 반 로섬(Guido van Rossum)이 발표한 배우기 쉽고 이식성이 좋은 것이 특징인 스크립트 언어이다.

02 스크립트 프로그래밍

기출유형 03 ▶ 개발 환경 구축

소프트웨어 개발을 위해 개발 환경을 구축하고자 할 때 고려해야 할 사항이 아닌 것은?

① 프로젝트 분석 단계에서 정리된 요구사항들을 고려하여 소프트웨어와 하드웨어 설비를 선정한다.
② 소프트웨어가 운영될 환경과 유사한 구조로 구축한다.
③ 비즈니스 환경에 적합한 제품들을 선정하여 구축한다.
④ 하드웨어 환경은 서버와 네트워크로 구성된다.

해설
하드웨어 환경은 클라이언트(Client)와 서버(Server)로 구성된다.

| 정답 | ④

족집게 과외

❶ 개발 환경 구축 개요

㉠ 응용 소프트웨어 개발을 위해 개발 프로젝트를 이해하고 소프트웨어 및 하드웨어 장비를 구축하는 것을 의미함
㉡ 개발 환경은 응용 소프트웨어가 운영될 환경과 유사한 구조로 구축함
㉢ 개발 프로젝트 분석 단계의 산출물을 바탕으로 개발에 필요한 하드웨어와 소프트웨어를 선정함
㉣ 하드웨어와 소프트웨어의 성능, 편의성, 라이선스 등의 비즈니스 환경에 적합한 제품들을 최종적으로 결정하여 구축함

❷ 하드웨어 환경

㉠ 사용자와의 인터페이스 역할을 하는 클라이언트(Client), 클라이언트와 통신하여 서비스를 제공하는 서버(Server)로 구성됨
㉡ 클라이언트에는 PC, 스마트폰 등이 있음
㉢ 서버의 종류

구분	설명
웹 서버 (Web Server)	클라이언트로부터 직접 요청을 받아 처리하는 서버로, 저용량의 정적 파일들을 제공
웹 애플리케이션 서버 (WAS; Web Application Server)★	• 사용자에게 동적 서비스를 제공하기 위해 웹 서버로부터 요청을 받아 데이터 가공 작업을 수행 • 웹 서버와 데이터베이스 서버 또는 웹 서버와 파일 서버 사이에서 인터페이스 역할을 수행하는 서버
데이터베이스 서버 (DB Server)	데이터베이스와 이를 관리하는 DBMS를 운영하는 서버
파일 서버 (File Server)	데이터베이스에 저장하기에는 비효율적이거나 서비스 제공을 목적으로 유지하는 파일들을 저장하는 서버

㉣ 웹 서버(Web Server)의 기능

기능	설명
HTTP/HTTPS 지원	브라우저로부터 요청을 받아 응답할 때 사용되는 프로토콜
통신 기록 (Communication Log)	처리한 요청들을 로그 파일로 기록하는 기능
정적 파일 관리 (Managing Static Files)	HTML, CSS, 이미지 등의 정적 파일들을 저장하고 관리하는 기능

대역폭 제한 (Bandwidth Throttling)	네트워크 트래픽의 포화를 방지하기 위해 응답 속도를 제한하는 기능
가상 호스팅 (Virtual Hosting)	하나의 서버로 여러 개의 도메인 이름을 연결하는 기능
인증 (Authentication)	사용자가 합법적인 사용자인지를 확인하는 기능

❸ 소프트웨어 환경

㉠ 클라이언트 및 서버 운영을 위한 시스템 소프트웨어와 개발에 사용되는 개발 소프트웨어로 구성

㉡ 시스템 소프트웨어의 종류

운영체제 (OS; Operation System)	• 시스템 하드웨어를 관리하고 응용 소프트웨어를 실행하기 위해 하드웨어 플랫폼과 공동 시스템 서비스를 제공 • 일반적으로 상세 소프트웨어 명세를 하드웨어를 제공하는 벤더(Vendor)에서 제공 예 Windows, Linux, UNIX(HPUS, Solaris, AIX) 등
JVM (Java Virtual Machine)	• Java 관련 응용 프로그램을 기동하기 위한 주체 • 인터프리터 환경으로 적용 버전을 개발 표준에서 명시하여 모든 개발자가 동일한 버전을 적용하는 것이 좋음
Web Server	정적 웹 서비스를 수행하는 미들웨어로서, 웹 브라우저 화면에서 요청하는 정적 파일을 제공 예 Apache, Nginx, IIS(Internet Information Server), GWS(Google Web Server) 등
WAS (Web Application Server)	웹 애플리케이션을 수행하는 미들웨어로서, 웹 서버와 JSP/Servlet 애플리케이션 수행을 위한 엔진으로 구성 예 Tomcat, Undertow, JEUS, Weblogic, Websphere 등
DBMS	데이터 저장과 관리를 위한 데이터베이스 소프트웨어 예 Oracle, DB2, Sybase, SQL Server, MySQL, MS-SQL 등

㉢ 개발 소프트웨어의 종류

요구사항 관리 도구	목표 시스템의 기능과 제약 조건 등 고객의 요구사항에 대하여 수집 · 분석 · 추적을 쉽게 할 수 있도록 지원 예 JFeature, JRequisite, OSRMT, Trello 등
설계/모델링 도구	• 기능을 논리적으로 결정하기 위해 통합 모델링 언어(UML) 지원 • 데이터베이스 설계 지원 및 모델링을 지원하는 도구 예 ArgoUML, DB Designer, StarUML 등
구현 도구	문제 해결 방법을 소프트웨어 언어를 통해 구현 및 개발을 지원하는 도구 예 Eclipse, IntelliJ, Visual Studio 등
빌드 도구	구현 도구를 통해 작성된 소스의 빌드 및 배포, 라이브러리 관리를 지원하는 소프트웨어
테스트 도구	구현 및 개발된 모듈들에 대하여 요구사항에 적합하게 구현되어 있는지 테스트를 지원하는 도구 예 JUnit, CppUnit, JMeter, SpringTest 등
형상 관리 도구	산출물의 변경 사항을 버전 별로 관리하여 목표 시스템의 품질 향상을 지원하는 도구 예 Git, SVN 등

❹ 개발환경 구성 순서

㉠ 프로젝트 요구사항 분석: 시스템 요구사항을 분석하여 목표 시스템을 구현하는 데 적합한 개발도구나 개발언어 파악

㉡ 개발 환경 구성 와한 필요 도구 설계: 요구사항에 적절한 구현 도구, 빌드 도구, 테스트 도구, 형상관리 도구 등을 조합하여 최적 개발 환경을 설계

㉢ 개발 대상에 따른 적정한 개발언어 설정: 개발 대상 업무 성격에 적합한 특성을 확인하고 적합한 언어를 선정(선정 기준: 적정성, 효율성, 이식성, 친밀성, 범용성)

㉣ 구현 도구 구축: 개발언어와 하드웨어를 고려한 구현 도구 구축

㉤ 빌드와 테스트 도구 구축: 프로젝트팀 개발자의 친밀도와 숙련도를 고려하여 빌드 도구와 테스트 도구 결정. 특히 통합개발환경과 호환이 용이한 도구를 선정하는 것이 좋음

정답 01 ③ 02 ③ 03 ① 04 ④

01 웹 응용 소프트웨어 개발과 관련하여 사용자에게 동적 서비스를 제공하는 서버는?

① 웹 서버(Web Server)
② 데이터베이스 서버(DB Server)
③ 웹 애플리케이션 서버(WAS)
④ 파일 서버(File Server)

해설
웹 서버는 정적 파일, 웹 애플리케이션 서버는 동적 서비스를 처리한다.

02 웹 서버의 요청에 따라 가공된 데이터를 제공하는 역할을 수행하고, 가공된 데이터를 제공하는 동적 서비스뿐만 아니라 웹 서버와 DB서버 사이에서 인터페이스의 역할도 수행하는 서버는?

① 웹 서버(Web Server)
② 데이터베이스 서버(DB Server)
③ 웹 애플리케이션 서버(WAS)
④ 파일 서버(File Server)

해설
WAS(Web Application Server)는 사용자의 요청자료(동적인 데이터: 연산, 테이블 검색, 삽입, 삭제 등)의 결과값을 빠르게 안정적으로 처리하여 제공한다.

03 개발 환경 구축 시 갖추어야 할 소프트웨어 환경에 대한 설명으로 잘못된 것은?

① HTML, CSS, 이미지 등을 처리할 때 웹 서버를 구축해야 한다.
② 요구사항의 수집과 분석 및 추적을 위한 관리 도구를 구축해야 한다.
③ 소프트웨어 개발을 위한 구현 도구를 구축해야 한다.
④ 산출물들을 버전별로 관리할 형상 관리 도구를 구축해야 한다.

해설
소프트웨어 환경은 클라이언트 및 서버 운영을 위한 시스템 소프트웨어와 개발에 사용되는 개발 소프트웨어로 구성하며, 웹 서버는 하드웨어 환경에 해당한다.

04 개발 환경 구축 시 고려해야 할 요소들에 대한 설명으로 잘못된 것은?

① 개발 환경은 크게 하드웨어 환경과 소프트웨어 환경으로 구분된다.
② 성능, 편의성, 개발자의 이해도 등 다양한 요소들을 고려하여 환경을 구축한다.
③ 시스템 소프트웨어와 개발 소프트웨어 등은 소프트웨어 환경에 속한다.
④ 하드웨어 환경에는 WAS, OS, DBMS 등이 속한다.

해설
시스템 소프트웨어에는 운영체제(OS), 웹 서버 및 WAS 운용을 위한 서버 프로그램, DBMS 등이 있으며 소프트웨어 환경에 해당한다.

기출유형 04 ▶ 컴파일러(Compiler)와 인터프리터(Interpreter)

컴파일 방식에 대하여 옳지 않은 것은?

① 컴파일러의 경우 소스코드를 목적 코드로 변환하여 실행하는 방식이다.
② 컴파일 방식의 경우 실행속도가 빠르다.
③ 컴파일 방식은 매번 빌드 작업을 거쳐야 하는 불편함이 있다.
④ 컴파일 방식이 적용되는 주요 언어로는 Python, Javascript, Ruby 언어가 해당된다.

해설

Python, Javascript, Ruby 언어는 인터프리터 방식으로 실행되는 언어이다.

| 정답 | ④

족집게 과외

❶ 개요

㉠ 고급언어로 작성한 소스코드의 경우 컴퓨터가 이해할 수 없으므로 컴파일러나 인터프리터를 이용하여 컴퓨터가 이해하고 실행할 수 있는 기계어 코드로 번역을 수행함

㉡ 동작 방식

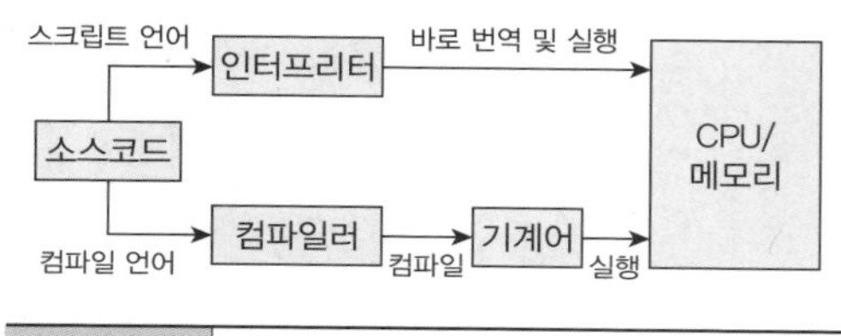

컴파일러	소스코드를 목적 코드로 변환하여 실행하는 방식
인터프리터	문장 단위로 읽어들이고 해석하여 실행함

❷ 컴파일러와 인터프리터 비교

㉠ 컴파일러

개발 편의성	코드를 수정하고 실행이 필요한 경우 재컴파일 필요
번역 단위	전체 소스코드
실행 파일 및 속도	실행 파일 생성 / 처리속도 빠름
메모리 할당	실행 파일 생성 시 사용
오류 확인 및 처리	전체 코드에 대한 컴파일 수행 시 발생한 오류 확인 가능
파일 용량 및 보안	실행 파일 전체를 처리해야 하므로 용량이 크며, 원시 코드의 유출 가능성이 상대적으로 낮음
주요 언어	C, C++, JAVA

㉡ 인터프리터

개발 편의성	코드 수정 후 즉시 실행 가능
번역 단위	문장 단위
실행 파일 및 속도	실행 파일 미생성 / 처리속도 느림
메모리 할당	할당하지 않음
오류 확인 및 처리	프로그램 실행 후 오류가 발생한 문장 이후의 코드는 실행하지 않음
파일 용량 및 보안	원시 코드만 처리하면 되므로 용량이 상대적으로 작고, 원시 코드의 유출 가능성이 높음
주요 언어	Python, Javascript, Ruby

01 인터프리터 방식에 대하여 옳지 않은 것은?

① 인터프리터 방식은 코드 수정 후 즉시 실행 가능하다.
② 인터프리터 방식의 기계어 번역단위는 문장 단위이다.
③ 인터프리터 방식은 원시 코드의 유출 가능성이 낮다.
④ 인터프리터 방식의 경우 즉시 수정 및 실행이 가능한 장점은 있으나 처리속도가 느린 단점이 있다.

해설
인터프리터 방식은 컴파일 방식에 비하여 원시 코드의 유출 가능성이 높다.

02 다음 보기의 설명에 해당하는 용어는?

> 소스코드를 목적 코드로 변환하여 실행하는 방식으로 실행속도가 빠르고 보안 측면에서 유리한 장점이 있다.

① 컴파일
② 인터프리터
③ 자바가상머신
④ 스크립트 언어

해설
컴파일은 소스코드를 실제 실행 파일로 변환하는 방식이다.

03 특정 컴퓨터의 명령어(Instruction)를 이진수로 표시한 것은?

① 기계어
② 어셈블리어
③ 고급언어
④ 쉘(Shell)

해설
기계어는 CPU가 직접 해독하고 실행할 수 있는 비트 단위로 쓰인 컴퓨터 언어이다.

기출유형 05 ▸ 데이터 입력 및 출력

다음 JAVA언어 프로그램을 실행한 결과 출력되는 값은? 2023년 기출

```
class Main {
  public static void main(String[] args) {
    char a = 48;
    System.out.printf("%c", a);
  }
}
```

① 0 ② A ③ a ④ CR(Enter)

해설

10진수에 해당하는 대표적인 아스키코드는 다음과 같다.
48=숫자 0, 65=대문자 A, 97=소문자 a, 13=CR(Carriage Return)

| 정답 | ①

족집게 과외

❶ 입 · 출력 함수 개요

㉠ 사용자가 프로그램과 대화하기 위해 사용하는 함수를 입 · 출력 함수 또는 I/O 함수라고 함

㉡ printf( ) 함수와 scanf( ) 함수는 C언어 표준 입출력 함수 중에서도 가장 많이 사용되는 대표적인 입 · 출력 함수

❷ scanf( ) 함수

㉠ 키보드로 입력받아 변수에 저장하는 함수

㉡ 특징

- 입력받을 데이터의 자료형, 자릿수 등을 지정할 수 있음
- 한 번에 여러 개의 데이터를 입력받을 수 있음
- 서식 문자열과 변수의 자료형은 일치해야 함

㉢ 형식

형식

scanf(서식 문자열, 변수의 주소)

- 서식 문자열 : 입력받을 데이터의 자료형을 저장
- 변수의 주소 : 데이터를 입력받을 변수

예제

scanf("%3d", &a)

- % : 서식 문자임을 지정
- 3 : 입력 자리수를 3자리로 지정
- d : 10진수로 입력
- &a : 입력받은 데이터를 변수 a에 저장

㉣ 서식 문자열

%d	decimal 10진수	정수형 10진수를 입 · 출력하기 위해 지정
%c	chracter 문자	문자를 입 · 출력하기 위해 지정
%f	float 실수	소수점을 포함하는 실수를 입 · 출력하기 위해 지정
%s	string 문자열	문자열을 입 · 출력하기 위해 지정

❸ printf( ) 함수

㉠ 형식

형식
printf(서식 문자열, 변수)

예제
printf('%-8.2f', 200.2)

- % : 서식 문자임을 지정
- – : 왼쪽부터 출력
- 8 : 출력 자릿수를 8자리로 지정
- 2 : 소수점 이하를 2자리로 지정
- f : 실수로 지정

㉡ 서식 문자열

\f	폼 피드(Form Feed)
\n	개행(New Line)
\r	캐리지 리턴, 줄의 맨 처음으로 이동
\t	수평 탭(Tab)만큼 이동
\b	백스페이스(Backspace)
\\	백슬래시
\'	작은따옴표
\"	큰따옴표
%b	boolean 형식으로 출력
%d	정수 형식으로 출력
%o	8진수 정수의 형식으로 출력
%x 또는 %X	16진수 정수의 형식으로 출력
%f	소수점 형식으로 출력
%c	문자형식으로 출력
%s	문자열 형식으로 출력
%n	줄바꿈 기능
%e 또는 %E	지수 표현식의 형식으로 출력

❹ 기타 표준 입 · 출력 함수

입력	getchar( )	키보드로 한 문자를 입력받아 변수에 저장하는 함수
	gets( )	• 키보드로 문자열을 입력받아 변수에 저장하는 함수 • 엔터키를 누르기 전까지 하나의 문자열로 인식하여 저장
출력	putchar( )	인수로 주어진 한 문자를 화면에 출력하는 함수
	puts( )	인수로 주어진 문자열을 화면에 출력한 후 커서를 자동으로 다음 줄 앞으로 이동하는 함수

❺ 파일 입 · 출력 함수

㉠ 파일 입력 함수

fgetc 함수 (File Get Char)	• 호출방법: fgetc(파일포인터) • 현재 파일포인터의 위치에서 문자 하나를 읽음 • int형으로 읽어온 문자를 반환 • 다른 함수들처럼 매개변수로 읽어온 내용을 저장할 변수를 받지 않으므로, 읽어온 문자를 저장하려면 대입연산자를 사용해 변수에 대입해야 함
fgets 함수 (File Get String)	• 호출방법: fgets(읽어온 내용을 저장할 문자배열, 파일포인터) • 현재 파일포인터의 위치에서 개행문자를 만날 때까지 읽음
fscanf 함수	• 호출방법: fscanf(파일포인터, 서식문자열, 저장할 변수의 주소…) • 현재 파일포인터의 위치부터 정보를 읽어오며 스페이스 바(공백)나 개행문자를 만나면 그 앞까지만 읽음 • 입력받을 때 원하는 자료형으로 변환 가능 • scanf 함수와 마찬가지로 읽어온 내용을 저장할 변수를 넘겨줄 때 주소로 넘겨줘야 하므로 배열이 아닐 경우 주소 연산자 &을 붙여야 함

ⓛ 파일 출력 함수

fputc 함수 (File Put Char)	• 호출방법: fputc(출력할 문자, 파일포인터) • 현재 파일포인터의 위치에 문자를 하나 출력함 • 출력한 문자가 무엇인지 아스키코드에 대응되는 int형으로 반환됨
fputs 함수 (File Put String)	• 호출방법: fputs(출력할 문자열, 파일포인터); • 현재 파일포인터의 위치에 문자열을 출력 • 문자열 내에 개행이나 탭과 같은 이스케이프 시퀀스 적용
fprintf 함수	• 호출방법: fprintf(파일포인터, 출력할 문자열,..); • 현재 파일포인터의 위치에 서식문자를 사용해 문자열을 출력 • 이스케이프 시퀀스는 물론 서식문자도 사용할 수 있음 • 출력한 문자열의 길이를 반환함

정답 01 ① 02 ③ 03 ② 04 ③

01 C언어에서 문자로 저장된 파일의 데이터를 숫자로 읽어들일 때 사용할 수 있는 함수는?

① fscanf
② fgets
③ scanf
④ gets

해설
입력받을 때 원하는 자료형으로 변환이 가능한 함수는 fscanf이다.

02 다음 중 C언어에서 문자열을 출력하기 위해 사용되는 것은?

① %x
② %d
③ %s
④ %h

해설
서식 문자열 %s(String, 문자열)는 문자열을 입 · 출력하기 위해 지정한다.

03 C언어의 함수 중 키보드로 문자 하나를 입력받아 변수에 저장하는 함수는?

① gets( )
② getchar( )
③ puts( )
④ putchar( )

해설
① 키보드로 문자열을 입력받아 변수에 저장하는 함수
③ 인수로 주어진 문자열을 화면에 출력한 후 커서를 자동으로 다음 줄 앞으로 이동하는 함수
④ 인수로 주어진 한 문자를 화면에 출력하는 함수

04 다음 C언어 프로그램을 실행한 결과 출력되는 값은? 2023년 기출

```
#include<stdio.h>
void main (void)
{
  int a;
  a = 7;
  printf("%d", a+a);
}
```

① 0
② 7
③ 14
④ %d

해설
변수 a에 7을 저장한 후, a+a를 실행해 정수형 10진수로 출력하면 14가 출력된다.

기출유형 06 ▶ 라이브러리

라이브러리의 개념과 구성에 대한 설명 중 틀린 것은?

① 라이브러리는 모듈과 패키지 모두를 의미한다.
② 자주 사용하는 함수들의 반복적인 코드 작성을 피하기 위해 미리 만들어 놓은 것으로, 필요할 때는 언제든지 호출하여 사용할 수 있다.
③ 외부 라이브러리는 프로그래밍 언어에 기본적으로 포함된 라이브러리로, 여러 종류의 모듈이나 패키지 형태이다.
④ 라이브러리는 미리 컴파일되어 있어 컴파일 시간을 단축할 수 있다.

해설

외부 라이브러리는 개발자들이 필요한 기능들을 만들어 인터넷 등에 공유해 놓은 것으로, 외부 라이브러리를 다운로드하여 설치한 후 사용한다.

| 정답 | ③

족집게 과외

❶ 라이브러리 개념

㉠ 프로그램을 효율적으로 개발할 수 있도록 자주 사용하는 함수나 데이터들을 미리 만들어 모아 놓은 집합체
㉡ 프로그래밍 언어에 따라 일반적으로 도움말, 설치 파일, 샘플 코드 등을 제공함
㉢ 자주 사용하는 함수들의 반복적인 코드 작성을 피하기 위해 미리 만들어 놓은 것으로, 필요할 때는 언제든지 호출하여 사용할 수 있음
㉣ 미리 컴파일되어 있으므로 컴파일 시간을 단축할 수 있음
㉤ 라이브러리는 모듈과 패키지 모두를 의미함

모듈	하나의 기능이 한 개의 파일로 구현된 형태
패키지	하나의 패키지 폴더 안에 여러 개의 모듈을 모아 놓은 형태

㉥ 표준 라이브러리와 외부 라이브러리

표준 라이브러리	프로그래밍 언어에 기본적으로 포함된 라이브러리로, 여러 종류의 모듈이나 패키지 형태
외부 라이브러리	개발자들이 필요한 기능들을 만들어 인터넷 등에 공유해 놓은 것으로, 외부 라이브러리를 다운받아 설치한 후 사용함

❷ 표준 라이브러리

㉠ C언어는 라이브러리를 헤더 파일로 제공하는데, 각 헤더 파일에는 응용 프로그램 개발에 필요한 함수들이 정리되어 있음
㉡ C언어에서 헤더 파일을 사용하려면 '#include 〈stdio.h〉'와 같이 include문을 이용해 선언한 후 사용해야 함

stdio.h	• 데이터의 입 · 출력에 사용되는 기능들을 제공 • 주요 함수: printf, scanf, fprintf, fscanf, fclose, fopen 등
stdlib.h	• 자료형 변환, 난수 발생, 메모리 할당에 사용되는 기능들을 제공 • 주요 함수: atoi, atof, srand, rand, malloc, free 등

㉢ Java는 라이브러리를 패키지에 포함하여 제공되는데, 각 패키지에는 Java 응용 프로그램 개발에 필요한 메서드들이 클래스로 정리되어 있음
㉣ Java에서 패키지를 사용하려면 'import java.util'과 같이 import문을 이용하여 선언한 후 사용해야 함
㉤ import로 선언된 패키지 안에 있는 클래스의 메서드를 사용할 때는 클래스와 메서드를 마침표(.)로 구분하여 'Math.abs( )'와 같이 사용함

java.lang	• 자바에 기본적으로 필요한 인터페이스, 자료형, 예외 처리 등의 기능 제공 • import 문 없이도 사용할 수 있음 • 주요 클래스: String, System, Process, Runtime, Math, Error 등
java.util	• 날짜 처리, 난수 발생, 복잡한 문자열 처리 등에 관련된 기능 제공 • 주요 클래스: Date, Calender, Random, StringTokenizer 등
java.io	• 파일 입 · 출력과 관련된 기능 및 프로토콜 제공 • 주요 클래스: InputStream, OutputStream, Reader, Writer 등
java.net	• 네트워크와 관련된 기능 제공 • 주요 클래스: Socket, URL, InetAddress 등
java.awt	• 사용자 인터페이스(UI)와 관련된 기능 제공 • 주요 클래스: Frame, Panel, Dialog, Button, Checkbox 등

Tip

라이브러리 함수의 종류

- itoa( ): 정수형을 문자열로 변환하는 함수
- atof( ): 문자열을 실수형으로 변환하는 함수
- atoi( ): 문자열을 정수형으로 변환하는 함수
- ceil( ): 실수를 정수형으로 올림 처리하는 함수

정답 01 ① 02 ③ 03 ②

01 C언어 라이브러리 중 stdlib.h에 대한 설명으로 옳은 것은?

① 문자열을 수치 데이터로 바꾸는 문자 변환함수와 수치를 문자열로 바꿔주는 변환함수 등이 있다.
② 문자열 처리 함수로 strlen( )이 포함되어 있다.
③ 표준 입출력 라이브러리이다.
④ 삼각함수, 제곱근, 지수 등 수학적인 함수를 내장하고 있다.

해설
stdlib.h는 자료형 변환 난수 발생, 메모리 할당에 사용되는 기능들을 제공한다.

02 다음 중 C언어에서 수학 함수를 사용하기 위해 추가해야 하는 라이브러리는?

① stdlib.h
② string.h
③ math.h
④ stdio.h

해설
③ 수학 함수
① 자료형 변환
② 문자열 처리
④ 표준 입출력

03 C언어에서 문자열을 실수형으로 변환하는 라이브러리 함수는?

① itoa( )
② atof( )
③ atoi( )
④ ceil( )

해설
② 아스키(Ascii) 문자열을 실수형(Float)으로 변환하는 함수
① 정수형을 문자열로 변환하는 함수
③ 문자열을 정수형으로 변환하는 함수
④ 실수를 정수형으로 올림 처리하는 함수

CHAPTER 03 프로그래밍 검토

기출유형 07 ▸ 예외 처리(Exception Handling)

다음 중 프로그램 수행 중 예외가 발생할 수 있는 경우를 모두 고른 것은?

㉠ 정수를 0으로 나누는 경우
㉡ 배열의 인덱스가 배열 길이를 넘는 경우
㉢ 부적절한 형 변환이 발생하는 경우
㉣ 입출력 파일이 존재하지 않는 경우
㉤ null 값을 참조하는 경우

① ㉡
② ㉡, ㉢
③ ㉢, ㉣, ㉤
④ ㉠, ㉡, ㉢, ㉣, ㉤

해설

정수를 0으로 나누는 경우(ArithmeticException), 배열 인덱스가 배열 길이를 넘는 경우(ArrayIndexOutOfBoundException), Null 값을 참조하는 경우(NullPointerException), 부적절한 형 변환이 발생하는 경우, 입출력 파일이 존재하지 않는 경우 모두 대표적인 예외 상황이라고 할 수 있다.

| 정답 | ④

족집게 과외

❶ 예외 처리 개요

㉠ 프로그램을 수행하다 보면 여러 가지 오류가 발생할 수 있으며, 이러한 예외 상황으로 프로그램이 잘못된 수행을 하지 않도록 예외 상황을 처리할 수 있는 방법이 필요함
㉡ 예외란 프로그램 수행 중에 발생하는 것으로, 명령들의 정상적인 흐름을 방해하는 사건을 의미함
㉢ 프로그램 수행 중 예외가 발생할 수 있는 일반적인 예
- 정수를 0으로 나누는 경우
- 배열의 인덱스가 배열 길이를 넘는 경우
- 부적절한 형 변환이 발생하는 경우
- 입출력 파일이 존재하지 않는 경우
- Null 값을 참조하는 경우 등

㉣ 예외에는 단순한 프로그래밍 에러부터 하드 디스크 충돌과 같은 심각한 하드웨어적 에러까지 존재

❷ 예외 처리 방식

㉠ 시스템 에러로 발생된 오동작 발생으로부터 이를 복구하는 상황에서 사용
㉡ 프로그래머가 해당 문제에 대비해 작성해 놓은 처리 루틴을 수행하도록 함
㉢ C++, Ada, Java, Java Script와 같은 언어에는 예외 처리 기능이 내장되어 있으며, 그 외의 언어에서는 필요한 조건문을 이용해 예외 처리 루틴을 작성함
㉣ 예외의 원인: 컴퓨터 하드웨어 문제, 운영체제 설정 실수, 라이브러리 손상, 사용자의 입력 실수, 받아들일 수 없는 연산, 할당하지 못하는 기억장치 접근 등

❸ 오류의 종류 및 수정 · 처리

종류	오류 내용	에러 수정 및 처리
구문 오류	• 자바 구문에 어긋난 코드 입력 • 컴파일 시 발생하는 구문 오류 예 byte b = 128;	컴파일 오류는 컴파일러가 에러와 디버그를 찾아 수정이 용이함
실행 오류	• 프로그램 실행 시 상황에 따라 발생하는 오류 • 시스템 자체의 문제로 인한 치명적인 문제는 오류(Error)로 분류하며, 컴파일 때 문제 삼지 않는 오류	• 프로그래머가 오류를 처리하지 않고 시스템적으로 문제 해결 • OutOfMemoryError: 메모리 부족(JVM 해결) • StackOverflowError: 스택 영역을 벗어난 메모리 할당(JVM 해결) • NoClassFoundError: 해당 클래스를 시스템에 생성하면 해결됨
	• 문제가 발생할 것이 예측되어 프로그램 과정 중에 잡아낼 수 있는 문제는 예외(Exception)로 분류 • 대표적인 예외 상황 – 정수를 0으로 나누는 경우 (ArithmeticException) – 배열 인덱스가 배열 길이를 넘는 경우 (ArayIndexOutOfBound Exception) – Null 값을 참조하는 경우 (NullPointerException) – 부적절한 형 변환이 발생하는 경우 – 입출력 파일이 존재하지 않는 경우 등	예외는 프로그래머가 노력으로 처리할 수 있음 예 Int j = 10 / I; 프로그램 수행 이전에 변수의 값이 0인지 판별하여 나눗셈을 선택적으로 수행

❹ 예외 처리 고려사항

㉠ 먼저 예외가 발생될 수 있는 가능성을 최소화
- 0으로 나누는 산술 연산의 경우는 예외를 발생시켜 처리하는 것보다는 연산 이전에 if 문을 두어 나누는 숫자가 0인지를 결정함
- 0인 경우 적절한 조치를 취하는 문장을 두는 것이 유리함

㉡ 예외가 발생되었을 때 동일한(예외를 발생시킨) 코드를 계속 실행시키는 예외 처리 루틴은 피함
- 존재하지 않는 파일 개방의 경우, 존재하지 않는 파일을 개방하려는 시도는 언제나 실패
- 이러한 경우에는 새로운 파일 이름을 입력받도록 예외 처리 루틴을 작성

㉢ 모든 예외를 처리하려고 노력하지 않음
- 발생될 수 있는 예외를 예상하여 해당하는 예외만을 처리하도록 예외 처리 루틴을 작성하는 것이 예외 처리 시 발생할 수 있는 비용을 최소화할 수 있음
- 플로피 디스크 입출력 에러의 경우 물리적인 손상 때문에 발생하는 경우가 많으므로 이러한 경우 재시도해도 계속 예외가 발생
- 이 경우 대부분은 프로그래머가 작성한 예외 처리 루틴에서 복구할 수 없는 예외가 되므로 시스템에 해당 예외 처리를 떠넘기는 것이 모든 면에서 유리함

01 예외와 예외 처리에 대한 설명으로 옳지 않은 것은?

① 예외에는 단순한 프로그래밍 에러들에서부터 하드 디스크 충돌과 같은 심각한 하드웨어적 에러까지 존재한다.

② C++, Ada, Java, Java Script와 같은 언어에는 예외 처리 기능이 내장되어 있지 않아 조건문을 통해 예외 처리를 하여야 한다.

③ 예외의 원인에는 컴퓨터 하드웨어 문제, 운영체제 설정 실수, 라이브러리 손상, 사용자의 입력 실수, 받아들일 수 없는 연산, 할당하지 못하는 기억장치 접근 등 다양한 원인이 존재한다.

④ 프로그램이 잘못된 수행을 하지 않도록 예외 상황을 처리할 수 있는 방법을 예외 처리라고 한다.

해설

C++, Ada, JAVA, Java Script와 같은 언어에는 예외 처리 기능이 내장되어 있으며, 그 외의 언어에서는 필요한 조건문을 이용해 예외 처리 루틴을 작성한다.

02 다음 중 예외(Exception)와 관련한 설명으로 틀린 것은?

① 문법 오류로 인해 발생한 것

② 오동작이나 결과에 악영향을 미칠 수 있는 실행 시간 동안에 발생한 오류

③ 배열의 인덱스가 그 범위를 넘어서는 경우 발생하는 오류

④ 존재하지 않는 파일을 읽으려고 하는 경우에 발생하는 오류

해설

문법 오류는 예외에 해당하지 않는다.

03 다음 설명에 해당하는 용어는?

> (　　)란 프로그램 수행 중에 발생하는 명령들의 정상적 흐름을 방해하는 사건을 말한다.

① 디버그

② 오류

③ 예외

④ 이벤트

해설

프로그램의 정상적인 실행을 방해하는 조건이나 상태를 예외(Exception)라고 한다.

기출유형 08 ▸ 프로그래밍 디버깅

오류가 발생한 코드를 추적하여 수정하는 작업은?

① Hashing
② Loading
③ Linking
④ Debugging

해설

오류가 발생한 코드를 추적하여 수정하는 작업을 디버깅(Debugging)이라고 한다.

| 정답 | ④

족집게 과외

❶ 프로그램 디버깅 개념

㉠ 버그(Bug)는 벌레를 뜻하며, 디버그(Debug)는 '해충을 잡다'라는 의미
㉡ 프로그램의 오류를 벌레에 비유하여 오류를 찾아 수정하는 일이라는 의미로 쓰임
㉢ 프로그램 개발공정의 마지막 단계에서 이루어짐
㉣ 주로 디버그가 오류 수정 프로그램과 그 작업을 통칭함
㉤ 디버깅(Debugging)은 작업에 중점을 둔 표현이며, 디버거(Debugger)는 오류 수정 소프트웨어를 가리킬 때 사용

❷ 디버깅 방법

㉠ 테이블 디버깅

- 프로그래머가 직접 손으로 해보고 눈으로 확인
- 프로그램 리스트에서 오류의 원인을 추적하는 방법
- 종류

코드리뷰방식(Code Review)	원시프로그램을 읽어가며 분석
워크스루방식(Walk-through)	오류가 발생한 데이터를 사용하여 원시프로그램을 추적

㉡ 컴퓨터 디버깅

- 디버깅 소프트웨어를 이용
- 프로그래머가 제공하는 각종 정보와 소프트웨어를 이용하여 디버깅을 할 수 있는 방식
- 종류

디버거 방식	• 프로그램을 시험할 때 디버깅 모드로 컴파일하여 디버거 기능을 포함시켜 사용하면서 오류에 관한 각종 정보를 수집하는 방식 • 원시프로그램을 수정하지 않고 정보를 수집할 수 있음 • 디버거에만 의존해야 하므로 정보를 수집할 수 있는 범위가 한정되어 완벽하게 디버깅할 수 없음
디버그행(行) 방식	• 수집하고 싶은 정보를 출력하기 위한 디버깅용 명령을 미리 프로그램 곳곳에 삽입하여 실행시키는 방식 • 프로그램이 각 지점을 정상적으로 통과하는지 확인하는 방법 • 세밀한 정보수집에 유용하나 디버깅을 완료한 후 원시프로그램을 수정해야 하는 번거로움이 있음
기계어 방식	• 정보를 수집하고자 하는 장소의 주소와 범위를 기계어 수준으로 지정 • 운영체제의 디버깅 기능을 사용하여 정보를 수집하는 방식 • 운영체제가 서비스하는 프로그램을 그대로 사용할 수 있음 • 정보수집 및 분석에 시간이 걸림

Tip

통합 개발 환경(IDE)
코딩, 디버그, 컴파일, 배포 등 프로그램 개발에 관련된 모든 작업을 하나의 프로그램에서 처리하는 환경을 제공하는 소프트웨어

기출유형 완성하기

정답 01 ① 02 ①

01 테스트와 디버그의 목적으로 옳은 것은?

① 테스트는 오류를 찾는 작업이고 디버깅은 오류를 수정하는 작업이다.
② 테스트는 오류를 수정하는 작업이고 디버깅은 오류를 찾는 작업이다.
③ 둘 다 소프트웨어의 오류를 찾는 작업으로 오류 수정은 하지 않는다.
④ 둘 다 소프트웨어 오류의 발견, 수정과 무관하다.

해설
테스트(Test)를 통해 오류를 발견한 후 디버깅(Debugging)을 통해 오류를 추적하고 수정하는 작업을 수행한다.

02 다음 설명에 해당하는 것은?

> 코딩, 디버그, 컴파일, 배포 등 프로그램 개발에 관련된 모든 작업을 하나의 프로그램에서 처리하는 환경을 제공하는 소프트웨어로, 기존 소프트웨어 개발에서는 편집기, 컴파일러, 디버거 등의 다양한 도구를 별도로 사용했으나 현재는 하나의 인터페이스로 통합하여 제공한다.

① 통합 개발 환경(IDE)
② 그룹웨어(Groupware)
③ 형상 관리(Configuration Management)
④ 빌드 도구(Build Tool)

해설
통합 개발 환경은 코딩, 디버그, 컴파일, 배포 등 프로그램 개발에 관련된 모든 작업을 하나의 프로그램에서 처리하는 환경을 제공하는 소프트웨어이다.

기출유형 09 ▶ 단위 테스트

개별 모듈을 시험하는 것으로 모듈이 정확하게 구현되었는지, 예정한 기능이 제대로 수행되는지를 점검하는 것이 주목적인 테스트는?

① 시스템 테스트
② 인수 테스트
③ 단위 테스트
④ 통합 테스트

해설
단위 테스트(Unit Test)는 모듈이나 컴포넌트 단위로 기능을 확인하는 테스트이다.

| 정답 | ③

족집게 과외

❶ 애플리케이션 테스트 개념

㉠ 애플리케이션에 잠재된 결함을 찾아내는 일련의 행위 또는 절차
㉡ 개발된 소프트웨어가 고객의 요구사항을 만족시키는지 확인(Validation)하고 소프트웨어가 기능을 정확히 수행하는지 검증(Verification)하는 것
㉢ 애플리케이션 테스트를 실행하기 전 개발한 소프트웨어의 유형 분류 및 특성을 정리하여 중점적으로 테스트할 사항 확인

❷ 애플리케이션 테스트의 필요성

㉠ 프로그램 실행 전 오류를 발견하여 예방할 수 있음
㉡ 프로그램이 사용자의 요구사항이나 기대 수준 등을 만족시키는지 반복적으로 테스트하므로 제품의 신뢰도를 향상시킴
㉢ 애플리케이션의 개발 초기부터 애플리케이션 테스트를 계획하면 단순한 오류 발견뿐만 아니라 새로운 오류의 유입도 예방할 수 있음
㉣ 애플리케이션 테스트를 효과적으로 수행하면 최소한의 시간과 노력으로 많은 결함을 찾을 수 있음

❸ 애플리케이션 테스트의 기본 원리

㉠ 완벽한 소프트웨어 테스트는 불가능함
㉡ 소프트웨어의 잠재적인 결함을 줄일 수는 있지만, 소프트웨어에 결함이 없다고 증명할 수는 없음
㉢ 애플리케이션의 결함은 대부분 개발자의 특성이나 애플리케이션의 기능적 특징으로 인해 특정 모듈에 집중되어 있음
㉣ 애플리케이션의 20%에 해당하는 코드에서 전체 80%의 결함이 발견된다고 하여 파레토 법칙을 적용하기도 함

❹ 개발 단계에 따른 애플리케이션 테스트

㉠ 애플리케이션 테스트는 소프트웨어의 개발 단계에 따라 테스트 레벨로 분류됨
㉡ 테스트 레벨은 단위 테스트, 통합 테스트, 시스템 테스트, 인수 테스트로 분류됨
㉢ 애플리케이션 테스트는 소프트웨어의 개발 단계에서부터 테스트를 수행하므로 단순히 소프트웨어에 포함된 코드상의 오류뿐만 아니라 요구 분석의 오류, 설계 인터페이스 오류 등도 발견할 수 있음
㉣ 애플리케이션 테스트와 소프트웨어 개발 단계를 연결하여 표현한 것을 V-모델이라고 함

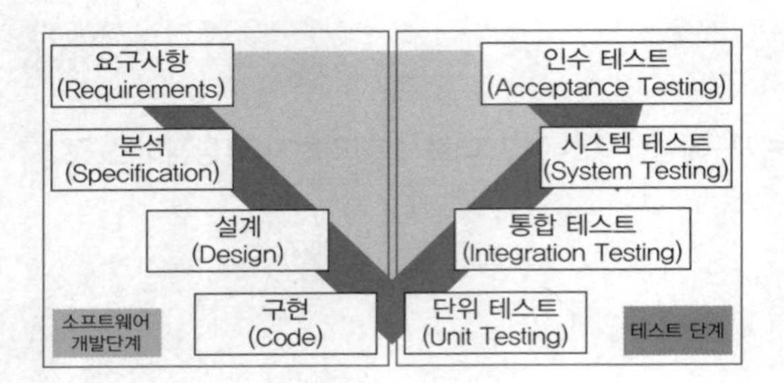

❺ **단위 테스트(Unit Test)**

㉠ 코딩 직후 소프트웨어 설계의 최소 단위인 모듈이나 컴포넌트에 초점을 맞춰 테스트하는 것

㉡ 인터페이스, 외부적 I/O, 자료 구조, 독립적 기초 경로, 오류처리 경로, 경계 조건 등을 검사함

㉢ 사용자의 요구사항을 기반으로 한 기능성 테스트를 최우선으로 수행함

㉣ 구조 기반 테스트와 명세 기반 테스트로 나뉘지만 주로 구조 기반 테스트를 시행함

㉤ 단위 테스트로 발견 가능한 오류는 알고리즘 오류에 따른 원치 않는 결과, 탈출구가 없는 반복문의 사용, 틀린 계산 수식에 의한 잘못된 결과 등이 있음

㉥ 테스트 방법

• 구조 기반 테스트

테스트 내용	프로그램 내부 구조 및 복잡도를 검증하는 화이트 박스(White Box) 테스트 시행
테스트 목적	제어 흐름, 조건 결정

• 명세 기반 테스트

테스트 내용	목적 및 실행 코드 기반의 블랙박스(Black Box) 테스트 시행
테스트 목적	동등 분할, 경계값 분석

❻ **통합 테스트(결합 테스트)**

㉠ 단위 테스트가 완료된 모듈들을 결합하여 하나의 시스템으로 완성시키는 과정에서의 테스트

㉡ 모듈 간 또는 통합된 컴포넌트 간의 상호 작용 오류를 검사

❼ **시스템 테스트**

㉠ 개발된 소프트웨어가 해당 컴퓨터 시스템에서 완벽하게 수행되는가를 점검하는 테스트

㉡ 환경적인 장애 리스크를 최소화하기 위해 실제 사용 환경과 유사하게 만든 테스트 환경에서 테스트를 수행해야 함

㉢ 기능적 요구사항과 비기능적 요구사항으로 구분하여 각각을 만족하는지를 테스트

기능적 요구사항	요구사항 명세서, 비즈니스 절차, 유스케이스 등 명세서 기반의 블랙박스 테스트 시행
비기능적 요구사항	성능 테스트, 회복 테스트, 보안 테스트, 내부 시스템의 메뉴 구조, 웹 페이지의 내비게이션 등 구조적 요소에 대한 화이트박스 테스트 시행

❽ **인수 테스트**

㉠ 개발한 소프트웨어가 사용자의 요구사항을 충족하는지에 중점을 두고 테스트하는 방법

㉡ 개발한 소프트웨어를 사용자가 직접 테스트함

㉢ 문제가 없다면 사용자는 소프트웨어를 인수하게 되고, 프로젝트는 종료됨

㉣ 종류

사용자 인수 테스트	사용자가 시스템 사용의 적절성 여부 확인
운영상의 인수 테스트	시스템 관리자가 백원/복원 시스템, 재난 복구, 사용자 관리, 정기 점검 등을 확인
계약 인수 테스트	인수/검수 조건을 준수하는지의 여부 확인
규정 인수 테스트	정부 지침, 법규, 규정에 맞게 개발 확인
알파 테스트	• 개발자의 장소에서 사용자가 개발자 앞에서 하는 테스트 기법 • 통제된 환경에서 행해지며, 오류와 문제점을 사용자와 개발자가 함께 확인하며 기록
베타 테스트	• 선정된 사용자가 여러 명의 사용자 앞에서 하는 테스트 기법(필드 테스팅) • 실업무를 가지고 사용자가 직접 테스트하는 것 • 개발자에 의해 제어되지 않는 상태에서 테스트 실행 • 발견된 오류와 문제점을 기록하고 개발자에게 주기적으로 보고

정답 01 ② 02 ③ 03 ②

01 소프트웨어 테스트 순서로 올바로 나열된 것은?

① 단위 테스트 – 인수 테스트 – 통합 테스트 – 시스템 테스트
② 단위 테스트 – 통합 테스트 – 시스템 테스트 – 인수 테스트
③ 인수 테스트 – 단위 테스트 – 시스템 테스트 – 통합 테스트
④ 시스템 테스트 – 인수 테스트 – 단위 테스트 – 통합 테스트

해설
모듈 단위로 테스트 – 여러 모듈을 결합하여 통합 테스트 – 설계된 소프트웨어가 시스템에서 정상적으로 동작하는지 시스템 테스트 – 사용자에게 인도하기 전 인수 테스트 수행

02 다음 보기에서 설명하는 소프트웨어 테스트의 기본 원칙은?

- 파레토 법칙이 좌우한다.
- 애플리케이션 결함의 대부분은 소수의 특정 모듈에 집중되어 존재한다.
- 결함이 발생한 모듈에서 계속 추가로 발생할 가능성이 높다.

① 살충제 패러독스
② 오류부재의 궤변
③ 결함 집중
④ 완벽한 테스팅 불가능

해설
애플리케이션의 결함은 대부분 개발자의 특성이나 애플리케이션의 기능적 특징 때문에 특정 모듈에 집중되어 있다.

03 소프트웨어 테스트에서 오류의 80%는 전체 모듈의 20% 내에서 발견된다는 법칙은?

① Brooks의 법칙
② Pareto의 법칙
③ Boehm의 법칙
④ Jackson의 법칙

해설
파레토 법칙은 테스트로 발견된 80% 오류는 20%의 모듈에서 발견되므로 20%의 모듈을 집중적으로 테스트하여 효율적으로 오류를 찾는다는 의미이다.

우리 인생의 가장 큰 영광은

결코 넘어지지 않는 데 있는 것이 아니라

넘어질 때마다 일어서는 데 있다

-넬슨 만델라-

PART 08

공간정보 UI 프로그래밍

01 데이터 구조

기출유형 01 ▶ 데이터 종류와 특징

JAVA에서 변수와 자료형에 대한 설명으로 틀린 것은?

① 변수는 어떤 값을 주기억장치에 기억하기 위해서 사용하는 공간이다.

② boolean 자료형은 조건이 참인지 거짓인지 판단하고자 할 때 사용한다.

③ 변수의 자료형에 따라 저장할 수 있는 값의 종류와 범위가 달라진다.

④ char 자료형은 나열된 여러 개의 문자를 저장하고자 할 때 사용한다.

해설

char 자료형은 문자 'a'와 같이 문자 한 개만을 저장할 수 있는 자료형으로, 'abc'와 같이 여러 개의 문자를 저장할 때는 배열 또는 String 객체를 이용하여야 한다.

| 정답 | ④

족집게 과외

❶ 데이터 타입(Data Type)

㉠ 변수(Variable)에 저장될 데이터의 형식을 나타냄

㉡ 변수에 값을 저장하기 전에 어떤 형식(문자형, 정수형, 실수형 등)의 값을 저장할지 데이터 타입을 지정하여 변수를 선언해야 함

㉢ 데이터 타입의 종류

타입	설명
정수 타입 (Integer Type)	정수, 즉 소수점이 없는 숫자 저장 예 1, −1, 10, −100
부동 소수점 타입 (Floating Point Type)	소수점 이하가 있는 실수 저장 예 0.123×102, −1.6×23
문자 타입 (Character Type)	• 한 개의 문자 저장 • 작은따옴표(' ') 안에 표시 예 'A', 'a', '1', '*'
문자열 타입 (Character String Type)	• 문자열 저장 사용 • 큰따옴표(" ") 안에 표시 예 "Hello", "1+2=3"
불린 타입 (Boolean Type)	• 조건의 참(True), 거짓(False) 여부 저장 • 기본값은 거짓(False) 예 True, False
배열 타입 (Array Type)	• 같은 타입의 데이터 집합 저장 • 데이터는 중괄호({ }) 안에 콤마(,)로 구분하여 값을 나열함 예 {1, 2, 3, 4, 5}

❷ C/C++ 데이터의 데이터 타입 크기 및 기억 범위

종류	데이터 타입	크기	기억 범위
문자	char	1Byte	−128~127
부호 없는 문자형	unsigned char	1Byte	0~255
정수	short	2Byte	−32,768~32,767
	int	4Byte	−2,147,483,648 ~2,147,483,647
	long	4Byte	−2,147,483,648 ~2,147,483,647
	long long	8Byte	−9,223,372,036,854,775,808 ~9,223,372,036,854,775,807
부호 없는 정수형	unsigned short	2Byte	0~65,535
	unsigned int	4Byte	0~4,294,967,295
	unsigned long	4Byte	0~4,294,967,295
실수	float	4Byte	1.2×10^{-38}~3.4×10^{38}
	double	8Byte	2.2×10^{-308} ~1.8×10^{308}
	long double	8Byte	2.2×10^{-308} ~1.8×10^{308}

❸ JAVA의 데이터 타입 크기 및 기억 범위

종류	데이터 타입	크기	기억 범위
문자	char	2Byte	0~65,535
정수	byte	1Byte	−128~127
	short	2Byte	−32,768~32,767
	int	4Byte	−2,147,483,648 ~2,147,483,647
	long	8Byte	−9,223,372,036,854,775,808 ~9,223,372,036,854,775,807
실수	float	4Byte	1.4×10^{-45}~1.8×10^{38}
	double	8Byte	4.9×10^{-308} ~1.8×10^{308}
논리	boolean	1Byte	True 또는 False

❹ Python의 데이터 타입 크기 및 기억 범위

종류	데이터 타입	크기	기억 범위
문자	str	무제한	프로그램에 배정된 메모리의 한계까지 저장
정수	int	무제한	프로그램에 배정된 메모리의 한계까지 저장
실수	float	8Byte	4.9×10^{-324} ~1.8×10^{308}
	doble	8Byte	4.9×10^{-324} ~1.8×10^{308}

기출유형 완성하기

정답 01 ① 02 ② 03 ②

01 C언어에서 데이터의 크기가 가장 작은 것은?

① char
② int
③ short
④ long

해설
C언어의 자료형별 크기는 char는 1byte, short는 2byte, int와 long은 4byte이므로, 가장 작은 자료형은 1byte인 char이다.

02 C언어의 실수 자료형으로 옳지 않은 것은?

① float
② boolean
③ long double
④ double

해설
C언어에서 실수 자료형은 float, double, long double이 있으며, boolean은 JAVA에서 논리 자료형을 의미한다.

03 JAVA에서 정수 자료형으로 옳지 않은 것은?

① short
② float
③ int
④ long

해설
JAVA에서 사용하는 정수 자료형은 byte, short, int, long이 있으며, float은 JAVA에서 사용하는 실수 자료형이다.

기출유형 02 ▸ 데이터 저장, 연산, 조건, 반복, 제어

다음 자바 프로그램의 결과로 맞는 것은? **2023년 기출**

```
int i = 10;
if( i = 10 ) System.out.println("result is true");
```

① 컴파일되지 않을 것이다.
② 컴파일은 잘 되지만 화면에 아무것도 출력되지 않는다.
③ 컴파일은 잘 되고 화면에 "result is true"가 출력된다.
④ 컴파일은 잘 되고 실행 오류가 발생할 것이다.

해설

대입 연산자 '='는 왼쪽의 피연산자에 오른쪽의 피연산자를 대입하게 되므로 컴파일되지 않는다

| 정답 | ①

족집게 과외

❶ 데이터 저장

㉠ 변수는 프로그램 실행 중에 값을 저장하기 위한 공간으로 변숫값은 프로그램 수행 중 변경될 수 있음
㉡ 데이터 타입에서 정한 크기의 메모리를 할당하고 반드시 변수 선언과 값을 초기화한 후 사용하여야 함
㉢ 변수의 데이터 타입 다음에 이름을 적어 변수를 선언
㉣ 상수의 경우 값 변경이 불가하며 final 키워드 사용하여 선언 시 초기값을 지정함

❷ 데이터 연산

㉠ 산술 연산자
사칙 연산이나 나머지 연산, 증가, 감소 연산 등이 속하며 정수나 실수의 결과를 반환

산술 연산자	개념	예시(결과)	
+	더하기	1 + 2	3
–	빼기	5 – 3	2
*	곱하기	2 * 3	6
/	나누기	7 / 2	3
%	나머지	7 % 2	1

㉡ 증감 연산자

- 증가연산자(Increment)는 ++이고, 감소연산자(Decrement)는 --이며, 증감 연산자가 변수 앞에 오면 전위 연산자(Prefix), 뒤에 오면 후위 연산자(Postfix)라고 함
- 전위 또는 후위 연산자의 연산 결과는 1 증가하거나 감소하는 것과 동일하지만, 대입문이나 다른 연산자들과 변수가 사용될 때는 결과가 연산 우선순위가 다르기 때문에 전혀 다른 결과가 나타남
- 전위 연산의 경우 먼저 x의 값을 증가(또는 감소)시킨 후 x의 값을 y에 대입하며, 후위 연산은 x의 값을 y에 대입한 후에 x의 값을 증가(또는 감소)시킴
- 단항 연산자는 ++(증가), --(감소) 연산자로 변수의 값을 하나 증가 또는 하나 감소시키며 변수의 왼쪽 · 오른쪽 모두 사용할 수 있음

증감연산자	전위 연산자	후위 연산자
연산식	++x --x	x++ x--
의미	x = x + 1 x = x − 1	x = x + 1 x = x − 1
사용 예	y = ++x y = --x	y = x++ y = x--
결과(x=1일 때)	x=2, y=2 x=0, y=0	x=2, y=1 x=0, y=1

㉢ 대입 연산자

- 대입 연산은 변수에 값을 저장하기 위한 용도로 '='을 사용함
- 대입 연산자를 중심으로 오른쪽의 값을 왼쪽에 대입하여 사용함

대입 연산자	연산식 예	의미	x가 10일 경우
+=	x += 2	x = x + 2	x = 12
−=	x −= 2	x = x − 2	x = 8
*=	x *= 2	x = x * 2	x = 20
/=	x /= 2	x = x / 2	x = 5
%=	x %= 2	x = x % 2	x = 0

㉣ 비교(관계) 연산자

- 비교 연산자는 대소 비교나 객체 타입 비교 등에 사용됨
- 비교한 결과에 따라 참(True) 또는 거짓(False)의 boolean 데이터형의 결과를 반환

비교 연산자	의미	예
==	같음	x == 3
!=	다름	x != 3
<	~보다 작음	x < 3
>	~보다 큼	x > 3
<=	작거나 같음	x <= 3
>=	크거나 같음	x >= 3

㉤ 논리 연산자

- 2개 이상의 비교 연산을 결합해야 하는 경우에 많이 사용됨
- AND, OR, NOT의 세 가지가 있으며, 논리 연산의 피연산자와 결과는 논리값(True나 False)임

<table>
<tr><th>논리 연산자</th><th>연산자</th><th>예</th><th>의미</th></tr>
<tr><td>AND</td><td>&&</td><td>a && b</td><td>a와 b가 모두 True일 때만 True</td></tr>
<tr><td>OR</td><td>||</td><td>a || b</td><td>a와 b 중 하나만 True이면 True</td></tr>
<tr><td>NOT</td><td>!</td><td>! a</td><td>a가 True이면 False,
a가 False이면 True</td></tr>
</table>

㉥ 삼항 연산자(? :)

- if-else 문과 동일한 방식으로 실행
- if-else 문에서는 조건을 만족시키는 경우와 그렇지 않은 경우에 대하여 블록을 사용하여 여러 문장을 실행시킬 수 있음
- 삼항 연산자는 한 가지 연산식만을 사용할 수 있어 간결한 코드 작성

if-else 문	삼항 연산자

if(x > 10)
y = 10;
else
y = 0;
	y =(x > 10) ? 10 : 0

ⓢ 연산자 우선순위

- 자바의 연산자 우선순위는 괄호의 우선순위가 제일 높음
- 산술 > 비교 > 논리 > 대입 순서이며 단항 > 이항 > 삼항의 순서

❸ 데이터 조건(단순 if / 다중 if / Switch)

㉠ 단순 IF 문

- if 문은 주어진 조건에 따라 특정 문장을 수행할지 여부를 선택하게 할 수 있는 명령

```
if(조건)
  조건이 True일 경우 수행하는 문장;
다음 문장;
```

- if 문의 조건은 비교 연산이나 논리 연산 등을 사용한 식이 되므로, 조건의 결과는 참이거나 거짓
- if 문은 조건식이 참인지를 검사하여 참이면 조건식이 True일 때 수행하는 문장을 실행하고, 거짓이면 다음 문장을 수행

㉡ if – else 문

- 어떤 조건을 한 번 검사해서 True일 때 수행해야 하는 문장과 False일 때 수행해야 하는 문장에 모두 쓸 수 있음
- 조건이 True일 경우와 False일 경우에 각각 수행해야 하는 문장이 있을 경우 사용

```
if(조건)
        조건이 True일 경우 수행하는 문장;
else
        조건이 False일 경우 수행하는 문장;
다음 문장;
```

㉢ 중첩 if – else 문

- 여러 경우(Multiple Case)를 검사하여 각각의 경우에 따라 다른 문장들을 실행시키고자 할 때 사용
- 첫 번째 조건이 False인 경우 다음 조건을 판단하는 순서로 수행됨

```
if(조건1)
  조건1이 True일 경우 수행하는 문장;
else if(조건2)
  조건1이 False이면서 조건2가 True일 경우 수
  행하는 문장;
else
  조건1과 조건2가 False일 경우 수행하는 문장;
```

㉣ switch 다중 선택문

- switch 다중 선택 구조는 위의 중첩 if 문에서처럼 한 가지 값을 비교하여 여러 가지 문장으로 분기시키기 위해 사용
- 수행 방식은 중첩 if 문에서와 동일한 방식으로 수행
- switch 문에서는 값의 범위를 비교할 수 없고, 값이 일치하는지만 비교할 수 있음
- default 블록은 이전의 모든 경우에 해당되지 않는 경우 수행되는 블록으로 switch 문의 가장 마지막에 사용
- switch 문에서의 각 case에 해당되는 문장들은 중괄호 블록을 사용하지 않아도 다음 case 이전까지의 모든 문장이 실행되며 break 문은 해당 블록을 벗어나도록 함

❹ 데이터 반복(for / while / do while)

㉠ for 반복문

for 문은 반복 제어 변수와 최종값을 정의하여 원하는 횟수만큼 반복시키는 구조

```
for(초기문; 조건식; 증감수식){
        명령문1;
        명령문1;
        …
}
```

- 초기문: 값이 변하는 변수의 초기값 선언부
- 조건식: 초기화에서 선언한 변수가 증감하면서 조건식이 거짓이 될 때까지의 선언부
- 증감수식: 초기화에 선언한 변수를 일정하게 증가

㉡ while 반복문

- for 문이 일정한 반복 횟수가 정해진 경우에 많이 이용되는 반복문인 반면, while 문은 반복 횟수가 정해지지 않고 어떤 조건이 만족되면 계속 반복되는 구조에 많이 사용됨

```
while(조건)
  반복 수행 문장;
```

- 이 문장은 먼저 조건을 평가하여 조건이 참인 동안 반복 수행 문장을 반복 수행하다가 조건이 거짓이 되는 순간 반복을 멈추고 제어를 다음으로 넘김
- 조건의 결과를 거짓으로 만들 수식이나 문장이 없으면 그 while 문은 반복 수행 문장을 무한정으로 반복 수행하는데, 이를 무한 루프라고 함
- 반대로 처음부터 조건이 거짓이라면 그 while 문은 한 번도 반복 실행되지 않음
- 반복의 몸체가 여러 개의 문장일 경우 다음과 같이 중괄호({ })를 사용하여 블록으로 표시

㉢ do-while 반복문

- do-while 반복 구조는 먼저 몸체를 수행한 다음 조건을 테스트하여 False이면 반복을 벗어나고, 참이면 다시 수행하고 조건을 테스트

```
do
  반복 수행 문장;
while(조건);
```

- while 문의 반복 수행 부분이 한 번도 수행하지 않을 수도 있으나, do~while의 경우에는 최소한 한 번은 수행

❺ 데이터 제어(break / continue)

㉠ break 문

- break 문이 while, for, do/while 또는 switch 구조 등에서 쓰이며 해당 블록 밖으로 제어를 옮김
- break 문은 반복(Loop)을 일찍 벗어나게 하거나 switch 다중 선택구조에 break 문 이후의 나머지 문장들의 실행을 넘어가고자 할 때 사용

㉡ continue 문

continue 문 다음의 반복 블록의 수행을 넘어가고, 다음 반복을 계속하도록 함

❻ 자바 연산자의 우선순위

우선순위	연산자	피연산자
0	( ) 괄호 속 연산자	다양
1	증감(++, --), 부호(+, -), 비트(~), 논리(!)	단항
2	산술(*, /, %)	이항
3	산술(+, -)	이항
4	시프트(>>, <<, >>>)	이항
5	비교(<, >, <=, >=, instanceof)	이항
6	비교(==, !=)	이항
7	논리 &	이항(단항)
8	논리 ^	이항(단항)
9	논리 |	이항(단항)
10	논리 &&	이항
11	논리 ||	이항
12	조건(?, :)	삼항
13	대입(=, +=, -=, *=, /=, %=, &=, ^=, |=, <<=, >>=, >>>=)	이항

기출유형 완성하기

정답 01 ④ 02 ① 03 ④ 04 ③ 05 ②

01 프로그램 언어의 문장구조 중 성격이 다른 하나는?

① do(실행문) while(조건문);
② while(조건문) 실행문;
③ for(변수;조건;증감연산) 실행문;
④ if(조건문) 실행문;

해설
반복문은 프로그램을 원하는 횟수나 조건이 만족할 때까지 반복적으로 수행하는 명령이다. 반복 명령으로는 일정 횟수만큼을 반복시키는 for 문, 특정 조건이 만족될 때까지 반복하는 while 문과 do-while 문이 있다. if(조건문)는 자바 선택구조를 위한 조건문이다.

02 다음 코드를 실행시킬 경우 x, y, z 변수가 갖게 되는 값은 무엇인가? 2023년 기출

```
int x = 1;
int y = 0;
int z = 0;
y = x++;
z = --x;

System.out.println(x + “, ”+ y + “, ”
+ z);
```

① 1, 1, 1
② 1, 2, 1
③ 2, 1, 1
④ 1, 1, 0

해설
y = x++;의 경우 x는 후치 증가연산자이므로 x의 값 1을 y에 저장한 후 x의 값을 1 증가(x = 2, y = 1, z = 0)시킨다.
z = - -x; 의 경우 x는 전치 감소연산자이므로 x의 값을 1 감소시킨 후 x의 값 1을 z에 저장(x = 1, y = 1, z = 1)한다.

03 다음 중 자바에서 우선 순위가 가장 낮은 연산자는?

① --
② %
③ >>
④ =

해설
대입 연산자(=, *=, /=, %=, +=, -=)는 우선 순위가 가장 낮다.

04 자바 연산자 중 우선순위가 높은 것은? 2023년 기출

① &
② >>
③ *
④ =

해설
보기에서 자바 연산자의 우선순위가 가장 높은 것은 산술 연산자인 *이다.

05 자바에서 = 연산자의 의미로 옳은 것은? 2023년 기출

① 관계 연산자로 두 값이 같은지 여부를 비교한다.
② 대입 연산자로 연산자의 오른쪽 값을 왼쪽에 대입한다.
③ 산술 연산자로 사칙연산 등 결과를 반환한다.
④ 논리 연산자로 비교 연산을 결합한다.

해설
대입 연산자(Assignment Operator)는 변수에 값을 대입할 때 사용하는 이항 연산자이며, 피연산자들의 결합 방향은 오른쪽에서 왼쪽이다. 자바에서는 대입 연산자와 다른 연산자를 결합하여 만든 다양한 복합 대입 연산자를 제공한다.

기출유형 03 ▶ 정적 메모리와 동적 메모리

자바 메모리 구조에 대한 설명으로 옳지 않은 것은?

① 자바 기본형 변수는 선언과 동시에 스택에 자신 크기에 맞는 메모리를 할당한다.
② 원시타입의 데이터들에 대해서는 참조 값을 스택에 직접 저장한다.
③ New 연산자를 사용하여 동적으로 메모리 내 힙 영역에 데이터를 할당하고 할당된 주소값을 참조하여 사용한다.
④ 자바 배열, 날짜, 문자열 등과 클래스, 인터페이스 등 참조형 변수의 가변 데이터는 고정된 영역의 메모리 할당이 불가능하다.

해설
원시타입의 데이터들에 대해서는 실제 값을 스택에 직접 저장한다.

| 정답 | ②

족집게 과외

❶ 정적(Static) · 동적(Dynamic) 메모리 구분

㉠ 프로그램의 정보를 읽어 메모리에 로드되는 과정 속에서, 프로그램이 실행되면 OS(Operating System)는 메모리(RAM)에 공간을 할당
㉡ 할당하는 영역은 Code, Data, Stack, Heap 4가지로 구분
㉢ 정적 할당은 컴파일 단계에서 필요한 메모리 공간을 할당하고, 동적 할당은 실행 단계에서 공간 할당
㉣ 메모리 용도에 따른 영역

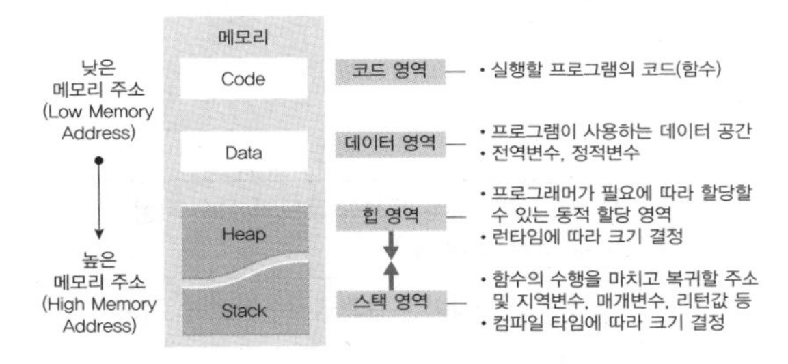

❷ 정적 메모리(Static Memory)

㉠ 코드나 데이터가 저장되는 영역
㉡ 프로그램이 로드될 때 미리 정해진 크기만큼 주어지고 프로그램 코드와 필요한 데이터를 올려줌
㉢ 정적 메모리에 저장되는 데이터는 보통 정적변수, 전역변수, 코드에 있는 리터럴 값 등을 저장
㉣ 프로그램 시작과 함께 할당되고 끝나면 소멸될 것이므로 프로그램의 실행 중에는 변동이 없음
㉤ 프로그램이 시작되기 전, 컴파일 단계에서 미리 정해진 크기의 메모리를 할당받음

❸ 동적 메모리

㉠ 동적 메모리 할당 또는 메모리 동적 할당은 컴퓨터 프로그래밍에서 실행 시간 동안 사용할 메모리 공간을 할당
㉡ 사용이 끝나면 운영체제가 쓸 수 있도록 반납하고 다음에 요구가 오면 재 할당을 받을 수 있음
㉢ 이것은 프로그램이 실행하는 순간 프로그램이 사용할 메모리 크기를 고려하여 메모리의 할당이 이루어지는 정적 메모리 할당과 대조적임
㉣ 동적으로 할당된 메모리 공간은 프로그래머가 명시적으로 해제하거나 JAVA의 가비지 컬렉터(Garbage Collector)와 같은 사용하지 않거나 사용 완료한 메모리를 해제하는 쓰레기 수집 작업이 일어나기 전까지 그대로 유지
㉤ C/C++과 같이 쓰레기 수집이 없는 언어의 경우, 동적 할당하면 사용자가 해제하기 전까지는 메모리 공간이 계속 유지됨
㉥ 동적 할당은 프로세스의 힙영역에서 할당하므로 프로세스가 종료되면 운영 체제에 메모리 리소스가 반납되므로 해제됨
㉦ 사용이 완료된 영역은 반납하는 것이 유리한데, 프로그래머가 함수를 사용해서 해제해야 함

Tip

정적 메모리 할당

메모리 영역	Stack
메모리 할당	컴파일 단계
메모리 크기	• 고정됨 • 실행 중 조절 불가
포인터 사용	미사용
할당 해제	• 함수가 사라질 때 • 할당된 메모리 자동 해제(반납)
장점	• 할당된 메모리를 해제하지 않음으로써 발생하는 메모리 누수와 같은 문제를 신경 쓰지 않아도 됨 • 정적 할당된 메모리는 실행 도중 해제되지 않고, 프로그램을 종료할 때 자동으로 운영체제가 회수함
단점	• 메모리의 크기가 하드 코딩되어 있어 나중에 조절할 수 없음 • 스택에 할당된 메모리이므로 동적 할당에 비해 할당받을 수 있는 최대 메모리에 제약을 받음

동적 메모리 할당

메모리 영역	Heap
메모리 할당	실행 단계
메모리 크기	• 가변적 • 실행 중 유동적으로 조절 가능
포인터 사용	사용
할당 해제	사용자가 원하는 시점에 할당된 메모리를 직접 해제(반납)
장점	• 상황에 따라 원하는 크기만큼의 메모리가 할당되므로 경제적임 • 이미 할당된 메모리라도 언제든지 크기를 조절할 수 있음
단점	더 이상 사용하지 않는 경우 프로그래머가 명시적으로 메모리 해제

❹ 자바 메모리 구조

㉠ 자바 정적 메모리 영역

- 스택은 정적으로 할당된 메모리 영역
- 스택은 함수, 지역변수, 매개변수 저장, 후입선출(LIFO, Last-In First-Out)방식으로 관리
- 자바 기본형 변수는 선언과 동시에 자신 크기에 맞는 메모리 할당
- 표현할 수 있는 종류별 할당 메모리 크기가 정해짐
- 원시타입(Primitive Types) – 논리(Boolean), 문자(char), 정수(byte, short, int, long), 실수(float, double) 등 – 각 데이터 타입에 대한 정보가 컴파일 내장
- 원시타입의 데이터들에 대해서는 실제 값을 스택에 직접 저장(참조값 저장 아님)
- 생성된 Object 타입의 데이터의 참조값이 할당됨

```
public class Test {
  public static void main(String[]
  args) {
    int a;
    double b;

    a = 3;
    b = 3.14;

    System.out.printIn("a="+a);
    System.out.printIn("b="+b);
  }
}
```

클래스(Class) 영역	자바 메서드 코드와 상수 저장 main( )
스택(Stack) 영역	자바 프로그램의 지역변수 저장 a = 3 b = 3.14
힙(Heap) 영역	스택 영역의 참조형 변수의 실제 데이터 저장

ⓛ 자바 동적 메모리 영역

- 힙은 동적으로 할당된 메모리 영역
- 전역변수를 다루며 사용자가 직접 관리해야 하는 메모리 영역
- New 연산자를 사용해 동적으로 메모리 내 힙 영역에 데이터를 할당하고 할당된 주소값을 참조하여 사용
- 자바 배열, 날짜, 문자열 등과 클래스, 인터페이스 등 참조형 변수의 가변 데이터는 고정된 영역의 메모리 할당 불가능
- 힙 영역에서는 모든 Object 타입의 데이터 할당
- 힙 영역의 Object를 가리키는 참조변수가 스택에 할당

```
public class Test {
  public static void main(String[] args) {
    String msg = new String("sample1");
      System.out.printIn("msg="+msg);
      String msg2 = new String("sample2");
      System.out.printIn("msg2="+msg2);
  }
}
```

클래스(Class) 영역	자바 메서드 코드와 상수 저장 main( )
스택(Stack) 영역	자바 프로그램의 지역변수 저장 msg = xxx 32bit 공간할당 힙 영역의 주소값 저장
힙(Heap) 영역	스택 영역의 참조형 변수의 실제 데이터 저장 xxxx

Tip

스택(Stack)

- 리스트의 한쪽 끝으로만 자료의 삽입(Push)과 삭제(Pop)가 이루어지는 자료구조
- 마지막으로 넣은 데이터가 먼저 나오는 후입선출(LIFO; Last In First Out) 방식으로 자료 처리
- 모든 기억 공간이 꽉 채워져 있는 상태에서 데이터가 삽입되면 오버플로(Overflow)가 발생
- 삭제할 데이터가 없는 상태에서 데이터를 삭제하면 언더플로(Underflow)가 발생
- 응용 분야: 함수 호출의 순서 제어, 인터럽트의 처리, 수식 계산 및 수식 표기법, 컴파일러를 이용한 언어 번역, 부 프로그램 호출 시 복귀주소 저장, 서브루틴 호출 및 복귀주소 저장

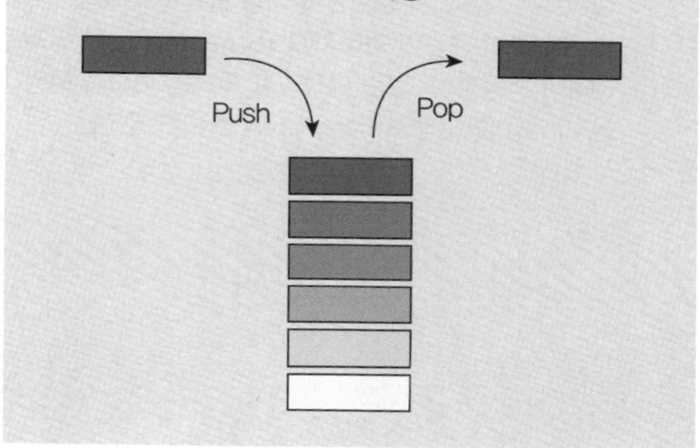

정답 01 ② 02 ③ 03 ④ 04 ④

01 JAVA에서 힙(Heap)에 남아있으나 변수가 가지고 있던 참조값을 잃거나 변수 자체가 없어짐으로써 더 이상 사용되지 않는 객체를 제거해주는 역할을 하는 모듈은?

① Heap Collector
② Garbage Collector
③ Memory Collector
④ Variable Collector

해설
실제로는 사용되지 않으면서 가용 공간 리스트에 반환되지 않는 메모리 공간인 가비지(Garbage, 쓰레기)를 강제로 해제하여 사용할 수 있는 메모리로 만드는 메모리 관리 모듈을 가비지 콜렉터(Garbage Collector)라고 한다.

02 가장 나중에 삽입된 자료가 가장 먼저 삭제되는 후입선출(LIFO; Last In First Out) 방식으로 자료를 처리하는 자료구조는?

① 큐
② 그래프
③ 스택
④ 트리

해설
스택은 후입선출(LIFO; Last In First Out) 방식에 해당한다.

03 스택(Stack)의 응용 분야로 거리가 먼 것은?

① 서브루틴 호출
② 인터럽트 처리
③ 수식계산 및 수식 표기법
④ 운영체제의 작업 스케줄링

해설
큐(Queue)는 운영체제의 작업 스케줄링에 사용된다.

04 C언어의 메모리 구조 중 전역변수가 저장되는 영역은? 2023년 기출

① 힙 영역
② 스택 영역
③ BSS 영역
④ 데이터 영역

해설
C언어의 전역변수와 static 변수는 데이터(Data) 영역에 할당된다. 프로그램의 시작과 동시에 할당되며, 프로그램이 종료되어야 메모리에서 소멸된다.

기출유형 04 ▸ 기반 컴포넌트

CBD(Component Based Development)에 대한 설명으로 틀린 것은?

① 개발 기간 단축으로 인한 생산성 향상
② 새로운 기능 추가가 쉬운 확장성
③ 소프트웨어 재사용 가능
④ 복잡한 문제를 다루기 위해 분할과 정복 원리 적용

해설

구조적 방법론에 대한 설명이다.

| 정답 | ④

족집게 과외

❶ 소프트웨어 개발방법론

㉠ 소프트웨어 개발과 유지보수 등에 필요한 여러 가지 일들의 수행 방법과 이러한 일들을 효율적으로 수행하려는 과정에서 필요한 각종 기법 및 도구를 체계적으로 정리하여 표준화한 것
㉡ 소프트웨어의 생산성과 품질향상을 목적으로 함
㉢ 종류: 구조적 방법론, 정보공학 방법론, 객체지향 방법론, 컴포넌트 기반(CBD) 방법론, 애자일(Agile) 방법론, 제품 계열 방법론 등

❷ 컴포넌트 기반(CBD; Component Based Design) 방법론

㉠ 컴포넌트(Component)는 문서, 소스코드, 파일, 라이브러리 등과 같은 모듈화된 자원을 의미함
㉡ 컴포넌트 기반 방법론은 기존의 시스템이나 소프트웨어를 구성하는 컴포넌트를 조합하여 하나의 새로운 애플리케이션을 만드는 것

❸ CBD 방법론의 등장 배경

OOP 문제점 해결 필요	• OOP는 코드 수준의 재사용 • CBD는 실행 모듈 단위로 재사용 가능 • 새로운 기능 추가/변경 용이
조직의 변화	• 과거 부서 중심 단일업무 • 가상조직, e-Biz, 고객 중심 업무로의 변화(재사용성, 상호운용성, 생산의 적시성, 사용자 위주)

❹ CBD 방법론의 특징

㉠ 컴포넌트의 재사용(Reusability)이 가능하여 시간과 노력을 절감할 수 있음
㉡ 새로운 기능을 추가하는 것이 간단하여 확장성이 보장됨
㉢ 유지보수 비용을 최소화하고 생산성 및 품질을 향상시킬 수 있음
㉣ 쇼핑바구니, 사용자 인증, 검색엔진, 카탈로그 등 상업적으로 이용 가능한 컴포넌트를 결합하여 전자상거래 응용 프로그램을 개발하는 컴포넌트 기반 개발을 사용함

❺ 컴포넌트 기반 방법론의 개발 절차

개발 준비 단계 → 분석 단계 → 설계 단계 → 구현 단계 → 테스트 단계 → 전개 단계 → 인도 단계

❻ 객체지향 방법론

㉠ 현실 세계의 개체(Entity)를 기계의 부품처럼 하나의 객체로 만들어, 소프트웨어를 개발할 때 기계의 부품을 조립하듯이 객체들을 조립해서 필요한 소프트웨어를 구현하는 방법론

㉡ 구조적 기법의 문제점으로 인한 소프트웨어 위기의 해결책으로 채택됨

㉢ 구성요소: 객체(Object), 클래스(Class), 메시지(Message) 등

㉣ 기본 원칙: 캡슐화(Encapsulation), 정보은닉(Information Hiding), 추상화(Abstraction), 상속성(Inheritance), 다형성(Polymorphism) 등

㉤ 객체지향 방법론의 절차
요구분석단계 → 설계 단계 → 구현 단계 → 테스트 및 검증 단계 → 인도 단계

❼ 구조적 방법론

㉠ 정형화된 분석 절차에 따라 사용자 요구사항을 파악하여 문서화하는 처리(Process) 중심의 방법론

㉡ 1960년대까지 가장 많이 적용되었던 소프트웨어 개발방법론

㉢ 쉬운 이해 및 검증이 가능한 프로그램 코드를 생성하는 것이 목적

㉣ 복잡한 문제를 다루기 위해 분할과 정복(Divide and Conquer) 원리를 적용

기출유형 완성하기

정답 01 ③ 02 ④ 03 ① 04 ②

01 **소프트웨어 개발방법론 중 CBD(Component Based Development)에 대한 설명으로 틀린 것은?**

① 생산성과 품질을 높이고, 유지보수 비용을 최소화할 수 있다.
② 컴포넌트 제작 기법을 통해 재사용성을 향상시킨다.
③ 모듈의 분할과 정복에 의한 하향식 설계방식이다.
④ 독립적인 컴포넌트 단위의 관리로 복잡성을 최소화할 수 있다.

해설
분할과 정복 원리가 적용된 소프트웨어 개발 방법은 구조적 방법론이다.

02 **개체를 기계의 부품처럼 하나의 객체로 만들어 기계적인 부품들을 조립하듯이 소프트웨어를 개발할 때에도 객체들을 조립해서 작성할 수 있도록 하는 소프트웨어 개발방법론은?**

① 컴포넌트 기반(CBD) 방법론
② 애자일(Agile) 방법론
③ 제품계열 방법론
④ 객체지향 방법론

해설
객체지향은 각각의 객체로 프로그램이나 시스템을 구상하는 것을 의미한다.

03 **정형화된 분석 절차에 따라 사용자 요구사항을 파악, 문서화하는 체계적 분석방법으로 자료흐름도, 자료사전, 소단위영세서의 특징을 갖는 것은?**

① 구조적 개발방법론
② 객체지향 개발방법론
③ 정보공학 방법론
④ CBD 방법론

해설
구조적 방법론은 정형화된 분석 절차에 따라 사용자 요구사항을 파악하여 문서화하는 처리 중심의 방법론이다.

04 **다음 컴포넌트 기반 방법론의 개발 절차에서 괄호 안에 들어갈 내용으로 옳은 것은?**

개발 준비 단계 → 분석 단계 → (㉠) → (㉡) → (㉢) → 전개 단계 → 인도 단계

① ㉠ 설계 단계 ㉡ 테스트 단계 ㉢ 구현 단계
② ㉠ 설계 단계 ㉡ 구현 단계 ㉢ 테스트 단계
③ ㉠ 구현 단계 ㉡ 설계 단계 ㉢ 테스트 단계
④ ㉠ 구현 단계 ㉡ 테스트 단계 ㉢ 설계 단계

해설
컴포넌트 기반 방법론의 개발 절차
개발 준비 단계 → 분석 단계 → 설계 단계 → 구현 단계 → 테스트 단계 → 전개 단계 → 인도 단계

02 객체지향 프로그래밍

기출유형 05 ▶ 클래스

객체지향의 개념 중 하나 이상의 유사한 객체들을 묶어 공통된 특성을 표현한 데이터 추상화를 의미하는 것은?

① Field
② Message
③ Method
④ Class

해설
클래스는 공통된 특성과 행위를 갖는 객체의 집합이라고 할 수 있다.

| 정답 | ④

족집게 과외

❶ 객체지향(Object-Oriented)

㉠ 현실세계의 개체(Entity)를 기계의 부품처럼 하나의 객체(Object)로 만들어 소프트웨어를 개발할 때에도 객체들을 조립해서 작성할 수 있는 기법
㉡ 유지보수를 고려하지 않고 개발 공정에만 집중한 구조적 기법의 문제점에 대한 소프트웨어 위기의 해결책으로 사용
㉢ 복잡한 구조를 단계적 · 계층적으로 표현하며, 멀티미디어 데이터 및 병렬 처리 지원
㉣ 현실 세계를 모형화하므로 사용자와 개발자가 쉽게 이해할 수 있음

❷ 객체(Object)

㉠ 데이터와 데이터를 처리하는 함수를 묶어 놓은(캡슐화한) 하나의 소프트웨어 모듈
㉡ new 연산자를 통해 객체 생성 시 초기화 작업을 위해 생성자 함수 실행

데이터	• 객체가 가지고 있는 정보로 속성이나 상태, 분류 등을 나타냄 • 속성(Attribute), 상태, 변수, 상수, 자료구조라고도 함
함수	• 객체가 수행하는 기능, 객체가 갖는 데이터(속성, 상태)를 처리하는 알고리즘 • 객체의 상태를 참조, 변경하는 수단이 되는 것으로 메서드(Method, 행위), 서비스(Service), 동작(Operation), 연산이라고도 함

㉢ 객체의 특성

- 독립적으로 식별 가능한 이름을 가지고 있음
- 객체가 가질 수 있는 조건을 상태(State)라고 하며, 일반적으로 상태는 시간에 따라 변화함
- 객체와 객체는 상호 연관성에 의한 관계 형성
- 객체가 반응할 수 있는 메시지의 집합을 행위라고 하며, 객체는 행위의 특징을 나타낼 수 있음
- 일정한 기억장소를 가지고 있음
- 메서드는 다른 객체로부터 메시지를 받았을 때 정해진 기능을 수행

❸ 클래스(Class)

㉠ 공통된 속성과 연산(행위)을 갖는 객체의 집합으로, 객체의 일반적인 타입(Type)을 의미함

㉡ 클래스에 속한 각각의 객체들이 갖는 속성과 연산을 정의하고 있는 틀

㉢ 동일 클래스에 속한 각각의 객체들은 공통된 속성과 행위를 가지고 있으면서, 그 속성에 대한 정보가 서로 달라 동일 기능을 하는 여러 가지 객체를 나타냄

㉣ 최상위 클래스는 상위 클래스를 갖지 않는 클래스를 의미

㉤ 슈퍼 클래스(Super Class)는 특정 클래스의 상위(부모) 클래스를 의미하고 서브 클래스(Sub Class)는 특정 클래스의 하위(자식) 클래스를 의미함

㉥ 인스턴스(Instance)와 인스턴스화(Instantiation)

인스턴스	클래스에 속한 각각의 객체
인스턴스화	클래스로부터 새로운 객체를 생성하는 것

정답 01 ① 02 ② 03 ③ 04 ③

01 객체지향 기법에서 같은 클래스에 속한 각각의 객체를 의미하는 것은?

① Instance
② Massage
③ Method
④ Module

해설
클래스에 속한 각각의 객체를 인스턴스(Instance)라 하며, 클래스로부터 새로운 객체를 생성하는 것을 인스턴스화(Instantiation)라고 한다.

02 객체에 대한 설명으로 틀린 것은?

① 객체는 상태, 동작, 고유 식별자를 가진 모든 것이라 할 수 있다.
② 객체와 객체는 상호 독립성에 의해 관계를 형성한다.
③ 객체는 필요한 자료 구조와 이에 수행되는 함수들을 가진 하나의 독립된 존재이다.
④ 객체의 상태는 속성값에 의해 정의된다.

해설
객체와 객체는 상호 연관성에 의해 관계를 형성한다.

03 객체(Object)에 관한 설명으로 옳지 않은 것은?

① 객체는 데이터 구조와 그 위에서 수행되는 함수들을 가지고 있는 소프트웨어 모듈이다.
② 객체는 캡슐화와 데이터 추상화로 설명된다.
③ 객체는 자신의 상태를 가지고 있고, 그 상태는 어떠한 경우에도 변하지 않는다.
④ 객체는 데이터와 그 데이터를 조작하기 위한 연산들을 결합시킨 실체이다.

해설
객체의 상태란 특정 시점의 객체에 대한 속성값을 의미하는 것으로, 이는 상황이나 단계에 따라 변하게 된다.

04 자바 객체지향 프로그래밍 작성 시 다음 괄호 안에 알맞은 연산자는? 2023년 기출

```
Student obj = [  ] Student( );
```

① do
② this
③ new
④ try

해설
new 연산자로 객체를 생성 및 선언할 수 있으며 Student 클래스 타입의 객체(인스턴스)를 생성해 주는 역할을 담당한다.

기출유형 06 ▶ 변수와 메서드

컴퓨터가 명령을 처리하는 도중 발생하는 값을 저장하기 위한 공간으로, 변할 수 있는 값을 의미하는 것은?

① 상수
② 예약어
③ 변수
④ 주석

해설

값이 고정된 것은 상수, 변하는 것은 변수이다.

| 정답 | ③

족집게 과외

❶ 변수

㉠ 데이터를 저장하기 위한 메모리 공간에 대한 이름으로, 저장할 데이터의 크기를 알아야 필요한 공간을 확보할 수 있음

㉡ 객체지향 프로그램 언어에서는 클래스 타입을 자료형으로 사용할 수 있음

㉢ 최근 사용하는 언어들의 경우 메모리 공간의 크기를 계산하기 위한 용도보다는 타입을 구분하는 용도로 사용하고 있음

❷ 변수 선언 방법

㉠ 접근 제어자

- 변수의 접근 범위를 지정
- public, private, protected, defalut 등을 이용

㉡ 타입

자료형으로 명시적 타입을 지정한 것으로 사용할 수 있는 데이터형 선언

변수 선언 방법	int num1 = 10; String msg = “Hello”; Member member = new Member( );
접근 제어자 선언 방법	[접근 제어자] 타입 변수명

㉢ 변수 유형

멤버 변수 (Member Variable)	• 클래스부에 선언된 변수들로 객체의 속성에 해당 • 인스턴스 변수와 클래스 변수로 구분
인스턴스 변수 (Instance Variable)	클래스가 인스턴스될 때 초기화되는 변수로서 인스턴스를 통해서만 접근
매개변수 (Parameter)	• 메서드에 인자로 전달되는 값을 받기 위한 변수 • 메서드 내에서는 지역변수처럼 사용
지역변수 (Local Variable)	• 메서드 내에서 선언된 변수 • 멤버 변수와 동일한 이름을 가질 수 있으며, 지역적으로 우선일 때 사용
클래스 변수 (Class Variable)	• static으로 선언된 변수 • 인스턴스 생성 없이 클래스 이름의 변수명으로 사용할 수 있음 • main( ) 메서드에서 참조할 수 있음

Tip

- boolean 자료형은 조건이 참인지 거짓인지를 판단하고자 할 때 사용
- char는 하나의 문자를 저장하기 위한 자료형. 자바는 하나의 문자와 문자열의 처리가 다르며, 문자열 처리를 위해서는 String 클래스를 이용

❸ 메서드

㉠ 특정 객체의 동작이나 행위를 정의한 것으로 클래스의 주요 구성요소

㉡ 접근 제어자
public, private, protect, 생략(default)

㉢ 메서드는 상황에 따라서 반환 데이터형이 없을 수도 있으며, 이때 반환 데이터형 위치에 void를 사용

㉣ return 문은 반환값이 있을 때 사용하며, 데이터형이 반환되는 데이터형과 같아야 함

㉤ 매개변수는 데이터 타입과 변수명을 기술하며 ,(컴마)를 사용

㉥ 객체의 상태를 참조하거나 변경하기 위한 수단

메서드 형식
[접근 제어자] 리턴 타입 메서드명([인자..]) {
 	
}

- 접근 제어자: 메소드의 접근 범위를 지정
- 리턴 타입: 함수 내에서 결과를 보내는 위치로 리턴이 없는 경우 void 사용

01 객체지향 기법에서 객체가 메시지를 받아 실행해야 할 때 객체의 구체적인 연산을 정의한 것은?

① Instance
② Message
③ Method
④ Class

해설
객체의 연산을 정의하는 것을 메서드(Method)라고 한다.

02 메서드의 일반적인 형식으로 틀린 것은?

① 접근 제어자는 public, private, protect, 생략(default)이다.
② 메서드는 상황에 따라서 반환 데이터형이 없을 수도 있으며, 이때 반환 데이터형 위치에 void를 사용한다.
③ 매개변수는 데이터 타입과 변수명을 기술하며 ,(컴마)를 사용한다.
④ return 문은 반환값이 있을 때 사용하며, 반환 데이터형과 달라도 무관하다.

해설
return 문은 반환값이 있을 때 사용하며, 데이터형이 반환되는 데이터형과 같아야 한다.

03 JAVA에서 변수와 자료형에 대한 설명으로 틀린 것은?

① 변수는 어떤 값을 주기억장치에 기억하기 위해서 사용하는 공간이다.
② 변수의 자료형에 따라 저장할 수 있는 값의 종류와 범위가 달라진다.
③ char 자료형은 나열된 여러 개의 문자를 저장하고자 할 때 사용한다.
④ boolean 자료형은 조건이 참인지 거짓인지를 판단하고자 할 때 사용한다.

해설
char는 하나의 문자를 저장하기 위한 자료형이다. 자바는 하나의 문자와 문자열의 처리가 다르며, 문자열 처리를 위해서는 String 클래스를 이용한다.

04 보기에서 설명하는 변수 유형으로 옳은 것은?

- 메서드에 인자로 전달되는 값을 받기 위한 변수
- 메서드 내에서는 지역변수처럼 사용

① 매개변수
② 멤버 변수
③ 클래스 변수
④ 인스턴스 변수

해설
보기에서 설명하는 내용은 매개변수에 해당한다.

기출유형 07 ▸ 접근 제어자

자바에서 사용하는 접근 제어자의 종류가 아닌 것은?

① Internal　　② Private
③ Default　　④ Public

해설

JAVA의 접근 제한자에는 Public, Protected, Default, Private 등이 있다.

| 정답 | ①

족집게 과외

❶ 접근 제어자 개요

㉠ 접근 제어자는 프로그래밍 언어에서 특정 개체를 선언할 때 외부로부터의 접근을 제한하기 위해 사용되는 예약어

㉡ 속성과 오퍼레이션에 동일하게 적용됨

접근 제어자	표현법	내용
public	+	어떤 클래스에서라도 접근 가능
private	−	해당 클래스 내부에서만 접근 가능
protected	#	동일 패키지 내의 클래스/해당 클래스를 상속받은 외부 패키지의 클래스에서 접근 가능
package	~	동일 패키지 내부에 있는 클래스에서만 접근 가능

❷ 접근 제어자 특징

㉠ 객체를 사용자가 객체 내부적으로 사용하는 변수나 메서드에 접근해 오동작을 일으킬 수 있으므로 객체 내부 로직을 보호하기 위해서는 사용자와 권한에 따라 외부의 접근을 허용하거나 차단해야 함

㉡ 사용자에게 객체를 조작할 수 있는 수단만을 제공함으로써 결과적으로 객체의 사용에 집중할 수 있도록 도움

㉢ 데이터형을 통해 어떤 변수가 있을 때 그 변수에 어떤 데이터형이 들어 있는지, 또 어떤 메서드가 어떤 데이터형의 데이터를 반환하는지를 명시함으로써 사용자는 안심하고 변수와 메서드를 사용할 수 있음

㉣ 접근 제어자 허용 범위

접근 제어자		Private	Default (지정 안함)	Protected	Public
클래스 내부		○	○	○	○
동일 패키지	하위 클래스 (상속관계)	×	○	○	○
	상속받지 않은 클래스	×	○	○	○
다른 패키지	하위 클래스 (상속관계)	×	×	○	○
	상속받지 않은 클래스	×	×	×	○

정답 01 ④ 02 ②

01 접근 제어자에 대한 설명으로 틀린 것은?

① 접근 제어자는 프로그래밍 언어에서 외부로부터의 접근을 제한하기 위해 사용된다.
② 사용자에게 객체를 조작할 수 있는 수단만을 제공해 객체의 사용에 집중할 수 있도록 한다.
③ 사용자와 권한에 따라 외부의 접근을 허용하거나 차단해야 할 필요가 있다.
④ Java에서 정보은닉을 표기할 때 Private의 의미는 '공개'이다.

해설
Java에서 Private는 외부로부터의 접근을 제한하는 접근 제어자로, Private의 의미는 '은닉'이며, 공개를 의미하는 접근제어자는 Public이다.

02 다음 접근 제어자에 대한 설명으로 옳지 않은 것은?

① 프로그래밍 언어에서 특정 개체를 선언할 때 외부로부터의 접근을 제한하기 위해 사용되는 예약어이다.
② 접근 제어자는 속성과 오퍼레이션에 다르게 적용된다.
③ Public 접근 제어자는 어떤 클래스에서라도 접근할 수 있다.
④ Private 접근 제어자는 해당 클래스 내부에서만 접근할 수 있다.

해설
접근 제어자는 속성과 오퍼레이션에 동일하게 적용된다.

기출유형 08 ▶ 캡슐화(Encapsulation)

객체지향 설계에서 자료와 연산들을 함께 묶어 놓는 일로써, 객체의 자료가 변조되는 것을 막으며 그 객체의 사용자들에게 내부적인 구현의 세부적인 내용들을 은폐시키는 기능을 하는 것은?

① 상속화
② 추상화
③ 클래스
④ 캡슐화

해설

캡슐화는 객체의 자료가 변조되는 것을 방지하고자 그 객체의 사용자들에게 내부적인 구현의 세부적인 내용들을 은폐시키는 기능이다. 상속화는 물려받는 것, 추상화는 개략화하는 것, 클래스는 공통된 특성과 행위를 갖는 객체의 집합을 의미한다.

| 정답 | ④

족집게 과외

❶ 캡슐화 개념

㉠ 데이터(속성)와 데이터를 처리하는 함수를 하나로 묶는 것
㉡ 메서드(함수)와 데이터를 클래스 내에 선언하고 구현하며, 외부에서는 공개된 메서드의 인터페이스만 접근할 수 있도록 하는 구조
㉢ 외부에서는 비공개 데이터에 직접 접근하거나 메서드의 구현 세부를 알 수 없음
㉣ 객체 내 데이터에 대한 보안, 보호, 외부 접근 제한 등과 같은 특성을 가지게 함
㉤ 캡슐화된 객체는 인터페이스를 제외한 세부 내용이 은폐(정보은닉)되어 외부에서의 접근이 제한적이기 때문에 외부 모듈의 변경으로 인한 파급효과가 낮음
㉥ 캡슐화된 객체들은 재사용이 용이함
㉦ 인터페이스가 단순하며, 객체 간의 결합도가 낮아짐

❷ 캡슐화와 정보은닉(Information Hiding)

㉠ 캡슐화는 객체의 데이터를 부적절한 객체 접근으로부터 보호하고, 객체 자체가 데이터 접근을 통제할 수 있게 함
㉡ 객체의 데이터에 직접적으로 부주의하고 부정확한 변경이 발생하는 것을 방지함으로써 보다 강력하고 견고한 소프트웨어 작성에 도움이 됨
㉢ 객체는 캡슐화를 통해 정보은닉의 특성을 가지게 됨
㉣ 객체들은 다른 객체들과 잘 정의된 인터페이스를 통하여 통신할 수는 있지만 다른 객체가 어떻게 구현되었는지는 알 수 없음

정답 01 ③ 02 ④ 03 ① 04 ③

01 속성과 관련된 연산(Operation)을 클래스 안에 묶어서 하나로 취급하는 것을 의미하는 객체지향 개념은?

① Inheritance
② Class
③ Encapsulation
④ Association

해설
속성과 관련된 연산(Operation)을 클래스 안에 묶어서 하나로 취급하는 것을 의미하는 객체지향 개념은 캡슐화(Encapsulation)이다.

02 객체지향 기법의 캡슐화(Encapsulation)에 대한 설명으로 틀린 것은?

① 인터페이스가 단순화된다.
② 소프트웨어 재사용성이 높아진다.
③ 변경 발생 시 오류의 파급효과가 적다.
④ 상위 클래스의 모든 속성과 연산을 하위 클래스가 물려받는 것을 의미한다.

해설
상위 클래스의 모든 속성과 연산을 하위 클래스가 물려받는 것은 상속의 개념이다.

03 객체지향에서 정보은닉과 가장 밀접한 관계가 있는 것은?

① Encapsulation
② Class
③ Method
④ Instance

해설
정보은닉은 모든 객체지향 언어적 요소를 활용하여 객체에 대한 구체적인 정보를 노출시키지 않도록 하는 기법이다. 은닉화는 외부에서 객체의 속성에 함부로 접근하지 못하도록 하는 것이며, 캡슐화는 메서드 안에서 어떠한 일이 일어나고 있는지를 모르게 해야 한다. 이렇듯 속성의 접근을 제어하는 것을 은닉화, 메서드의 내부를 알지 못하도록 하는 것을 캡슐화라고 한다.

04 객체지향 설계에서 객체가 가지고 있는 속성과 오퍼레이션의 일부를 감추어서 객체의 외부에서 접근 불가능하게 하는 개념은?

① 조직화
② 다형성
③ 캡슐화
④ 구조화

해설
캡슐화는 연관된 목적을 가지는 변수와 함수를 하나의 클래스로 묶어 외부에서 쉽게 접근하지 못하도록 은닉하는 것이다.

기출유형 09 ▸ 상속(Inheritance)

객체지향 개념에서 이미 정의된 상위 클래스(슈퍼 클래스 혹은 부모 클래스)의 메서드를 비롯한 모든 속성을 하위 클래스가 물려받는 것을 무엇이라고 하는가?

① Abstraction
② Method
③ Inheritance
④ Message

해설
상위 클래스의 메서드와 속성을 하위 클래스가 물려받는 것을 상속(Inheritance)이라고 한다.

| 정답 | ③

족집게 과외

❶ 상속 개념

㉠ 상속은 기존의 객체를 그대로 유지하면서 기능을 추가하는 방법으로, 기존 객체의 수정 없이 새로운 객체가 만들어짐
㉡ 객체지향의 재활용성을 극대화시킨 프로그래밍 기법이라고 할 수 있는 동시에 객체지향을 복잡하게 하는 주요 원인이라고도 할 수 있음
㉢ 새로운 클래스를 생성할 때 처음부터 새롭게 만드는 것이 아니라 기존의 클래스로부터 특성을 이어받고 추가로 필요한 특성만을 정의하는 것

❷ 상속 특징

㉠ 이미 정의된 상위 클래스(부모 클래스)의 모든 속성과 연산을 하위 클래스(자식 클래스)가 물려받는 것
㉡ 하위 클래스는 상위 클래스의 모든 속성과 연산을 자신의 클래스 내에서 즉시 자신의 속성으로 사용
㉢ 하위 클래스는 상속받은 속성과 연산 외에 새로운 속성과 연산을 첨가하여 사용할 수 있음
㉣ 객체와 클래스의 재사용, 즉 소프트웨어의 재사용(Reuse)을 높이는 중요한 개념
㉤ 다중상속(Multiple Inheritance)은 한 개의 클래스가 두 개 이상의 상위 클래스로부터 속성과 연산을 상속받는 것을 의미함

❸ 객체 재사용성(Reusability)

㉠ 클래스들이 상속 관계로 얽혀 있는 것을 클래스 계층(Class Hierarchy)이라고 함
㉡ 클래스 계층에서 위에 있는 클래스(상속을 주는 클래스)를 상위 클래스(Super Class) 또는 부모 클래스(Parent Class)라고 함
㉢ 계층의 밑에 있는 클래스(상속을 받는 클래스)를 하위 클래스(Sub Class) 또는 자식 클래스(Child Class)라고 함

정답 01 ① 02 ③ 03 ②

01 객체지향 기법에 대한 설명으로 가장 옳지 않은 것은?

① 상속을 통한 재사용과 시스템 확장이 구조적 기법에 비해 어렵다.
② 소프트웨어 개발 및 유지보수가 용이하다.
③ 대형 프로그램의 작성이 용이하다.
④ 복잡한 구조를 단계적, 계층적으로 표현할 수 있다.

해설
객체지향 기법은 상속을 통한 재사용과 시스템 확장이 구조적 기법에 비해 용이하다.

02 소프트웨어의 재사용(Reuse)을 높이는 객체지향의 기본 원칙은?

① 캡슐화
② 추상화
③ 상속성
④ 다형성

해설
상속은 객체와 클래스의 재사용, 즉 소프트웨어의 재사용(Reuse)을 높이는 개념이다.

03 한 개의 클래스가 두 개 이상의 상위 클래스로부터 속성과 연산을 상속받는 것을 의미하는 용어는?

① 다형성
② 다중상속
③ 오버로딩
④ 오버라이딩

해설
다중상속(Multiple Inheritance)은 객체지향 프로그래밍에서 한 클래스가 한 번에 두 개 이상의 클래스를 상속받는 경우를 의미한다.

기출유형 10 ▶ 오버라이딩★

객체지향 개념에서 다형성(Ploymorphism)과 관련한 설명으로 틀린 것은?

① 다형성은 현재 코드를 변경하지 않고 새로운 클래스를 쉽게 추가할 수 있게 한다.
② 다형성이란 여러 가지 형태를 가지고 있다는 의미로, 여러 형태를 받아들일 수 있는 특징을 말한다.
③ 메서드 오버라이딩(Overriding)은 상위 클래스에서 정의한 일반 메서드의 구현을 하위 클래스에서 무시하고 재정의할 수 있다.
④ 메서드 오버로딩(Overloading)의 경우 매개변수 타입은 동일하지만 메서드명을 다르게 함으로써 구현 및 구분할 수 있다.

해설
메서드 오버로딩(Overloading)은 메서드명은 같지만, 매개변수의 개수나 타입을 다르게 함으로써 구현 및 구분할 수 있다.

| 정답 | ④

족집게 과외

❶ 다형성(Polymorphism)

㉠ 객체가 연산을 수행할 때 하나의 메시지에 대해 각각의 객체(클래스)가 가지고 있는 고유한 방법(특성)으로 응답할 수 있는 능력
㉡ 객체(클래스)들은 동일한 메서드명을 사용하며 같은 의미의 응답을 함
㉢ 응용 프로그램 상에서 하나의 함수나 연산자가 두 개 이상의 서로 다른 클래스 인스턴스들을 같은 클래스에 속한 인스턴스처럼 수행할 수 있도록 함
㉣ 다형성은 서로 다른 객체가 동일한 메시지에 대하여 서로 다른 방법으로 응답할 수 있도록 하며, 함수 이름을 쉽게 기억하여 프로그램 개발에 도움을 줌

❷ 오버로딩과 오버라이딩

㉠ 다형성은 클래스 내에 정의된 메서드(Method)나 생성자를 여러 가지 방법으로 사용하여 같은 이름, 같은 타입의 객체의 형태를 다르게 나타나도록 함

㉡ 오버로딩(Overloading)

개념	• 메서드의 이름은 같지만 인수를 받는 자료형과 개수를 달리하여 여러 기능을 정의할 수 있음 • 상속과 무관 • 하나의 클래스 안에 선언되는 여러 메서드 사이의 관계 정의
메서드	메서드 이름 같음
매개변수	데이터 타입, 개수 또는 순서를 다르게 정의
Modifier	제한 없음

㉢ 오버라이딩(Overriding)

개념	• 상위 클래스에서 정의한 메서드와 이름은 같지만 메서드 안의 실행 코드를 달리하여 자식 클래스에서 재정의하여 사용 • 상속 관계 • 두 클래스 내에 선언된 메서드의 관계 정의
메서드	메서드 이름 같음
매개변수	매개변수 리스트, 리턴 타입 동일
Modifier	같거나 더 넓을 수 있음

정답 01 ① 02 ④ 03 ④

01 오버라이딩(Overriding)에 대한 설명으로 옳지 않은 것은?

① 오버라이딩은 상속과 무관하다.
② 부모 클래스에 정의된 메서드를 자식 클래스에서 재정의하는 것이다.
③ 오버라이딩이란 메서드의 동작만을 재정의하는 것이므로, 메서드의 선언부는 기존 메서드와 완전히 같아야 한다.
④ 부모 클래스의 메서드보다 더 큰 범위의 예외를 선언할 수 없다.

해설
상속으로 인해 동일한 이름의 메서드가 여러 개인 경우, 부모 클래스에서 정의된 메서드는 자식 클래스의 메서드에 의해 재정의되어 자식 클래스의 메서드만 사용되는데, 이를 메서드 오버라이딩 또는 메서드 재정의라고 한다.

02 다음 객체지향의 개념 중 다형성에 대한 설명은?

① 이미 만들어져 있는 객체의 변수와 메서드를 물려받아 다른 새로운 객체를 만드는 기능이다.
② 코드 재사용성 면에서 이미 작성한 클래스를 받아 자동으로 기존 클래스의 변수와 메서드를 자동으로 추가한다.
③ 각 변수는 외부로부터 보호하여 메서드를 통해 접근해 코드를 보호하는 역할을 한다.
④ 클래스 내에 정의된 메서드나 생성자를 같은 이름, 같은 타입의 객체의 형태가 다르게 나타나도록 하는 기능이다.

해설
다형성이란 여러 가지 형태를 가지고 있다는 의미로, 여러 형태를 받아들일 수 있는 특징을 말한다. 다형성은 현재 코드를 변경하지 않고 새로운 클래스를 쉽게 추가할 수 있게 하므로 클래스 내에 정의된 메서드나 생성자를 같은 이름, 같은 타입의 객체의 형태를 다르게 나타나도록 하는 기능이다.

03 다음 오버로딩과 오버라이딩의 설명으로 잘못된 것은?

① 메서드 오버라이딩을 위해 매개변수 리스트, 리턴 타입을 같게 해야 한다.
② 오버로딩은 상속과 무관하며 하나의 클래스 안에 선언되는 여러 메서드 사이의 관계를 정의하는 것이다.
③ 오버라이딩이란 상속 관계에 있는 두 클래스 안에 선언된 메서드의 관계를 재정의하는 것이다.
④ 메서드 오버라이딩 시 메서드의 이름을 다르게 정의해주어야 한다.

해설
메서드 오버라이딩 시 메서드의 이름을 동일하게 정의한다.

기출유형 11 ▶ 추상 클래스와 인터페이스

객체지향 추상 클래스에 대한 설명으로 옳은 것은?

① 개별적인 인스턴스 생성이 가능하다.
② 구상 클래스 또는 구현 클래스라고도 불린다.
③ 객체 생성을 위한 속성과 메서드의 구체적인 설계도이다.
④ 구현하려는 기능들의 공통점을 모아 놓은 것이다.

해설

추상 클래스는 구체 클래스에서 구현하려는 기능들의 공통점만을 모아 추상화한 클래스이다. 인스턴스 생성이 불가능하여 구체 클래스가 추상 클래스를 상속받아 구체화한 후 구체 클래스의 인스턴스를 생성하는 방식으로 사용한다.

| 정답 | ④

족집게 과외

❶ 추상 클래스(Abstract Class)

㉠ 개념
- 구체 클래스(Concrete Class)에서 구현하려는 기능들의 공통점만을 모아 추상화한 클래스
- 인스턴스 생성이 불가능하여 구체 클래스가 추상 클래스를 상속받아 구체화한 후 구체 클래스의 인스턴스를 생성하는 방식으로 사용

㉡ 선언 방법
- 추상 클래스는 추상 메서드를 한 개 이상 포함하는 클래스이며, 추상 메서드는 메서드의 이름만 있고 실행 코드가 없는 메서드를 의미함
- 각 서브 클래스에서 필요한 메서드만 정의한 채 규격만 따르도록 하는 것이 클래스를 설계하고 프로그램을 개발하는 데 훨씬 도움이 되는 접근 방법
- 추상 클래스를 선언할 때는 abstract라는 키워드 사용

[추상 클래스와 추상 메서드 선언 예시]

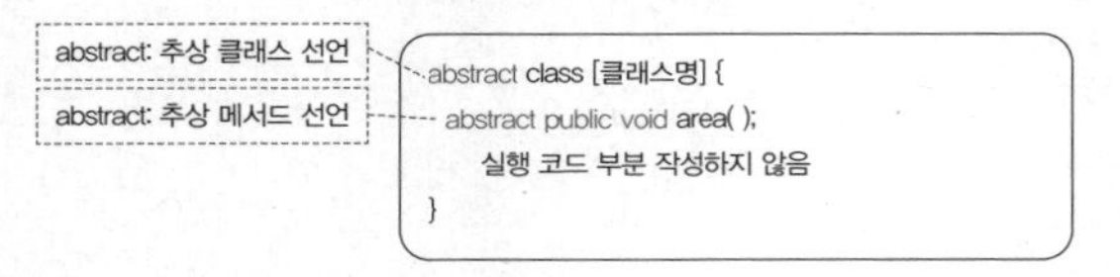

❷ 인터페이스

㉠ 개념

의미상으로 떨어져 있는 객체를 서로 연결해 주는 규격

㉡ 선언 방법
- 추상 클래스는 추상 메서드와 구현된 메서드를 모두 포함할 수 있지만, 인터페이스 내의 메서드는 모두 추상 메서드로 제공됨
- 인터페이스는 실제 클래스에서 구현되는데 implements라는 키워드를 사용
- 자바에서는 다중상속을 해결하기 위해 상속과 인터페이스 구현을 동시에 이용

[인터페이스 선언 및 구현 방법]

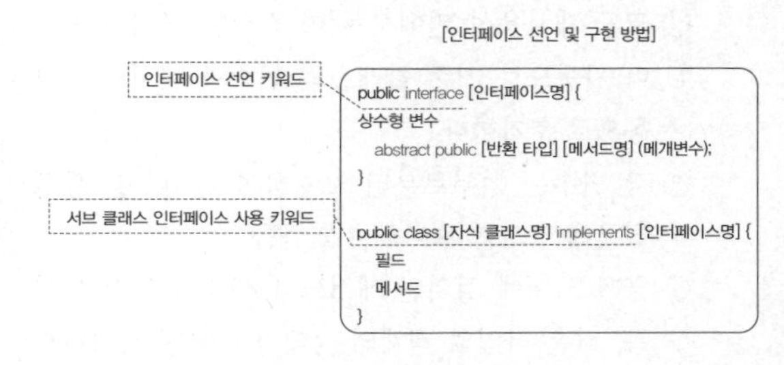

정답 01 ② 02 ② 03 ①

01 다음 괄호에 들어갈 알맞은 용어는?

> (　　)는 구체 클래스에서 구현하려는 기능의 공통점만을 모은 것으로, 인스턴스 생성이 불가능하여 구체 클래스가 (　　)를 상속받아 구체화한 후 구체 클래스의 인스턴스를 생성하는 방식으로 사용한다.

① 서브 클래스
② 추상 클래스
② 제어 클래스
④ 조상 클래스

해설
구체 클래스에서 구현하려는 기능들의 공통점만을 모아 추상화한 클래스를 추상 클래스라고 한다.

02 객체지향 프로그램에서 데이터를 추상화하는 단위는?

① 메서드
② 클래스
③ 상속성
④ 메시지

해설
① 객체의 행위
③ 객체의 데이터
④ 객체 간의 통신

03 다음 내용을 의미하는 용어는?

> 의미상으로 떨어져 있는 객체를 서로 연결해 주는 규격을 말하며 실제 클래스에서 Implements라는 키워드를 사용한다.

① 인터페이스
② 추상클래스
③ 상속성
④ 접근 제어

해설
인터페이스(Interface)란 다른 클래스를 작성할 때 기본이 되는 틀을 제공하면서, 다른 클래스 사이의 중간 매개 역할까지 담당하는 일종의 추상 클래스를 의미한다.

03 이벤트 처리

기출유형 12 ▸ 사용자 인터페이스(UI, User Interface)

사용자 인터페이스(User Interface)에 대한 설명으로 틀린 것은?

① 사용자와 시스템이 정보를 주고받는 상호작용이 잘 이루어지도록 하는 장치나 소프트웨어를 의미한다.
② 편리한 유지보수를 위해 개발자 중심으로 설계되어야 한다.
③ 배우기가 용이하며, 쉽게 사용할 수 있도록 만들어져야 한다.
④ 사용자 요구사항이 UI에 반영될 수 있도록 구성해야 한다.

해설
사용자 인터페이스는 사용자와 시스템 간의 상호작용이 원활하게 이루어지도록 도와주는 장치나 소프트웨어를 의미한다.

| 정답 | ②

족집게 과외

❶ 사용자 인터페이스 개념

㉠ 사용자와 시스템 간의 상호작용이 원활하게 이루어지도록 도와주는 장치나 소프트웨어
㉡ 초기 사용자 인터페이스는 단순히 사용자와 컴퓨터 간의 상호작용에만 국한됨
㉢ 점차 사용자가 수행할 작업을 구체화시키는 기능과 정보 내용을 전달하기 위한 표현 방법으로 변경됨

❷ 사용자 인터페이스 특징

㉠ 사용자의 만족도에 가장 큰 영향을 미치는 중요한 요소로, 소프트웨어 영역 중 변경이 가장 많이 발생함
㉡ 사용자의 편리성과 가독성을 높임으로써 작업시간을 단축하고 업무에 대한 이해도를 높여줌
㉢ 최소한의 노력으로 원하는 결과를 얻을 수 있게 함
㉣ 수행 결과의 오류를 줄임
㉤ 사용자의 막연한 작업 기능에 대해 구체적인 방법 제시
㉥ 정보 제공자와 공급자 간의 매개역할 수행
㉦ 사용자 인터페이스를 설계하기 위해서는 소프트웨어 아키텍처를 반드시 숙지해야 함

❸ 사용자 인터페이스 기본 원칙

원칙	설명
직관성	누구나 쉽게 이해하고 사용할 수 있어야 함
유효성	사용자의 목적을 정확하고 완벽하게 달성해야 함
학습성	비전문가라도 누구나 쉽게 배우고 익힐 수 있어야 함
유연성	사용자의 요구사항을 최대한 수용하고 실수를 최소화함

❹ 사용자 인터페이스의 구분

구분	설명
CLI (Command Line Interface)	명령과 출력이 텍스트 형태로 이뤄지는 인터페이스
GUI (Graphical User Interface)	아이콘이나 메뉴를 마우스로 선택하여 작업을 수행하는 그래픽 환경의 인터페이스
NUI (Natural User Interface)	사용자의 말이나 행동으로 기기를 조작하는 인터페이스
VUI (Voice User Interface)	사람의 음성으로 기기를 조작하는 인터페이스

❺ **활용 분야**

㉠ 정보 제공과 전달을 위한 물리적 제어에 관한 분야
㉡ 콘텐츠의 상세적인 표현과 전체적인 구성에 관한 분야
㉢ 모든 사용자가 편리하고 간편하게 사용하도록 하는 기능에 관한 분야

기출유형 완성하기

정답 01 ④ 02 ② 03 ②

01 사용자 인터페이스 설계를 위한 인간공학적 원리에 포함되지 않는 것은?

① 지름길을 제공한다.
② 작업의 진행상황을 알려준다.
③ 일관된 인터페이스를 가진다.
④ 사용자의 비전문성을 인정하지 않는다.

해설
사용자 인터페이스는 비전문가도 쉽게 배울 수 있도록 설계되어야 한다. 사용자 인터페이스의 가본 원칙 중 학습성은 비전문가도 쉽게 배우고 익힐 수 있도록 설계되어야 한다는 것을 의미한다.

02 누구나 쉽게 이해하고 사용할 수 있어야 한다는 UI 설계 원칙은?

① 희소성
② 직관성
③ 유연성
④ 멀티운용성

해설
직관성은 누구나 쉽게 이해하고 사용할 수 있어야 한다는 UI 설계 원칙이다.

03 대표적으로 DOS 및 UNIX 등의 운영체제에서 조작을 위해 사용하던 것으로, 정해진 명령 문자열을 입력하여 시스템을 조작하는 사용자 인터페이스는?

① GUI(Graphical User Interface)
② CLI(Command Line Interface)
③ CUI(Cell User Interface)
④ MUI(Mobile User Interface)

해설
CLI(Command Line Interface)는 명령과 출력이 텍스트 형태로 이루어지는 인터페이스이다.

기출유형 13 ▶ 레이아웃

레이아웃 설계 시 고려 사항이 아닌 것은?

① 그리드는 작은 콘텐츠부터 큰 콘텐츠 순으로 구성
② 웹 사이트의 목적에 따라 비중 있는 요소를 우선 배치
③ 메인 페이지와 일관성 있는 서브 페이지 레이아웃 구성
③ 세부적인 그리드는 시선의 이동을 고려하여 자연스럽게 이동할 수 있도록 구성

해설

그리드는 큰 콘텐츠부터 작은 콘텐츠 순으로 구성한다.

| 정답 | ①

족집게 과외

❶ 레이아웃

㉠ 개념: 한 페이지에서 콘텐츠가 배치되는 방식

㉡ 레이아웃 설계 시 고려 사항

- 관련된 콘텐츠의 명확한 그룹화
- 웹 사이트의 목적에 따라 비중 있는 요소 우선 배치
- 그리드는 큰 콘텐츠부터 작은 콘텐츠 순으로 구성
- 세부적인 그리드는 시선의 이동을 고려하여 자연스럽게 이동할 수 있도록 구성
- 메인 페이지와 일관성 있는 서브 페이지 레이아웃 구성

㉢ 구성요소

구분	설명
헤더(Header)	웹 페이지를 나타내는 로고 또는 타이틀 배치
내비게이션(Navigation)	웹 페이지에서 다른 페이지로 이동할 수 있는 링크 메뉴를 구성하고 메뉴바 역할을 함
콘텐츠(Contents)	웹 페이지의 주요 내용으로 구성되며, 메인(Main) 영역이라고도 함
푸터(Footer)	해당 페이지의 기업 정보, 제작연도, 저작권 표시 등을 하단에 표시

❷ UI 설계 도구

㉠ 사용자의 요구사항에 맞게 UI의 화면 구조나 화면 배치 등을 설계할 때 사용하는 도구

㉡ 사용자의 요구사항이 구현되었을 때 화면구성과 수행방식 등을 미리 보여주기 위한 용도로 사용됨

구분	설명
와이어프레임(Wireframe)	• 기획단계 초기에 제작하는 것으로, 페이지에 대한 개략적인 레이아웃이나 UI 요소 등에 대한 뼈대 설계 • 개발자나 디자이너 등이 레이아웃을 협의하거나 현재 진행 상태 등을 공유할 때 사용 • 도구: 손그림, 파워포인트, 키노트, 스케치, 포토샵, 일러스트 등
목업(Mockup)	• 디자인, 사용 방법 설명, 평가 등을 위해 와이어프레임보다 좀 더 실제 화면과 유사하게 만든 정적인 형태의 모형 • 시간적으로만 구성요소를 배치하는 것으로 실제로 구현되지는 않음 • 도구: 파워 목업, 발사믹 목업 등
스토리보드(Story Board)	• 와이어프레임에 콘텐츠 설명, 페이지 간 이동 흐름 등을 추가한 문서 • 디자이너와 개발자가 최종적으로 참고하는 작업 지침서 • 도구: 파워포인트, 키노트, 스케치, Axure 등
프로토타입(Prototype)	• 와이어프레임이나 스토리보드 등에 인터랙션을 적용함으로써 실제 구현된 것처럼 테스트가 가능한 동적인 형태의 모형 • 도구: HTML/CSS, Axure, Flinto, 네이버 프로토나우, 카카오 오븐 등
유스케이스(Use Case)	• 사용자 측면에서의 요구사항으로, 사용자가 원하는 목표를 달성하기 위해 수행할 내용을 기술 • 사용자의 요구사항을 빠르게 파악함으로써 프로젝트의 초기에 시스템의 기능적인 요구를 결정하고 그 결과를 다이어그램 형식으로 문서화

01 레이아웃 구성요소에 대한 설명으로 옳지 않은 것은?

① 헤더 영역은 웹 페이지를 나타내는 로고나 타이틀이 배치된다.
② 푸터 영역은 해당 페이지의 기업 정보나 제작연도 등을 표시하고 웹 페이지의 가운데에 배치된다.
③ 콘텐츠 영역은 웹 페이지의 주요 내용을 표시한다.
④ 네비게이션 영역은 웹 페이지의 메뉴바 같은 역할을 한다.

해설

푸터 영역은 해당 페이지의 기업 정보나 제작연도 등을 표시하고 웹 페이지의 가운데가 아닌 하단에 위치한다.

02 다음의 내용이 설명하는 UI 설계 도구는?

> • 디자인, 사용 방법 설명 평가 등을 위해 실제 화면과 유사하게 만든 정적인 형태의 모형
> • 시각적으로만 구성요소를 배치하는 것으로, 실제로 구현되지는 않음

① 스토리보드(Story Board)
② 목업(Mockup)
③ 프로토타입(Prototype)
④ 유스케이스(Use case)

해설

Mockup의 사전적 의미는 실물 크기의 모형을 의미하는 것으로, 시각적으로만 배치하며 실제로 구현되지는 않는다.

03 사용자 인터페이스(UI)의 특징으로 옳지 않은 것은?

① 구현하고자 하는 결과의 오류를 최소화한다.
② 사용자의 편의성을 높임으로써 작업시간을 증가시킨다.
③ 막연한 작업 기능에 대해 구체적인 방법을 제시하여 준다.
④ 사용자 중심으로 상호작용이 이루어지도록 한다.

해설

사용자의 편의성과 가독성을 높여 작업시간을 단축하고 업무에 대한 이해도를 높인다.

04 레이아웃의 기본 구성요소로 틀린 것은?

① 헤더
② 내비게이션
③ 디자인
④ 콘텐츠

해설

레이아웃의 기본 구성요소로는 헤더(Header), 내비게이션(Navigation), 콘텐츠(Contents), 푸터(Footer)가 있다.

기출유형 14 ▶ 이벤트 처리(핸들링)

이벤트(Event)에 관한 설명으로 틀린 것은?

① 이벤트란 사용자가 어떤 상황에 의해 일어나는 조건에 대한 상대적인 반응이다.
② 윈도우 프로그래밍에서는 어떤 특정 행동이 일어났을 때 프로그램이 반응하도록 하는 방식을 사용하는데, 이를 이벤트 처리 방식(Event Driven Programming)이라고 한다.
③ 프로그램 수행 중에 발생하는 것으로 명령들의 정상적인 흐름을 방해하는 사건을 말한다.
④ GUI 환경에서 말하는 이벤트는 버튼을 클릭하거나 키 동작 시 프로그램을 실행하게 만들어 컴퓨터와 사용자가 상호작용으로 발생시키는 것을 의미한다.

해설

③ 예외처리에 대한 설명이다.

| 정답 | ③

족집게 과외

❶ 이벤트(Event)의 정의

㉠ 사용자가 어떤 상황에 의해 일어나는 조건에 대한 상대적인 반응
㉡ GUI 환경에서 말하는 이벤트는 버튼을 클릭하거나 키 동작 시 프로그램을 실행하게 만들어 컴퓨터와 사용자가 상호작용으로 발생시키는 것을 의미함

❷ 이벤트 처리 방식(Event Driven Programming)

㉠ 윈도우 프로그래밍에서는 어떤 특정 행동이 일어났을 때 프로그램이 반응하도록 하는 방식을 사용하는데, 이를 이벤트 처리 방식이라고 함
㉡ 사용자가 버튼을 클릭하거나 텍스트 필드에 키보드로 데이터를 입력하는 등 GUI에서 발생된 이벤트에 대해 특정 동작이 실행되도록 처리하는 것을 이벤트 핸들링(Event Handling)이라고 함

Tip

브라우저에서 발생하는 이벤트

- 윈도우 이벤트: 브라우저에 변화가 생겼을 때
- 마우스 이벤트: 사용자가 마우스로 조작했을 때
- 클립보드 이벤트: 사용자가 복사, 자르기, 붙여넣기를 할 때
- 폼 이벤트: 폼 요소 조작에 의해 발생하는 이벤트

❸ 이벤트 핸들러(Event Handler)

㉠ 특정 요소에서 발생하는 이벤트를 처리하기 위해서는 이벤트 핸들러라는 함수를 작성하여 연결해야만 함
㉡ 이벤트 핸들러가 연결된 특정 요소에서 지정된 타입의 이벤트가 발생하면 웹 브라우저는 연결된 이벤트 핸들러를 실행함

❹ 이벤트 객체(Event Object)

㉠ 이벤트 핸들러 함수는 이벤트 객체를 인수로 전달받을 수 있음
㉡ 전달받은 이벤트 객체를 이용하여 이벤트의 성질을 결정하거나 이벤트의 기본 동작을 막을 수도 있음

Tip

트리거(Trigger)

데이터베이스 시스템에서 삽입, 갱신, 삭제 등의 이벤트가 발생할 때마다 관련 작업이 자동으로 수행되는 절차형 SQL

기출유형 완성하기

01 다음 내용을 설명하는 용어는?

> 윈도우 프로그래밍에서는 어떤 특정 행동이 일어났을 때 프로그램이 반응하도록 하는 방식을 사용하는데, 이를 ( ) 프로그래밍이라고 한다.

① 순차적
② 절차적
③ 객체지향
④ 이벤트 기반

해설
이벤트 기반 프로그래밍은 이벤트의 발생으로 인해 프로그램 흐름이 결정되는 프로그래밍 패러다임이다.

02 이벤트란 브라우저에서 사용자의 조작이나 환경의 변화로 벌어진 사건을 말한다. 이때 브라우저에서 발생하는 이벤트에 대한 설명으로 옳지 않은 것은?

① 윈도우 이벤트 – 브라우저에 변화가 생겼을 때
② 마우스 이벤트 – 사용자가 마우스로 조작했을 때
③ 폼 이벤트 – 폼 요소 조작에 의해 발생하는 이벤트
④ 클립보드 이벤트 – 사용자가 키보드를 조작했을 때

해설
클립보드 이벤트는 사용자가 복사, 자르기, 붙여넣기를 할 때 발생한다.

03 데이터베이스 시스템에서 삽입, 갱신, 삭제 등의 이벤트가 발생할 때마다 관련 작업이 자동으로 수행되는 절차형 SQL은?

① 트리거(Trigger)
② 무결성(Integrity)
③ 잠금(Lock)
④ 복귀(Rollback)

해설
트리거는 스키마 객체의 일종으로, 데이터베이스에서 미리 정해 놓은 특정 조건을 만족하거나 어떤 동작이 수행되면 자동으로 실행되도록 정의한 동작이다.

기출유형 15 ▶ 프로그램 오류 및 예외 처리

JAVA의 예외(Exception)와 관련한 설명으로 틀린 것은?

① 문법 오류로 인해 발생한 것
② 오동작이나 결과에 악영향을 미칠 수 있는 실행 시간 동안 발생한 오류
③ 배열의 인덱스가 그 범위를 넘어서는 경우 발생하는 오류
③ 존재하지 않는 파일을 읽으려고 하는 경우 발생하는 오류

해설
예외(Exception)는 실행 중 발생할 수 있는 여러 상황에 대비한 것이므로, 문법 오류의 경우 코드가 실행조차 되지 않으므로 예외로 처리할 수 없다.

| 정답 | ①

족집게 과외

❶ 예외 처리

㉠ 프로그램의 정상적인 실행을 방해하는 조건이나 상태를 예외(Exception)라고 함
㉡ 예외가 발생했을 때 프로그래머가 해당 문제에 대비해 작성해 놓은 처리 루틴을 수행하도록 하는 것을 예외 처리(Exception Handling)라고 함
㉢ 자바에서 예외 처리는 프로그램에서 각종 타입의 예외 처리를 할 수 있도록 함
㉣ 수동적으로 발생되어 처리되기보다는 에러를 직접 프로그램이 처리할 수 있도록 코딩할 수 있음
㉤ 마우스 클릭이나 키 입력 같은 비동기적 에러들에 대해서는 처리할 수 없으며, 이는 인터럽트 작업 등을 통해서 수행되어야만 함
㉥ 예외가 발생했을 때 일반적인 처리 루틴은 프로그램을 종료시키거나 로그를 남김

❷ Java의 예외 처리 방법

㉠ Java는 예외를 객체로 취급하며, 예외와 관련된 클래스를 Java Lang 패키지에서 제공
㉡ Java에서는 try ~ catch 문을 이용해 예외를 처리함
㉢ try 블록 코드를 수행하다가 예외가 발생하면 예외를 처리하는 catch 블록으로 이동하여 예외 처리 코드를 수행하므로, 예외가 발생한 이후의 코드는 실행되지 않음
㉣ catch 블록에서 선언한 변수는 해당 catch 블록에서만 유효함
㉤ try ~ catch 문 안에 또 다른 try ~ catch 문을 포함할 수 있음
㉥ try ~ catch 문 안에서는 실행 코드가 한 줄이라도 중괄호({ })를 생략할 수 없음
㉦ 예외 객체 및 발생 원인

ClassNotFound Exception	클래스를 찾을 수 없는 경우
InterruptedIO Exception	입출력 처리가 중단된 경우
NoSuchMethod Exception	메서드를 찾지 못한 경우
FileNotFound Exception	파일을 찾지 못한 경우
Arithmetic Exception	0으로 나누는 등의 산술연산에 대한 예외가 발생한 경우
IllegalArgument Exception	잘못된 인자를 전달한 경우
NumberFormat Exception	숫자 형식으로 변환할 수 없는 문자열을 숫자 형식으로 변환한 경우
ArrayIndexOutOf Bounds Exception	배열의 범위를 벗어난 접근을 시도한 경우
NegativeArraySize Exception	0보다 작은 값으로 배열의 크기를 지정한 경우
NullPointerException	null을 가지고 있는 객체/변수를 호출한 경우

정답 01 ② 02 ① 03 ④

01 자바의 예외 처리 방식의 특징이 아닌 것은?

① Java는 예외를 객체로 취급하며, 예외와 관련된 클래스를 Java Lang 패키지에서 제공한다.
② try ~ catch 문 안에 또 다른 try ~ catch 문을 포함할 수 없다.
③ catch 블록에서 선언한 변수는 해당 catch 블록에서만 유효하다.
④ try ~ catch 문 안에서는 실행 코드가 한 줄이라도 중괄호({ })를 생략할 수 없다.

해설
try 블록 코드를 수행하다가 예외가 발생하면 예외를 처리하는 catch 블록으로 이동하여 예외 처리 코드를 수행하며, 이때 try 블록 내에 다수의 catch 구문을 사용하여 예외 처리를 할 수 있다.

02 예외 처리에 대한 설명으로 옳지 않은 것은?

① C++에서는 try, catch, finally를 이용하여 예외 처리를 수행한다.
② 예외가 발생했을 때 프로그래머가 해당 문제에 대비해 작성해 놓은 처리 루틴을 수행하도록 하는 것을 예외 처리라고 한다.
③ catch 블록에서 선언한 변수는 해당 catch 블록에서만 유효하다.
④ try ~ catch 문 안에 또 다른 try ~ catch 문을 포함할 수 있다.

해설
C++에서는 finally를 사용할 수 없다.

03 자바에서 예외 처리 객체에 대한 설명으로 옳지 않은 것은?

① FileNotFoundException – 파일을 찾지 못한 경우
② ArithmeticException – 0으로 나누는 등의 산술연산에 대한 예외가 발생한 경우
③ ArrayIndexOutOfBoundsException – 배열의 범위를 벗어난 접근을 시도한 경우
④ ClassNotFoundException – 메서드를 찾지 못한 경우

해설
ClassNotFoundException – 클래스를 찾을 수 없는 경우

PART 09

공간정보 DB 프로그래밍

CHAPTER 01 공간 데이터베이스 환경 구축

기출유형 01 ▶ DBMS 특징 및 구성

사용자와 데이터베이스 사이에 위치하여 데이터베이스를 관리하고, 사용자의 요구에 따라 정보를 생성해주는 소프트웨어를 무엇이라고 하는가?

① DBA
② DBMS
③ Operating System
④ MIS

해설
DBMS는 사용자와 데이터베이스 사이에 위치하여 데이터베이스를 관리하고, 사용자의 요구에 따라 정보를 생성해주는 소프트웨어이다.

| 정답 | ②

족집게 과외

❶ 데이터 저장소 개념

㉠ 소프트웨어 개발 과정에서 다루어야 할 데이터들을 논리적인 구조로 조직화하거나 물리적인 공간에 구축한 것을 의미

㉡ 데이터 저장소는 논리 데이터 저장소와 물리 데이터 저장소로 구분됨

논리 데이터 저장소	데이터 및 데이터 간의 연관성, 제약조건을 식별하여 논리적인 구조로 조직화
물리 데이터 저장소	논리 데이터 저장소에 저장된 데이터와 구조들을 소프트웨어가 운용될 환경의 물리적 특성을 고려하여 하드웨어적인 저장장치에 저장

㉢ 논리 데이터 저장소를 거쳐 물리 데이터 저장소를 구축하는 과정은 데이터베이스를 구축하는 과정과 동일

❷ 데이터베이스

㉠ 정의
특정 조직의 업무를 수행하는 데 필요한 상호 관련된 데이터들의 모임

㉡ 구분

통합된 데이터 (Integrated Data)	자료의 중복을 배제한 데이터의 모임
저장된 데이터 (Stored Data)	컴퓨터가 접근할 수 있는 저장 매체에 저장된 자료
운영 데이터 (Operational Data)	조직의 고유한 업무를 수행하는 데 존재 가치가 확실하고 없어서는 안 될 반드시 필요한 자료
공용 데이터 (Shared Data)	여러 응용 시스템들이 공동으로 소유하고 유지하는 자료

㉢ 데이터베이스의 특징★

실시간 접근성 (Real-Time Accessibility)	수시적이고 비정형적인 질의에 대해 실시간 응답이 가능해야 함
계속적인 변화 (Continuous Evolution)	• DB의 상태는 동적 • 즉 새로운 삽입, 삭제, 갱신으로 항상 최신 데이터 유지
동시 공용 (Concurrent Sharing)	동시에 다수의 사용자가 DB의 데이터를 이용할 수 있음
내용에 의한 참조 (Content Reference)	데이터 참조 시 주소나 위치에 의해서가 아닌 데이터 내용으로 찾음

❸ DBMS(Database Management System; 데이터베이스 관리 시스템)

㉠ 사용자와 데이터베이스 사이에서 사용자의 요구에 따라 정보를 생성해주고, 데이터베이스를 관리해주는 소프트웨어

㉡ 기존 파일 시스템이 갖는 데이터의 종속성과 중복성의 문제를 해결하기 위한 시스템으로, 모든 응용 프로그램들이 데이터베이스를 공용할 수 있도록 관리

㉢ 데이터베이스의 구성, 접근 방법, 유지관리에 대한 모든 책임을 짐

㉣ 필수 기능

정의 (Definition)	모든 응용 프로그램들이 요구하는 데이터 구조를 지원하기 위해 데이터베이스에 저장될 데이터의 형(Type)과 구조에 대한 정의, 이용 방식, 제약조건 등을 명시
조작 (Manipulation)	데이터 검색, 갱신, 삽입, 삭제 등을 체계적으로 처리하기 위해 사용자와 데이터베이스 사이의 인터페이스 수단을 제공하는 기능
제어 (Control)	• 데이터베이스에 접근하는 갱신, 삽입, 삭제 작업이 정확하게 수행되어 데이터의 무결성이 유지되도록 제어 • 정당한 사용자가 허가된 데이터에만 접근할 수 있도록 보안(Security)을 유지하고 권한(Authority)을 검사할 수 있어야 함 • 여러 사용자가 데이터베이스에 동시에 접근하여 데이터를 처리할 때 처리 결과가 항상 정확성을 유지하도록 병행 제어(Concurrency Control)를 할 수 있어야 함

❹ 스키마(Schema)

㉠ 데이터베이스의 구조와 제약조건에 관한 전반적인 명세(Specification)를 기술(Description)한 메타데이터(Meta-Data)의 집합

㉡ 데이터베이스를 구성하는 데이터 개체(Entity), 속성(Attribute), 관계(Relationship) 및 데이터 조작 시 데이터값들이 갖는 제약조건 등에 관해 전반적으로 정의함

㉢ 구분

개념 스키마	• 일반적으로 스키마라고 하면 개념 스키마를 의미함 • 데이터베이스의 전체적인 논리적 구조로서, 모든 응용 프로그램이나 사용자들이 필요로 하는 데이터를 종합한 조직 전체의 데이터베이스로 하나만 존재함 • 개체 간의 관계와 제약조건을 나타내고, 데이터베이스의 접근 권한, 보안 및 무결성 규칙에 관한 명세를 정의함
외부 스키마	사용자나 응용 프로그래머가 각 개인의 입장에서 필요로 하는 데이터베이스의 논리적 구조를 정의
내부 스키마	• 물리적 저장장치의 입장에서 본 데이터베이스 구조 • 실제 데이터베이스에 저장될 레코드의 형식을 정의하고 저장 데이터 항목의 표현 방법, 내부 레코드의 물리적 순서 등을 나타냄 • 실제 데이터베이스가 기억장치 내에 저장되어 있어 저장 스키마라고도 불림

기출유형 완성하기

🔓정답 01 ④ 02 ① 03 ① 04 ④

01 데이터베이스 관리 시스템(DBMS)의 필수 기능이 아닌 것은?

① 제어기능
② 조작기능
③ 정의기능
④ 운영기능

해설
데이터베이스 관리 시스템(DBMS)의 필수 기능은 정의기능, 조작기능, 제어기능이다.

02 DBMS 제어기능이 갖추어야 할 요건에 해당하지 않는 것은?

① 데이터와 데이터의 관계를 명확하게 명세할 수 있어야 하며, 원하는 데이터 연산은 무엇이든 명세할 수 있어야 한다.
② 데이터베이스에 접근하는 갱신, 삽입, 삭제 작업이 정확하게 수행되게 해야 한다.
③ 정당한 사용자가 허가된 데이터만 접근할 수 있도록 보안을 유지하여야 한다.
④ 여러 사용자가 데이터베이스에 동시에 접근하여 처리할 때 데이터베이스와 처리 결과가 항상 정확성을 유지하도록 병행 제어를 할 수 있어야 한다.

해설
데이터베이스에 저장될 데이터의 형(Type)과 구조에 대한 정의, 이용 방식, 제약조건 등을 명시하는 것은 정의기능에 해당한다.

03 데이터베이스의 특징으로 거리가 먼 것은?

① 데이터베이스 환경하에서 데이터 참조는 데이터베이스에 저장된 데이터 값에 의해서가 아니라 사용자가 요구하는 레코드들의 위치나 주소에 의해 참조된다.
② 데이터베이스는 수시적이고 비정형적인 질의에 대하여 실시간 처리로 빠른 응답이 가능해야 한다.
③ 새로운 데이터의 삽입, 삭제, 갱신으로 항상 최신의 데이터를 유지해야 한다.
④ 데이터베이스는 서로 다른 목적을 가진 여러 응용자를 위한 것이므로 다수의 사용자가 동시에 같은 내용의 데이터를 이용할 수 있어야 한다.

해설
데이터 참조 시 주소나 위치에 의해서가 아닌 데이터 내용으로 찾는다.

04 다음 데이터베이스의 특성에 대한 설명에 해당하는 것은?

데이터베이스 환경하에서 데이터 참조는 데이터베이스에 저장된 레코드들의 위치나 주소에 의해서가 아니라 사용자가 요구하는 데이터의 내용이다.

① 실시간 접근성
② 계속적인 변화
③ 동시공용
④ 내용에 의한 참조

해설
데이터 값에 따라 참조된다는 데이터베이스의 특성은 내용에 의한 참조이다.

정답 05 ③

05 데이터베이스의 특성으로 옳은 내용 모두를 나열한 것은?

> ㉠ 실시간 접근성
> ㉡ 동시 공용
> ㉢ 계속적인 변화
> ㉣ 주소에 의한 참조

① ㉠, ㉡

② ㉠, ㉣

③ ㉠, ㉡, ㉢

④ ㉠, ㉡, ㉢, ㉣

해설

참조는 데이터베이스에 저장된 레코드들의 위치나 주소에 의해서가 아니라 사용자가 요구하는 데이터 내용, 즉 데이터 값에 따라 참조된다는 것이다.

기출유형 02 ▸ DMBS 환경 설정

시스템 카탈로그에 대한 설명으로 틀린 것은?

① 시스템 자신이 필요로 하는 스키마 및 여러 가지 객체에 관한 정보를 포함하고 있는 시스템 데이터베이스이다.
② 시스템 카탈로그에 저장되는 내용을 메타 데이터라고 한다.
③ 데이터 사전이라고도 한다.
④ 일반 사용자는 시스템 테이블의 내용을 검색할 수 없다.

해설
시스템 카탈로그는 사용자와 시스템 모두 접근할 수 있다.

| 정답 | ④

족집게 과외

❶ 개념적 데이터베이스 관리 시스템 아키텍처

㉠ DBMS 서버는 인스턴스(Instance)와 데이터베이스(Database)로 구성
㉡ 인스턴스는 메모리(Memory) 부문과 프로세스(Process) 부문으로 구성
㉢ 그 외 데이터베이스의 기동과 종료를 위하여 DBMS 환경을 정의한 매개변수 파일과 파일 목록(데이터 파일, 로그 파일)을 기록한 제어 파일이 있음
㉣ DBMS 구조

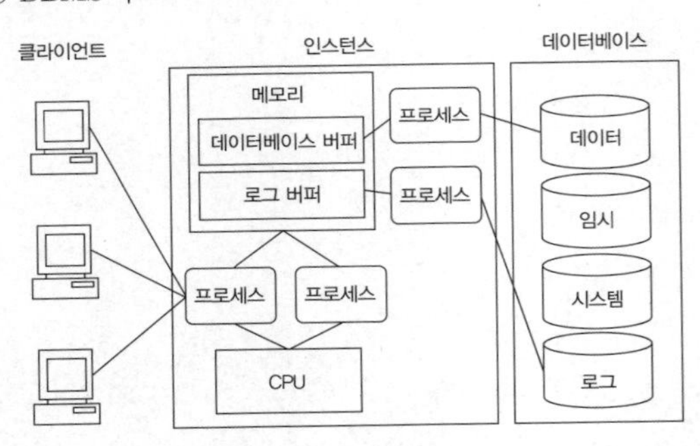

❷ 시스템 카탈로그(System Catalog)

㉠ 개념
- 시스템과 관련된 다양한 객체에 관한 정보를 포함하는 시스템 데이터베이스
- 시스템 카탈로그 내의 각 테이블은 사용자를 포함하여 DBMS에서 지원하는 모든 데이터 객체에 대한 정의나 명세에 관한 정보를 유지관리하는 시스템 테이블
- 카탈로그들이 생성되면 자료 사전(Data Dictionary)에 저장되므로 좁은 의미로는 카탈로그를 자료 사전이라고도 함

㉡ 카탈로그 저장 정보(메타 데이터)

DB 객체 정보	테이블, 인덱스, 뷰 등의 구조 및 통계 정보
사용자 정보	아이디, 패스워드, 접근 권한 등
테이블 무결성 제약조건 정보	기본키, 외래키, NULL 값 허용 여부 등
절차형 SQL문	함수, 프로시저, 트리거 등에 대한 정보

㉢ 특징

- 카탈로그 자체도 시스템 테이블로 구성되어 있어 일반 이용자도 SQL을 이용해 내용을 검색할 수 있음
- INSERT, DELETE, UPDATE 문으로 카탈로그를 갱신하는 것은 허용하지 않음
- DB 시스템에 따라 상이한 구조를 가짐
- 카탈로그는 DBMS가 스스로 생성하고 유지함
- 사용자가 SQL 문을 실행시켜 기본 테이블, 뷰, 인덱스 등에 변화를 주면 시스템이 자동으로 갱신됨
- 시스템 카탈로그는 사용자와 시스템 모두 접근할 수 있지만, 데이터 디렉터리는 시스템만 접근할 수 있음

❸ 데이터베이스 설계

㉠ 개념

- 사용자 요구 분석을 통해 컴퓨터에 저장할 수 있는 데이터베이스의 구조에 맞게 변경
- 이후 특정 DBMS로 데이터베이스를 구현하여 일반 사용자들이 사용하게 하는 것

㉡ 데이터베이스 설계 시 고려사항

무결성	삽입, 삭제, 갱신 등의 연산 후에도 데이터베이스에 저장된 데이터가 정해진 제약조건을 항상 만족해야 함
일관성	데이터베이스에 저장된 데이터들 사이나 특정 질의에 대한 응답이 처음부터 끝까지 변함없이 일정해야 함
회복	시스템에 장애가 발생했을 때 장애 발생 직전의 상태로 복구할 수 있어야 함
보안	불법적인 데이터의 노출 또는 변경이나 손실로부터 보호해야 함
효율성	응답 시간의 단축, 시스템 생산성, 저장 공간의 최적화 등이 가능해야 함
데이터베이스 확장	데이터베이스 운영에 영향을 주지 않고 지속적으로 데이터를 추가할 수 있어야 함

㉢ 데이터베이스 설계 순서

요구조건 분석	• 데이터베이스를 사용할 사람들로부터 필요한 용도 파악 • 수집된 정보를 바탕으로 요구조건 명세서 작성
개념적 설계	• 정보의 구조를 얻기 위하여 현실세계에 인식을 추상적 개념으로 표현하는 과정 • 개념 스키마, 트랜잭션 모델링, E-R 모델
논리적 설계	• 특정 DBMS가 지원하는 논리적 구조로 변환시키는 과정 • 목표 DBMS에 맞는 논리 스키마 설계, 트랜잭션 인터페이스 설계
물리적 설계	• 목표 DBMS에 맞는 물리적 구조의 데이터로 변환 • 데이터베이스 파일의 저장 구조 및 액세스 경로를 결정
구현	• 데이터베이스 스키마를 파일로 생성하는 과정 • 목표 DBMS의 DDL(데이터 정의어)로 데이터베이스 생성, 트랜잭션 작성

01 시스템 카탈로그에 대한 설명으로 옳지 않은 것은?

① 시스템 카탈로그는 DBMS가 스스로 생성하고 유지하는 데이터베이스 내의 특별한 테이블들의 집합체이다.
② 시스템 카탈로그는 데이터베이스 구조에 관한 메타 데이터를 포함한다.
③ 일반 사용자들도 SQL을 이용하여 시스템 카탈로그를 직접 갱신할 수 있다.
④ 데이터베이스 구조가 변경될 때마다 DBMS는 자동으로 시스템 카탈로그 테이블들의 행을 삽입, 삭제, 수정한다.

해설
사용자가 SQL문을 실행시켜 기본 테이블, 뷰, 인덱스 등에 변화를 주면 시스템이 자동으로 갱신된다.

02 데이터베이스의 설계 과정을 올바르게 나열한 것은?

① 요구조건 분석 – 개념적 설계 – 물리적 설계 – 논리적 설계
② 요구조건 분석 – 개념적 설계 – 논리적 설계 – 물리적 설계
③ 요구조건 분석 – 논리적 설계 – 개념적 설계 – 물리적 설계
④ 요구조건 분석 – 물리적 설계 – 개념적 설계 – 논리적 설계

해설
데이터베이스 설계 순서
요구조건 분석 → 개념적 설계 → 논리적 설계 → 물리적 설계 → 구현

03 데이터베이스 설계 단계 중 물리적 설계에 대한 설명으로 옳지 않은 것은?

① 개념적 설계 단계에서 만들어진 정보 구조로부터 특정 목표 DBMS가 처리할 수 있는 스키마를 생성한다.
② 다양한 데이터베이스 응용에 대해서 처리 성능을 얻기 위해 데이터베이스 파일의 저장 구조 및 액세스 경로를 결정한다.
③ 물리적 저장장치에 저장할 수 있는 물리적 구조의 데이터로 변환하는 과정이다.
④ 물리적 설계에서 옵션 선택 시 응답 시간, 저장 공간의 효율화, 트랜잭션 처리율 등을 고려하여야 한다.

해설
① 논리적 설계에 대한 내용이다.

02 공간 데이터베이스 생성

기출유형 03 ▶ 공간 데이터베이스 구성

객체지향의 개념 중 하나 이상의 유사한 객체들을 묶어 공통된 특성을 표현한 데이터 추상화를 의미하는 것은?

- 데이터베이스를 구성하는 GIS 소프트웨어의 한 부분
- 자료의 접근뿐 아니라 모든 입력, 출력, 저장을 관리
- 파일처리방식에서 한 단계 진보된 자료관리 방식

① 공간자료처리언어(SDML)
② 공간자료교환표준(SDTS)
③ 의사결정지원체계
④ 데이터베이스 관리체계(DBMS)

해설
데이터베이스 관리체계(DBMS)는 파일처리방식의 단점을 보완하기 위해 도입되었다. 데이터베이스를 다루는 일반화된 체계로 표준 형식의 데이터베이스 구조를 만들 수 있으며, 자료 입력 · 검토 · 저장 · 조회 · 검색 · 조작할 수 있는 도구를 제공한다.

| 정답 | ④

족집게 과외

❶ 공간 데이터 모델 개념

㉠ OGC(Open Geospatial Consortium)에서 제시하는 공간 데이터의 모델은 개념적인 모델
㉡ 특정 구현에 대한 모델이 아닌 추상적 정보 모델인 공간 스키마로 정의
㉢ 추상 명세의 데이터 모델을 기반으로 OGC는 OpenGIS Simple Features Specification 등의 구현 명세에서 좀 더 구체적인 OpenGIS Geometry 모델을 제시하고 있음
㉣ 지오메트리(Geometry)는 기초 클래스이면서 추상 클래스로서, 점(Point), 선(Curve), 면(Surface), 지오메트리 컬렉션(Geometry Collection) 등의 하위 클래스를 가짐
㉤ 모든 기하학적 객체는 공간 좌표계와 연관되어 있음

❷ 공간 데이터베이스

㉠ 개념
- GIS를 분석하는 데이터가 방대해짐에 따라 공간 데이터에서도 DBMS(Database Management System)의 필요성이 증대되고 있음
- GIS가 발전함에 따라 DBMS의 도입은 지리정보의 활용을 극대화하기 위한 필수적인 수단이라고 할 수 있음
- DBMS를 이용하면 대용량 자료의 저장에서 중복을 배제하고 자료의 추출과 조작, 합성, 안정성의 확보에 있어서 중앙 제어의 기능을 제공함
- 자료가 저장된 방식과 상관없이 응용 프로그램을 제작하여 자료를 추출 및 활용할 수 있음

ⓛ 구성요소

공간 데이터 모델	실세계에 있는 데이터를 정보로 변환하여 저장하기 위한 표현 기법
공간 참조 시스템	• 실세계 공간에 자리한 데이터를 수학적인 벡터 공간의 좌표로 변환하거나 반대로 좌푯값을 통해 실세계 위치와 연관시키는 기능 • 좌표 시스템을 통해 정의된 영역에서 사물의 상대적 위치를 정의
공간 데이터 전용 질의	특정 지점에서 가장 가까운 지점을 찾는 것과 같이 공간 관련 질의 수행
공간 인덱스	공간 데이터 전용 질의를 수행하기 위해서는 효율적으로 데이터에 접근할 수 있는 기법이 필요함

❸ 관계형 데이터베이스

㉠ 개념

• 관계형 데이터베이스를 구성하는 개체(Entity)나 관계(Relationship)를 모두 릴레이션(Relation)이라는 표(Table)로 표현

• 릴레이션은 개체를 표현하는 개체 릴레이션, 관계를 나타내는 관계 릴레이션으로 구분

• 간결하고 보기 편하며, 다른 데이터베이스로의 변환이 용이하나 성능이 다소 떨어짐

ⓛ 릴레이션의 구조

튜플 (Tuple)	• 릴레이션을 구성하는 각 행(Row) • 튜플은 속성의 모임으로 구성됨 • 파일 구조에서 레코드와 같은 의미 • 튜플의 수를 카디널리티(Cardinality) 또는 기수, 대응수라고 함
속성 (Attribute)	• 릴레이션을 구성하는 각각의 열(Column) • 데이터베이스를 구성하는 가장 작은 논리적 단위 • 파일 구조상의 데이터 항목 또는 데이터 필드 • 개체의 특성을 기술 • 속성의 수를 디그리(Dgree) 또는 차수라고 함
도메인 (Domain)	• 하나의 애트리뷰트가 취할 수 있는 같은 타입의 원자값들의 집합 • 실제 애트리뷰트 값이 나타날 때 그 값의 합버 여부를 시스템이 검사하는 데에도 이용됨

ⓒ 릴레이션의 특징

• 한 릴레이션에는 똑같은 튜플이 포함될 수 없으므로 릴레이션에 포함된 튜플들은 모두 상이

• 한 릴레이션에 포함된 튜플 사이에는 순서가 없음

• 튜플들의 삽입 · 삭제 등의 작업으로 인해 릴레이션은 시간에 따라 변함

• 릴레이션 스키마를 구성하는 속성 간의 순서는 중요하지 않음

• 속성의 유일한 식별을 위해 속성의 명칭은 유일해야 하지만, 속성을 구성하는 값은 동일한 값을 사용할 수 있음

• 릴레이션을 구성하는 튜플을 유일하게 식별하기 위해 속성들의 부분집합을 키로 설정

• 속성값은 논리적으로 더 이상 쪼갤 수 없는 원자값만 저장

❹ 키(Key)

㉠ 개념

데이터베이스에서 튜플들을 서로 구분할 수 있는 기준이 되는 애트리뷰트를 의미함

㉡ 종류

슈퍼키 (Super Key)	• 한 릴레이션 내에 있는 속성들의 집합으로 구성된 키 • 유일성은 만족하지만 최소성은 만족시키지 못함
후보키 (Candidate Key)	• 릴레이션을 구성하는 속성 중 튜플을 유일하게 식별하기 위해 사용하는 속성들의 부분집합 • 모든 튜플에 대해 유일성 · 최소성을 만족해야 함
기본키 (Primary Key)	• 후보키 중에서 선택한 주키로 NULL 값이 될 수 없음 • 한 릴레이션에서 특정 튜플을 유일하게 구별할 수 있는 속성 • 기본키로 저장된 속성에는 동일한 값이 중복되어 저장될 수 없음
대체키 (Alternate Key)	후보키가 둘 이상일 때 기본키를 제외한 나머지 후보키를 의미함(보조키)
외래키 (Foreign Key)	• 다른 릴레이션의 기본키를 참조하는 속성 또는 속성들의 집합 • 외래키는 참조되는 릴레이션의 기본키와 대응되어 참조 관계를 표현함 • 외래키로 지정되면 참조 릴레이션의 기본키에 없는 값은 입력할 수 없음

Tip

널(NULL Value)
- 데이터베이스에서 아직 알려지지 않거나 모르는 값
- 해당 없음 등의 이유로 정보 부재를 나타내기 위해 사용

기출유형 완성하기

🔓 정답 01 ③ 02 ② 03 ④

01 **관계 데이터베이스의 구성요소에 대한 설명 중 가장 옳지 않은 것은?**

① 릴레이션은 식별자에 의해 식별이 가능해야 한다.
② 속성은 릴레이션을 구성하는 항목이다.
③ 하나의 릴레이션을 구성하는 튜플은 모두 같다.
④ 각 속성은 릴레이션 내에서 유일한 이름을 가진다.

해설
하나의 릴레이션을 구성하는 튜플은 모두 다르다.

02 **릴레이션을 구성하는 행을 의미하는 용어는?**

① 속성
② 튜플
③ 도메인
④ 차수

해설
릴레이션의 행은 튜플(Tuple), 열은 속성(Attribute)을 의미한다.

03 **데이터베이스에서 사용되는 키의 종류에 대한 설명 중 옳지 않은 것은?**

① 후보키는 개체들을 고유하게 식별할 수 있는 속성이다.
② 슈퍼키는 한 릴레이션 내의 속성들의 집합으로 구성된 키이다.
③ 외래키는 다른 릴레이션의 기본키를 참조하는 속성 또는 속성들의 집합이다.
④ 보조키는 후보키 중에서 대표로 선정된 키이다.

해설
후보키 중에서 선택한 주키는 기본키(Primary Key)이다.

기출유형 04 ▶ 데이터베이스 용량

다음 설명에 대한 용어는 무엇인가?

> 데이터베이스 (   ) 설계는 데이터가 저장될 공간을 정의하는 것으로 테이블에 저장할 데이터 양과 인덱스, 클러스터 등이 차지하는 공간 등을 예측 및 반영한다.

① 용량
② 분산
③ 스키마
④ 모델

해설
데이터베이스 용량 설계는 데이터가 저장될 공간을 정의하는 것이다.

| 정답 | ①

족집게 과외

❶ 데이터베이스 용량 설계

㉠ 데이터가 저장될 공간을 정의하는 것
㉡ 테이블에 저장할 데이터 양과 인덱스, 클러스터 등이 차지하는 공간 등을 예측 및 반영함

❷ 데이터베이스 용량 설계의 목적

㉠ 데이터베이스의 용량을 정확히 산정하여 디스크의 저장 공간을 효과적으로 사용하고 확장성 및 가용성을 높임
㉡ 디스크의 특성을 고려하여 설계함으로써 디스크의 입출력 부하를 분산시키고 채널의 병목 현상을 최소화
㉢ 데이터베이스에 생성되는 오브젝트의 익스텐트(기본 용량이 찼을 경우 추가로 할당되는 공간) 발생을 최소화하여 성능을 향상
㉣ 디스크에 대한 입출력 결함이 최소화되도록 설계함으로써 데이터 접근성 향상
㉤ 데이터베이스 용량을 정확히 분석하여 테이블과 인덱스에 적합한 저장 옵션 지정

❸ 데이터베이스 용량 분석 절차

㉠ 데이터 예상 건수, 로우 길이, 보존 기간, 증가율 등 기초 자료를 수집하여 용량을 분석함
㉡ 분석된 자료를 바탕으로 DBMS에 이용될 테이블, 인덱스 등 오브젝트별 용량을 산정
㉢ 테이블과 인덱스의 테이블 스페이스 용량을 산정
㉣ 데이터베이스에 저장될 모든 데이터 용량과 데이터베이스 설치 및 관리를 위한 시스템 용량을 합해 디스크 용량을 산정

❹ 데이터 접근성을 향상시키는 설계 방법

㉠ 테이블의 테이블 스페이스와 인덱스의 테이블 스페이스를 분리하여 구성
㉡ 테이블 스페이스와 임시 테이블 스페이스를 분리하여 구성
㉢ 테이블을 마스터 테이블과 트랜잭션 테이블로 분류

Tip

테이블 스페이스(Tablespace)
- 테이블이 저장되는 논리적인 영역
- 테이블 저장 시 논리적으로는 테이블 스페이스에 저장되며, 물리적으로는 테이블 스페이스와 연관된 데이터 파일에 저장
- 투명성 보장

01 테이블 스페이스(Tablespace)에 대한 설명으로 옳지 않은 것은?

① 테이블이 저장되는 논리적인 영역이다.
② 테이블 저장 시 논리적으로는 테이블 스페이스에 저장된다.
③ 테이블 저장 시 물리적으로 테이블 스페이스와 연관된 데이터 파일에 저장된다.
④ 테이블 스페이스 사용 시 투명성은 보장되지 않는다.

해설
테이블 스페이스를 사용하면 투명성이 보장된다.

02 데이터베이스 용량 설계의 목적으로 옳지 않은 것은?

① 디스크의 특성을 고려하여 설계함으로써 디스크의 입출력 부하를 분산시키고 채널의 병목 현상을 최소화한다.
② 데이터베이스의 용량을 정확히 산정하여 디스크의 저장 공간을 효과적으로 사용하고 확장성 및 가용성을 높인다.
③ 데이터베이스에 생성되는 오브젝트의 익스텐트 발생을 최대화하여 성능을 향상시킨다.
④ 데이터베이스 용량을 정확히 분석하여 테이블과 인덱스에 적합한 저장 옵션을 지정한다.

해설
데이터베이스에 생성되는 오브젝트의 익스텐트(기본 용량이 찼을 경우 추가로 할당되는 공간) 발생을 최소화하여 성능을 향상시킨다.

03 데이터베이스 용량 설계 순서로 옳은 것은?

> ㉠ 데이터 예상건수, 로우 길이, 보존 기간, 증가율 등 기초 자료를 수집하여 용량을 분석한다.
> ㉡ 테이블과 인덱스의 테이블 스페이스 용량을 산정한다.
> ㉢ 분석된 자료를 바탕으로 DBMS에 이용될 테이블, 인덱스 등 오브젝트별 용량을 산정한다.
> ㉣ 데이터베이스에 저장될 모든 데이터 용량과 데이터베이스 설치 및 관리를 위한 시스템 용량을 합해 디스크 용량을 산정한다.

① ㉠ – ㉡ – ㉢ – ㉣
② ㉠ – ㉢ – ㉣ – ㉡
③ ㉢ – ㉠ – ㉡ – ㉣
④ ㉠ – ㉢ – ㉡ – ㉣

해설
㉠ 데이터 예상 건수, 로우 길이, 보존 기간, 증가율 등 기초 자료를 수집하여 용량을 분석한다.
㉢ 분석된 자료를 바탕으로 DBMS에 이용될 테이블, 인덱스 등 오브젝트별 용량을 산정한다.
㉡ 테이블과 인덱스의 테이블 스페이스 용량을 산정한다.
㉣ 데이터베이스에 저장될 모든 데이터 용량과 데이터베이스 설치 및 관리를 위한 시스템 용량을 합해 디스크 용량을 산정한다.

기출유형 05 ▶ 데이터베이스 계정 정의

DB 운영의 모든 책임을 지고 있는 사람이나 그룹을 의미하는 데이터베이스 사용자는?

① DBA
② 응용 프로그래머
③ 일반 사용자
④ 보안 관리자

해설
DBA(Database Administrator)는 DB 운영의 모든 책임을 지고 있는 사람이나 그룹을 의미한다.

| 정답 | ①

족집게 과외

❶ 데이터베이스 사용자

㉠ 데이터베이스를 사용하고 관리 및 운영하는 다양한 형태의 사람이나 그룹
㉡ DBA, 응용 프로그래머, 일반 사용자로 구분

❷ DBA(Database Administrator)

㉠ DB 운영의 모든 책임을 지고 있는 사람이나 그룹
㉡ 데이터베이스 설계와 조작에 대한 책임
- DB 구성요소 결정
- 개념 스키마 및 내부 스키마 정의
- 보안 및 DB 접근 권한 부여 정책 수립
- DB 저장 구조 및 접근 방법 정의
- 장애에 대비한 예비(Back Up) 조치와 회복(Recovery)에 대한 전략 수립
- 무결성을 위한 제약조건의 지정
- 데이터 사전의 구성과 유지관리
- 사용자의 변화 요구와 성능 향상을 위한 DB의 재구성

㉢ 행정 책임
- 사용자의 요구와 불평의 청취 및 해결
- 데이터 표현 방법의 표준화
- 문서화 기준 설정
- DB 사용에 관한 교육

㉣ 시스템 감시 및 성능 분석
- 변화 요구에 대한 적응과 성능 향상에 대한 감시
- 시스템 감시 및 성능 분석
- 자원의 사용도와 병목 현상 조사
- 데이터 사용 추세, 이용 형태 및 각종 통계 등을 종합하고 분석

❸ 응용 프로그래머

㉠ 일반 호스트 언어로 프로그램을 작성할 때 데이터 조작어(DML)를 삽입하여 일반 사용자가 응용 프로그램을 사용할 수 있도록 인터페이스를 제공할 목적으로 DB에 접근하는 사람
㉡ C, COBOL, PASCAL 등의 호스트 언어와 DBMS에서 지원하는 데이터 조작어에 능숙한 컴퓨터 전문가

❹ 일반 사용자

보통 터미널을 이용하여 DB에 있는 자원을 활용할 목적으로 질의어나 응용 프로그램을 사용하여 DB에 접근하는 사람들

❺ DCL(Data Control Language)의 개념

㉠ DCL(데이터 제어어)은 데이터의 보안, 무결성, 회복, 병행 제어 등을 정의하는 데 사용하는 언어

㉡ DCL은 DBA가 데이터 관리를 목적으로 사용

㉢ GRANT/REVOKE

- 데이터베이스 관리자가 사용자에게 권한 부여 혹은 취소하기 위한 명령어
- 사용자 등급 지정 및 해제 표기법

```
GRANT 사용자등급 TO 사용자_ID_리스트
[IDENTIFIED BY 암호];
```

```
REVOKE 사용자등급 FROM 사용자_ID_리스트
```

- 권한 종류: ALL, SELECT, INSERT, DELETE, UPDATE, ALTER 등

GRANT	데이터베이스 관리자가 사용자에게 권한 부여
REVOKE	데이터베이스 관리자가 사용자에게 권한 취소
WITH GRANT OPTION	부여받은 권한을 다른 사용자에게 다시 부여
GRANT FOR OPTION	다른 사용자에게 권한을 부여하는 권한 취소
CASCADE	권한을 부여받았던 사용자가 타사용자에게 부여한 권한도 연쇄적 취소

㉣ COMMIT

- 트랜잭션이 성공적으로 끝난 후 변경된 내용을 데이터베이스에 반영
- COMMIT 명령을 실행하지 않아도 DML 문이 성공적으로 완료되면 자동으로 커밋되고, DML이 실패하면 자동으로 ROLLBACK이 되도록 AUTO_COMMIT 설정 가능

㉤ ROLLBACK

- COMMIT되지 않은 변경된 내용을 취소
- 데이터베이스를 이전 상태로 되돌리는 명령

기출유형 완성하기

🔓 정답 01 ② 02 ② 03 ①

01 데이터 조작어(DML)를 삽입하여 일반 사용자가 응용 프로그램을 사용할 수 있도록 인터페이스를 제공할 목적으로 DB에 접근하는 사용자는?

① DBA
② 응용 프로그래머
③ 일반 사용자
④ 보안 관리자

해설
응용 프로그래머는 데이터 조작어(DML)를 사용하여 데이터베이스에 데이터를 삽입, 삭제, 검색, 변경을 수행한다.

02 학생 릴레이션에 대한 SELECT 권한을 모든 사용자에게 허가하는 SQL 명령문은?

① GRANT SELECT FROM 학생 TO PROTECT;
② GRANT SELECT ON 학생 TO PUBLIC;
③ GRANT SELECT FROM 학생 TO ALL;
④ GRANT SELECT ON 학생 TO ALL;

해설
권한 부여는 GRANT, 모든 사용자는 PUBLIC을 의미한다.

03 사용자 'KIM'에게 테이블을 생성할 수 있는 권한을 부여하기 위한 SQL 문의 구성으로 빈칸에 적합한 내용은?

```
GRANT [ ] KIM;
```

① CREATE TABLE TO
② CREATE TO
③ CREATE FROM
④ CREATE TABLE FRO

해설
권한 부여는 GRANT, 테이블 생성 CREATE TABLE, TO 사용자로 구성한다.

CHAPTER 03 공간 데이터베이스 오브젝트 생성

기출유형 06 ▶ 공간 데이터베이스 객체 구성

데이터베이스 성능에 많은 영향을 주는 DBMS 구성요소로 독립적인 저장 공간을 보유하며 데이터베이스에 저장된 자료를 더욱 빠르게 조회하기 위하여 사용되는 것은?

① 인덱스
② 트랜잭션
③ 역정규화
④ 트리거

해설
인덱스는 데이터를 빠르게 찾을 수 있는 수단이며, 테이블에 대한 조회 속도를 높여 주는 자료구조이다.

| 정답 | ①

족집게 과외

❶ 데이터베이스 객체(Database Object)

㉠ 개념
- 데이터들을 저장하는 기능을 가진 가장 기본적인 테이블부터 뷰, 인덱스, 시퀀스, 저장 프로시저 등
- 객체는 스키마(Schema)라는 그릇 안에서 만들어지며 SQL 명령의 DDL(Data Definition Language)을 이용하여 정의함

㉡ 종류

TABLE	데이터를 담고 있는 객체
VIEW	하나 이상의 테이블을 연결해서 마치 테이블인 것처럼 사용하는 객체
INDEX	테이블에 있는 데이터를 바르게 찾기 위한 객체
SYNONYM (동의어)	데이터베이스 객체에 대한 별칭을 부여한 객체
SEQUENCE	일련번호를 채번할 때 사용되는 객체
FUNCTION	특정 연산을 하고 값을 반환하는 객체
PROCEDURE	함수와 비슷하지만 값을 반환하지 않는 객체
PACKAGE	용도에 맞게 함수나 프로시저 하나로 묶어 놓은 객체

❷ 인덱스

㉠ 데이터 레코드에 빠르게 접근하기 위해 〈키값, 포인터〉 쌍으로 구성되는 데이터 구조

㉡ 데이터를 빠르게 찾을 수 있는 수단이며 테이블에 대한 조회 속도를 높여 주는 자료구조

㉢ 테이블에서 자주 사용되는 컬럼 값을 빠르게 검색할 수 있도록 색인을 만들어 놓은 형태

㉣ 인덱스가 없으면 특정한 값을 찾기 위해 모든 데이터 페이지를 확인하는 상황 발생

㉤ 레코드의 삽입과 삭제가 수시로 일어나는 경우 인덱스의 개수를 최소로 하는 것이 효율적

㉥ 과다한 인덱스 생성은 DB 공간을 많이 차지하며, Full Table Scan보다 속도가 느려질 수 있음

㉦ 테이블 데이터 삽입 · 삭제 · 변경을 수행하는 DML 작업 시 성능이 떨어짐

㉧ 독립적인 저장 공간 보유

㉨ 데이터베이스의 물리적 구조와 밀접한 관계가 있음

❸ 뷰(View)

㉠ 개념

- 허용된 자료만을 제한적으로 보여주기 위해 하나 이상의 테이블로부터 유도된 이름을 가지는 가상 테이블
- 기본 테이블처럼 행과 열로 구성되지만 다른 테이블에 있는 데이터를 보여줄 뿐이지 데이터를 직접 담고 있지 않음

㉡ 특징

- 저장장치 내 물리적으로 존재하지 않음(가상 테이블)
- 데이터 보정 등 임시적인 작업을 위한 용도로 사용
- 기본 테이블과 같은 형태의 구조로 조작이 거의 비슷함
- 삽입, 삭제, 갱신에 제약이 따름
- 논리적 독립성 제공
- 독자적 인덱스를 가질 수 없음
- Create View 시스템 권한을 이용하여 뷰 생성
- 데이터 선택적으로 뷰를 이용하여 처리

㉢ 장단점

장점	• 논리적 독립성 제공: 논리 테이블(테이블 구조가 변경되어도 뷰를 사용하는 응용 P/G를 변경하지 않아도 됨) • 사용자 데이터 관리 용이: 복수 테이블에 존재하는 여러 종류 데이터에 대해 단순한 질의어를 사용할 수 있음 • 데이터 보안 용이: 중요 보안 데이터 저장 중인 테이블에는 접근을 불허하며, 해당 테이블 일부 정보만을 볼 수 있는 뷰에는 접근을 허용하는 방식으로 보안 데이터에 대한 접근 제어 가능
단점	• 뷰 자체 인덱스 불가: 인덱스는 물리적으로 저장된 데이터가 대상이며, 논리적 구성인 뷰 자체는 인덱스를 갖지 못함 • 뷰 정의 변경 불가: 뷰 정의를 변경하려면 뷰를 삭제하고 재생성해야 함 • 데이터 변경 제약 존재: 뷰 내용에 대한 삽입 · 삭제 · 변경의 제약이 있음

㉣ 뷰 설계 시 고려사항

- 구조가 단순화될 수 있도록 반복적으로 조인을 설정하여 사용하거나 동일한 조건절을 사용하는 테이블을 뷰로 생성
- 사용할 데이터를 다양한 관점에서 제시
- 데이터 보안 유지를 고려하여 설계

기출유형 완성하기

정답 01 ③ 02 ① 03 ④

01 인덱스(Index)에 대한 설명으로 부적절한 것은?

① 인덱스는 데이터베이스의 물리적 구조와 밀접한 관계가 있다.
② 인덱스는 하나 이상의 필드로 만들어도 된다.
③ 레코드의 삽입과 삭제가 수시로 일어나는 경우 인덱스의 개수를 최대한 많게 한다.
④ 인덱스를 통해 테이블의 레코드에 대한 액세스를 빠르게 수행할 수 있다.

해설
개수가 많을 경우 삽입과 삭제 시 매번 모든 인덱스를 갱신하므로 속도가 느려진다.

02 하나 또는 둘 이상의 기본 테이블로부터 유도되어 만들어지는 가상 테이블은?

① 뷰
② 스키마
③ 시스템 카탈로그
④ 데이터 디렉터리

해설
뷰는 하나 이상의 기본 테이블로부터 유도된 가상 테이블이다.

03 뷰에 대한 설명으로 옳지 않은 것은?

① 뷰는 데이터의 접근을 제어하게 함으로써 보안을 제공한다.
② 사용자의 데이터 관리를 간단하게 해 준다.
③ 뷰가 정의된 기본 테이블이 삭제되면 뷰도 자동으로 삭제된다.
④ 하나 이상의 기본 테이블로부터 유도되어 만들어지는 물리적인 실제 테이블이다.

해설
뷰는 하나 이상의 기본 테이블로부터 유도된 가상 테이블이다.

기출유형 07 ▶ 공간 데이터베이스 객체 정의

SQL 문에서 테이블 생성에 사용되는 문장은?

① DROP
② INSERT
③ SELECT
④ CREATE

해설
생성: CREATE, 삭제: DROP, 수정: ALTER를 사용한다.

| 정답 | ④

족집게 과외

❶ DDL(Data Define Language, 데이터 정의어)

㉠ DB 구조, 데이터 형식, 접근 방식 등 DB를 구축하거나 수정할 목적으로 사용하는 언어
㉡ 번역한 결과가 데이터 사전(Data Dictionary)이라는 특별한 파일에 여러 개의 테이블로 저장됨
㉢ 명령어 기능

CREATE	SCHEMA, DOMAIN, TABLE, VIEW, INDEX 생성
ALTER	TABLE에 대한 정의를 변경하는 데 사용
DROP	스키마, 도메인, 기본 테이블, 뷰 테이블, 인덱스, 제약조건 등을 제거하는 명령문

❷ CREATE TABLE

㉠ 테이블을 정의하는 명령문
㉡ 기본 테이블에 포함될 모든 속성에 대하여 속성명과 그 속성의 데이터 타입, 기본값, NOT NULL 여부를 지정
㉢ 종류

PRIMARY KEY	기본키로 사용할 속성 지정
UNIQUE	• 대체키로 사용할 속성 지정 • 중복된 값을 가질 수 없음
FOREIGN KEY ~ REFERENCES	외래키로 사용할 속성 지정
CONSTRAINT	제약조건의 이름 지정
CHECK	속성값에 대한 제약조건 정의

❸ CREATE VIEW

```
CREATE VIEW 뷰명[(속성명[, 속성명, …])]
AS SELECT 문;
```

㉠ 뷰(하나 이상의 기본 테이블로부터 유도되는 이름을 갖는 가상 테이블)를 정의
㉡ SELECT 문의 결과로써 뷰를 생성
㉢ 서브쿼리인 SELECT 문에는 UNION이나 ORDER BY 절을 사용할 수 없음
㉣ 속성명을 기술하지 않으면 SELECT 문이 자동으로 사용됨

❹ CREATE INDEX

```
CREATE [UNIQUE] INDEX 인덱스명 ON 테이블명(속성명 [ASC|DESC][,속성명 [ASC|DESC]])
[CLUSTER];
```

인덱스(검색 시간을 단축하기 위해 만든 보조적인 데이터 구조)를 정의

기출유형 완성하기

정답 01 ② 02 ② 03 ④

01 SQL 구문과 의미가 잘못 연결된 것은?

① CREATE – 테이블 생성
② DROP – 레코드 삭제
③ UPDATE – 자료 갱신
④ DESC – 내림차순 정렬

해설
DROP은 테이블 자체를 제거하며 스키마, 도메인, 뷰, 인덱스의 제거에도 사용된다.

02 SQL 언어의 CREATE TABLE에 포함될 수 없는 것은?

① 속성의 NOT NULL 제약조건
② 속성의 타입 변경
③ 속성의 초기 값 지정
④ CHECK 제약조건의 정의

해설
CREATE TABLE 테이블을 최초로 생성하기 위해 사용하는 명령문으로 테이블 속성 타입을 변경할 수는 없다.

03 SQL DROP문에 관한 설명 중 잘못된 것은?

① 해당 TABLE에 삽입된 TUPLE들도 없어진다.
② 해당 TABLE에 대해 만들어진 INDEX가 없어진다.
③ 해당 TABLE에 대해 만들어진 VIEW가 없어진다.
④ 해당 TABLE에 참조 관계가 있는 TABLE이 없어진다.

해설
DROP 명령은 삭제하려는 테이블과 함께 그 테이블로부터 유도하여 만든 인덱스와 뷰도 모두 제거한다. 그러나 참조하던 테이블은 해당 테이블로부터 유도된 테이블이 아니므로 삭제되지 않는다(단, CASCADE 옵션을 사용하면 참조된 테이블도 삭제됨).

기출유형 08 ▸ 공간 데이터베이스 편집(생성·수정·삭제)

다음 문장을 만족하는 SQL 문장은?

학번이 1000번인 학생을 학생 테이블에서 삭제하시오.

① DELETE FROM 학생 WHERE 학번 = 1000;
② DELETE FROM 학생 IF 학번 = 1000;
③ SELECT * FROM 학생 WHERE 학번 = 1000;
④ SELECT * FROM 학생 CONDITION 학번 = 1000;

해설
삭제 문법: DELETE FROM 테이블명 WHERE 조건;

| 정답 | ①

족집게 과외

❶ DML(데이터 조작어)

㉠ 개념
- 데이터베이스 사용자가 응용 프로그램이나 질의어를 통해 저장된 데이터를 관리하는 데 사용하는 언어
- 데이터베이스 사용자와 데이터베이스 관리시스템 간의 인터페이스를 제공

㉡ 종류
- INSERT INTO(삽입)

```
INSERT INTO 테이블명([속성명1, 속성명2, ...])
VALUES (데이터1, 데이터2, ...)
```

테이블에 새로운 튜플을 삽입하는 명령어

- UPDATE SET(갱신)

```
UPDATE 테이블명 SET 속성명 = 데이터[, 속성
명=데이터, ...] [WHERE 조건];
```

테이블의 튜플 중 특정 튜플의 내용을 변경

- DELETE FROM(삭제)

```
DELETE FROM 테이블명 [WHERE 조건]
```

- 테이블의 튜플 중 특정 튜플을 삭제하는 명령어
- 특정 데이터만 삭제할 경우 WHERE 절 사용
- 모든 레코드를 삭제하더라도 테이블 구조는 남아 있으므로 디스크에서 테이블을 완전히 제거하는 DROP과는 다름

❷ 트랜잭션(Transaction)

㉠ 개념
데이터베이스의 상태를 변환시키는 하나의 논리적 기능을 수행하기 위한 작업의 단위 또는 한꺼번에 모두 수행되어야 할 일련의 연산들을 의미

ⓛ 특성(ACID)

Atomicity (원자성)	• 트랜잭션의 연산은 데이터베이스에 모두 반영되도록 완료(Commit)되거나 전혀 반영되지 않도록 복구(Rollback)되어야 함 • 트랜잭션 내의 모든 명령은 반드시 완벽히 수행되어야 하며, 모두가 완벽히 수행되지 않고 어느 하나라도 오류가 발생하면 트랜잭션 전부가 취소되어야 함
Consistency (일관성)	• 트랜잭션이 그 실행을 성공적으로 완료하면 언제나 일관성 있는 데이터베이스 상태로 변환 • 시스템이 가지고 있는 고정 요소는 트랜잭션 수행 전과 트랜잭션 수행 후의 상태가 같아야 함
Isolation (독립성 · 격리성 · 순차성)	• 둘 이상의 트랜잭션이 동시에 병행 실행되는 경우 어느 하나의 트랜잭션 실행 중에 다른 트랜잭션의 연산이 끼어들 수 없음 • 수행 중인 트랜잭션은 완전히 완료될 때까지 다른 트랜잭션에서 수행 결과를 참조할 수 없음
Durability (영속성 · 지속성)	성공적으로 완료된 트랜잭션은 시스템이 고장나더라도 영구적으로 반영되어야 함

기출유형 완성하기

정답 01 ③ 02 ④ 03 ③

01 다음 SQL 문에서 빈칸에 들어갈 내용으로 옳은 것은?

```
UPDATE 학생 (     ) 전화번호 = '010-1234'
WHERE 학번 = 'A10';
```

① FROM
② INTO
③ SET
④ TO

해설
갱신 문법: UPDATE 테이블명 SET - WHERE 조건;

02 트랜잭션의 특성인 ACID에 속하지 않는 것은?

① Atomicity
② Consistency
③ Isolation
④ Detection

해설
트랜잭션의 특성: Atomicity(원자성), Consistency(일관성), Isolation(독립성), Durability(영속성)

03 해당하는 트랜잭션의 특성(ACID)은?

> 둘 이상의 트랜잭션이 동시에 병행 실행되는 경우 어느 하나의 트랜잭션 실행 중에 다른 트랜잭션의 연산이 끼어들 수 없다.

① Atomicity
② Consistency
③ Isolation
④ Drability

해설
Isolation(독립성)은 둘 이상의 트랜잭션이 동시에 병행 실행되는 경우 어느 하나의 트랜잭션 실행 중에 다른 트랜잭션의 연산이 끼어들 수 없다는 특성이다.

04 SQL 작성

기출유형 09 ▸ 공간 데이터 조회 SQL 명령문 작성

SQL 검색문의 기본적인 구조로 옳게 짝지어진 것은?

```
SELECT (1)
FROM (2)
WHERE (3)
```

① (1) 릴레이션 (2) 속성 (3) 조건
② (1) 조건 (2) 릴레이션 (3) 튜플
③ (1) 튜플 (2) 릴레이션 (3) 조건
④ (1) 속성 (2) 릴레이션 (3) 조건

해설
SELECT 속성 FROM 릴레이션 WHERE 조건

| 정답 | ④

족집게 과외

❶ SQL의 개념

㉠ 관계형 데이터베이스(RDB)를 지원하는 언어
㉡ 관계대수와 관계해석을 기초한 데이터 언어
㉢ SQL을 통해 데이터베이스 정보를 요청하는 것을 질의 또는 쿼리(Query)라고 함
㉣ SQL은 질의 기능만 있는 것이 아니라 데이터 구조를 정의하고 조작하고 제어할 수 있는 기능을 모두 갖추고 있음

❷ SQL 일반형식

```
SELECT [PREDICATE] 속성명 [AS 별칭][, …] [, 그룹함수(속성명) [AS 별칭]]
FROM 테이블명[, 테이블명, …]
[WHERE 조건]
[GROUP BY 속성명, 속성명, …]
[HAVING 조건]
[ORDER BY 속성명 [ASC|DESC]];
```

㉠ SELECT 절

PREDICATE	• 불러올 튜플 수를 제한할 명령어 • ALL: 모든 튜플을 검색할 때 지정하는 것으로 주로 생략함 • DISTINCT: 중복된 튜플이 있으면 그 중 첫 번째만 검색함
속성명	• 검색하여 불러올 속성 또는 속성을 이용한 수식 • 모든 속성을 지정할 때는 * 기술 • 두 개 이상의 테이블을 대상으로 검색할 때는 '테이블명.속성명'으로 표현 • AS: 속성 및 연산에 별칭을 붙일 때 사용

㉡ FROM 절
질의에 의해 검색될 데이터들을 포함하는 테이블명을 기술

ⓒ WHERE 절

검색할 조건을 기술

비교 연산자	=, <>, >, <, <=, >=
논리 연산자	NOT, AND, OR
LIKE 연산자	• 대표 문자를 이용해 지정된 속성의 값이 문자 패턴과 일치하는 튜플 검색 • %: 모든 문자를 대표함 • _: 문자 하나를 대표함 • #: 숫자 하나를 대표함

ⓔ ORDER BY 절

- 특정 속성을 기준으로 정렬하여 검색할 때 사용
- ASC(오름차순, 기본값), DESC(내림차순)

기출유형 완성하기

정답 01 ① 02 ④ 03 ④ 04 ③

01 SQL 문에서 DISTINCT의 의미는?

```
SELECT DISTINCT DEPT ROM STUDENT
```

① 검색 결과에서 레코드의 중복 제거
② 모든 레코드 검색
③ 검색 결과를 순서대로 정렬
④ DETP의 처음 레코드만 검색

해설
SQL 문에서 DISTINCT의 의미는 검색 결과에서 레코드의 중복을 제거하라는 의미이다.

02 아래 SQL 문에서 WHERE 절의 조건이 의미하는 것은?

```
SELECT 이름, 과목 점수
FROM 학생
WHERE 이름 NOT LIKE '박_ _:'
```

① '박'으로 시작되는 모든 문자 이름을 검색한다.
② '박'으로 시작하지 않는 모든 문자 이름을 검색한다.
③ '박'으로 시작하는 3글자의 문자 이름을 검색한다.
④ '박'으로 시작하지 않는 3글자의 문자 이름을 검색한다.

해설
NOT은 결과를 반대로 출력하는 논리 부정 연산자이다. LIKE는 지정된 문자를 포함하는 문자열을 찾는 연산자이며, _는 한 자리 문자를 대신하는 대표 문자이다.

03 다음 질의를 SQL 문으로 가장 잘 변환한 것은?

> 3학년 이상의 전자계산과 학생들의 이름을 검색하시오.

① SELECT * FROM 학생 WHERE 학년>=3 AND 학과 = "전자계산";
② SELECT 이름 FROM 학생 WHERE 학년>=3 OR 학과 = "전자계산";
③ SELECT * FROM 학생 FOR 학년>=3 AND 학과 = "전자계산";
④ SELECT 이름 FROM 학생 WHERE 학년>=3 AND 학과 = "전자계산";

해설
3학년 이상의 전자계산과는 둘 다 포함하는 AND 조건이며, 이름을 검색하기 위해 SELECT 절에 이름을 추가한다.

04 다음 SQL 문 중 데이터 정렬(Sort) 시 사용하는 것은? 2023년 기출

① WHERE
② HAVING
③ ORDER BY
④ GROUP BY

해설
ORDER BY는 특정 속성을 기준으로 정렬해 검색할 때 사용한다. WHERE 절은 검색할 조건을 기술하고 GROUP BY는 특정 속성을 기준으로 그룹화해 검색한다. HAVING은 GROUP BY와 함께 그룹에 대한 조건을 지정한다.

기출유형 10 ▸ 공간 데이터 분석 SQL 명령문 작성

SQL 문에서 HAVING을 사용할 수 있는 절은?

① LIKE 절
② WHERE 절
③ GROUP BY 절
④ ORDER BY 절

해설
GROUP BY로 그룹이 지정된 곳에는 HAVING 절을 사용하는 반면, 개개의 레코드에는 WHERE 절을 사용하여 조건을 지정한다.

| 정답 | ③

족집게 과외

❶ 그룹 함수

```
SELECT [PREDICATE] 속성명 [AS 별칭] [, …] [, 그룹함수(속성명) [AS 별칭]]
FROM 테이블명 [, 테이블명, …]
[WHERE 조건]
[GROUP BY 속성명, 속성명, …]
[HAVING 조건]
[ORDER BY 속성명 [ASC|DESC]];
```

㉠ GROUP BY 절
- 특정 속성을 기준으로 그룹화하여 검색할 때 사용
- 일반적으로 GROUP BY 절은 그룹 함수와 함께 사용됨

COUNT(속성명)	그룹별 튜플 수
SUM(속성명)	그룹별 합계
AVG(속성명	그룹별 평균
MAX(속성명)	그룹별 최댓값
MIN(속성명)	그룹별 최솟값

㉡ HAVING 절
GROUP BY절의 그룹에 대한 조건 지정

❷ 부속(하위) 질의문

㉠ 질의문 안에 또 하나의 질의문을 가지고 있는 형태로, 일반적으로 두 개 이상의 여러 테이블을 이용해야 하는 경우 사용
㉡ 처음으로 나오는 질의문을 메인 질의문이라고 하고, 두 번째로 나오는 질의문을 부속(하위) 질의문이라고 함
㉢ 메인 질의문과 부속 질의문은 =, IN 등으로 연결

❸ 집합 연산

㉠ 집합 연산자는 두 개 이상의 테이블에서 조인을 사용하지 않고 연관된 데이터를 조회하는 방법 중 집합 연산자(Set Operator)를 사용
㉡ 집합 연산자는 여러 개의 질의의 결과를 연결하여 하나로 결합하는 방식을 사용
㉢ 사용법
- 두 SELECT 문의 컬럼 개수와 데이터 타입은 일치해야 함
- 검색 결과의 헤더는 앞쪽 SELECT 문에 의해 결정됨
- ORDER BY 절을 사용할 때는 문장의 제일 마지막에 사용

㉣ 기본 구조

```
SELECT ……
[UNION | UNION ALL | INTERSECT | MINUS]
SELECT ……
[ORDER BY 컬럼 [ASC/DESC]];
```

연산자	의미	결과
UNION	합집합	중복을 제거한 결과의 합을 검색
UNION ALL	합집합	중복을 포함한 결과의 합을 검색
INTERSECT	교집합	양쪽 모두에서 포함된 행을 검색
MINUS	차집합	첫 번째 검색 결과에서 두 번째 검색 결과를 제외한 나머지를 검색

❹ JOIN

㉠ 2개의 릴레이션에 연관된 튜플들을 결합하여 하나의 새로운 릴레이션을 반환함

㉡ 크게 INNER JOIN, OUTER JOIN으로 구분

EQUI 조인	JOIN 대상 테이블에서 공통 속성을 기준으로 = 비교에 의해 같은 값을 가지는 행을 연결하여 결과를 생성
OUTER 조인	JOIN 조건에 만족하지 않는 튜플도 결과로 출력하기 위한 방법
SELF 조인	같은 테이블에서 2개의 속성을 연결하여 EQUI JOIN 하는 것
CROSS 조인	• 한쪽 테이블의 모든 행들과 다른 테이블의 모든 행을 조인시키는 기능 • CROSS JOIN의 결과 개수는 두 테이블의 행의 개수를 곱한 개수가 됨

01 데이터베이스에서 두 릴레이션을 합병할 때 사용하는 연산자는?

① 집합 연산자
② 관계 연산자
③ 비교 연산자
④ 논리 연산자

해설
집합 연산자는 여러 개의 질의의 결과를 연결하여 하나로 결합하는 방식을 사용한다.

02 다음 SQL 실행 결과로 옳은 것은?

[테이블 : 거래내역]

대학	금액
대명금속	255,000
정금강업	900,000
효신산업	600,000
율촌화학	220,000
한국제지	200,000
한국화이바	795,000

```
SELECT 상호 FROM 거래내역
WHERE 금액 In
            (SELECT
            MAX(금액) FROM 거래내역);
```

① 대명금속
② 정금강업
③ 효신산업
④ 한국제지

해설
보기의 SQL은 테이블에서 가장 큰 금액을 검색하라는 것을 의미한다. 따라서 '거래내역' 테이블에서 가장 큰 금액을 가진 상호명인 '정금강업'이 결과로 출력된다.

03 다음 테이블 조인(JOIN)에 대한 설명으로 가장 적절한 것은?

- 가능한 모든 행의 조합이 표시되며 조인 조건이 없는 조인이라고 할 수 있다.
- 첫 번째 테이블의 모든 행은 두 번째 테이블의 모든 행과 조인된다.
- 첫 번째 테이블의 행수를 두 번째 테이블의 행수로 곱한 것만큼의 행을 반환한다.

① INNER JOIN
② RIGHT JOIN
③ LEFT JOIN
④ CROSS JOIN

해설
두 테이블의 행수를 곱한 것만큼 행을 반환한다는 것은 두 테이블의 행에 대하여 서로 교차 조인을 수행한다는 의미이다.

04 다음의 두 테이블을 Intersect한 결과로 옳은 것은?

ID	Color	Size
1	blue	big
2	green	big
3	red	small
4	black	big
5	mauve	tiny
6	dun	huge
7	ecru	small

ID	Color	Size
1	blue	big
5	mauve	tiny
9	ivory	big

①

ID	Color	Size
2	green	big
3	red	small
4	black	big
6	dun	huge
7	ecru	small

②

ID	Color	Size
1	blue	big
5	mauve	tiny
9	ivory	big

③

ID	Color	Size
1	blue	big
4	black	big
9	ivory	big

④

ID	Color	Size
1	blue	big
5	mauve	tiny

해설

Intersect는 입력 레이어와 중첩 레이어의 공통된 부분의 모든 정보가 결과 레이어에 포함된다.

PART 10
공간정보 융합콘텐츠 제작

CHAPTER 01 지도 디자인

기출유형 01 ▶ 지도 부호와 색상

지도의 외도곽에 표시하는 사항이 아닌 것은?

① 도엽명
② 범례
③ 축척
④ 좌표

해설
지도의 내도곽 안쪽에는 지형 · 지물 · 지명 및 행정구역 경계 등과 그에 관한 주기를 표시한다. 외도곽 바깥쪽에는 도엽명칭, 번호, 인접지역색인 · 행정구역색인 · 범례 · 발행자 · 편집연도 · 수정연도 · 인쇄연도 및 축척 등을 표시한다.

| 정답 | ④

족집게 과외

❶ 지도 개념

㉠ 대상물을 일정한 표현방식으로 축소하여 평면에 그려 놓은 것을 의미함
㉡ 유 · 무형의 사물에 대한 정보를 표현하려는 표현 수단

대상물	• 지도로 표현하기 위한 지도화의 대상을 말하는 것 • 일반적으로는 지형이나 수계, 건물, 도로 등이 포함됨 • 특수한 목적으로 지하 매설물이나 토지의 경계가 그 대상일 수도 있음
일정한 표현방식	• 지도에서 사용되는 대상물을 그리는 규칙 • 지형을 표현하는 등고선, 지물을 표현하는 각종 기호 등
축소	지도의 축척을 의미함
평면에 그려 놓은 것	• 지구라는 곡면에 위치한 사물을 지도라는 평면에 옮겨 놓음 • 하드 카피 출력물뿐만 아니라 디지털 형태의 소프트 카피 형태를 포함

㉢ 지도는 제목, 축척, 범례, 방위, 자료의 출처, 제작자 및 제작 시기 등이 표시되어야 함
㉣ 기능에 따라 일반도와 주제도, 축척에 따라 대축척과 소축척 지도로 분류됨

❷ 지도 구성요소

제목	• 제목은 지도 내용과 일치해야 하며 지도 상단에 표시 • 제목에 따라 지도의 표현 방법 및 내용, 사용자의 수준이 결정됨
축척	• 지구 표면의 두 지점 간의 거리를 짧게 줄여서 지도에 표시한 축소비율 • 축척을 통해 지도 대상물 간의 거리, 위치, 면적, 방위 등을 파악 • 일반적으로 숫자로 표현하거나 막대 형태로 표시
기호와 범례	• 기호는 땅 위에 있는 건물이나 도로와 같은 것들을 간단하게 그린 그림 • 범례는 지도에 쓰인 기호와 그 뜻을 나타내는 것
방위	• 동서남북을 이용해 위치를 나타내는 것 • 방위 표시가 없을 때에는 지도 위쪽을 북쪽으로 간주
자료 출처	• 일반적으로 지도를 제작하기 위하여 사용한 자료의 출처와 자료 시기를 표시 • 항공사진 촬영 시기와 현장 조사 기간이 표시되어 있음

제작자와 제작 시기	• 지도의 내용을 문의하기 위하여 제작자가 표시되어야 함 • 제작 시기는 자료의 취득 시기와 다를 수 있으므로 혼동을 피하기 위해 표기하는 것이 일반적임

Tip

지도와 내도곽과 외도곽 표시 내용

- 내도곽 안쪽에는 지형 · 지물 · 지명 및 행정구역 경계 등과 그에 관한 주기를 표시
- 외도곽 바깥쪽에는 도엽명칭, 번호, 인접지역색인 · 행정구역색인 · 범례 · 발행자 · 편집연도 · 수정연도 · 인쇄연도, 축척 등을 표시

❸ 기호

지표 위에 나타나는 다양한 건물, 도로, 하천, 논, 밭 등의 다양한 현상을 간략하게 줄여서 나타낸 것

크기 (Size)	• 점의 크고 작음, 선의 굵고 가늚, 면적의 넓고 좁음을 이용 • 표현하고자 하는 대상의 속성을 직관적으로 전달할 수 있음
모양 (Shape)	• 점의 기호로 나타낸 부호나 패턴화된 선이나 면으로 대상물을 표현하는 그래픽 변수 • 명목척도로 측정된 데이터를 시각화하는 데 적합 • 대상물을 직관적으로 상징하는 픽토그램 활용 • 기호의 모양이 지나치게 작거나 서로 다른 모양들이 같은 크기로 표현될 경우, 시각적 식별력이 떨어짐

기호	명칭	기호	명칭
+ + +	국계		우체국
	도, 특별시, 광역시계		폭포
	시, 군, 구계	▲	산
	읍, 면계		다리
	고속국도	卍	절
	국도	∴	명승, 고적
	철도		능묘
	지하철	♨	온천
◎	시, 군청, 소재지		발전소
	제방		해수욕장
	논		등대
	밭		항구
	과수원	⚒	광산
	성		댐
	학교	△	삼각점

❹ 색상(Hue)

㉠ 지도를 쉽게 읽기 위하여 기호와 지형지물을 여러 가지 색으로 구분하여 표시

㉡ 빨강, 노랑, 파랑과 같이 사물의 색채를 구별하는 데 필요한 색의 명칭

㉢ 색의 차이를 통해 대상의 속성을 직관적으로 나타내는 명목척도의 표현에 적합

검정색	• 사람에 의해 만들어진 것을 주로 표현함 • 관공서, 건물, 철도, 도로, 경계 등에 사용 예 시청, 산, 학교, 소방서, 교회, 묘지
빨강색	• 강조하기 위한 색 • 관광 지명과 햇빛에 관련된 기호에 많이 사용 예 온천, 우체국, 절, 성곽, 등대
파랑색	• 물을 표현하는 기호와 색 • 옅은 곳은 하늘색으로, 깊이가 깊어질수록 파란색으로 표시 예 폭포, 논, 우물
갈색	• 지형지물의 높낮이를 표현하는 등고선의 색 • 땅과 관련된 모래, 제방 등의 기호에 사용 예 등고선, 제방, 모래
녹색	• 지형이 낮은 평야 지역이나 녹지대, 공원 등을 표현 • 밭, 과수원 등 식물의 기호로 사용 예 과수원, 밭, 산림

㉣ 지하시설물도에 표시하는 지하시설물의 종류별 기본 색상

상수도시설	청색
하수도시설	보라색
가스시설	황색
통신시설	녹색
전기시설	적색
송유관시설	갈색
난방열관시설	주황색

기출유형 완성하기

정답 01 ④ 02 ③ 03 ④ 04 ④

01 지도에서 사용하는 용어 중 도곽의 정의로 옳은 것은?

① 지도의 내용을 둘러싸고 있는 2중의 구획선을 말한다.
② 각종 지형공간정보를 일정한 축척에 의하여 기호나 문자로 표시한 도면을 말한다.
③ 지물의 실제현상 또는 상징물을 표현하는 선 또는 기호를 말한다.
④ 지도에 표기하는 지형 · 지물 및 지명 등을 나타내는 상징적인 기호나 문자 등의 크기, 색상 및 배열방식을 말한다.

해설
도곽이란 일정한 크기에 따라 분할된 지도의 가장자리에 그려진 경계선을 의미한다.

02 지하시설물도 작성 시 각종 시설물의 혼동이 발생하지 않도록 색상으로 구분한다. 지하시설물의 종류별 기본색상으로 연결이 옳지 않은 것은?

① 통신시설 – 녹색
② 가스시설 – 황색
③ 상수도시설 – 주황색
④ 하수도시설 – 보라색

해설
상수도시설은 청색으로 표시한다.

03 지형공간정보체계를 통하여 수행할 수 있는 지도 모형화의 장점이 아닌 것은?

① 문제를 분명히 정의하고, 문제를 해결하는 데에 필요한 자료를 명확하게 결정할 수 있다.
② 여러 가지 연산 또는 시나리오의 결과를 쉽게 비교할 수 있다.
③ 많은 경우에 조건을 변경시키거나 시간의 경과에 따른 모의분석을 할 수 있다.
④ 자료가 명목 혹은 서열의 척도로 구성되어 있을지라도 시스템은 레이어의 정보를 정수로 표현한다.

해설
지도 모형화는 문제 정의, 시나리오 결과 비교, 모의분석 등의 장점이 있다.

04 우리나라 지도의 주기에 사용할 수 있는 문자를 모두 나타낸 것은?

① 한글, 한자
② 한글, 한자, 영자
③ 한글, 한자, 영자, 아라비아숫자
④ 한글, 한자, 영자, 아라비아숫자, 그림문자

해설
주기에 사용되는 문자는 한글 · 한자 · 영자 · 아라비아숫자 · 그림문자로 하고, 자획에 복잡한 한자에 있어서는 알기 쉬운 약자로 표시할 수 있다.

기출유형 02 ▶ 지도 디자인 샘플

다음 중 지도의 디자인 과정에서 고려되어야 할 요소로 알맞지 않은 것은?

① 지도 제작 계획
② 지도의 내용
③ 일반화
④ 시각화

해설
시각화는 지도 디자인 과정에 포함되지 않는다.

| 정답 | ④

족집게 과외

❶ 지도 제작(Map Making)

㉠ 지도는 지표상에 분포된 자연 현상과 인문 현상들의 상호관계, 입지, 속성 등에 관한 정보를 저장, 전달, 분석하기 위한 수단

㉡ 지도 제작은 표현하고자 하는 주제와 관련된 자료를 수집, 분석, 지도 설계, 지도 디자인, 편집을 통해 최종 제작하는 일련의 기술적 과정을 포괄함

㉢ 지도 제작 일반화 유형(단계)

유형	내용
선택 (Selection)	표출될 대상에 대한 선별 결정
분류화 (Classification)	동일하거나 유사한 대상을 그룹으로 묶어서 표현
단순화 (Simplication)	분류화 과정을 거쳐 선정된 형상 중에서 불필요한 부분을 제거하고 매끄럽게 함
기호화 (Symbolization)	한정적 지면의 크기와 가독성을 고려해 대상물을 기호를 통해 추상적으로 표현

㉣ 지도의 디자인 과정에서는 지도 제작 계획, 지도의 콘텐츠 내용, 기술적 디자인, 지도요소의 배치, 일반화 등의 요소를 고려해야 함

❷ 지도 분류

㉠ 기능에 따른 분류

일반도 (기본도)	• 특정 목적에 치우치지 않고 누구나 사용하며 가장 널리 사용되는 지도 • 국가에서 제작하는 지도를 국가기본도(지형도)라고 함 • 참조도라고도 불리며, 지리적 현상들의 공간적 관계를 나타내기 위해 제작됨 • 우리나라에서는 국토해양부 국토지리정보원에서 국가기본도를 제작함 예 항공사진 영상지도 등
주제도	• 특정한 주제를 가진 지도 • 기본도 이외에 특정 목적에 사용되는 내용을 표시한 지도 예 지적도, 도시계획도, 지하시설물도, 지질도 등 • 특정 현상의 분포나 형태를 나타내기 위한 지도 예 기온 분포도, 강수량 분포도, 인구분포도, 교통망도, 산업분포도, 통계 조사 지도, 관광 여행도, 버스 노선도, 지하철 노선도 등

㉡ 축척에 따른 분류

대축척 지도	1 : 5,000 이상의 축척을 가진 지도
소축척 지도	1 : 100,000 미만의 작은 축척을 가진 지도
중축척 지도	대축척과 소축척 사이의 축척을 가진 지도

㉢ 제작기법에 따른 분류

실측 지도	• 실제 측량한 결과를 바탕으로 지도를 제작하는 것 • 우리나라의 경우 항공사진 측량을 토대로 제작한 1 : 1,000과 1 : 5,000 지형도
편집도	• 실측도를 바탕으로 하여 다시 작성한 지도를 편찬도라고 함 • 1 : 250,000 지형도 등은 대축척 지도를 축소 · 편집하여 제작
사진 지도	지도와 영상을 합성한 지도
집성 지도	• 여러 장의 사진을 합쳐 제작한 지도 • 현재 인터넷에서 많이 사용되는 사진 지도
수치 지도	• 종이지도를 대체하는 디지털 지도 • 현재 우리나라에서 제작되는 지도는 대부분 수치 지도로 제작

❸ 수치지도의 작성 순서

㉠ 작업계획의 수립

수치지도를 작성하는 경우에는 미리 작성 목적에 따른 타당성과 기존 수치지도 등과의 중복 여부를 조사하고, 자료의 취득방법, 수치지도의 표현방법, 품질검사 및 활용 등에 대한 세부 계획을 수립

㉡ 자료의 취득

- 사진 또는 영상정보를 이용한 자료의 취득
- 측량기기를 이용한 현지측량
- 지형 · 지물의 속성, 지명, 행정경계 등의 정보를 취득하기 위한 현지조사
- 기존에 제작된 지도를 이용한 자료의 취득
- 그 밖에 국토지리정보원장이 필요하다고 인정하는 방법

㉢ 지형공간정보의 표현

- 수치지도에 표현하는 지형 · 지물은 도형 또는 기호 등의 형태로 나타나도록 하며, 각각의 지형 · 지물에 대한 정보는 별도의 속성파일로 작성하여 나타내거나 수치지도상에 직접 문자 또는 숫자로 나타냄
- 지형공간정보의 분류체계
  교통(A), 건물(B), 시설(C), 식생(D), 수계(E), 지형(F), 경계(G), 주기(H)

㉣ 품질검사

- 수치지도가 본래의 작성 기준 및 목적에 부합하게 작성되어 있는지를 판정
- 다음의 품질요소를 기초로 하여 정량적(定量的)인 품질기준을 마련하고 검사
  - 정보의 완전성: 수치지도상의 지형 · 지물 또는 그에 대한 각각의 정보가 빠지지 아니하여야 함
  - 논리의 일관성: 수치지도의 형식 및 수치지도상의 지형 · 지물의 표현이 작성기준에 따라 일관되어야 함
  - 위치정확도: 수치지도상의 지형 · 지물의 위치가 원시자료(原始資料) 또는 실제 지형 · 지물과 대비하여 정확히 일치하여야 함
  - 시간정확도: 수치지도 작성의 기준시점은 원시자료 또는 조사자료의 취득시점과 일치하여야 함
  - 주제정확도: 지형 · 지물과 속성의 연계 및 지형 · 지물의 분류가 정확하여야 함

㉤ 메타데이터의 작성

- 수치지도의 관리 및 유통 등을 위하여 수치지도의 작성 단위별로 메타데이터를 작성하여야 함
- 메타데이터는 수치지도의 이력과 범위 정보 및 담당자 정보를 반드시 포함하여야 함

정답 01 ③ 02 ④ 03 ②

01 다음 중 지도의 일반화 유형(단계)이 아닌 것은?

① 단순화
② 분류화
③ 세밀화
④ 기호화

해설
지도의 일반화 유형: 선택, 분류화, 단순화, 기호화

02 다음 중 일반도의 설명으로 알맞지 않은 것은?

① 참조도라고 불리며, 지리적 현상들의 공간적 관계를 나타내기 위해 제작되었다.
② 대표적인 예로 지형도가 있다.
③ 항공사진영상지도도 일반도에 포함된다.
④ 특정 주제에 대한 공간적 구조와 현황 등을 표출하는 목적으로 제작된 지도이다.

해설
특정 주제에 대한 공간적 구조와 현황 등을 표출하는 목적으로 제작된 지도는 주제도이다.

03 수치지도 작성 순서로 올바른 것은?

① 작업계획 수립 → 자료의 취득 → 품질검사 → 지형공간정보의 표현
② 작업계획 수립 → 자료의 취득 → 지형공간정보의 표현 → 품질검사
③ 자료의 취득 → 작업계획 수립 → 품질검사 → 지형공간정보의 표현
④ 자료의 취득 → 작업계획 수립 → 지형공간정보의 표현 → 품질검사

해설
수치지도 작성은 작업계획 수립 → 자료의 취득 → 지형공간정보의 표현 → 품질검사 등의 순서에 따라 진행된다.

02 주제도 작성

기출유형 03 ▸ 표준 행정구역 및 주소체계

'도로'를 기준으로 일정한 간격마다 번호를 부여한 주소체계는?

① 지번주소
② 도로명주소
③ 법정동
④ 행정동

해설
도로명주소는 '도로'를 기준으로 일정한 간격마다 번호를 부여한 체계이다.

| 정답 | ②

족집게 과외

❶ 주소체계

㉠ 주소는 간략히 말해 '인간이 살고 있는 장소'를 일컬으며, 인간의 사회 · 경제 · 정치활동을 원활하고 편하게 하기 위해 지역 명칭에 숫자를 더해 만들어낸 식별화된 부호체계

㉡ 주소는 기본적으로 '지역명+숫자'로 되어있으나, 주소의 중심축을 이루는 법정동, 행정동, 도로명이 각기 다른 부호체계와 쓰임새를 가지고 있음

❷ 지번주소

㉠ 구획마다 부여된 땅 번호, 즉 지번을 그대로 주소로 지정

㉡ 지번주소는 〈광역시도 – 시군구 – 읍면동 – 숫자 – (건물명 – 호수)〉 체계를 가짐

㉢ 지번 주소의 지번은 물리적인 영역 기준으로 계층화 구조를 가지고 있음

㉣ 특징
- 평면적 구역 개념
- 물리적인 영역 기준으로 계층화 구조
- 지번표기 주소는 광의의 위치 표시 개념

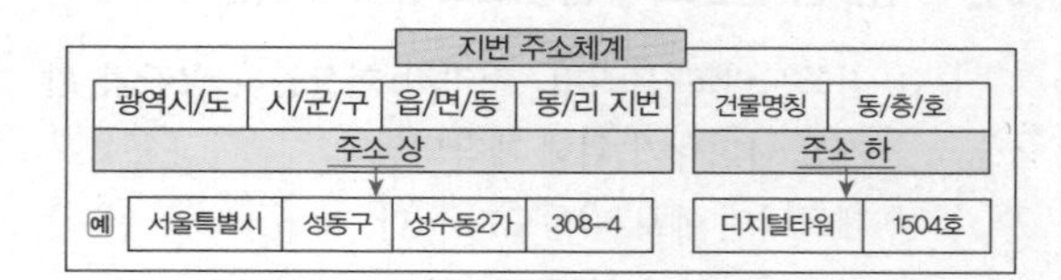

❸ 도로명주소

㉠ '도로'를 기준으로 일정한 간격마다 번호를 부여한 체계

㉡ 〈광역시도 – 시군구 – 도로명 – (건물)번호 – 동 층호 – (법정동)〉 체계를 가짐

㉢ 법정동이나 행정동 기입이 필수는 아니며 구역이나 위치를 위한 참고정보

㉣ 도로의 위치만 알 수 있다면 건물번호의 연속성을 고려해 주소의 정확한 위치를 짐작할 수 있음

㉤ 같은 도로명을 여러 개의 행정구역에서 사용하는 경우가 많으므로 행정구역이 어디인지 짐작하기 어려움

㉥ 기존 지번 주소를 도로명주소로 변환할 때, 변환이 안 되는 주소가 다수 발생(건물이 없는 농어촌과 산간지역의 경우, 지번은 있지만 도로명주소가 없는 경우 등)

㉦ 특징

- 선형적 연속 개념
- 도로의 위치와 건물번호의 연속성을 고려해 주소의 정확한 위치 짐작
- 사람이 거주하는 곳에 물류 효율을 고려한 협의의 위치 표시 개념

❹ 동(洞) 표현 방법

도로명+숫자, 법정동+숫자, 행정동+숫자

㉠ 법정동은 지적도와 주소 등 법으로 정한 행정구역 단위

㉡ 행정동은 행정기관들이 주민 수, 면적 등을 고려해 행정 편의를 위해 설정한 행정구역 단위

구분	주소체계	예시
지번 주소	법정동	서울특별시 성동구 **성수동2가** 308-4 디지털타워 1504호
	행정동	서울특별시 성동구 **성수2가1동** 308-4 디지털타워 1504호
	상용동 (일상생활 용어)	서울특별시 성동구 **성수동** 308-4 디지털타워 1504호
도로명 주소	시군구 – 도로명 – 숫자	서울특별시 성동구 **성수일로4길** 25 (성수동2가, 디지털타워)

구분	법정동	행정동
설명	법률로 지정된 행정구역 단위	행정편의를 위해 지정된 행정구역 단위
용도	• 신분증, 신용카드, 각종 공부 등의 주소에 사용 • 도로명주소 괄호 안 병기 시 사용	공부의 보관 및 민원 발급, 주민관리 등의 행정처리 시 사용
특징	거의 바뀌지 않음	편의에 따라 변경 또는 폐지

01 구획마다 부여된 땅 번호, 즉 지번을 그대로 주소로 지정하는 용어는?

① 지번주소
② 도로명주소
③ 법정동
④ 행정동

해설
지번주소는 구획마다 부여된 땅 번호, 즉 지번을 그대로 주소로 지정하는 주소체계이다.

02 우리나라 표준 행정구역 및 주소체계에 대한 설명으로 옳지 않은 것은?

① 지번주소는 물리적인 영역 기준으로 계층화 구조를 가진다.
② 도로명주소는 도로의 위치와 건물번호의 연속성을 고려해 주소의 정확한 위치를 짐작할 수 있다.
③ 지번주소는 사람이 거주하는 곳에 물류 효율을 고려한 협의의 위치 표시 개념이다.
④ 기존의 모든 지번주소는 도로명주소로 변환할 수 있다.

해설
건물이 없는 농어촌과 산간지역의 경우 지번은 있지만 도로명주소가 없는 경우도 많으므로 기존 지번주소를 도로명주소로 변환할 때, 변환이 안 되는 주소가 다수 발생한다.

03 우리나라 행정구역 단위에 대한 설명으로 옳지 않은 것은?

① 법정동은 법률로 지정된 행정구역 단위이다.
② 행정동은 행정편의를 위해 지정된 행정구역 단위이다.
③ 법정동은 신분증, 신용카드, 각종 공부 등의 주소에 사용한다.
④ 행정동은 거의 바뀌지 않는다.

해설
행정동 행정 편의에 따라 변경 또는 폐지할 수 있다.

기출유형 04 ▶ 지오코딩 원리와 도구

주소를 좌푯값으로 읽기 위해 주소를 좌표로 변환 기능은?

① 지오코딩(Geocoding)
② 리버스 지오코딩(Reverse Geocoding)
③ 지오태깅(Geotagging)
④ 좌표참조(Georeferencing)

해설
지오코딩이란 주소를 지리 좌표로 변환하는 프로세스이다.

| 정답 | ①

족집게 과외

❶ 지오코딩 개념

㉠ 주소를 지리 좌표로 변환하는 프로세스
㉡ 고유명칭(주소나 산 · 호수의 이름 등)을 가지고 위도와 경도의 좌푯값을 얻는 것을 의미함
- 프로세스를 사용하여 마커를 지도에 넣거나 지도에 배치할 수 있음
- 지번 및 도로명주소 외에도 '서울특별시청'과 같은 주요 지점 명칭으로도 지리적 좌푯값을 검색할 수 있음

㉢ 지도상의 좌표는 위도, 경도의 순서로 좌푯값을 가지나 GeoJSON처럼 경도, 위도의 순서로 좌푯값을 표현하는 경우도 있음

❷ 지오코딩 절차

주소자료 구축/정제하기	• 주소자료에 지번 혹은 도로명 이후 주소 정보 제거 → 지오코딩 도구에서 건물명이나 층수는 읽어들이지 못함 • 정제된 주소자료 엑셀 등 파일 저장
주소자료에서 좌푯값 얻기	정제된 주소자료 파일 입력 후 각 주소지의 좌표정보 변환
좌표를 점 데이터로 변환	변환된 좌푯값을 GIS 도구를 통해 공간 객체로 변환

❸ 리버스 지오코딩(Reverse Geocoding)

㉠ 지오코딩과 반대로 경위도 등의 지리 좌표를 사람이 인식할 수 있는 주소 정보로 변환하는 프로세스
㉡ 위도와 경도값으로부터 고유명칭을 얻을 수 있음

Tip

용어정리
- 지오코딩: 주소를 좌푯값으로 읽기 위해 주소를 좌표로 변환하는 기능
- 리버스 지오코딩: 경위도 좌표 또는 투영된 지리적 좌표를 사람이 읽을 수 있는 주소로 변환하는 기능
- 지오태깅(Geotagging): 사진 촬영 시 내장된 GPS 수신기를 통해 사진에 촬영한 위치를 자동으로 표시해주는 기능
- 좌표참조(Georeferencing): 영상과 지도 투영계를 연결시켜 영상의 개별 픽셀에 지도 좌표를 부여하는 과정

❹ 지오코딩 도구 활용

㉠ GIS S/W

ArcGIS	• ArcGIS 서버 및 ArcGIS Online에서 지오코드 서비스 제공 • 전 세계 100여 개국의 주소, 도시, 랜드마크, 기업명 등의 DB를 조회하여 이미 구축해 놓은 x, y 좌푯값 반환
MapInfo	MapInfo Pro v9.5 이상 버전용 플러그인 도구(MIAddress.zip)를 다운받아 지오코딩에 활용
QGIS	• 'RuGeocoder' 플러그인 설치 후 'Convert CSV to SHP'를 실행하여 주소 정보를 가지고 있는 CSV 파일을 Shape 포맷 레이어의 속성 파일을 생성 • 생성된 Shape 레이어를 이용하여 'RuGeocoder – Batch Geocoding'을 실행하면 지도화면 상에 해당 위치가 포인트로 변환

㉡ 오픈API

공간정보 오픈플랫폼 (V–world Geocoder API)	• 지번주소(행정동명 + 지번) 또는 도로명주소(도로명 + 건물번호) 항목을 포함한 URL 전송 • EPSG:4326 타입의 좌표를 XML이나 JSON 포맷으로 반환
구글 맵 (Geocoding API)	JSON(JavaScript Object Notation) 또는 XML 형식으로 결과값을 반환
네이버 지도 (Geocoding API)	주소를 좌표로 변환하는 API (https://openapi.naver.com/v1/map/geocode) 제공
다음 지도 (Geocoding API)	servicies.Geocoder 라이브러리 내 addr2coord, coord2addr, coord2detailaddr 등의 메서드를 이용하여 주소를 좌표로 변환

㉢ 지오코딩 전용 유틸리티

GeoCoder–Xr (구 GeoService –Xr)	• 민간 GIS 솔루션 전문 회사인 (주)지오서비스에서 제작 • 개인 · 기관 · 연구소에서 사용할 경우 용도 제한 없이 쓸 수 있고, 횟수 제한 없이 주소 좌표를 변환할 수 있는 지오코딩 도구 • CSV 포맷의 지번 및 도로명주소를 WGS84 경위도 좌표계의 SHP 파일로 변환해 주는 기능 제공
XGA (eXtensible Geo–coding & Address Cleansing)	• 민간 GIS 솔루션 전문 회사인 오픈메이트에서 제작한 도구 • 텍스트로 입력한 주소 데이터를 정제하여 표준 행정구역과 주소체계로 표준화하고 이를 지도상의 x, y 좌푯값으로 변환

정답 01 ② 02 ③ 03 ④ 04 ④

01 경위도 좌표 또는 투영된 지리적 좌표를 사람이 읽을 수 있는 주소로 변환하는 기능은?

① 지오코딩(Geocoding)
② 리버스 지오코딩(Reverse Geocoding)
③ 지오태깅(Geotagging)
④ 좌표참조(Georeferencing)

해설
리버스 지오코딩은 지오코딩과 반대로 경위도 등의 지리 좌표를 사람이 인식할 수 있는 주소 정보로 변환하는 프로세스이다.

02 사진 촬영 시 내장된 GPS 수신기를 통해 사진에 촬영한 위치를 자동으로 표시해주는 기능은?

① 지오코딩(Geocoding)
② 리버스 지오코딩(Reverse Geocoding)
③ 지오태깅(Geotagging)
④ 좌표참조(Georeferencing)

해설
지오태깅은 사진 촬영장소의 GPS 정보가 사진에 자동으로 기록되어 촬영한 위치를 표시해주는 기능이다.

03 영상과 지도 투영계를 연결시켜 영상의 개별 픽셀에 지도 좌표를 부여하는 과정은?

① 지오코딩(Geocoding)
② 리버스 지오코딩(Reverse Geocoding)
③ 지오태깅(Geotagging)
④ 좌표참조(Georeferencing)

해설
좌표참조는 영상과 지도 투영계를 연결시켜 영상의 개별 픽셀에 지도 좌표를 부여하는 과정이다.

04 지오코딩의 절차로 옳은 것은?

① 좌표를 점 데이터로 변환 → 주소자료 구축하기 → 주소자료에서 좌푯값 얻기
② 좌표를 점 데이터로 변환 → 주소자료에서 좌푯값 얻기 → 주소자료 구축하기
③ 주소자료 구축하기 → 좌표를 점 데이터로 변환 → 주소자료에서 좌푯값 얻기
④ 주소자료 구축하기 → 주소자료에서 좌푯값 얻기 → 좌표를 점 데이터로 변환

해설
지오코딩 절차
주소자료 구축/정제하기 → 주소자료에서 좌푯값 얻기 → 좌표를 점 데이터로 변환

기출유형 05 ▶ 주제도 레이어 생성

수치 지도 제작에 사용되는 용어에 대한 설명으로 틀린 것은?

① 좌표는 좌표계 상에서 지형 · 지물의 위치를 수학적으로 나타낸 값을 말한다.
② 도곽은 일정한 크기에 따라 분할된 지도의 가장자리에 그려진 경계선을 말한다.
③ 메타 데이터(Metadata)는 작성된 수치 지도의 결과가 목적에 부합하는지 여부를 판단하는 기준 데이터를 말한다.
④ 수치 지도 작성은 각종 지형공간정보를 취득하여 전산시스템에서 처리할 수 있는 형태로 제작 또는 변환하는 일련의 과정이다.

해설
메타데이터는 지형 공간 데이터 세트를 설명하는 정보이다.

| 정답 | ③

족집게 과외

❶ 수치 지도 개념

㉠ 종이지도는 지도의 사용자가 종이지도라는 완제품을 수동적인 입장에서 사용
㉡ 수치 지도는 기본적으로 종이지도와 똑같이 표현됨
㉢ 레이어 단위로 모든 정보를 기록하면서 지도의 활용성과 표현 방식에 있어 효율적임
㉣ 캐드 또는 GIS 소프트웨어를 이용하여 필요한 레이어만을 추출하여 편리성을 높임
㉤ 인접 도엽을 병합하거나 축척이 다른 지도를 병합할 수도 있어 종이지도의 활용 상 제약점을 개선
㉥ 연산 기능을 수행하여 종이지도로는 불가능하였던 많은 분석을 할 수 있음
㉦ 이외에도 대한민국전도, 대한민국 주변도, 세계지도 등을 제작하였으며, 온맵을 제작하여 전자지도의 사용도를 높이고 있음
㉧ 수치 지도는 우리나라 기본도로서 포털 사이트의 지도, 내비게이션 지도 등 다른 모든 지도의 원천 자료가 됨

Tip
온맵(On-map)
국토지리정보원이 1 : 5,000~1 : 250,000 지형도를 PDF 형식으로 제작하여 누구나 사용할 수 있도록 제작한 지도

❷ 수치 지도 제작에 사용되는 용어

㉠ 좌표: 좌표계 상에서 지형 · 지물의 위치를 수학적으로 나타낸 값
㉡ 도곽: 일정한 크기에 따라 분할된 지도의 가장자리에 그려진 경계선
㉢ 수치 지도 작성: 각종 지형공간정보를 취득하여 전산시스템에서 처리할 수 있는 형태로 제작 또는 변환하는 일련의 과정

❸ 호환을 위한 형식

지리정보시스템(GIS)에서 도형 정보나 수치 지도의 호환을 위해 DXF 형식, SDTS 형식, SHP 형식 등이 사용됨

Tip

단일식별자(UFID; Unique Feature Identigication)의 활용

- 실세계에서 존재하는 실체가 있는 지형지물을 참조하는 방법으로 수치 지도의 지형지물에 대한 식별자로 지형지물 전자식별자(UFID; Unique Feature Identifier)를 사용
- 구체적인 지형 · 지물의 변경에 관한 최신 정보를 다양한 사용자들로부터 얻을 수 있음
- 지형 · 지물에 대한 최신 정보를 다른 축척의 데이터에서 제공되는 동일한 지형 · 지물에 바로 연계시켜 전달해 줄 수 있음
- 사용자가 일부 처리 작업한 공간 데이터를 완전히 대체시키는 것이 아니라 최신 내용만을 변경할 수 있도록 함

❹ 수치 지도 레이어 축척

㉠ 국토지리정보원에서 다양한 축척의 종이지도와 수치 지도 제작

㉡ 가장 기본인 지도는 1 : 5,000 수치 지도이며 전국을 대상으로 지도 구축

㉢ 1 : 1,000 지형도는 국토지리정보원 또는 각 시에서 제작하며, 대축척 항공사진을 촬영한 후 도시 지역 중 건물이 밀집한 지역에 대해서만 제작함

1 : 1,000	• 지도의 레이어는 문자와 숫자 조합으로 구성됨 예 아파트 레이어 코드(AAA003) • 횡단보도, 신호등, 전신주, 가로등, 소화전 등 도시의 모든 시설물이 표현됨 • 소축척 지도의 레이어로는 나타낼 수 없는 대상물이 많기 때문에 별도의 레이어를 설정하여 사용
1 : 5,000	지도의 레이어는 숫자로 구성 예 아파트 레이어 코드(4115)
1 : 25,000	• 지도의 레이어는 숫자로 구성 • 1 : 25,000이나 1 : 5,000은 지도 표시 대상물 종류가 비슷해 같은 레이어를 사용

❺ 수치 지도 수정 시기

㉠ 처음에는 4년 정도였지만 점차 단축되어 현재 1년 주기로 수정

㉡ 2013년부터 건축물 준공 도면이나 공사 현황 도면을 이용하여 지형도 상시 수정 체계를 마련하여 연속수치 지도의 경우 수시 수정을 시행하고 있음

Tip

연속 수치 지도

행정업무의 효율화를 위하여 수치 지도 도엽을 병합하여 사용의 편의성을 증대시킨 지도

❻ 편집방법

수치 지도 편집	• 정위치편집은 지리조사 및 현지보완측량에서 얻어진 성과 및 자료를 이용하여 도화성과 또는 지도 데이터 입력성과를 수정 · 보완하는 작업을 의미함 • 측량 등으로 보완된 데이터의 정확한 도면병합뿐만 아니라 레이어 코드 등의 속성코드를 정확히 통합하는 과정과 기록된 비도형정보(텍스트)의 정위치 입력 포함
구조화 편집	• 데이터 간의 지리적 상관관계를 파악하기 위하여 정위치 편집된 지형지물을 기하학적 형태로 구성하는 작업 • 수치도면을 구성하는 선(Line)과 면(Poligon)의 기하구조와 위상(Topology, 선과 면의 연속성) 논리구조를 연결하는 작업과 인접도면 경계 간의 접합작업 등이 있음 • 도면 접합 시의 경계 내의 비도형정보(텍스트)를 단일화하는 작업 포함

❼ 주제도 레이어

㉠ 수치 지도에는 국가기본도로서 국토지리정보원이 제작한 수치 지도 이외에도 여러 가지 주제도가 있으며 이들은 각 국가 기관에서 필요에 의해 제작하여 사용됨

㉡ 국토지리정보원에서는 수치지형도 이외에도 토지 이용 현황도, 토지특성도 등을 제작

㉢ 산림청 · 한국수자원공사 · 환경부 등에서는 임상도, 수문 지질도, 녹지 자연도 등을 제작

㉣ 각 지방자치단체는 자치단체에 속하는 범위에서 수치지형도, 도시계획도, 상하수도망도, 도로망도, 지하시설물도 등을 제작하여 업무에 활용

㉤ 국가 차원에서 활용도가 높은 항목은 기본 지리 정보로 설정하고 이를 구축하여 활용

㉥ 지도 주제별 분류

일반도 (General Map)	• 전 영토에 대해 통일된 축척으로 국가가 제작하는 지도 • 다른 주제도 및 특수도의 기본도로 널리 사용 예 국가기본도(지형도)
주제도 (Thematic Map)	특정한 주제를 강조하여 표현된 지도로 색채와 기호 등이 달리 표시됨 예 토지이용현황도, 토지특성도 등
특수도 (Specific Map)	특수한 목적으로 사용하기 위하여 제작된 지도 예 지질도, 해도, 교통지도, 관광지도, 기후도 등

㉦ 기본 지리 정보 항목

구분	주요 내용	구축기관
행정구역	행정 · 법정 동 경계, 시군구 경계	행정자치부
교통	도로 경계, 도로 중심선	국토지리정보원
	철도 경계, 철도 중심선	한국철도공사 국토지리정보원
해양 및 수자원	해안선, 해양 경계, 해저 지형	국토교통부 국립해양조사원
	하천 중심, 하천 경계, 호수 및 저수지, 유역 경계	국토지리정보원 한국수자원공사
시설물	건물	국토지리정보원
	문화재	문화재청
지적	필지 경계, 지번	국토교통부 안전행정부
지형	수치표고모델	국토지리정보원
기준점	측량 기준점	국토지리정보원
항공사진 및 위성영상	정사영상, 정사사진	국토지리정보원

정답 01 ④ 02 ① 03 ④ 04 ②

01 수치지형도에 대한 설명으로 옳지 않은 것은?

① 수치지형도란 지표면 상의 각종 공간정보를 일정한 축척에 따라 기호나 문자, 속성으로 표시하여 정보시스템에서 분석, 편집 및 입출력할 수 있도록 제작된 것을 말한다.
② 수치지형도 작성이란 각종 지형공간정보를 취득하여 전산시스템에서 처리할 수 있는 형태로 제작하거나 변환하는 일련의 과정을 말한다.
③ 정위치편집이란 지리조사 및 현지측량에서 얻어진 자료를 이용하여 도화 데이터 또는 지도입력 데이터를 수정 및 보완하는 작업을 말한다.
④ 구조화 편집이란 지형도 상에 기본도 도곽, 도엽명, 사진도곽 및 번호를 표기하는 작업을 말한다.

해설
구조화 편집은 데이터 간의 지리적 상관관계를 파악하기 위하여 정위치 편집된 지형 · 지물을 기하학적 형태로 구성하는 작업이다.

02 데이터 형식 중 지리정보시스템(GIS)에서 사용하는 도형정보나 수치 지도의 호환을 위하여 사용되는 형식이 아닌 것은?

① ASCII 형식
② DXF 형식
③ SDTS 형식
④ SHP 형식

해설
ASCII 형식은 GIS에서 유용한 내용의 해석을 알 수 있는 포괄적인 정보가 없다.

03 수치 지도에서 단일식별자(UFID; Unique Feature Identigication)의 활용에 대한 설명으로 옳지 않은 것은?

① 구체적인 지형 · 지물의 변경에 관한 최신 정보를 다양한 사용자들로부터 얻을 수 있다.
② 지형 · 지물에 대한 최신 정보를 다른 축척의 데이터에서 제공되는 동일한 지형 · 지물에 바로 연계시켜 전달해 줄 수 있다.
③ 사용자가 일부 처리 작업한 공간 데이터를 완전히 대체시키는 것이 아니라 최신 내용만을 변경할 수 있게 해준다.
④ 데이터에 대한 일관성이 높아지고 모든 변경사항의 역추적을 방지할 수 있다.

해설
실세계에서 존재하는 실체가 있는 지형지물을 참조하는 방법으로 수치 지도의 지형지물에 대한 식별자로 지형지물 전자식별자(UFID; Unique Feature Identifier)를 사용한다.

04 국토지리정보원장이 간행하는 지도의 축척이 아닌 것은?

① 1/1,000
② 1/1,200
③ 1/50,000
④ 1/250,000

해설
1 : 1,000(대축척 수치지형도), 1 : 5,000(국가기본도), 1 : 25,000, 1 : 50,000, 1 : 250,000 등 종이지형도 등을 제작한다.

참고문헌

■ 서적

- 공간분석(2010), 김계현, 문운당
- 공간정보 자바 프로그래밍(2015), 주용진, 도서출판 드림북
- 공간정보의 이해(2015), 정재준 · 노영희, 국토교통부
- 공간정보학(2016), 한국공간정보학회, 푸른길
- 국가GIS 전문인력양성사업(교재개발 부문): 원격탐사 부문(2003), 정보통신부
- 국가지도의 이해와 활용(2016), 국토지리정보원
- 원격탐사와 디지털 영상처리(2016), 임정호 외, 시그마프레스, Introductory Digital Image Processing: A Remote Sensing Perspective(2016), J. R. Jensen, Pearson Education.
- GIS Fundamentals: A First Text on Geographic Information Systems(2012), P. Bolstad, Eider Press
- GIS 개론(2011), 김계현, 문운당
- GIS 지리정보학(2011), 이희연 · 심재헌, 도서출판 법문사
- GIS의 개념과 원리(2008), 신정엽 · 이상일, 도서출판 다락방

■ 용어사전

- 공간정보용어사전(2016), 국토지리정보원
- 알기쉬운 공간정보 용어해설집(2016), 국토지리정보원

■ NCS 학습모듈(공간정보융합서비스 학습모듈), 한국직업능력개발원

- 공간영상처리
- 공간정보 분석
- 공간정보 편집
- 공간정보처리 · 가공
- 원격탐사 영상 처리 및 분석

■ 법령 및 표준

- 3차원 국토공간정보 구축 작업규정(국토지리정보원고시 제2019-146호), 2019. 5. 23, 국가법령정보센터
- 3차원 국토공간정보 구축 작업규정(국토지리정보원고시 제2019-146호), 별표 5. "3차원 건물데이터 세밀도 및 가시화정보 제작기준", 2019. 5. 23, 국가법령정보센터
- 공간정보산업 진흥법(약칭: 공간정보산업법), 법률 제17063호, 2020. 2. 18, 국가법령정보센터
- 공간정보의 구축 및 관리 등에 관한 법률(약칭: 공간정보관리법), 법률 제19047호, 2022. 11. 15, 국가법령정보센터
- 국가공간정보 기본법 시행령(약칭: 공간정보법 시행령), 대통령령 제32541호, 2022. 3. 15, 국가법령정보센터
- 수치지도 작성 작업규칙, 국토교통부령 제209호, 2015. 6. 4, 국가법령정보센터
- 수치표고모형의 구축 및 관리 등에 관한 규정, 국토지리정보원고시 제2022-4622호, 2022. 11. 8, 국가법령정보센터
- 정사영상 제작 작업 및 성과에 관한 규정(국토지리정보원고시 제2022-3487호), 2022. 8. 18, 국가법령정보센터
- 제7차 국가공간정보정책 기본계획(2023~2027), 국토교통부 고시 제2023-326호, 2023.6.
- 지리정보-단순 피처(특징) 접근-제1부:공통 구조(아키텍쳐), KS X ISO19125-1: 2007 (2012 확인), 국내외 공간정보표준(국가공간정보포털, 공간정보표준), 산업자원부 기술표준원
- 항공사진측량 작업 및 성과에 관한 규정(국토지리정보원고시 제2022-3487호), 2022. 8. 17, 국가법령정보센터
- OpenGIS Simple Features Specification for SQL Revision 1.1(1999), OGC

■ 학술 논문

- "정상운영기간동안의 KOMPSAT-3A호 주요 영상 품질 인자별 특성", 서두천 외(2020), 대한원격탐사학회지, Vol.36, No.6-2, 2020
- "Neighborhoods as service provider: a methodology for evaluating pedestrian access", Talen, E.(2003), Environment and Planning B, Volume 30, Issue 2

■ 기타

• 공간영상정보 구축, 국토지리정보원

• 국토정보플랫폼, 국토지리정보원

• 측량기준점, 국토지리정보원

• KOMPSAT–3A (Korea Multi–Purpose Satellite–3A) / Arirang–3A, eoPortal, ESA

• Landsat–9, eoPortal, ESA

• Point inside circle – Delaunay condition broken, Wikimedia Commons

• The Delaunay triangulation, Wikimedia Commons

• Thiessen polygon, Wikimedia Commons

• Voronoi diagram, Wikimedia Commons

• Why is that Forest Red and that Cloud Blue? How to Interpret a False–Color Satellite Image(2014), H. Riebeek

2025 시대에듀 공간정보융합기능사 필기 공부 끝

개정2판1쇄 발행 2024년 12월 10일 (인쇄 2024년 10월 07일)
초 판 발 행 2023년 06월 15일 (인쇄 2023년 04월 18일)
발 행 인 박영일
책 임 편 집 이해욱
저 자 서동조 · 주용진
편 집 진 행 노윤재 · 한주승
표 지 디 자 인 김지수
편 집 디 자 인 윤아영 · 장성복
발 행 처 (주)시대교육
출 판 등 록 제10-1521호
주 소 서울시 마포구 큰우물로 75 [도화동 538 성지 B/D] 9F
전 화 1600-3600
팩 스 02-701-8823
홈 페 이 지 www.sdedu.co.kr

I S B N 979-11-383-7979-3 (13530)
정 가 23,000원